国际电气工程先进技术译丛

交流传动系统高性能控制及 MATLAB/Simulink 建模

海瑟姆·阿布鲁 (Haitham Abu – Rub)

[英]　阿蒂夫·伊克巴尔 (Atif Iqbal)　　　　　等著

雅罗斯瓦夫·古辛斯基 (Jaroslaw Guzinski)

袁登科　等译

机　械　工　业　出　版　社

采用合理的控制策略，按照负载特性对交流电气传动系统进行调速，会显著提高其电能利用效率。高性能传动使电机具有快速、准确的动态响应，且提供良好的稳态性能。

本书首先给出了交流电机的基本模型（包括异步电机、永磁同步电机、双馈异步电机），详细阐述了电压型逆变器的脉宽调制技术，然后针对交流电机的高性能控制进行了深入的分析（磁场定向控制、直接转矩控制、非线性控制等），并对五相异步电机的传动系统、交流电机的无传感器控制技术进行了探讨，最后针对逆变器输出侧带有 LC 滤波器的交流传动系统中存在的几个典型问题（滤波器设计、共模电压抑制、矢量控制技术中变量观测与电机控制的改进等）的分析非常有价值。

本书实用性强，并配以大量的 MATLAB/Simulink 仿真模型，对读者验证算法、掌握交流电气传动系统控制技术与控制技巧大有裨益。

本书非常适合电机、电力电子、自动化控制专业高年级本科生、研究生以及工作在一线的科技人员使用。学习本书的前期知识是电机、电力电子和自动控制。

译 者 序

本书是关于交流电气传动的一本专著，可作为高年级本科生、研究生和科技工作人员的教材或参考书。作者首先介绍了高性能传动系统的特点和要求，并对交流电机的数学模型和仿真模型进行介绍，为读者理解本书内容奠定了理论基础。然后，对 DC – AC 功率变换器的 PWM 控制技术作了详细、深入的分析。随后，作者对交流电机几类最常见的高性能控制（磁场定向控制、直接转矩控制、非线性控制）进行了详细阐述，并对五相异步电机的传动系统、交流电机的无传感器控制作了深入的分析。最后，针对逆变器输出侧带有滤波器的传动系统，作者选择了共模电压与电流、滤波器选型、带有滤波器传动系统的变量观测问题及电机控制问题、预测电流控制等内容进行了大量的分析。

与电气传动系统控制方面的书籍相比，本书特点鲜明。首先，内容更为全面，所选主题与实际应用关联性强，从而使读者可以获得很多实用的技术。其次，本书配以大量的 MATLAB/Simulink 仿真模型，从而极大地方便了读者通过仿真加深对传动系统高性能控制的理解。在每章正文的后面，作者都设计了一些练习题和问题，促使读者进行更深入的思考与研究。在每章的最后，作者列出了大量的参考文献，为读者了解和学习业内技术动态提供了方便。在翻译过程中，译者对原书中个别符号和语句进行了适当的修改。

参加本书翻译工作的还有武松林、蒋飞、麻涛、王伊健、陈文龙、陈天峰、丛朝阳、王焜、杨云霄等人。本书的出版得到了机械工业出版社林春泉编审等的大力支持。在此向所有对本书翻译出版提供帮助的热心人表示真诚的感谢。由于译者水平有限，难免个别地方出现翻译不当的情况，欢迎广大读者批评指正。

袁登科
2018 年 6 月

原 书 序

本书讲述了交流电机传动系统先进控制策略的概念，提供了基于 MATLAB/Simulink 的完整仿真模型。电机消耗了全球范围内的大部分电能。因此，针对这些电机设计高效率的运行方案将会有广阔的节能前景。其中方法之一就是设计高能效的电机，另一种方法是电机的合理控制。很多场合中的电机都没有调速。然而，根据负载需求对电机进行调速，将会显著提高效率，因此调速控制对实现电机的高效率工作是极其重要的。所以，工业与家用场合中电机的速度控制对限制温室气体的排放是至关重要的，并且这是一种环境友好的解决方法。在书面文献中，通过调节速度控制电机的运行状态被称为"变速传动"或"调速传动"。

本书讨论了实现变速交流传动的先进技术，书中描述了电力电子变换器与交流电机的基本建模流程，书中给出的数学模型用来建立 MATLAB/Simulink 中的仿真模型。电压源逆变器（VSI）的脉冲宽度调制（PWM）技术及其仿真在同一章节中描述。书中讨论的交流电机是应用最为广泛的笼型异步电机、永磁同步电机及双馈异步电机。本书阐述了电气传动的先进控制技术，如磁场定向控制（FOC）、直接转矩控制（DTC）、反馈线性控制、无传感器运行，以及多相（多于三相）传动系统的进展。书中有单独的一章专门分析了五相电机传动系统。有的传动系统会在逆变器输出侧加装 LC 滤波器，它对电机传动控制的影响将在另一章进行详述。

这些控制技术统称为高性能控制，因为它们可以使电机提供快速且准确的动态响应，同时也提供了良好的稳态性能。因此，本书描述了交流电机最重要的、工业中应用广泛的先进控制技术。本书包含了这些不同的主题。

特别地，本书提供了基于 MATLAB/Simulink 的大量详细的仿真模型。MATLAB/Simulink 是本科生和研究生所学课程中一个很重要的内容，同时也在工业中广泛应用。因此，仿真模型为学生、一线工程师、研究人员提供了便捷工具去验证算法、技巧和模型。熟悉书中的仿真模型之后，学生和一线工程师就能够开发并验证他们自己的算法与各种技巧。

本书对在本科生、研究生阶段的学生学习电气传动、电机控制等非常有帮助。需要了解的前期知识是电机、电力电子和控制等方向的一些基础课程。

在网站 www. wiley. com/go/aburub_control 中，教师可以找到一些教学材料和本书中列举问题的答案。本书对科研人员、一线工程师及专家有非常实用的参考价值。

原 书 致 谢

我们愿借此机会向所有帮助我们完成这本书出版的人表示真诚的感谢！感谢我们的同事和卡塔尔大学、卡塔尔得克萨斯大学的学生，还有阿里格尔穆斯林大学、格但斯克理工大学和胡志明市工业大学的学生。在此我们特别感谢 Wesam Mansour 先生、S. K. Moin Ahmed 先生、Khalid Khan 博士和 M. Arif Khan 先生协助我们完成这项工作。我们非常感谢 Khalid Khan 博士，他将 C/C++ 代码的源文件转换成 MATLAB 代码，并准备了 MATLAB / Simulink 模型，给我们提供了非常有价值的帮助。作者对 Puneet Sharma 先生在开发过调制 PWM 仿真模型过程中给予的帮助表示感谢。此外，我们还要感谢 Shaikh Moinoddin 博士在本书第 3 章和第 7 章中提供的帮助，对 Marwa Qaraqe 女士和 Amy Hamar 夫人在本书语言方面提供的帮助，在此一并表示感谢。

感谢我们的家人对我们一如既往的支持、耐心和鼓励，否则我们很难完成此项工作。对 Wiley 的工作人员，特别是 Laura Bell、Liz Wingett 和后来的 Nicky Skinner 对我们的帮助与支持，在此我们致以真诚的感谢。

Haitham Abu – Rub
Atif Iqbal
Jaroslaw Guzinski

作 者 简 介

Haitham Abu – Rub 是卡塔尔得克萨斯大学的副教授。在 1995 年、2004 年，他分别在波兰的格但斯克理工大学和格但斯克大学获得博士学位。他原是格但斯克大学的助理教授，然后转到巴勒斯坦的比尔泽特大学，在那里的八年中他担任了助理教授和副教授的职位，在其中的四年，他任职电气工程系主任。他的主要研究领域是电机传动和电力电子。Haitham Abu – Rub 获得了国际上许多著名的奖学金，如美国富布莱特奖学金（得克萨斯大学）、德国亚历山大·冯·洪堡奖学金（伍珀塔尔大学）、德国德意志学术交流奖学金（波鸿大学）、英国皇家社会奖学金（南安普敦大学）。

他同时还是 IEEE（美国电气电子工程师学会）的高级会员，他在期刊、会议上发表了 130 多篇文章。他还担任两个期刊的副主编，并一直在其编辑委员会工作。

Atif Iqbal 分别于 1991 年、1996 年在印度阿里格尔穆斯林大学获得电气工程学士学位和硕士学位，于 2006 年在英国利物浦约翰摩尔斯大学获得博士学位。自 1991 年以来，他一直在印度阿里格尔穆斯林大学担任讲师，并在那里晋升副教授。从 2009 年 4 月起，他在卡塔尔得克萨斯大学从事研究工作，后来在卡塔尔大学电气工程系担任教师并工作至今。在电力电子和电气传动领域，他已经发表了 150 多篇研究论文，其中包括 50 篇国际期刊论文。他完成过大型研发项目；在 1991 年的硕士工程考试中，获得了 AMU 颁发的 Maulana Tufail Ahmad 金奖；凭借博士论文的贡献获得了英国 EPSRC 颁发的奖学金。

Atif Iqbal 是 IEEE 的高级会员。他是 Journal of Computer Science、Informatics and Electrical Engineering 的副主编。此外，他还是 International Journal of Science Engineering and Technology 的编辑委员会成员，Journal of Electrical Engineering、International Journal of Power Electronics Converter（IJPEC）、International Journal of Power Electronics and Drive System（IJPEDS）和 International Journal of Power Electronics and Energy（IJPEE）的编辑委员会成员。

Jaroslaw Guzinski 分别于 1994 年、2000 年在波兰格但斯克理工大学电气工程系获得硕士学位和博士学位。2006~2009 年，他参与了由阿尔斯通交通部门协调的欧洲委员会项目——铁路动车的预测性维护和诊断。他获得过苏格拉底/伊拉斯姆斯计划奖学金，得到了波兰政府在无速度传感器控制和带有 LC 滤波器传动系统的诊断领域中的两项资助。在期刊和会议上，他撰写、联合撰写了 100 多篇论文。他拥有带有 LC 滤波器的无速度传感器传动系统的专利解决方案。目前，他的研究兴趣包括电机的无传感器控制、数字信号处理器和电动车辆。

　　Truc Phamdinh 在新南威尔士大学以优等的成绩获得电气工程学士学位。随后在英国利物浦约翰摩尔斯大学，他成功完成了他的博士研究，课题为"考虑铁损的异步电动机直接转矩控制"。他目前是越南胡志明市工业大学电气与电子工程系的讲师，负责本科和研究生的电机先进控制课程。他的研究兴趣包括交流电机的高性能传动系统，例如磁场定向控制和直接转矩控制、无速度传感器控制以及用于风力发电的双馈异步发电机的控制。

　　Zbigniew Krzeminski 于 1983 年在波兰罗兹技术大学获得哲学博士学位，1991年在波兰格利维采西里西亚技术大学获得科学博士学位。目前，他在波兰格但斯克理工大学担任教授，主要研究领域是电机的建模和仿真、电气传动系统控制和 DSP 系统。

目　　录

第9章　采用电压型逆变器和输出滤波器的异步电机传动

第1章　高性能传动系统

1.1　概述

　　电气传动系统的功能是通过磁场将电能以可控的方式转换成机械能，或将机械能转换成电能。电气传动是一个多学科的研究领域，需要系统地掌握以下几门知识：电机、执行机构、电力电子变换器、传感器与测试设备、控制硬件与软件以及它们之间的相互关系（见图1-1）。自从迈克尔法拉第在1821年提出了电机的主要工作原理[1]，电气传动一直在持续发展。在1888年[2]，尼古拉特斯拉申请了第一台感应电机专利（美国专利381968）后，世界发生了巨大的变化。早期的研究围绕着减少重量/功率比和提高工作效率的电动机设计，研究人员的长期努力推动了体积更小、工业用高效

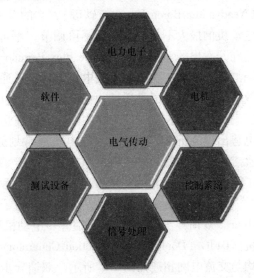

图1-1　电气传动系统

电动机的发展。在市场中，几乎都是效率高达95%～96%的电动机[3]，用户对此不再有太多的抱怨。交流电动机通常分为三类：同步电动机、感应电动机（也称为异步电动机）、电子换向电动机。异步电动机有绕线转子和笼型转子异步电动机两种类型。同步电动机工作在由供电频率决定的同步速度下（$N_s = 120f/P$），可细分为三种主要类型：转子励磁、永磁和同步磁阻。电子换向电动机的工作原理与直流电动机相同，但将机械换向器替换为逆变器换相。这里面主要有两类电动机：无刷直流电动机与开关磁阻电动机。在一些特殊的应用场合中，还出现了上述基本类型电动机的一些拓展，如步进电动机、磁滞电动机、永磁同步磁阻电动机、磁滞磁阻电动机、（交直流）通用电动机、爪极电动机、无摩擦有源轴承电动机和线性异步电动机等。有源磁轴承系统基于磁悬浮原理，因此无需润滑剂，如油脂或润滑油，在诸如人工心脏、血液泵等特殊场合以及石油

和天然气工业中，非常受欢迎。

IM（Induction Motors，异步电机）被称为工业的动力，因为它在工业传动中应用广泛，是最坚固、最便宜的电动机。然而，异步电机的统治地位受到了 PMSM（Permanent Magnet Synchronous Motors，永磁同步电动机）的挑战，因为 PMSM 转子损耗更少，所以它具有更高的功率密度与更高的效率。但是 PMSM 的使用仍局限在高性能应用场合。因为它们的功率容量相对低一些，且造价仍很高。在 1930 年发现了一种永磁材料（铝镍钴）后，开发出 PMSM。永磁材料令人瞩目的特性是其大的矫顽力与高的剩磁。大的矫顽力阻止了电动机在起动与短路条件下的去磁，高的剩磁可产生高的气隙磁密。最常用的永磁材料是 NdBFe（Neodymium Boron Iron，钕铁硼），它的 B – H 能量是铝镍钴的 50 倍。永磁同步电动机的最大不足是其磁通不可调节，不可逆的去磁以及昂贵的稀土永磁材料。已经开发出的 VFPM（Variable Flux Permanent Magnet，变磁通永磁电机）提供可调的磁通特性。变磁通永磁电机的可变磁通特性为电动机在整个运行区域内运行效率的调节提供了灵活性；在低速时，可以提高转矩输出能力，扩展了高速运行区间；同时，在逆变器工作失效时，高速运行的变磁通永磁电机可以减少过高反电势出现的机会。变磁通永磁电机通常划分为混合励磁电机（采用励磁线圈与永磁体同时励磁）和机械调节永磁电机。参考文献 [4] 对变磁通永磁电机进行了详细阐述，对电机发展的详细讨论见参考文献 [5 ~ 16]。

另一种广受欢迎的电机是采用绕线转子的 DFIM（Double – Fed Indnction Machine，双馈异步电动机），双馈异步电动机经常在风力发电系统中用作异步发电机。DFIG（Doule – Fed Induction Generator，双馈异步发电机）在定子与转子侧均与交流电网相连如图 1-2 所示。双馈异步发电机的定子绕组直接与交流电网相连，中间不采用任何功率变换器，双馈异步发电机的转子绕组由一套有源前端功率变换器供电。双馈异步发电机可采用具有可控电压幅值与频率的电流源逆变器或电压源逆变器供电[17 ~ 22]。

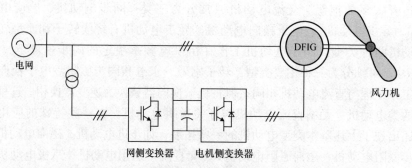

图 1-2　与风力发电和电网相连的双馈异步发电机系统图

在双馈异步电动机的控制中，通常会定义定子侧的两个输出变量，可以是电磁转矩与无功功率、有功功率与无功功率或电压与频率，采用不同的变量组合时，控制系统的结构也会有相应不同。

双馈异步电动机在大功率风力发电机系统及其他类似的调速大功率电源（例如水力发电系统）中用作发电机，并得到了普遍应用。使用这种电机的优点是它所需功率变换器的功率要比定子侧连接的功率变换器的功率少 3 倍多。因此，这种系统的成本及功耗会明显减少很多[17]。

双馈异步发电机可以用在独立发电系统（单机系统），或者更多情况下的并网运行中。单独发电运行时，定子电压与频率作为控制信号。然而，当电机并入无限大容量电网时，定子电压与频率受控于电网。在与电网互连的系统中，控制变量是有功功率与无功功率[23~25]。实际上，对这种电机有不同的控制策略。然而，应用最多的还是矢量控制，与笼型异步电动机类似，它可以采用不同的参考坐标系进行定向，应用最多的是定子磁场坐标系。

在恒定电压与频率的电网与电动机之间使用了电力电子变换器作为接口，用来提供可调的电压与频率。这是传动系统中最重要的一环，它保证了传动系统运行的灵活性。电力电子开关一直在稳步发展，今天我们可以使用高频、低损耗的半导体开关器件来制造高效率的电力电子变换器。电力电子变换器可以是 DC–DC（BUCK、BUCK–BOOST、BOOST 变换器）、AC–DC（整流器）、DC–AC（逆变器）和 AC–AC（周波变换器与矩阵变换器）。在交流传动系统中，逆变器具有两电平输出或多电平输出（特别适用于大功率场合）。逆变器系统的输入侧可以是基于二极管的不可控整流器或具有电能反馈能力的可控整流器（称为背靠背或有源前端变换器）。传统两电平逆变器的网侧功率因数较低，网侧电流畸变也较大。传动系统使用背靠背变换器或矩阵变换器可以改善这些情况。

除了使用多电平逆变器系统，通过采用合适的脉宽调制技术（PWM）也可以改善交流输出侧的电压、电流波形。现代的电动机传动系统中，频繁地使用了基于晶体管（IGBT、IGCT、MOSFET）的变换器。提高晶体管的开关频率，减少晶体管的开关时间，会产生一系列严重问题。高的 dv/dt 与 PWM 控制逆变器产生的共模电压导致了不期望的轴承电流、轴电压、电动机端过电压、电动机效率降低、噪声和 EMI（Electromagnetic Interference，电磁干扰）问题，变换器与电动机间使用的长电缆会加剧这些问题。为了缓解这些问题，通常使用无源 LC 滤波器安装在变换器的输出侧。然而 LC 滤波器会产生不期望的电压降，并且会导致电压和电流在滤波器的输入侧与输出侧之间产生相位移。这种情况会妨碍整个传动系统的正常运行，尤其是对于采用复杂的无速度传感器控制算法。因此，针对输出侧安装 LC 滤波器的电气传动系统，需要在变量估算与控制算法中进行必要的修正。由于 LC 滤波器的存在，电动机输入端的电压与电流不能精确获得，这是最主要的问题，因此需要使用额外的电压与电流传感器。由于滤波器是安装在变换器外部的元器件，安装额外的电压与电流传感器对变换器的设计带来了技术与成本问题。在采用 LC 滤波器传动系统中采用估算技术，并开发出合适的电动机控制算法，这是一种更加经济的解决办法[26~30]。

在高性能工业控制的实施中，仿真工具是重要的一环。然而，在实际系统的实施中，电气传动系统的控制平台可采用微控制器（μCs）、DSP（Digital Signal Processors，数字信号处理器）或 FPGA（Field Programmable Gate Arrays，现场可编程门阵列）。这些控制平台保证了控制的灵活性，并使得复杂控制算法的实现成为可能，例如磁场定向控制（Field Oriented Control，FOC）、直接转矩控制（Direct Torque Control，DTC）、非线性控制、基于人工智能的控制。第一款微处理器，INTEL 4004（美国专利#3821715），由 INTEL 公司工程师 Federico Faggin、Ted Hoff 和 Stan Mazor 在 1971 年 11 月发明[31]。自此，更快、性能更强大的微处理器与微控制器发展迅速。微控制器是一个独立的集成芯片，它包含了处理器内核、存储器及外设。微处理器用于通用领域，例如，个人计算机、笔记本电脑及其他电子产品中，又如电动机控制等嵌入式应用系统中。在 1983 年，第一款 DSP、TMS32010 由 TI 公司生产[32]。之后，几种 DSP 相继出品，使用场合从电动机控制到多媒体应用、图像处理等。TI 公司为电机控制设计了专用 DSP，例如 TMS320F2407、TMS320F2812 与 TMS320F28335。这些 DSP 专门设计了一些引脚用来产生 PWM 信号以便控制功率变换器。现在，控制算法在更加强大的可编程逻辑器件 FPGA 中得以实现。第一款 FPGA、XC2064 由 XILINX 公司的共同创立者 Ross Freeman 与 Bernard Vonderschmitt 在 1985 年发明。FPGA 包含了具有存储器单元的逻辑功能块，它可以重新配置以获得不同的逻辑门。这些可重新配置的逻辑门可以用来实现复杂的组合函数功能，第一款 FPGA、XC2064 有 64 个可配置逻辑块和两个三输入的查询表格。在 2010 年，为 FPGA 开发了一个扩展的处理平台，该平台具有 FPGA 架构，且包含了一个高级精简指令集计算机（ARM）的高端微控制器（32 位处理器、存储器与 I/O），从而更方便地应用在嵌入式场合中。这种配置结构使得我们可以实施串行与并行的混合处理，从而可以应对现代嵌入式系统设计的挑战[33]。

最初的电气传动系统是电网供电下的固定速度传动且大部分场合中采用直流电动机。与恒速传动相比，调速电气传动系统提供了更加灵活的控制，提高了传动系统的效率。由于内在的磁通与转矩解耦的特性，直流电动机可以提供快速的动态响应，且只需简单的控制策略。但是，直流电机工作电压受到机械换向器耐压限制；此外，由于电刷与换向器的原因，直流电机的维修量较大。在交流电动机的诸如矢量控制、直接转矩控制（DTC）、预测控制等高性能控制出现之后，交流传动可以提供精确的位置控制且具有极快的动态响应[34]，因此，直流传动正在快速地被交流传动所取代。相比于直流传动，交流传动的主要优点是鲁棒性好、结构紧凑和经济性及较少的维修量。通过向生物进行学习，各种人工智能技术被相继地提出，正在越来越多地应用于电气传动控制，如 ANN（Artificial Neural Networks，人工智能网络）、FLC（Fuzzy Logic Control，模糊逻辑控制）、AN-FIS（Adaptive Neuro – Fuzzy Inference System，自适应模糊神经推理系统）、GA（Genetic Algorithm，基因算法）等[35,36]。参考文献 [37] 报道了一种新兴的电气传动控制，称为 BELBIC（Brain Emotional Learning – Based Intelligent Controller，基于大脑情感学习的控制器）。这种控制技术依赖于大脑中的情感处理机理，通过情感搜集来做出决策。这种情感智能控制器结构简单，具有高度自学习能力，且在运行中不需要任何电动机参数就可以获得很好的性能。这种高性能的传动控制，除了反馈闭环控制所需的电动机电流、速度和磁通信息外，还需要电动机参数的一些估算。传感器用来检测某些信息，并用于随后的控制中。在整个传动系统中，速度传感器是最脆弱的部件。因此，大量的研究工作都致力于取消传动系统的速度传感器，这样，传动系统就成为无传感器传动。在无传感器传动方案中，现有的电压与电流传感器用来计算出电动机的速度，计算的速度用以实现闭环控制。关于无传感器传动的参考文献数不胜数，参考文献 [38 ~ 40] 有助于我们全面了解无传感器控制技术的发展情况。无传感器传动使得系统结构更加紧凑，减少了维修量，降低了成本，且使系统可以工作在恶劣的环境中。尽管电气传动自动化中出现了令人瞩目的进展，但仍一直存在一些持续的挑战，包括接近零速的极低速度的运行、零速下满载工作和超高速工作。

基于网络控制与遥控的电气传动系统仍在开发中，可插拔式电气传动是一个重要领域。它可以服务于直接影响生活质量的场合中，如新能源发电、汽车、生物医药。把功率变换器与电动机高度集成的驱动系统正在开发中，这种系统的结构更加紧凑，并且可以减少电缆反射带来的 EMI 问题。无稀土材料电动机的多样性设计是传动系统一个重要的研究主题。使用超导材料的高气隙磁密电气传动系统是本领域的研究方向之一。

1.2　高性能传动系统的概述

除了快速动态响应与良好的稳态响应，高性能传动系统还意味着电气传动系统提供精确的控制能力。由于精度控制高的特点，高性能传动被用于生命安全保障的场合[41]。在交流电机的控制中，已经开发出多种技术用来控制电动机的速度、转矩与磁链。最基本的控制参数是供给电动机的电压与电流的幅值和频率。电网提供了固定幅值与频率的电压/电流，因此不适于用在对电机实施期望控制的场合中。因此，电力电子变换器用作电网与电动机之间的接口，对于交流电机而言，绝大多数情况下的这些电力电子变换器是具有 AC – DC – AC 结构的变换器。在其他情况下，也可以是直接 AC – AC 变换器，例如周波变换器和矩阵变换器。然而，这些直接 AC – AC 变换器都面临一些严重问题。例如，受限的输出频率（周波变换器输出频率只有输入交流电源频率的 1/3）与受限的输出电压幅值（矩阵变换器的输出电压只能达到输入电压幅值的 86%）。并且，直接 AC – AC 变换器的控制极为复杂。因此，在大部分情况下，AC – DC – AC 变换器常常被称为"逆变器"，用在调速系统中向交流电动机供电。本书将会描述逆变器的建模过程，并解释现有的控制技术。逆变器中最为基本的能量控制技术是脉宽调制技术（PWM），因此本书中将会详细论述 PWM。

　　交流电机的控制大体上可划分为标量控制与矢量控制两大类，如图 1-3 所示。标量控制易于实现，可以提供较为稳定的稳态响应，但其动态响应比较滞后。为了获得高精度、良好的动态与稳态响应，就需要采用矢量控制方法，并且进行闭环反馈控制。因此，本书围绕矢量控制方法，即磁场定向控制（Field Oriented Control，FOC）、直接转矩控制（Direct Torque Control，DTC）、非线性控制和预测控制。

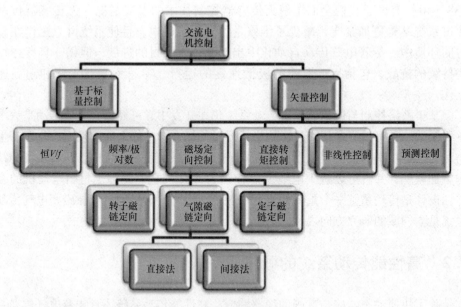

图 1-3　电机控制方案

　　众所周知，调速传动系统在工业场合中有明显的节能效益。因此，通过采用调速传动系统，工业中存在着巨大的节能前景。早期的装置依赖于直流电动机进行调速，因为在直流电动机的内部，转矩与磁通的控制是解耦的，并且使用的电力器件最少。然而，在 20 世纪 70 年代早期，转矩与磁链解耦控制的原理被提出，通常称之为磁场定向控制或矢量控制，首先在更加坚固的异步电动机中得以实现。后来，逐渐发现矢量控制在同步电动机中也是可能实现的。然而，交流电机调速传动发展的步伐是缓慢的，直到 20 世纪 80 年代早期，微处理器时代开始，复杂控制算法的实现[34,35]才变得可行。

FOC 原理依赖于定子电流空间矢量的瞬时控制。对 FOC 的研究仍很活跃，为了实现更加精准的控制，需要融合一些更先进的技术，例如无传感器运行、在线参数自适应。参数变化、磁场饱和、杂散损耗等对 FOC 传动系统性能的影响是具有鲁棒性的、无传感器传动系统的研究主题。

在高性能传动系统中，直接转矩控制的理论基础在 20 世纪 80 年代中后期被提出。与 20 世纪 70 年代早期提出的 FOC 相比，DTC 是一种崭新的控制思路。矢量控制获得工业认可花费了将近 20 年的时间，相比之下，DTC 的控制概念仅仅用了 10 年就较快地获得了工业的接受。FOC 主要依赖于异步电动机的数学模型，DTC 直接利用了电机与供电电源这一完整系统内部单元之间发生的相互作用，DTC 方案需要简单的信号处理方法，这完全依赖于在调速传动系统中向异步电动机供电的电源（两电平 VSI、三电平 VSI、矩阵变流器等）本身的非理想特性。因此 DTC 方案仅用于由电力电子变换器供电的电机。变换器开关的开/关控制用来对交流电机的非线性结构进行解耦。在 DTC 传动系统中，最常讨论与使用的电力电子变换器是电压源逆变器。

DTC 采用了一种不同以往的视角来看待电机及相连的电力电子变换器。首先，DTC 技术不管逆变器是如何控制的，它本质是一个电压源而不是电流源。其次，VC（Vector Control，矢量控制）的主要特性之一是通过定子电流两个分量进行磁链与转矩的间接控制，DTC 则与之不同。从本质上说，DTC 认为既然磁链与转矩可通过电流的两个分量实施间接控制，那么就可以摒弃中间的电流环，而对磁链与转矩进行直接控制。

从内部结构讲，DTC 是无传感器控制的。运行于转矩控制模式下的 DTC 是不需要实际转子速度信息的，因为它无需旋转坐标变换。然而，为了使滞环控制器准确工作，定子磁链和转矩的正确估算是非常重要的。因此，在 DTC 控制中，异步电动机的精确数学模型是必需的。DTC 控制精度与转子回路参数的变化是无关的，仅仅因为定子电阻的变化（由于工作环境温度的改变）才会导致高性能 DTC 系统在低速运行时出现问题[38]。

总之，DTC 的主要特性及其与 VC 的一些区别如下：
- 磁通与转矩的直接控制；
- 定子电流与电压是间接控制的；
- 无需旋转坐标变换；

- 无需单独的电压调制模块——而 VC 系统中经常会用到;
- 仅需知道定子磁链空间矢量所处的扇区信号,而无需知道其精确位置(在 VC 传动系统中,需知道转子磁链矢量准确位置用于坐标变换);
- 无电流控制器;
- 本质是无传感器控制,因为在转矩控制模式运行时无需速度信号;
- DTC 的基本方案仅仅对定子电阻的变化是敏感的。

DTC 的研究仍很活跃,电机模型非线性的影响正在深入研究,算法的灵活性与简单的实现方式是近期研究的焦点。使用人工智能是该领域内的另一个研究方向。需要强调的是,众多生产厂商都会提供基于 FOC 和 DTC 原理的调速传动产品,并且现在在市场上也很容易买得到。

VC 方法的主要不足是在转子磁链变化的过程中,电机的机械方程部分仍存在非线性。直接使用矢量控制方法去控制电流型逆变器供电的异步电动机,会使电机模型高度复杂,而为了实现精确地控制,这又是必需的。尽管在 FOC/VC 中看到一些积极的控制效果,但尝试获得新的、有益的、更加精确的控制方法一直在继续着。其中一项研究就是异步电动机的非线性控制。有一些方法也包含在广义的非线性控制中,诸如反馈线性控制、输入输出解耦控制、基于多标量模型的非线性控制。基于多标量的非线性控制或 MM 控制在 1987 年被首次提出[38、39],本书也会对此讨论。基于多标量模型的非线性控制依赖于特定状态变量的选择,因此所推导的模型实现了机械子系统与电磁子系统的完全解耦。研究表明,采用非线性控制可以实现电磁转矩和定子电流矢量与转子磁链矢量线性组合的平方的解耦控制。

当电动机采用电压型逆变器供电,且转子磁链幅值保持恒定时,那么非线性控制系统的控制与 VC 方法是等效的。在其他很多情况下,非线性控制使系统结构简单得多,且传动系统总体响应指标良好[35、38、39]。

对变量进行变换处理来获得非线性模型的变量,使得控制策略易于实现,因为具有相对简单非线性形式的 4 个状态变量已经可以得到[38]。这使得改变磁链以及获得简单的系统结构都可以采用非线性控制方法。在这些系统中,随着工作点来改变转子磁链而不影响系统的动态特性成为可能。新变量之间的关系使获得新型的控制结构成为可能,它保证传动系统获得良好的响应,还使传动系统可以方便地进行经济、高效的运行,即当负载减少时,电机磁通会随之减少。

进行变换处理获得基于多标量的模型(MM),使得控制策略比 VC 方法更简单,因为获得的 4 个状态变量具有简单的非线性形式。从而使我们在弱磁区域(高速应用场合中)可以更加容易地使用这种方法,VC 方法则不然。针对异步电动机的非线性控制理论,已经进行了大量的研究,提出了大量的改进。我们相信,此类控制结构将会不断涌现出来。

　　交流电机的高性能控制需要多个电磁变量与机械变量的信息，包括电机的电流、电压、磁通、速度与位置。电流与电压传感器工作可靠，可以进行足够精确的测量，因而被用于闭环控制中。速度传感器相对脆弱一些，时常会对控制系统产生一些严重的威胁。因此，在许多需要速度闭环控制的场合中，都会去寻求无速度传感器运行。近些年来已经提出了一些无速度传感器方案，它们可以提取电机的速度与位置信息。类似的，转子磁链也通常使用观测器系统来获得。人们在20 世纪 90 年代进行了大量的研究，以开发各种精确的、鲁棒的观测器系统。系统的性能在不断改进，现在已经开发出的常用方法有 MRAS（Model Reference Adaptive System，模 型 参 考 自 适 应 系 统）、KALMAN 滤 波 器 和 伦 伯 格 观测器[40~42]。

　　早期，设计观测器时是假定电机具有线性磁路的，后来逐渐考虑了各种非线性。到目前为止，提出的各种方法仍旧受到零频率附近稳定性问题的干扰。它们不能够为无传感器交流传动系统提供全局的稳定性。这导致许多科研人员断定，对无传感器异步电动机传动系统而言，也许并不存在基于全局渐进稳定的模型。实际上，现在对无传感器异步电动机传动系统的绝大部分研究致力于为电动机在极低速下高动态性能运行提供持续的支撑，特别是零速和零定子频率。为实现该目标，可考虑使用两种先进的方法，第一类包含了通过状态方程对异步电动机进行建模的方法。假定气隙中的磁密分布是正弦的，忽略了空间谐波及其他附加影响。这类方法属于基波模型一类，它们可以是开环的结构，例如定子模型，或是闭环的观测器；另一类自适应磁通观测器是非线性观测器与速度自适应过程的结合，它的结构现在受到越来越多的关注，许多新的解决方案都遵循了一种类似的通用方法[41]。

　　三相电力系统的发电、输电、配电与用电已经广为流行了一个多世纪。人们认识到，超过三相的发电与输电在功率密度（发电）、线路用地与初期投资（传输）方面并不具备显著的优势。五相异步电动机传动系统在 1969 年首次进行测试[43]。五相传动系统的供电因采用五相电压型逆变器而成为可能，因为在逆变器中，简单增加一个额外的桥臂就可以增加一相输出电源。五相异步电动机传动系统可以较三相传动系统提供一些明显的优势，例如转矩脉动更小、脉动频率更高、谐波损耗更低、相同功率输出下系统容量更小、直流环路的电流谐波更少、故障容错性更好，以及噪声指标更优。

　　此外，五相传动系统的功率变换器端具有显著的优势，如每相桥臂的功率更低，则功率开关器件定额更低，因此可以避免器件的串、并联组合使用，能消除静态与动态的均压问题。进而，由于更低的 dv/dt，使功率开关器件的应力降低。多相传动系统引人瞩目的特点吸引了全球大量研究人员在过去 10 年中开发出商用的、经济的解决方案。多相传动系统的适合应用领域有轮船驱动、牵引、多电飞行器的燃料泵及生命安全保障的场合。由于系统控制结构复杂，所以在通用场合仍不易推广。某 15 相异步电动机传动系统的商业应用是在英国海军战舰"毁灭者 II"，美国海军战舰也正在准备类似的传动系统，并且很快就要服役。然而，在多相传动系统的广泛应用之前，仍有许多挑战，尤其是应用于通用电气传动系统中[44]。

1.3 工业应用中的电气传动挑战与要求

工业自动化需要精确控制的电气传动系统。电气传动系统面临的挑战及要求依赖于具体的应用场合。在各类电气传动系统中，中压传动（0.2~40MW，电压范围为 2.3~13.8kV）更受工业应用青睐，例如在石油与天然气行业、滚铣加工行业、生产与加工行业、石化工业、水泥与金属工业、船用军舰电气传动、电力牵引等。然而，在已有的 MV（Medium Voltage，中压）电动机中，仅有 3% 采用调速传动，其余都是工作在固定速度下[45]。安装合理且速度可调的中压传动系统会显著降低传动系统的损耗和总体成本，同时还可以提高工业机构的电能质量。有几个与调速中压传动系统相关的挑战，它们与电网/电源（例如电能质量、谐振、功率因数）、电动机（例如 dv/dt、扭转振动、行波反射）及功率半导体开关器件相关（例如开关损耗、电压/电流通断能力）。电源侧的功率整流器在电源侧会产生畸变的电流和较差的功率因数，因此对调速电气传动系统的设计者提出了挑战。逆变器的 PWM 控制在电动机端产生了共模电压，这是新的挑战。在设计电气传动系统时，功率半导体器件的定额选取也是一个重要的参考因素。在所有的电气传动系统中，在功率变换器的输入侧与输出侧拥有高质量的电压与电流波形是非常重要的。

电能质量是选用功率变换器的一个考虑因素，它与多种因素有关，例如负载特性、滤波器尺寸与类型、开关频率及采用的控制策略。功率变换器件的开关损耗是传动系统损耗的主要部分，因此较低开关频率下的运行使逆变器最大功率的提升成为可能。然而，逆变器开关频率的降低却增加了输入侧与输出侧波形的谐波畸变。另一种解决方案是采用多电平逆变器，它提供的波形具有更好的谐波频谱以及更低的 dv/dt，后者限制了电动机绕组的绝缘应力。然而，在多电平逆变器中，开关器件数量的增加会降低功率变换器的整体可靠性与效率。另一方面具有较低输出电压的逆变器的输出侧需要一套大型 LC 滤波器，以减少电动机绕组的绝缘应力。该系统的挑战是在于运用低开关频率来确保系统的高电能质量及高工作效率时，如何减少输出电压与电流波形的畸变。

现代功率半导体开关器件的最高电压阻断能力接近 6.5kV，它决定了电气传动系统中逆变器与电动机的最大电压极限。以两电平电压型逆变器与目前市场上

6.5kV IGBT 开关的最大导通电流为 600A 为例，可获得的最大视在功率小于
1MVA[45]。为突破逆变器定额的极限，可考虑采用功率器件的串联和并联组合。
在这种情况下，需要额外的测量技术平衡器件在开通与关断过程中的电流。由于
器件的内在特性不同，产生了更多损耗，需要将逆变器进行降额使用。有必要去
寻求其他方法，既能够增加逆变器的功率范围，同时又避免器件串/并联组合带
来的相关问题。一种可能的解决方法是使用多相（超过三相）电动机与功率变
换器，使用多相电动机与功率变换器的传动系统在当前业界已受到关注。并且大
量研究力量正投入到此类传动系统的商用市场开发中。

　　工业应用对通用电气传动系统的必备要求有高效率、低成本、小尺寸、高可
靠性、故障保护特点、安装简单和少维修。在一些场合中，还包括高动态性能、
输入电源端具有更好的电能质量、精确的位置控制以及具有再生制动能力。

1.3.1　电能质量与 LC 谐振抑制

　　由于负载侧电力电子开关变换器将不期望的谐波引入到电网，结果产生了严
重的问题，这个问题需要得到有效的解决。位于逆变器电网侧基于不可控二极管
的整流器，从电网汲取了畸变的电流波形从而导致了电压波形出现凹陷。这导致
一些严重问题，例如计算机数据丢失、通信设备与保护设备出现故障、噪声。因
此，很多标准规定了注入电网谐波的限值，如 IEEE 519 – 1999、1995 年的
IEC1000 – 3 – 2 国际标准、2000 年的 IEC 61000 – 3 – 2 国际标准。目前的研究与
工业应用必须遵从这些国际标准。

　　电网侧的 LC 滤波器用来减少电流谐波或改善网侧的功率因数。这些 LC 滤
波器可能会出现谐振。中压供电系统的阻抗很低，因此轻微阻尼的 LC 谐振可能
会导致不期望的振荡或过电压。这可能会降低整流电路的开关器件或其他器件的
使用寿命。有效的解决方法必须确保有较少的谐波和较低的 dv/dt，例如仅采用
一个扼流圈来代替 LC 滤波器，或使用一个小滤波器来解决 LC 谐振的问题。

1.3.2　逆变器开关频率

　　功率变换器中较高开关频率器件的使用会产生电压与电流的快速变化。以致
在传动系统中带来了严重的问题，例如，不期望的 CM（Common – Mode，共模）
电流的产生、EMI、轴电压及随之产生的轴电流、电动机与变压器绕组绝缘的恶
化等。

　　开关损耗是设计电气传动系统时必须考虑的一个关键问题，因为它限制了功
率变换器的开关频率以及输出功率的水平。半导体器件的开关损耗在器件总损耗
中占有主要部分，开关频率的降低可增加功率变换器的最大输出功率。然而，开
关频率的降低可能导致电源侧和电动机侧谐波分量的增加。因此，需要对开关频

率产生的各方面影响进行权衡。

1.3.3 电动机侧的挑战

在较高的工作电压下，功率半导体器件的快速开关过程会产生较高的开关损耗，输出电压的谐波含量较多，在电机上也产生了额外的损耗。功率变换器与电动机之间的长电缆会加剧上述问题，同时开关的暂态过程会导致轴电流的产生。

1.3.4 高 dv/dt 与波反射

功率器件的较高开关频率会导致逆变器输出电压波形的上升沿与下降沿中存在较高的 dv/dt。这可能会导致电动机绕组绝缘因局部放电与较高的应力而失效。高 dv/dt 还会产生电动机轴电压，导致有电流通过杂散耦合电容流过电动机轴承，最终致使电动机轴承损坏。这是工业调速传动系统的共有问题。

电缆、逆变器及电动机波阻抗的不匹配会产生波反射。如果电缆超出一定长度，在每个开关暂态中，波反射都会使电动机端电压加倍。dv/dt 为 500V/μs 时的临界电缆长度是 100m，10000V/μs 对应的临界电缆长度是 5m[45]。dv/dt 问题还会通过逆变器与电动机间的电缆产生电磁发射。昂贵的屏蔽电缆被用来解决上述问题。然而，电磁发射可能会影响周围敏感电子设备的正常工作，这就是电磁干扰。

滤波器的设计应满足国际标准（例如 IEEE 519 – 1999）。在设计中普遍采用无源滤波器来确保电动机侧与电源侧均有非常低的总谐波畸变率（THD）。LC 滤波器在大多数大功率传动系统中会使用到大电感，但它两端会产生不期望的电压降。电容的增加会降低 LC 谐振频率，该频率会受滤波电容器及电动机励磁电感并联的影响。

在具有 LC 滤波器的电气传动系统中，当 L 与 C 发生电气谐振时，会导致系统不稳定。这种现象多数出现在逆变器工作在过调制区时，此时逆变器输出电压的某些频率的谐波接近于 LC 滤波器的谐振频率。有源阻尼技术可以用来解决不稳定性的难题，同时也可以抑制 LC 的谐振。

1.3.5 逆变器输出滤波器的使用

逆变器输出电压的质量可通过使用有源和无源滤波器得到提高。现在，无源滤波技术广泛应用在逆变器输出侧以改善电压波形。这些滤波器是安装在变换器输出端的硬件电路。最常用的方法是使用基于电阻器、电感器和电容器（LC 滤波器）的滤波器。在使用较长电缆时，在电动机端就会因为波反射而产生过电压现象，为了减少该过电压，可以使用差模 LC 滤波器。电缆的长度在决定传动系统输出性能时起着重要作用，然而电缆在用户端的布线通常并不为逆变器制造商所知晓。进一步而言，滤波器中的元件要根据逆变器开关频率来确定。当逆变器输出滤波器安装在电气传动系统中时，当逆变器确实输出电压与电流时，在滤波器输出端会产生电压幅值降低与相位变化。这使控制系统的设计，尤其是低速运行下的控制策略变得复杂。通常在设计控制系统时，都是假定逆变器的输出电压、电流与电动机输入端的变量是相等的。在电压、电流与其不相等时，电动机的正常工作区域就会受到限制。因此，在逆变器带有输出滤波器的电气传动系统中，在测量电路或控制算法中做适当地修改是非常重要的。为改善逆变器带有输出滤波器的电气传动系统的性能，一种简单的方式就是采用额外的传感器测量电动机的电压与电流。但这种方法并不现实，因为它需要改变逆变器的结构。因此，在这种情况下，可接受的方案是保持逆变器的结构不改变，而修改其控制算法。

1.4　本书的组织结构

本书包含 9 章内容，讲述高性能交流传动的不同问题，同时给出了 MAT-LAB/Simulink 模型。第 1 章讨论了交流传动系统的组成单元，并对高性能传动进行了概述。对电机的分类及其最先进的控制策略，包括磁场定向矢量控制（FOC）与直接转矩控制（DTC）等内容进行了详述。1.3 节给出了交流传动工业应用中的未来发展趋势。本章给出了高性能传动系统的总结。

第 2 章讨论了不同类型电机的基本建模流程。为了保持内容的完整性，直流电机建模在 2.2 节给出，紧接着给出了笼型异步电动机的模型，它是基于空间矢量方法实现的。为方便后续仿真使用并保证方法的通用性，将电机动态模型转换成标幺值系统。然后，给出了双馈异步电动机与 PMSM 的建模，采用 MATLAB/Simulink 的仿真也在本章中给出。

第 3 章描述了 DC – AC 功率变换系统的 PWM 控制。讨论了基于空间矢量方法的两电平逆变器的基本建模，随后讨论了不同 PWM 的方法，如基于载波的 SPWM、谐波注入方案、加入偏置的方法和空间矢量 PWM 技术。然后，讨论了多电平逆变器的运行与控制，并阐述了三种最常用的拓扑，即二极管钳位、飞跨电容、级联 H 桥。在可再生能源领域中广受欢迎的一种新型逆变器——Z 源逆变器及改进后的准 Z 源逆变器也在本章中讨论。各种技术都使用 MATLAB/Simulink 做了进一步仿真，同时给出了相应的仿真模型。

第 4 章详细地讲述了交流电机的磁场定向控制，包括笼型异步电动机、双馈异步电动机与 PMSM。为了保证内容的延续性，也提供了标量控制（$V/f =$ 常数）。本章提供了不同类型的矢量控制及仿真模型。深入地讲解了从低速到高速（弱磁区域）的宽范围速度控制。详细讨论了磁场削弱区域，目标是在高速区产生更高的转矩。描述了与电网相连的 DFIG 矢量控制，使用了伦伯格观测器系统对转子磁链进行估算的方案。

第 5 章介绍了高性能传动 DTC 原理，DTC 采用一种不同的视角看待异步电动机以及与之关联的电力电子变换器。首先，DTC 认识到不管采取何种控制，其逆变器的本质是电压源而不是电流源。其次，VC 的一个主要特性是通过定子电流的两个分量对磁链和转矩实施间接控制，而 DTC 则与此不同，既然磁链与转矩可以通过电流的两个分量来间接控制，那么就没有理由不能够摒弃中间的电流环，而对磁链与转矩进行直接控制。这个观点将在第 5 章讨论。本章详细地描述了 DTC 的主要特点、优点、缺点及实施方案，同时也给出了 DTC 的 MATLAB/Simulink 仿真模型。

高性能传动目的在于使交流电动机具有他励直流电动机的特性。随着矢量控制原理的出现，这个目标几乎已经实现了。VC 方法的主要缺点是在转子磁链变化过程中，电机方程的机械部分仍存在非线性。尽管在 VC 中已经可以得到良好的控制效果，人们仍在尝试研究新的控制方法。异步电动机的非线性控制是实现转矩与磁链解耦的动态控制的另一种途径。这种实现高性能传动的控制方法将在第 6 章中介绍。这种控制技术为异步电动机引入了一种新的数学模型，它避免了使用状态变量的正余弦坐标变换。该模型包含两个完全解耦的子系统，即机械子系统和电磁子系统。已有的研究表明，在这种情况下，是可能实现非线性控制及电磁转矩和转子磁链之间的解耦。第 6 章讨论了基于多标量模型的异步电动机非线性控制，对他励直流电动机的非线性控制进行了分析，对非线性异步电动机与 PMSM 的非线性控制进行了解释。所讨论的控制技术得到了 MATLAB/Simulink 仿真模型的验证。

第 7 章致力于五相异步电动机传动系统的研究，讲解了多相（超过三相）传动系统的应用及优势。这一章讨论了五相异步电动机的动态建模，给出了五相电压型逆变器的空间矢量模型。详细阐述了五相电压型逆变器的 PWM 控制。给出了五相异步电动机的矢量控制原理及静止坐标系、同步旋转坐标系中的电流控制。给出了用于五相电压型逆变器电流控制的有限状态模型预测控制。给出了五相异步电动机和五相电压型逆变器的 MATLAB/Simulink 仿真模型。

第 8 章描述了高性能传动系统的无速度传感器运行。速度传感器是传动系统中最脆弱的元器件，它比较容易出现故障或功能失常。取消物理的速度传感器，采用观测器系统计算出电机速度并用以进行速度闭环控制，可以使传动系统具有更强的鲁棒性。这一章详细地阐述了几种观测器系统以及它们的调节。针对三相与五相异步电动机的模型参考自适应速度观测器系统进行了描述，并给出仿真模型。对 PMSM 的无传感器控制方案也进行了讨论。最后给出三相 PMSM 的模型参考自适应速度观测器系统。

如今，由异步电动机与电压型逆变器构成的电气传动系统在工业中常常用来进行调速传动。逆变器由 IGBT 构成，其动态性能好，即开通、关断时间非常短。功率器件的快速开关会导致逆变器输出电压波形上升沿与下降沿的 dv/dt 非常高。现代逆变器中高的 dv/dt 是电气传动系统中大量不利影响的源头。主要负面影响是电动机轴承性能的快速下降，电动机定子端部过电压，由于局部放电导致电动机绕组绝缘失效或性能下降，电动机损耗增加，产生更高的 EMI。在传动系统中，正确地安装无源或有源滤波器就可以预防和限制 dv/dt 带来的负面影响，特别是无源滤波器更加适合工业场合。这些内容将在第 9 章中详细讲述。逆变器输出端使用无源 LC 滤波器带来的问题及解决方案也将在本章中讨论。

第 1 章由 Atif Iqbal 撰写，Haitham Abu – Rub 协助；第 2、4、8 章主要由 Haitham Abu – Rub 撰写，Jaroslaw Guzinski 协助；第 6 章由 Zbigniew Krzeminski 和 Haitham Abu – Rub 撰写；第 3、7 章由 Atif Iqbal 完成；第 5 章由 Truck Phamdinh 准备；第 9 章由 Jaroslaw Guzinski 完成，Haitham Abu – Rub 协助。所有章节由 Haitham Abu – Rub 研究团队的英文专家修改。

参 考 文 献

1. http://www.sparkmuseum.com/MOTORS.HTM
2. http://www.google.com/patents?vid=381968
3. Mecrow, B. C. and Jack, A. G. (2008) Efficiency trends in electric machines and drives. *Energy Policy*, **36**, 4336–4341.
4. Zhu, Z. Q. (2011) Recent advances on Permanent Magnet machines including IPM technology. *Keynote Lect. IEEE IEMDC*, 15–18 May, Niagara Falls.
5. Jahns, T. M. and Owen, E. L. (2001) AC adjustable-speed drives at the millennium: How did we get here? *IEEE Trans. Power Elect.*, **6**(1), 17–25.
6. Rahman, M. A. (1993) *Modern Electric Motors in Electronic World.* 0-7803-0891-3/93, pp. 644–648.
7. Lorenz, R. D. (1999) Advances in electric drive control. *Proc. Int. Conf. on Elec. Mach. Drives IEMD*, pp. 9–16.
8. Rahman, M. A. (2005) Recent advances of IPM motor drives in power electronics world. *Proc. IEEE Int. Conf. Power Elect. Drives Syst., PEDES*, pp. 24–31.
9. De Doncker, R. W. (2006) Modern electrical drives: Design and future trends. *Proc. IPEMC-2006* 14–16 August, Shanghai, pp. 1–8.
10. Finch, J. W. and Giaouris, D. (2008) Controlled AC electrical drives. *IEEE Trans. Ind. Elect.*, **55**(2), 481–491.
11. Toliyat, H. A. (2008) Recent advances and applications of power electronics and motor drives: Electric machines and motor drives. *Proc. 34th IEEE Ind. Elect. Conf., IECON*, Orlando, FL, pp. 34–36.
12. Bose, B. K. (1998) Advances in power electronics and drives: Their impact on energy and environment. *Proc. Int. Conf. on Power Elect. Drives Ener. Syst. Ind. Growth, PEDES*, vol. 1.
13. Jahns, T. M. and Blasko, V. (2001) Recent advances in power electronics technology for industrial and traction machine drives. *Proc. of IEEE*, **89**(6), 963–975.
14. Bose, B. K. (2005) Power electronics and motor drives: Technology advances, trends and applications. *Proc. IEEE Int. Conf. on Ind. Tech., ICIT*, pp. 20–26.

15. Bose, B. K. (2008) Recent advances and applications of power electronics and motor drives: Introduction and perspective. *Proc. IEEE Ind. Elect. Conf.*, pp. 25–27.

16. Capilino, G. A. (2008) Recent advances and applications of power electronics and motor drives: Advanced and intelligent control techniques. *Proc. IEEE Ind. Elect. Conf., IECON*, pp. 37–39.

17. Lin, F-J., Hwang, J-C., Tan, K-H., Lu, Z-H., and Chang, Y-R. (2010) Control of double-fed induction generator system using PIDNNs. *9th Int. Conf. Mach. Learn. Appl.*, pp. 675–680.

18. Muller, S., Deicke, M., and De Doncker, R. W. (2002) Doubly-fed induction generator systems for wind turbines. *IEEE IAS Mag.*, **8**(3), 26–33.

19. Bogalecka, E. (1993) Power control of a non-linear induction generator without speed or position sensor. *Conf. Rec. EPE*, **377**(8), 224–228.

20. Jain, A. K. and Ranganathan, V. T. (2008) Wound rotor induction generator with sensorless control and integrated active filter for feeding non-linear loads in a stand-alone grid. *IEEE Trans. Ind. Elect.*, **55**(1), 218–228.

21. Iwanski, G. and Koczara, W. (2008) DFIG-based power generation system with UPS function for variable-speed applications. *IEEE Trans. Ind. Elect.*, **55**(8), 3047–3054.

22. Pena, R., J. Clare, J. C., and Asher, G. M. (1996) Doubly fed induction generator using back-to-back PWM converters and its application to variable-speed wind-energy generation. *IEEE Proc. Elect. Power Appl.*, **143**(3), 231–241.

23. Forchetti, D., Garcia, G., and Valla, M. I. (2002) Vector control strategy for a doubly-fed stand-alone induction generator. *Proc. 28th IEEE Int. Conf., IECON.*, **2**, 991–995.

24. Pena, R., Clare, J. C., and Asher, G. M (1996) A doubly fed induction generator using back-to-back PWM converters supplying an isolated load from a variable speed wind turbine. *IEEE Proc. Elect. Power Appl.*, **143**(5), 380–387.

25. *The Industrial Electronics Handbook* (2011) CRC Press, Taylor & Francis Group, New York.

26. Forest, F., Labouri, E., Meynard, T. A., and Smet, V. A. (2009) Design and comparison of inductors and inter cell transformers for filtering of PWM inverter output. *IEEE Trans. on Power Elect.*, **24**(3), 812–821.

27. Shen, G., Xu, D., Cao, L., and Zhu, X. (2008) An improved control strategy for grid-connected voltage source inverters with an LCL filter. *IEEE Trans. on Power Elect.*, **23**(4), 1899–1906.

28. Gabe, I. J., Montagner, V. F., and Pinheiro, H. (2009) Design and implementation of a robust current controller for VSI connected to the grid through an LCL filter. *IEEE Trans. on Power Elect.*, **24**(6), 1444–1452.

29. Kojima, M., Hirabayashi, K., Kawabata, Y., Ejiogu, E. C., and Kawabata, T. (2004) Novel vector control system using deadbeat-controlled PWM inverter with output LC filter. *IEEE Trans. on Ind. Appl.*, **40**(1), 162–169.

30. Pasterczyk, R. J., Guichon, J-M., Schanen, J-L., and Atienza, E. (2009) PWM inverter output filter cost-to-losses trade off and optimal design. *IEEE Trans. on Ind. Appl.*, **45**(2), 887–897.

31. Bhattacharya, S. S., Deprettere, F., Leupers, R., and Takala, J. (2010) *Handbook of Signal Processing Systems*. Springer.

32. www.ti.com

33. Rich, N. (2010) 'Xilinx puts ARM core into its FPGAs.' EE times. Available from, http://www.eetimes.com/electronics-products/processors/4115523/Xilinx-puts-ARM-core-into-its-FPGAs (accessed April 27 2010).

34. Leonhard, W. (1996) *Control of Electrical Drives*, 2nd edn. Springer-Verlag.

35. Vas, P. (1998) *Sensorless Vector and Direct Torque Control*. London, Oxford University Press.

36. Vas, P. (1999) *Artificial Intelligence Based Electric Machine and Drives: Application of Fuzzy, Neural, Fuzzy-Neural and Genetic Algorithm Based Techniques*. Oxford, Oxford University Press.

37. Daryabeigi, E., Markadeh, G. R. A., and Lucas. C. (2010) Emotional controller (BELBIC) for electric drives: A review. *Proc. IEEE IECON-2010* pp. 2901–2907.

38. Krzeminski, Z. (1987). Non-linear control of induction motor. *IFAC 10th World Congr. Auto. Cont.*, Munich, pp. 349–354.

39. Abu-Rub, H., Krzemisnki, Z., and Guzinski, J. (2000) Non-linear control of induction motor: Idea and application. *EPE–PEMC (9th Int. Power Elect. Mot. Cont. Conf.)* Kosice/Slovac Republic, **6**, 213–218.

40. Holtz, J. (2006) Sensorless control of induction machines: With or without signal injection? *IEEE Trans. Ind. Elect.*, **53**(1), 7–30.

41. Holtz, J. (2002) Sensorless control of induction motor drives. *Proc. IEEE*, **90**(8), 1359–1394.

42. Acarnley, P. P. and Watson, J. F. (2006) Review of position-sensorless operation of brushless permanent-magnet machines. *IEEE Trans. Ind. Elect.*, **53**(2), 352–362.

43. Ward, E. E. and Harer, H. (1969) Preliminary investigation of an inverter-fed 5-phase induction motor. *Proc. IEEE*, **116**(6), 980–984.

44. Levi, E. (2008) Multiphase electric machines for variable-speed applications. *IEEE Trans on Ind. Elect.*, **55**(5), 1893–1909.

45. Abu-Rub, H., Iqbal, A., and Guzinski, J. (2010) Medium voltage drives: Challenges and requirements. *IEEE Int. Symp. on Ind. Elect., ISIE 2010* 4–7 July, Bari, Italy, pp. 1372–1376.

第 2 章　交流电机的数学模型与仿真模型

2.1　概述

本章将描述电力电子变换器与交流电机的基本建模流程。获得的数学模型将用在 MATLAB/Simulink 中建立仿真模型。除了描述诸如信号流程图的高级建模方法外，还将介绍数学建模的标准方法。

本章将给出交流电机的建模与仿真。对直流电机简要建模，并进行讨论。由于这类电机现在较少使用和分析，因此不会进行深入的讨论。在此讨论的交流电机是最受欢迎的三相异步电动机（笼型与绕线转子型）和三相永磁同步电动机。为了更好地理解电机，首先重要的一步就是对电机进行建模。对电机建模将会引导读者接触一些基本知识，这是理解和分析电气传动系统高性能控制技术的基础，本书涉及的高性能控制技术，包括磁场定向控制、直接转矩控制、反馈线性化控制、预测控制和无传感器运行。

多相电机与逆变器输出带有滤波器的异步电动机的建模将在后面的章节中进行讨论。它们也适用于交流电机的非线性模型。

2.2　直流电动机

本节展示他励和串励直流电动机的建模，主要用以学习而不进行应用分析。交流和直流电机的数学模型在文献 [1~5] 中可以找到。

2.2.1　他励直流电动机的控制

图 2-1 给出了一台他励直流电动机的等效电路，电动机的电枢侧采用一个理想电压源（模拟反电动势）和一个电阻进行建模。励磁电路由一个励磁电阻和电感来表示。两个电路分别由两路不同的电压源供电。

他励直流电动机的数学模型可以表示为[1~5]：

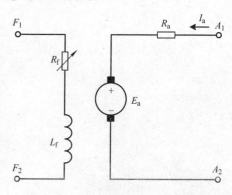

图 2-1　他励直流电动机的等效电路

$$u_a = R_a \cdot i_a + L_a \cdot \frac{di_a}{dt} + e \tag{2-1}$$

$$u_f = R_f \cdot i_f + \frac{d\Psi_f}{dt} \tag{2-2}$$

$$J \cdot \frac{d\omega_r}{dt} = t_e - t_l \tag{2-3}$$

其中 u_a、u_f、i_a 与 i_f 分别是电枢电压、励磁电压、电枢电流和励磁电流；R_a，R_f 是电枢电阻和励磁电阻；L_a 是电枢电感；J 是电机的转动惯量；ω_r 是转子角速度；Ψ_f 是励磁磁通，e 是电枢绕组上的感应电动势，t_l 是负载转矩。

电动机的感应电动势 e 与电机转矩 t_e 可以表示为

$$e = c_E \cdot i_f \cdot \omega_r \tag{2-4}$$

$$t_e = c_M \cdot \Psi_f \cdot i_a \tag{2-5}$$

假定磁路是线性的，那么磁通可以表示为

$$\Psi_f = L_f \cdot i_f \tag{2-6}$$

根据上述方程，可以得到采用状态变量微分方程描述的他励直流电动机数学模型为

$$\frac{di_a}{dt} = \frac{1}{L_a} \cdot u_a - \frac{R_a}{L_a} \cdot i_a - \frac{c_e \cdot i_f \cdot \omega_r}{L_a} \tag{2-7}$$

$$\frac{di_f}{dt} = \frac{u_f - R_f \cdot i_f}{L_f} \tag{2-8}$$

$$\frac{d\omega_r}{dt} = \frac{1}{J}(c_M \cdot L_f \cdot i_f \cdot i_a - t_l) \tag{2-9}$$

可以假定电动机具有下述的额定值为

$$T_m = \frac{J \cdot \omega_{rn}}{t_n} \tag{2-10}$$

$$T_a = \frac{L_a}{R_a} \tag{2-11}$$

$$T_f = \frac{L_f}{R_f} \tag{2-12}$$

$$K_1 = \frac{u_{na}}{i_{na}} \cdot \frac{1}{R_a} \tag{2-13}$$

$$K_2 = \frac{u_{nf}}{i_{nf}} \cdot \frac{1}{R_f} \tag{2-14}$$

$$K_3 = \frac{E_n}{i_n \cdot R_a} \tag{2-15}$$

其中 u_{na}，u_{nf}，i_{na} 与 i_{nf} 分别是额定电枢电压、额定励磁电压、额定电枢电流和额定励磁电流，t_n 是额定转矩，ω_{rn} 是额定速度，额定感应电动势为

$$E_n = c_E \cdot i_{nf} \cdot \omega_{rn} \tag{2-16}$$

这个电压也可以表示为

$$E_n = u_{na} - R_a \cdot i_{na} \tag{2-17}$$

电动机的标幺值模型为

$$\frac{\mathrm{d}i_a}{\mathrm{d}t} = K_1 \cdot \frac{1}{T_a} \cdot u_a - \frac{1}{T_a} \cdot i_a - \frac{K_a \cdot i_f \cdot \omega_r}{T_a} \tag{2-18}$$

$$\frac{\mathrm{d}i_f}{\mathrm{d}t} = K_2 \cdot \frac{u_f}{T_f} - \frac{i_f}{T_f} \tag{2-19}$$

$$\frac{\mathrm{d}\omega_r}{\mathrm{d}t} = \frac{1}{T_m}(i_f \cdot i_a - t_1) \tag{2-20}$$

图 2-2 ~ 图 2-4 给出了电动机模型的 Simulink 仿真子模块。

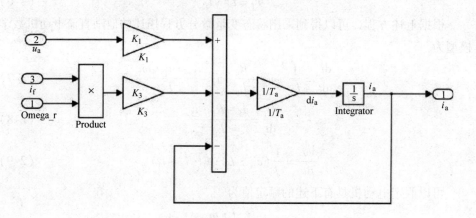

图 2-2　电枢电流闭环模型

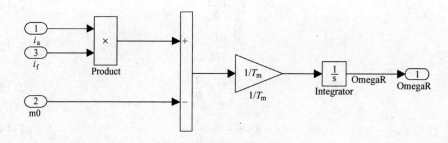

图 2-3　转子速度仿真模型

2.2.2　串励直流电动机的控制

图 2-5 给出了一台串励直流电动机的等效电路，电动机的电枢侧与励磁侧是串联在一起的。一台串励直流电动机的数学模型为

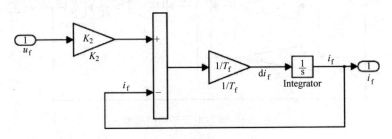

图 2-4　励磁电流仿真模型

$$\frac{\mathrm{d}i}{\mathrm{d}t} = \frac{1}{L}(u_\mathrm{s} - i_\mathrm{a} \cdot R - e)$$

$$(2\text{-}21)$$

$$\frac{\mathrm{d}\omega_\mathrm{r}}{\mathrm{d}t} = \frac{1}{J}(t_\mathrm{e} - t_1 - t_\mathrm{t}) \quad (2\text{-}22)$$

其中 u_s 是电压源，i_a 是电枢电流，t_1 是负载转矩，J 是转动惯量。电磁转矩 t_e 为

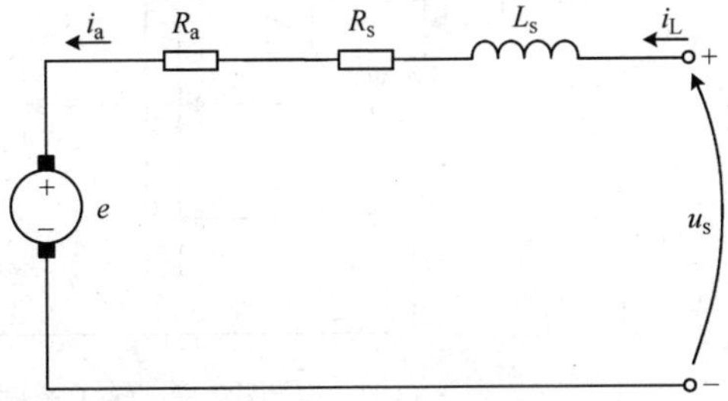

$$t_\mathrm{e} = c \cdot i^2 \qquad (2\text{-}23)$$

其中 c 是电机常数，t_t 摩擦转矩为

图 2-5　串励直流电动机等效电路

$$t_\mathrm{t} = B \cdot \omega_\mathrm{r} \qquad\qquad (2\text{-}24)$$

反电势为

$$e = c \cdot i \cdot \omega_\mathrm{r} \qquad\qquad (2\text{-}25)$$

电阻 R 为

$$R = R_\mathrm{s} + R_\mathrm{a} \qquad\qquad (2\text{-}26)$$

电感 L 为

$$L = L_\mathrm{s} + L_\mathrm{a} \qquad\qquad (2\text{-}27)$$

直流串励电动机的仿真模型，包含电枢电流子系统和转子速度子系统两个部分，如图 2-6、图 2-7 所示。

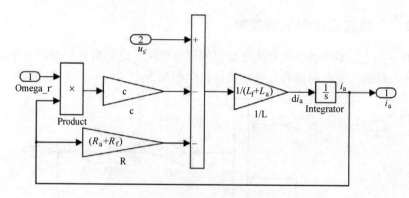

图 2-6 电枢电流环路的模型

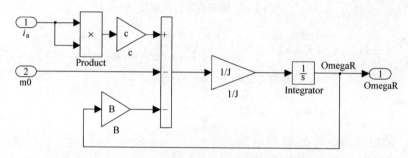

图 2-7 转子速度环路的模型

2.3 笼型异步电动机

2.3.1 空间矢量的描述

可以采用空间矢量方法[1~9]对一台三相交流电动机进行描述，正如 kovacs 与 racz 已经给出的那样。对于一台对称的电动机，交流电动机变量 $K_A(t)$、$K_B(t)$、$K_C(t)$满足下列条件：

$$K_A(t) + K_B(t) + K_C(t) = 0 \qquad (2\text{-}28)$$

空间矢量可以定义为这些变量的和

$$K = \frac{2}{3}\left[K_A(t) + aK_B(t) + a^2 K_C(t) \right] \qquad (2\text{-}29)$$

其中 $a = \mathrm{e}^{\mathrm{j}\frac{2}{3}\pi}$、$a^2 = \mathrm{e}^{\mathrm{j}\frac{4}{3}\pi}$。

图 2-8 给出了定子电流复数空间矢量。

空间矢量 K 可以表示电动机变量（例如电流、电压与磁链等）。交流电动机的矢量控制原理正是利用变量从实际的 *ABC* 三相系统到 αβ 静止坐标系或 *dq* 旋转坐标系[3~6]的变换。

以定子正弦电流 [i_{sA}，i_{sB}，i_{sC}] 的变换为例进行分析。可以首先进行 clarke 变换——将电流从 *ABC* 三相坐标系变换到 αβ 静止坐标系，然后再变换到 *dq* 旋转坐标系——Park 变换[1~9]。

2.3.2 克拉克变换（*ABC* 到 αβ）

三相正弦变量可以描述成为一个用两相正交坐标系来描述的空间矢量，如图 2-9 所示。

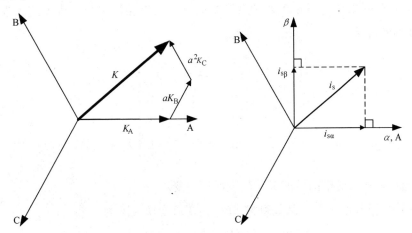

图 2-8 三相变量的复数空间矢量表示 图 2-9 定子电流矢量的 αβ 分量

定子电流矢量可以描述为下面的复数形式

$$\bar{i}_s = i_{s\alpha} + j i_{s\beta} \tag{2-30}$$

$$i_{s\alpha} = R_e \left\{ \frac{2}{3} \left[i_{sA} + a i_{sB} + a^2 i_{sC} \right] \right\} \tag{2-31}$$

$$i_{s\beta} = Im \left\{ \frac{2}{3} \left[i_{sA} + a i_{sB} + a^2 i_{sC} \right] \right\} \tag{2-32}$$

$$i_{s\alpha} = i_{sA} \tag{2-33}$$

$$i_{s\beta} = \frac{1}{\sqrt{3}} (i_{sA} + 2 i_{sB}) \tag{2-34}$$

这与下式等效

$$\begin{bmatrix} i_{s\alpha} \\ i_{s\beta} \end{bmatrix} = \begin{bmatrix} 1 & 0 & 0 \\ \dfrac{1}{\sqrt{3}} & \dfrac{2}{\sqrt{3}} & 0 \end{bmatrix} \begin{bmatrix} i_{sA} \\ i_{sB} \\ i_{sC} \end{bmatrix} \tag{2-35}$$

从 $\alpha\beta$ 到 ABC 的逆 clarke 变换为

$$\begin{bmatrix} i_{sA} \\ i_{sB} \\ i_{sC} \end{bmatrix} = \begin{bmatrix} 1 & 0 \\ -\dfrac{1}{2} & \dfrac{\sqrt{3}}{2} \\ -\dfrac{1}{2} & -\dfrac{\sqrt{3}}{2} \end{bmatrix} \begin{bmatrix} i_{s\alpha} \\ i_{s\beta} \end{bmatrix} \tag{2-36}$$

上述变换并未考虑零序分量,且变换前后的矢量长度保持不变。另外,也可以采用变换前后保持系统功率不变的变换矩阵。

从 ABC 三相系统到 $\alpha\beta0$ 静止系统变换时,如果保持矢量长度不变,那么变量的变换矩阵为

$$\boldsymbol{A}_W = \begin{bmatrix} \dfrac{1}{3} & \dfrac{1}{3} & \dfrac{1}{3} \\ \dfrac{2}{3} & -\dfrac{1}{3} & -\dfrac{1}{3} \\ 0 & \dfrac{1}{\sqrt{3}} & -\dfrac{1}{\sqrt{3}} \end{bmatrix} \tag{2-37}$$

其中下标 W 表示变换前后的矢量长度保持不变。

保持矢量长度不变,从 $\alpha\beta0$ 到 ABC 的变量变换矩阵为

$$\boldsymbol{A}_W^{-1} = \begin{bmatrix} 1 & 1 & 0 \\ 1 & -\dfrac{1}{2} & \dfrac{\sqrt{3}}{2} \\ 1 & -\dfrac{1}{2} & -\dfrac{\sqrt{3}}{2} \end{bmatrix} \tag{2-38}$$

保持系统功率不变,从 ABC 三相系统到 $\alpha\beta0$ 静止系统的变量变换矩阵为

$$\boldsymbol{A}_P = \begin{bmatrix} \dfrac{1}{\sqrt{3}} & \dfrac{1}{\sqrt{3}} & \dfrac{1}{\sqrt{3}} \\ \dfrac{\sqrt{2}}{\sqrt{3}} & -\dfrac{1}{\sqrt{6}} & -\dfrac{1}{\sqrt{6}} \\ 0 & \dfrac{1}{\sqrt{2}} & -\dfrac{1}{\sqrt{2}} \end{bmatrix} \tag{2-39}$$

其中 $\boldsymbol{A}_P$ 是维持系统功率不变的变换矩阵。

保持系统功率不变,从 $\alpha\beta0$ 到 ABC 的变量变换矩阵为

$$A_P^{-1} = \begin{bmatrix} \dfrac{1}{\sqrt{3}} & \dfrac{\sqrt{2}}{\sqrt{3}} & 0 \\[2ex] \dfrac{1}{\sqrt{3}} & -\dfrac{1}{\sqrt{6}} & \dfrac{\sqrt{2}}{2} \\[2ex] \dfrac{1}{\sqrt{3}} & -\dfrac{1}{\sqrt{6}} & -\dfrac{\sqrt{2}}{2} \end{bmatrix}$$
(2-40)

变量在从一个坐标系到另一个坐标系进行变换时，应遵循如下程序：

- 维持矢量长度不变的变换

$$\begin{bmatrix} x_0 \\ x_\alpha \\ x_\beta \end{bmatrix} = A_W \begin{bmatrix} x_A \\ x_B \\ x_C \end{bmatrix}$$
(2-41)

$$\begin{bmatrix} x_A \\ x_B \\ x_C \end{bmatrix} = A_W^{-1} \begin{bmatrix} x_0 \\ x_\alpha \\ x_\beta \end{bmatrix}$$
(2-42)

- 维持系统功率不变的变换

$$\begin{bmatrix} x_0 \\ x_\alpha \\ x_\beta \end{bmatrix} = A_P \begin{bmatrix} x_A \\ x_B \\ x_C \end{bmatrix}$$
(2-43)

$$\begin{bmatrix} x_A \\ x_B \\ x_C \end{bmatrix} = A_P^{-1} \begin{bmatrix} x_0 \\ x_\alpha \\ x_\beta \end{bmatrix}$$
(2-44)

其中 x 表示在某个特定坐标系中的任意变量。

2.3.3　派克变换（$\alpha\beta$ 到 dq）

这种变换目的是将静止坐标系中的 $\alpha\beta$ 两相分量投射到以角速度 ω_k 旋转的 dq 旋转坐标系中。假若坐标系的 d 轴与转子磁链在 d 轴完全重合，那么可以说是转子磁通定向系统。举例来说，定子电流空间矢量与其 $\alpha\beta$ 轴分量以及 dq 轴分量显示如图 2-10 所示。

dq 坐标系中的电流矢量为

$$\bar{i}_s = i_{sd} + ji_{sq} \qquad (2\text{-}45)$$

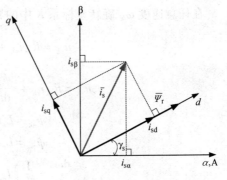

图 2-10　定子电流空间矢量在 $\alpha\beta$ 参考系及 dq 参考系中的分量

等效为

$$\bar{\boldsymbol{i}}_s = [\, i_{s\alpha}\cos(\gamma_s) + i_{s\beta}\sin(\gamma_s)\,] + j[\, i_{s\beta}\cos(\gamma_s) - i_{s\alpha}\sin(\gamma_s)\,] \tag{2-46}$$

继续推出

$$\bar{\boldsymbol{i}}_s = \begin{bmatrix} i_{sd} \\ i_{sq} \end{bmatrix} = \begin{bmatrix} \cos(\gamma_s) & \sin(\gamma_s) \\ -\sin(\gamma_s) & \cos(\gamma_s) \end{bmatrix} \begin{bmatrix} i_{s\alpha} \\ i_{s\beta} \end{bmatrix} \tag{2-47}$$

逆 park 变换矩阵为

$$\bar{\boldsymbol{i}}_s = \begin{bmatrix} i_{s\alpha*} \\ i_{s\beta*} \end{bmatrix} = \begin{bmatrix} \cos(\gamma_s) & -\sin(\gamma_s) \\ \sin(\gamma_s) & \cos(\gamma_s) \end{bmatrix} \begin{bmatrix} i_{sd*} \\ i_{sq*} \end{bmatrix} \tag{2-48}$$

上述的变量变换矩阵可以适用于所有的空间矢量（例如定子电压、转子磁链等）。

2.3.4　异步电动机标幺值模型

图 2-11 给出了一台异步电动机的一相等效电路，它包括定子侧电阻、漏电感、互电感、转子侧电阻、电感和感应电压。

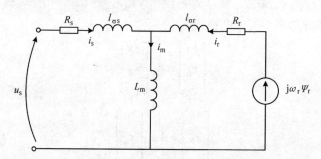

图 2-11　异步电动机的一相等效电路

在任意速度 ω_k 旋转坐标系 K 中的异步电机标幺值模型可以表示为

$$u_{sk} = R_{sk}i_{sk} + \frac{\mathrm{d}\psi_{sk}}{\mathrm{d}t} + j\omega_k\psi_{sk} \tag{2-49}$$

$$u_{rk} = R_{rk}i_{rk} + \frac{\mathrm{d}\psi_{rk}}{\mathrm{d}t} + j(\omega_k - \omega_r)\psi_{rk} \tag{2-50}$$

$$\psi_{sk} = L_s i_{sk} + L_m i_{rk} \tag{2-51}$$

$$\psi_{rk} = L_r i_{rk} + L_m i_{sk} \tag{2-52}$$

$$\frac{\mathrm{d}\omega_r}{\mathrm{d}t} = \frac{1}{T_M} [\, I_m(\psi_{sk}i_{sk}) - t_l\,] \tag{2-53}$$

其中 T_M 是机械时间常数；u_s、i_s、i_r、ψ_s、ψ_r 是电压、电流和磁通矢量（定子与转子），R_s、R_r 是定子与转子电阻，ω_r 是转子角速度，ω_k 是坐标系的角速度，

J 是转动惯量，t_1 是负载转矩。

电流的关系为

$$i_s = \frac{1}{L_s}\psi_s - \frac{L_m}{L_s}i_r \tag{2-54}$$

$$i_r = \frac{1}{L_r}\psi_r - \frac{L_m}{L_r}i_s \tag{2-55}$$

在任意速度旋转坐标系中的异步电动机标幺值模型可以表示为

$$\frac{di_{sx}}{d\tau} = -\frac{R_s L_r^2 + R_r L_m^2}{L_r w}i_{sx} + \frac{R_r L_m}{L_r w}\psi_{rx} + \omega_k i_{sy} + \omega_r \frac{L_m}{w}\psi_{ry} + \frac{L_r}{w}u_{sx} \tag{2-56}$$

$$\frac{di_{sy}}{d\tau} = -\frac{R_s L_r^2 + R_r L_m^2}{L_r w}i_{sy} + \frac{R_r L_m}{L_r w}\psi_{ry} - \omega_k \cdot i_{sx} - \omega_r \frac{L_m}{w}\psi_{rx} + \frac{L_r}{w}u_{sy} \tag{2-57}$$

$$\frac{d\psi_{rx}}{d\tau} = -\frac{R_r}{L_r}\psi_{rx} - \omega_r\psi_{ry} + \frac{R_r L_m}{L_r}i_{sx} \tag{2-58}$$

$$\frac{d\psi_{ry}}{d\tau} = -\frac{R_r}{L_r}\psi_{ry} + \omega_r\psi_{rx} + \frac{R_r L_m}{L_r}i_{sy} \tag{2-59}$$

$$\frac{d\omega_r}{d\tau} = \frac{L_m}{JL_r}(\psi_{rx}i_{sy} - \psi_{ry}i_{sx}) - \frac{1}{J}t_o \tag{2-60}$$

式中，u_s、i_s、i_r、ψ_s、ψ_r 是电压、电流和磁链矢量（定子与转子），R_s，R_r 是定子电阻与转子电阻，ω_r 是转子角速度，ω_k 是坐标系的角速度，J 是转动惯量，t_o 是负载转矩。

在 $\alpha\beta$ 静止坐标系中，即 $\omega_k = 0$，异步电动机的数学模型可以用状态变量的微分方程来描述[10]，如下：

$$\frac{di_{s\alpha}}{dt} = a_1 \cdot i_{s\alpha} + a_2 \cdot \Psi_{r\alpha} + \omega_r \cdot a_3 \cdot \Psi_{r\beta} + a_4 \cdot u_{s\alpha} \tag{2-61}$$

$$\frac{di_{s\beta}}{dt} = a_1 \cdot i_{s\beta} + a_2 \cdot \Psi_{r\beta} - \omega_r \cdot a_3 \cdot \Psi_{r\alpha} + a_4 \cdot u_{s\beta} \tag{2-62}$$

$$\frac{d\Psi_{r\alpha}}{dt} = a_5 \cdot \Psi_{r\alpha} + (-\omega_r) \cdot \Psi_{r\beta} + a_6 \cdot i_{s\alpha} \tag{2-63}$$

$$\frac{d\Psi_{r\beta}}{dt} = a_5 \cdot \Psi_{r\beta} + (-\omega_r) \cdot \Psi_{r\alpha} + a_6 \cdot i_{s\beta} \tag{2-64}$$

$$\frac{d\omega_r}{d\tau} = \frac{L_m}{L_r J}(\psi_{r\alpha}i_{s\beta} - \psi_{r\beta}i_{s\alpha}) - \frac{1}{J}t_o \tag{2-65}$$

其中，

$$a_1 = -\frac{R_s L_r^2 + R_r L_m^2}{L_r w} \tag{2-66}$$

$$a_2 = \frac{R_r L_m}{L_r w} \tag{2-67}$$

$$a_3 = \frac{L_m}{w} \tag{2-68}$$

$$a_4 = \frac{L_r}{w} \tag{2-69}$$

$$a_5 = -\frac{R_r}{L_r} \tag{2-70}$$

$$a_6 = R_r \frac{L_m}{L_r} \tag{2-71}$$

$$w = \sigma L_r L_s = L_r L_s - L_m^2 \tag{2-72}$$

$$\sigma = 1 - \frac{L_m^2}{L_r L_s} \tag{2-73}$$

上述方程均在图 2-12 中进行了建模。

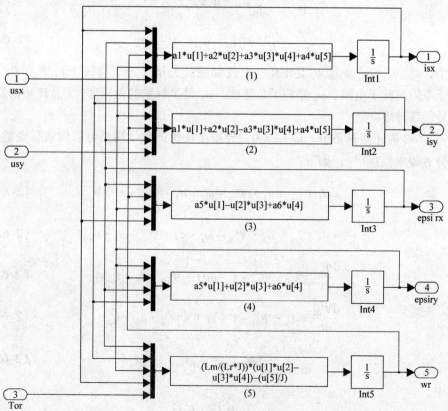

图 2-12　异步电动机仿真模型

2.3.5　双馈异步发电机（DFIG）

DFIG 的数学模型与笼型异步电动机很相似，唯一的区别在于转子电压不为 $0^{[10~15]}$，DFIG 的方程表示如下$^{[10~15]}$：

$$\vec{v}_s = R_s \vec{i}_s + \frac{d\vec{\psi}_s}{dt} + j\omega_s \vec{\psi}_s \tag{2-74}$$

$$\vec{v}_r = R_r \vec{i}_r + \frac{d\vec{\psi}_r}{dt} + j(\omega_s - \omega_r)\vec{\psi}_r \tag{2-75}$$

$$\vec{\psi}_s = L_s \vec{i}_s + L_m \vec{i}_r \tag{2-76}$$

$$\vec{\psi}_r = L_r \vec{i}_r + L_m \vec{i}_s \tag{2-77}$$

式中，v_r 和 v_s 是转子和定子电压，ψ_r 和 ψ_s 是转子和定子磁链，R_r、R_s、L_r 和 L_s 是转子和定子的电阻和电感，L_m 表示互感，ω_r 和 ω_s 是转子角速度和同步角速度。

在 dq 旋转坐标系中，电机模型为

$$v_{ds} = R_s i_{ds} - \omega_s \psi_{qs} + \frac{d\psi_{ds}}{dt} \tag{2-78}$$

$$v_{qs} = R_s i_{qs} + \omega_s \psi_{ds} + \frac{d\psi_{qs}}{dt} \tag{2-79}$$

$$v_{dr} = R_r i_{dr} - (\omega_s - \omega_r)\psi_{qr} + \frac{d\psi_{dr}}{dt} \tag{2-80}$$

$$v_{qr} = R_r i_{qr} + (\omega_s - \omega_r)\psi_{dr} + \frac{d\psi_{qr}}{dt} \tag{2-81}$$

$$\psi_{ds} = L_s i_{ds} + L_m i_{dr} \tag{2-82}$$

$$\psi_{qs} = L_s i_{qs} + L_m i_{qr} \tag{2-83}$$

$$\psi_{dr} = L_r i_{dr} + L_m i_{ds} \tag{2-84}$$

$$\psi_{qr} = L_r i_{qr} + L_m i_{qs} \tag{2-85}$$

电动机转矩为

$$T_e = \frac{3}{2}p(\psi_{dr}i_{qs} - \psi_{qr}i_{ds}) = \frac{3}{2}pL_m(i_{dr}i_{qs} - i_{qr}i_{ds}) \tag{2-86}$$

电动机中机械部分的模型为

$$\frac{d\omega_m}{dt} = \frac{p}{J}(T_e - T_L) \tag{2-87}$$

用来推导上述标幺值电动机模型的基值见表 2-1。

表 2-1　DFIG 的基值

基值	公式
电压	$V_b = V_n$
功率	$S_b = S_n$
电流	$I_b = \dfrac{S_b}{\sqrt{3}\,V_b}$
阻抗	$Z_b = \dfrac{V_b^2}{S_n}$
速度	$\omega_b = 2\pi f_n$
转矩	$T_b = \dfrac{S_b}{\omega_b / p}$
磁链	$\psi_b = \dfrac{V_b}{\omega_b}$

与电网相连的 DFIG 的 $\alpha\beta(xy)$ 坐标系中的标幺值模型, 可以用状态变量的下列微分方程进行描述, 其中定子磁链分量与转子电流均折算到转子侧

$$\frac{\mathrm{d}\phi_{sx}}{\mathrm{d}t} = a_{11}\phi_{sx} + a_{12}u_{sx}i_{rx} \tag{2-88}$$

$$\frac{\mathrm{d}\phi_{sy}}{\mathrm{d}t} = a_{11}\phi_{sy} + a_{12}u_{sy}i_{ry} \tag{2-89}$$

$$\frac{\mathrm{d}i_{rxR}}{\mathrm{d}t} = a_{21}i_{rxR} + a_{22}\phi_{sxR} - a_{23}\omega_r\phi_{syR} + b_{21}u_{rx} - b_{22}u_{sxR} \tag{2-90}$$

$$\frac{\mathrm{d}i_{ryR}}{\mathrm{d}t} = a_{21}i_{ryR} + a_{22}\phi_{syR} + a_{23}\omega_r\phi_{sxR} + b_{21}u_{ry} - b_{22}u_{syR} \tag{2-91}$$

$$\frac{\mathrm{d}\gamma_{fir}}{\mathrm{d}t} = \omega_r \tag{2-92}$$

$$\frac{\mathrm{d}\gamma_{ksi}}{\mathrm{d}t} = \omega_s - \omega_r \tag{2-93}$$

常数 a、b 定义为

$$a_{11} = -\frac{R_s}{L_s}, \quad a_{12} = \frac{R_s L_m}{L_s} \tag{2-94}$$

$$a_{21} = -\frac{(L_s^2 R_r + L_m^2 R_s)}{L_s(L_s L_r - L_m^2)}, \quad a_{22} = -\frac{L_m R_s}{L_s(L_s L_r - L_m^2)}, \quad a_{23} = -\frac{L_m}{L_s L_r - L_m^2} \tag{2-95}$$

$$b_{21} = -\frac{L_s}{L_s L_r - L_m^2}, \quad b_{22} = -\frac{L_m}{L_s L_r - L_m^2} \tag{2-96}$$

在上述方程中, u_s、i_s 是定子电压、电流矢量, R_s、L_s 是定子电阻、电感,

ω_r、ω_s 是转子、定子角速度，γ_{fir} 是转子角位置（即是 MATLAB/Simulink 中的 *fir* 变量），γ_{ksi} 是定子磁链与转子之间的角度（即是 MATLAB/Simulink 中的 *kis* 变量），上述方程在 MATLAB/Simulink 中的建模如图 2-13 所示。

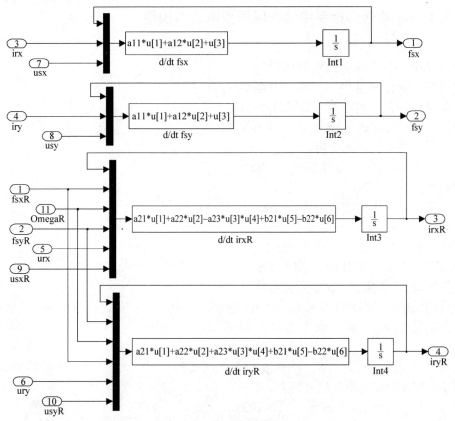

图 2-13　DFIG 在 $\alpha\beta$ 坐标系中的模型

2.4　永磁同步电动机的数学模型

PMSM 在以任意速度 ω_k 旋转坐标系中的标幺值数学模型为[16~20、22、23]：

$$\vec{u}_s = R_s \vec{i}_s + \frac{\mathrm{d}\vec{\psi}_s}{\mathrm{d}t} + j\omega_k \vec{\psi}_s \tag{2-97}$$

$$\vec{\psi}_s = L_s \vec{i}_s + \vec{\psi}_f \tag{2-98}$$

$$\frac{\mathrm{d}\omega_r}{\mathrm{d}t} = \frac{1}{J}(t_e - t_1) \tag{2-99}$$

$$\frac{\mathrm{d}\theta}{\mathrm{d}t} = \omega_r \tag{2-100}$$

式中，ω_r 是转子角速度，θ 是转子角位置，ψ_f 是永磁磁链。

2.4.1 dq 旋转坐标系中的永磁同步电动机模型

在以转子速度旋转的 dq 坐标系中，描述 PMSM 电动机模型和设计电动机的控制方案是很方便的。根据空间矢量理论，采用本章前面给出的方程，可以实现变量在 $\alpha\beta$ 静止坐标系与 dq 旋转坐标系之间的变换。

图 2-14 给出了 dq 坐标系中 PMSM 的示意图。

在 PMSM 中，主磁场是由永磁体产生的。这些永磁体放置在转子上，它产生的磁场不随时间发生变化，假定定子电流不会对其产生影响（没有电枢反应）。事实上，定子电流会产生

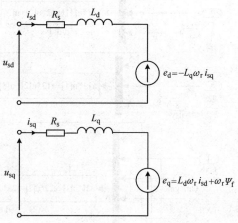

图 2-14　PMSM 在 dq 系下的电路

自己的磁场，进而影响到磁路中原有的永磁体磁场——这称为电枢反应。总的定子磁链是这两部分的总和[20]如图 2-15 所示：

$$\psi_d = \psi_{ad} + \psi_f = L_d i_d + \psi_f \tag{2-101}$$

$$\psi_q = \psi_{aq} = L_q i_q \tag{2-102}$$

其中，定子侧的电枢反应磁链为

$$\psi_{ad} = L_d i_d \tag{2-103}$$

$$\psi_{aq} = L_q i_q \tag{2-104}$$

从图 2-15 中可以明显看出，磁场的变化依赖于定子电流的位置及强度。在空载情况下，电枢反应可以认为近似为 0，因为此时的定子电流几乎可以忽略。

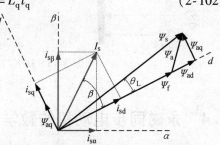

图 2-15　定子磁链与定子电流相量图

电机绕组中感应的反电势（e）在 dq 坐标系中可以描述为

$$e_d = -L_q \omega_r i_q \tag{2-105}$$

$$e_q = L_d \omega_r i_d + \omega_r \psi_f \tag{2-106}$$

静止坐标系中，电动机的转矩可以描述为反电动势的函数，如下：

$$t_e = \frac{e_\alpha i_\alpha + e_\beta i_\beta}{\omega_r / p} \tag{2-107}$$

最高的转子速度可以从下述关系中得到

$$\omega_{max} = \frac{E_{smax}}{\psi_s}$$ (2-108)

其中，E_{smax} 是电动机中最高的感应相电压，ω_{max} 是在额定磁通下的电动机最高转速，更高的速度可以通过弱磁控制来实现。

因此，对于 $E_{smax} = 248\mathrm{V}$ 和 $\omega_{max} = 209.4\mathrm{rad/s}$ 的电动机，磁通为

$$\psi_s = \frac{E_{smax}}{\omega_{max}} = \frac{248}{209.4} = 1.18 \ (\mathrm{W_b})$$

2.4.2 仿真用电动机参数的举例

电动机的额定参数值及电动机参数的标幺值见表2-2和表2-3。

表2-2 PMSM 电动机模型的基值

变量	值	单位	描述
U_b	429.5	V	电压
I_b	467.7	A	电流
Z_b	0.918518519	Ω	阻抗
Ω_{mb}	868.7	rad/s	机械速度
ψ_b	0.514020925	Wb	磁通
L_b	0.001099149	H	电感
T_b	961.5	N·m	转矩
Ω_0	835.7	rad/s	电角速度
J_b	0.001324577	kg·m²	转动惯量

表2-3 电动机参数标幺值

参数	值	单位	描述
R_s	0.021774	p.u.	20℃
R_s	0.032988	p.u.	150℃
I_f	0.24564	p.u.	
$L_{ad} = L_m$	0.61866	p.u.	
L_d	0.86431	p.u.	
L_q	0.864305343	p.u.	
ψ_e	2.304	p.u.	
J	189	p.u.	仅电动机自身惯量
T_n	0.65	p.u.	额定转矩

2.4.3 永磁同步电动机的标幺值模型

PMSM 的数学模型可以描述为状态变量微分方程的形式，既可以采用 dq 坐标系的方程，也可以采用静止坐标系中的方程，前者更受欢迎。在以转子速度旋转的 dq 坐标系中的电动机模型[18,22]为：

$$\frac{\mathrm{d}i_{\mathrm{d}}}{\mathrm{d}t} = -\frac{R_{\mathrm{s}}}{L_{\mathrm{d}}}i_{\mathrm{d}} + \frac{L_{\mathrm{q}}}{L_{\mathrm{d}}}\omega_{\mathrm{r}}i_{\mathrm{q}} + \frac{1}{L_{\mathrm{d}}}u_{\mathrm{d}} \tag{2-109}$$

$$\frac{\mathrm{d}i_{\mathrm{q}}^{\cdot}}{\mathrm{d}t} = -\frac{R_{\mathrm{s}}}{L_{\mathrm{q}}}i_{\mathrm{q}} - \frac{L_{\mathrm{d}}}{L_{\mathrm{q}}}\omega_{\mathrm{r}}i_{\mathrm{d}} - \frac{1}{L_{\mathrm{q}}}\omega_{\mathrm{r}}\psi_{\mathrm{f}} + \frac{1}{L_{\mathrm{q}}}u_{\mathrm{q}} \tag{2-110}$$

$$\frac{\mathrm{d}\omega_{\mathrm{r}}}{\mathrm{d}t} = \frac{1}{T_{\mathrm{M}}}\left[\psi_{\mathrm{f}}i_{\mathrm{q}} + (L_{\mathrm{d}} - L_{\mathrm{q}})i_{\mathrm{d}}i_{\mathrm{q}} - t_{\mathrm{l}}\right] \tag{2-111}$$

$$\frac{\mathrm{d}\theta_{\mathrm{r}}}{\mathrm{d}t} = \omega_{\mathrm{r}} \tag{2-112}$$

式中，u_{s}、i_{s} 是定子电压、电流矢量，R_{s} 是定子电阻，L_{d}、L_{q} 是 dq 坐标系中的电感，ω_{r} 是转子角速度，J 是转动惯量，t_{l} 是负载转矩，T_{M} 是机械时间常数。

上述方程均可以在 MATLAB/Simulink 中建模，如图 2-16 所示。

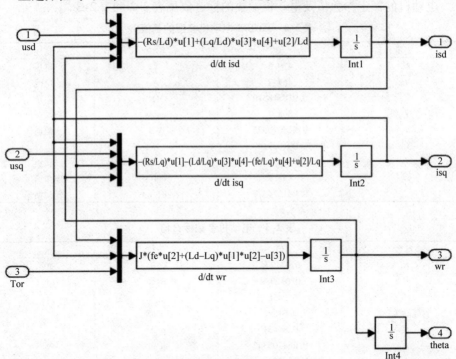

图 2-16　PMSM 内部 Simulink 模型

仿真用嵌入式 PMSM 的参数为 $R_{\mathrm{s}} = 0.032988$，$L_{\mathrm{d}} = 0.86431$，$L_{\mathrm{q}} = 0.86431$，$\Psi_{\mathrm{f}} = f_{\mathrm{e}} = 2.3036$，$J = 0.00529$，电动机的额定速度是 2000r/min。

2.4.4　$\alpha\beta(xy)$ 坐标系永磁同步电动机模型

在 $\alpha\beta$ 静止坐标系中[23]，给出了 PMSM 标幺值模型，如下：

$$\frac{\mathrm{d}i_{\mathrm{sx}}}{\mathrm{d}t} = \frac{1}{L_{\mathrm{d}}}\omega_{\mathrm{r}}\phi_{\mathrm{sy}} + (u_{\mathrm{sx}} - R_{\mathrm{s}}i_{\mathrm{sx}})\left(\frac{1}{L_{\mathrm{d}}}\cos^2\theta + \frac{1}{L_{\mathrm{q}}}\sin^2\theta\right) + 0.5(u_{\mathrm{sy}} - R_{\mathrm{s}}i_{\mathrm{sy}})\sin2\theta\left(\frac{1}{L_{\mathrm{d}}} - \frac{1}{L_{\mathrm{q}}}\right)$$
$$(2\text{-}113)$$

$$\frac{\mathrm{d}i_{\mathrm{sy}}}{\mathrm{d}t} = \frac{1}{L_{\mathrm{d}}}\omega_{\mathrm{r}}\phi_{\mathrm{sx}} + (u_{\mathrm{sy}} - R_{\mathrm{s}}i_{\mathrm{sy}})\left(\frac{1}{L_{\mathrm{d}}}\sin^2\theta + \frac{1}{L_{\mathrm{q}}}\cos^2\theta\right) + 0.5(u_{\mathrm{sx}} - R_{\mathrm{s}}i_{\mathrm{sx}})\sin2\theta\left(\frac{1}{L_{\mathrm{d}}} - \frac{1}{L_{\mathrm{q}}}\right)$$
$$(2\text{-}114)$$

$$\frac{\mathrm{d}\omega_{\mathrm{r}}}{\mathrm{d}t} = J[\phi_{\mathrm{sx}}i_{\mathrm{sy}} - \phi_{\mathrm{sy}}i_{\mathrm{sx}} - t_{\mathrm{l}}] \qquad (2\text{-}115)$$

$$\frac{\mathrm{d}\theta}{\mathrm{d}t} = \omega_{\mathrm{r}} \qquad (2\text{-}116)$$

其中

$$\phi_{\mathrm{sx}} = \frac{L_{\mathrm{d}}}{L_{\mathrm{q}}}F_{\mathrm{f}}\cos\theta - \left(1 - \frac{L_{\mathrm{d}}}{L_{\mathrm{q}}}\right)L_0(i_{\mathrm{sx}}\cos2\theta + i_{\mathrm{sy}}\sin2\theta) + L_2 i_{\mathrm{sx}} \qquad (2\text{-}117)$$

$$\phi_{\mathrm{sy}} = \frac{L_{\mathrm{d}}}{L_{\mathrm{q}}}F_{\mathrm{f}}\sin\theta - \left(1 - \frac{L_{\mathrm{d}}}{L_{\mathrm{q}}}\right)L_0(i_{\mathrm{sy}}\cos2\theta + i_{\mathrm{sx}}\sin2\theta) + L_2 i_{\mathrm{sy}} \qquad (2\text{-}118)$$

$$L_0 = \frac{L_{\mathrm{d}} + L_{\mathrm{q}}}{2} \text{和} \quad L_2 = \frac{L_{\mathrm{d}} - L_{\mathrm{q}}}{2} \qquad (2\text{-}119)$$

其中，u_{s}、i_{s} 是定子电压、电流矢量，R_{s} 是定子电阻，$L_{\mathrm{d}}L_{\mathrm{q}}$ 是 dq 坐标系中的转子电阻、电感，ω_{r} 是转子角速度，J 是转动惯量，t_{l} 是负载转矩。

上述方程如图 2-17 所示进行了仿真建模。

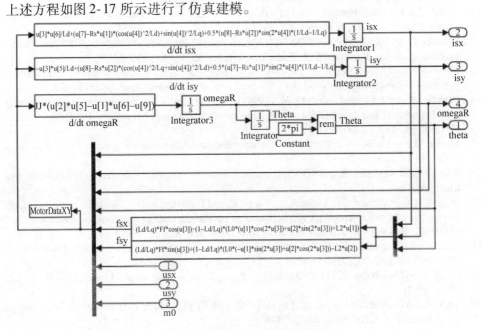

图 2-17　PMSM 在 $\alpha\beta$ 坐标系的模型

2.5 练习题

设计异步电动机、双馈异步发电机与永磁同步电动机的仿真模型（采用正弦信号输入）。

<h1 style="text-align:center">参 考 文 献</h1>

1. Mohan, N. (2001) *Electric Drives an Integrative Approach*, 2nd edn, MNPERE, Minneapolis.
2. Bose, B. K. (2006) *Power Electronics and Motor Drives: Advances and Trends*. Amsterdam, Academic Press, Elsevier.
3. Leonhard, W. (2001) *Control of Electrical Drives*. Berlin, Springer.
4. Krishnan, R. (2001) *Electric Motor Drives: Modeling, Analysis and Control*. Prenctice Hall.
5. Chiasson, J. (2005) *Modeling and High Performance Control of Electric Machines*. Chichester, John Wiley & Sons.
6. Kovacs, K.P. and Racz, I. (1959) *Transiente Vorgange in Wechselstrommachinen*. Budapest, Akad. Kiado.
7. Blaschke F. (1971) Das Prinzip der Feldorientierung, die Grundlage fur Transvector-regelung von Drehfeld-maschine, *Siemens Z*, **45**, 757–760.
8. Texas Instruments Europe (1998) *Field Orientated Control of 3-Phase AC-Motors*. Texas Instruments, Inc.
9. Mohan, N. (2001) *Advanced Electric Drives Analysis, Control, and Modeling using Simulink*. MNPERE, Minneapolis.
10. Bogdan, M. Wilamowski, J., and Irwin, D. (2011) *The Industrial Electronics Handbook: Power Electronics and Motor Drives*. Taylor and Francis Group, LLC.
11. Bogalecka, E. (1993) Power control of a double fed induction generator without speed or position sensor. *Conf. Rec. EPE*, pt. 8, vol **377**, ch. **50**, pp. 224–228.
12. Iwanski, G. and Koczara, W. (2008) DFIG-based power generation system with UPS function for variable-speed applications. *IEEE Trans. Ind. Electn.*, **55**(8), 3047–3054.
13. Lin, F-J., Hwang, J-C., Tan, K-H., Lu, Z-H., and Chang, Y-R. (2010) Control of doubly-fed induction generator system using PIDNNs. *2010 9th Int. Conf. Mach. Learn. Appl.* pp. 675–680.
14. Pena, R., Clare, J. C., and Asher, G. M. (1996) Doubly fed induction generator using back-to-back PWM converters and its application to variable-speed wind-energy generation. *IEEE Proc. -Electr. Power Appl.*, **143**(3), 231–241.
15. Muller, M. and De Doncker, R. W. (2002) Doubly-fed induction generator systems for wind turbines. *IEEE IAS Mag.*, **8**(3), 26–33.
16. Pillay, P. and Knshnan, R. (1988) Modeling of permanent magnet motor drives. *IEEE Trans. Ind. Elect.*, **35**(4)
17. Burgos, R. P., Kshirsagar, P., Lidozzi, A., Wang, F., and Boroyevich, D. (2006) Mathematical model and control design for sensorless vector control of permanent magnet synchronous machines. *IEEE COMPEL Workshop, Rensselaer Polytech. Inst.*, Troy, NY, July 16–19.
18. Pajchrowski, T. and Zawirski, K. (2005) Robust speed control of servodrive based on ANN. *IEEE ISIE 2005* June 20–23, Dubrovnik.
19. Pillay, P. and Krishnan, R. (1988) Modeling of permanent magnet motor drives. *IEEE Trans. Ind. Elect.*, **35**(4).
20. Stulrajter, M., Hrabovcova, V., and Franko, M. (2007) Permanent magnets synchronous motor control theory. *J. Elect. Eng.*, **58**(2), 79–84.

21. Krzemiński, Z. (1987) Nonlinear control of induction motor. *10th World Cong. Auto. Cont., IFAC '87,* Monachium, Niemcy. pp. 27–31.

22. Zawirski, K. (2005) *Control of Permanent Magnet Synchronous Motors (in Polish)* Poznan, Poland.

23. Morawiec, M., Krzemiński, Z., and Lewicki, A. (2009) Control of PMSM with rotor speed observer: Sterowanie silnikiem o magnesach trwałych PMSM z obserwatorem prędkości kątowej wirnika. *Przegląd Elektrotechniczny (Electrical Review) (in Polish),* 0033-2097 R. 85 NR 8/2009.

第3章 电力电子 DC – AC 变换器的脉宽调制技术

3.1 概述

    在大多数的调速电动机驱动应用中，脉宽调制（PWM）技术应用于逆变器（DC – AC 变换器），以输出可变压变频的交流波形。逆变器的输入是直流，可以从可控或不可控的整流器获得。因此，逆变器是两级的电力变换器，先将电网的交流转换为直流，再将直流转换为交流。在最近的 30 年中，PWM 和电力电子 DC – AC 变换器的控制引起了人们的广泛关注。在这个领域的研究仍然活跃，[1~6] 介绍了几种不同的策略。其基本的思想是按照等面积原则，调节脉冲的持续时间或者占空比，实现对电压、电流、功率和频率的控制。由于快速数字信号处理器、微控制器和现场可编程门阵列（FPGA）的出现，复杂的 PWM 算法的实现变得简单。在电力电子变换器的应用中，PWM 是电力电子变换器中一种基本的能量处理技术，而最先是通过使用分立电子元件的模拟电路技术实现的。现今，是通过先进的信号处理器件数字化实现的。本章给出了基于最基本和经典的正弦载波 PWM 技术和先进的空间电压 PWM（SVPWM）方案。文献显示，正弦载波 PWM（SPWM）和 SVPWM（Space Vector Pulse Width Modulation，空间矢量脉宽调制）技术之间存在隐含的关系。其中一节致力于理解它们两者之间这种隐含的关系。PWM 技术大多都可以覆盖线性调制范围，其中 3.4.8 节专门研究过调制方法。解析方法由 MATLAB/Simulink 进行仿真验证。人工智能网络提供了一种不错的非线性映射工具，用来为三相 VSI（Voltage Source Inerter，电压源逆变器）产生 PWM 波，详细说明见 3.4.11 节。3.5 节讨论了 SVPWM 和 SPWM 之间全面的关系。对于中压大功率应用，需要使用多电平逆变器。3.6 节讨论了多电平逆变器的基本拓扑结构和 PWM 技术。3.7 节描述了一些特殊的逆变器——Z 源逆变器和准 Z 源逆变器，它们基于阻抗源并具有升压功能。3.9 节给出了在逆变器一相桥臂的开通和关断之间使用死区时间的影响，3.10 节给出本章总结。

3.2 电压型逆变器脉冲宽度调制技术的分类

    不同类别的 PWM 技术可以从文献中获得，但是最基本的 PWM 技术是 SPWM。

高频载波通过与正弦调制信号比较，产生适合的门极信号控制逆变器。其他的 PWM 技术由这种基本的 PWM 技术发展形成。SVPWM 虽然显得和 SPWM 不同，但它们之间有很强的隐含关系[1~5]。在 SVPWM 中，每个电力开关的开通时间由时间变量的解析方程直接计算得到[6]。然后，功率开关根据预定义的开关模式进行开关动作。相比较于 SPWM，SVPWM 可实现更高的输出电压。调制技术的主要目标是，在输出电压总谐波畸变率最小的情况下，获得最大的输出电压。PWM 技术可以概括地分类为：

- 连续 PWM；
- 不连续 PWM。

在不连续的 PWM 技术中，功率开关不是定期开关的。一些开关在一个采样周期中不会改变工作状态。这种技术可用来减小开关损耗。SVPWM 方案可以经过修改实现不连续的开关。详细讨论见 3.4.6 节。

3.3　PWM 控制的逆变器

本节详细地说明了一些基本的逆变器电路拓扑，描述了逆变器的方波运行和 PWM 运行，连同输出电压的谐波谱分析。

3.3.1　单相半桥逆变器

图 3-1 为单相半桥电压源型逆变器的功率主电路拓扑。如图 3-1 所示，逆变器由两个功率半导体开关器件组成，每个开关由一个晶体管（BJT，MOSFET，IGBT 等）和一个为电流提供反向通路的续流二极管。在这个电路拓扑中，要么 S_1 开通，要么 S_1' 开通。当负载是感性时，续流二极管导通，输出电压极性突然变化不会瞬时改变电流方向。

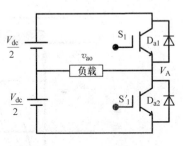

图 3-1　半桥逆变器的主电路

的确，对于阻性负载，二极管不会导通。当开关 S_1 导通，输入电压 $0.5V_{dc}$ 加在负载两端上。相反的，当晶体管 S_1' 开通，负载两端的电压反向，为 $-0.5V_{dc}$。开关状态、电流回路和输出电压极性的波形如图 3-2 所示，开关信号连同输出电压波形如图 3-3 所示。通过图 3-2 和图 3-3 可以很好地理解逆变器的运行。逆变器的输出基波频率可以通过修改开关周期来改变，电压幅值可以通过调节直流环节的电压来改变。

输出电压是方波，如图 3-3 所示，其傅里叶分析为

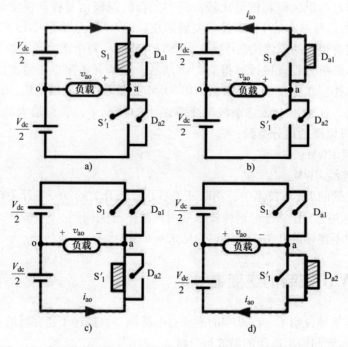

图 3-2 半桥逆变器的开关状态：a）和 c）$i_{ao} > 0$；b）和 d）$i_{ao} < 0$

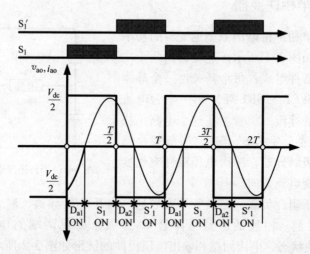

图 3-3 半桥逆变器的开关信号和输出电压/电流

$$v_{ao}(t) = \sum_{n=1}^{\infty} \frac{4}{n\pi}(0.5V_{dc})\sin(n\omega t) \tag{3-1}$$

其中 $\omega = 2\pi f = 2\pi/T$；T 是输出周期，f 是输出基波频率。

v_{ao} 的基波成分由 $v_{ao1} = \dfrac{4}{\pi}(0.5 V_{dc})\sin(\omega t)$ 获得；基波的峰值是 $V_{ao} = \dfrac{4}{\pi}(0.5 V_{dc})$；有效值是 $V_{ao,rms} = \dfrac{4}{\pi\sqrt{2}}(0.5 V_{dc})$。输出相电压中谐波含量的图形化显示如图 3-4 所示。此图显示，输出电压中包含大量的低次谐波如 3 次、5 次、7 次等，谐波幅值随着其阶次增加呈反向变化。

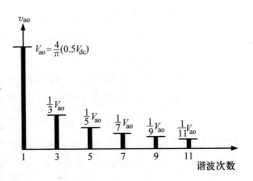

图 3-4　半桥逆变器输出电压的典型谐波谱

在这种逆变器拓扑中，SPWM 方案是通过比较一个正弦/余弦变换的控制/调制电压 $v_m(t)$ 和一个高频的载波信号实现的，调制电压 $v_m(t)$ 的幅值是 V_m，频率是 f_m（假定负载是电动机，调制波的频率是与电动机速度相对应的一个低频信号）。载波频率是 f_c，在大多数应用中，载波的形状是三角波。如果选择了三角形的载波，称之为双边沿调制。一种简单的波形是锯齿载波，使用这种载波形状的调制被称为单边沿调制。其他形状的载波，比如反向修正正弦波，也在参考文献 [6，7] 中有介绍。不过，三角载波是最受欢迎的，因为它能提供较好的谐波性能。

载波信号和控制信号的幅值比称为"幅值调制比"或者"调制系数"为

$$m = \frac{|v_m|}{|v_c|} = \frac{V_m}{V_c} \tag{3-2}$$

当调制信号小于或等于载波信号，称为"线性调制区"。当调制信号的幅值大于载波信号，称为"脉冲丢失模式"或者"过调制区域"。这样命名是因为调制信号的一些边沿不会与载波相交叉，因此调制信号被修正。虽然输出电压增加，调制范围增加，但是却引入了低次谐波。3.4.8 节单独讨论过调制的细节。这里的讨论限制在线性调制区。SPWM 中定义的另一个参数称为"频率调制比"为

$$m_f = \frac{f_c}{f_m} \tag{3-3}$$

这也是一个决定输出电压谐波性能的重要参数，在本章后面部分介绍了该比值的选择。逆变器桥臂的开关频率和三角载波信号的频率相等，开关周期为 $T_c = 1/f_c$。

门极信号/开关信号由载波信号和控制信号或者调制信号相交叉的时刻产生。如果控制或者调制信号的幅值 V_m 大于载波信号的幅值 (V_c)，上方的开关 S_1 导通，$v_{ao} = V_{dc}/2$。

如果控制或者调制信号的幅值（V_m）小于载波信号的幅值（V_c），下面的开关 S'_1 导通，$v_{ao} = -V_{dc}/2$。在逆变桥臂的这种开关形式下，输出电压在 $V_{dc}/2$ 与 $-V_{dc}/2$ 之间变化，如图 3-5 所示，称为双极性 PWM。"双极性"是由于桥臂的输出电压既有正值，也有负值。在一个开关周期 T_c 中，桥臂电压的平均值 V_{AO} 可以由图 3-6 决定，图 3-6 是三角波形的一个周期。在逆变器的一个开关周期 T_c 间，由于三角载波的开关频率高于调制波，调制波的幅值可以假定为接近恒值。S_1 开通持续时间由 δ_1 来表示，S'_1 的开通持续时间由 δ'_1 来表示。通过使用三角形的等价关系，可以得到以下关系：

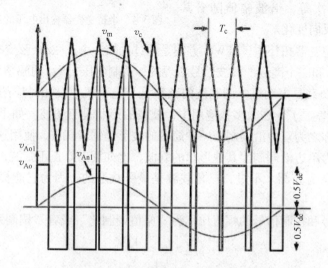

图 3-5　单逆变桥臂的双极性 PWM 波形

$$\frac{\delta'_1/2}{T_c/2} = \frac{V_c + V_m}{V_c + V_c}$$

$$\delta'_1 = T_c \left(\frac{V_c + V_m}{2V_c} \right) \quad (3\text{-}4)$$

$$\delta_1 = T_c - \delta'_1 = T_c \left[1 - \left(\frac{V_c + V_m}{2V_c} \right) \right]$$

$$(3\text{-}5)$$

为了确定一个开关周期内的平均输出电压，应用伏秒平衡关系（对于这两个开关和平均电压输出，电压和时间的乘积应该相等），可以得出

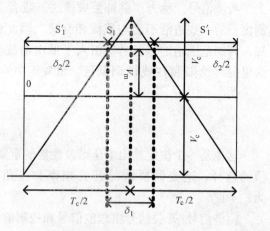

图 3-6　SPWM 中的一个开关周期

$$\delta_1 \frac{V_{\rm dc}}{2} - \delta_1' \frac{V_{\rm dc}}{2} = T_{\rm c} V_{\rm Ao} \tag{3-6}$$

$$V_{\rm Ao} = \frac{1}{T_{\rm c}} \frac{V_{\rm dc}}{2} (\delta_1 - \delta_1') = \frac{V_{\rm m}}{V_{\rm c}} \frac{V_{\rm dc}}{2} \tag{3-7}$$

$$V_{\rm Ao} = m \frac{V_{\rm dc}}{2} \tag{3-8}$$

逆变器的桥臂电压平均值正比于调制系数（m），当调制系数是 1 时，电压平均值为最大值，是 $V_{\rm dc}/2$。当调制信号本质上是正弦时，输出电压也是正弦变化，且 $m = 1$ 时峰值为 $V_{\rm dc}/2$。

在 SPWM 方案中，逆变器输出电压波形的谐波表现为以开关频率和它的倍数（比如在 $f_{\rm c}$、$2f_{\rm c}$、$3f_{\rm c}$ 等）为中心的旁瓣。谐波出现频率的一般形式为[3]

$$f_{\rm h} = \left(j \frac{f_{\rm c}}{f_{\rm m}} \pm k \right) f_{\rm m} \tag{3-9}$$

且谐波阶次 h 为

$$h = \frac{f_{\rm h}}{f_{\rm m}} = \left(j \frac{f_{\rm c}}{f_{\rm m}} \pm k \right) \tag{3-10}$$

应该注意，对于所有的奇数 j，谐波会在偶数的 k 值处出现，反之亦然。一般地，频率调制比会选择为奇数，避免在输出电压中出现偶次谐波。逆变器开关频率的选择取决于应用场合。理想地，开关频率应该尽可能的低，以避免电力开关器件在开、断时的过多损耗。但是，当开关频率较低时，输出电压的质量很差。因此，中等容量的电动机驱动系统的开关频率保持在 4kHz 和 10kHz 之间。

对于较低的频率调制比，通常 $m_{\rm f} \leqslant 21$，调制信号或者控制信号和载波信号是同步的，称为同步 PWM。频率调制比被选择为整数以便进行合适的同步化处理。如果频率调制比是非整数，输出电压波形中出现次谐波（低于基波频率）。因此，在同步 PWM 中，开关频率应该随基波输出频率的改变而改变，以保持其比值为整数，这样可以避免次谐波的产生。

对于更高的频率调制比，$m_{\rm f} > 21$，不需要保证载波和调制波的同步化，结果就是异步 PWM。由于次谐波的幅值会很小，可以使用异步 PWM。然而，在大功率应用中，即使很小的次谐波也会导致大量的损耗。因此对于大功率应用，推荐使用同步 PWM。

半桥逆变器的 MATLAB/Simulink 模型：

本节介绍的 Simulink 模型使用 Simulink 库的 'simpowersystem' 模块集。IGBT 开关从内置的库里选择。门极信号根据 SPWM 原理产生。调制波假定为一个单位幅值、50Hz 基频的正弦波。逆变器的开关频率选择为 1250Hz（$m_{\rm f} = 25$）（这可以通过调节载波的频率来改变），因此三角载波的频率是 1250Hz。产生的门极信号通过使用一个非门从而可以得到两路互补的开关信号（注：本模型中不使用死区）。调制波的幅值保持为 0.475p. u.（$m = 0.95$）（注：最大的输出电压为 $0.5V_{dc}$，因此调制波的最大幅值被限制为 $0.5V_{dc}$）。直流链路电压设定为 1p. u.。仿真模型中使用的负载为阻感性负载，$R = 10\Omega$，$L = 100mH$。仿真模型如图 3-7 所示，产生的输出电压波形的频谱如图 3-8 所示。在输出电压频谱图中，已经标记出了谐波分量。

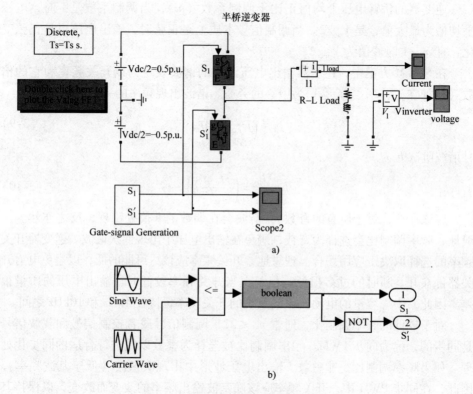

图 3-7　实现 SPWM 的 Simulink 模型

实际情况中，开关信号或者门极驱动信号是互补的，但是会存在死区时间。死区的引入是为了专门防止同一桥臂中两个功率开关的同时导通。一个死区的例子如图 3-9a）所示。为了观察在开关信号中引入死区时间（安全起见，两只功率开关都不导通的时间）的效果，如图 3-9b）所示的死区电路可以添加到每个开关的门极信号中。死区时间可以在 Edge detector 对话框中'sample time'定义和调节。添加死区的工作留给读者自行完成。

3.3.2　单相全桥逆变器

单相全桥逆变器的主电路拓扑如图 3-10a）所示，它包含 4 个功率半导体开

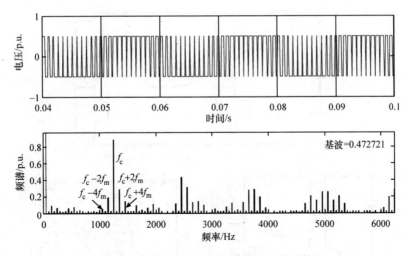

图 3-8 半桥逆变器的输出电压及其频谱

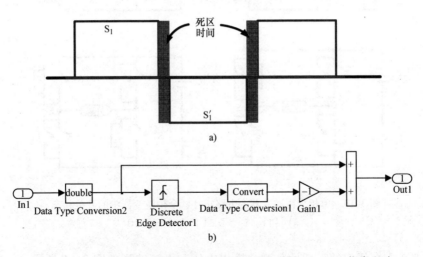

图 3-9 a）在上端和下端门极信号之间的死区时间；b）死区仿真电路

关和 2 个桥臂。由于它的形状，又被称为 "H 桥" 逆变器。每个开关由一个晶体管（IGBT、MOSFET、BJT 等）和一个为电流提供反向路径的续流二极管组成。当晶体管 S_1 和 S'_2 同时导通时，输入电压 V_{dc} 施加到负载上。另一方面，当晶体管 S_2 和 S'_1 同时导通时，负载上的电压反向为 $-V_{dc}$。因此当输入侧为直流时，在输出侧获得交流。输出电压的频率可以通过改变电力开关的开关时间来改变，而电压幅值可以通过改变直流环节电压来改变。开关状态、电流流经的路径和输出电压极性如图 3-10a）所示。电压和电流方向上的改变是明显的，如图 3-10b）所示。

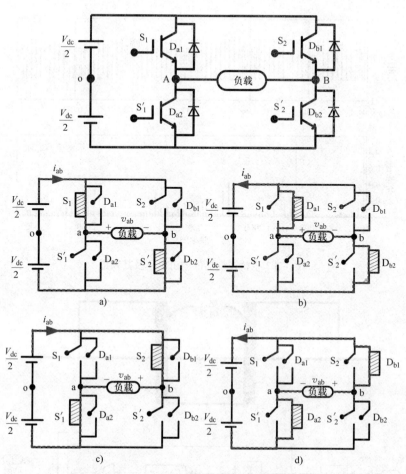

图 3-10　单相全桥逆变器的电路拓扑、全桥逆变器中的开关状态，
a）和 c）$i_{ab} > 0$，b）和 d）$i_{ab} < 0$

对于一个假定的阻感性负载，输出电压和电流波形如图 3-11 所示。由于感性负载的存在，电流不会立即改变方向。极电压在 $0.5V_{dc}$ 与 $-0.5V_{dc}$ 之间变化，而负载上的电压变化范围是 V_{dc} 与 $-V_{dc}$。图 3-11 中所示的开关信号的作用范围都是 180°，但在实际应用中，在上方和下方的功率开关的门极信号作用时间中会加入一些死区。输出电压和半波桥式逆变器一样，除了相电压的幅值（在这种情况下为两倍）。因此，谐波频谱也和半桥逆变器谐波电压频谱一样，区别只是基波电压提高了一倍。

在全桥逆变器中，通过比较一路或者两路调制或控制信号（两者之间存在 180° 相移）和高频三角载波，可以实现 SPWM 算法。前者称为双极性 PWM，后者称为单极性 PWM。输出的基波频率由调制或者控制信号的频率决定，逆变器

的开关频率由载波频率决定。载波频率
常常远高于调制信号的频率。在双极性
PWM 方案中，功率开关的开关动作由调
制波和载波的交点决定。当调制信号大
于三角载波（$v_m > v_c$）时，开关 S_1 和 S_2'
运行；当调制信号小于三角载波（$v_m <
v_c$）时，开关 S_2 和 S_1' 运行。需要注意的
是上、下开关的运行仍然是互补的。在
实际中，上、下开关的开关动作中要引
入一个小的死区。这里没有给出双极性
PWM 的开关方案，因为它和上面给出的
半桥逆变器是很相似的。

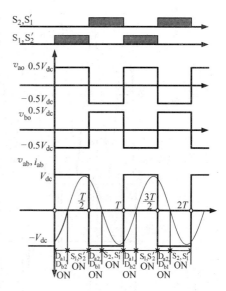

图 3-11　半桥逆变器中开关信号和
输出电压、电流

在单极性 PWM 方案的情况中，（S_1
和 S_2'）与（S_2 和 S_1'）的两个开关对同时
运行，和前述的情况相同。上开关 S_1 的
开关信号是通过比较正的调制信号和载
波信号得到的，上开关 S_2 的开关信号是通过比较相移后的或者负的调制信号和
载波信号得到的。当 $v_m > v_c$ 的时刻，S_1 和 S_2 完成开关动作。S_1 和 S_1'、S_2 和 S_2' 的
开关动作是互补的。为了减小电流中的纹波以获得更好的谐波频谱，建议使用单
极性开关方案。开关方案和电压波形如图 3-12 所示。桥臂 A 和桥臂 B 的桥臂电
压在 $+V_{dc}/2 \sim -V_{dc}/2$ 之间变化。在正半周时，负载上的输出电压在 $+V_{dc}/2 \sim 0$
之间变化；在负半周时，负载电压在 $-V_{dc}/2 \sim 0$ 之间变化，这就是被称为"单
极性 PWM"的原因。

对双极性和单极性 PWM 来说，最大的基波输出电压为 V_{dc}。在单极性 PWM
中输出电压的谐波成分集中在 m_f 和其倍数处（如 $2m_f$、$3m_f$ 等），这与半桥逆变
器很相似。

在单极性 PWM 方案的情况下，调制信号和三角载波信号间的调制比选择为
偶数。在输出电压处的谐波成分同样如式（3-9）所示，但是在开关频率、3 倍
开关频率、5 倍开关频率等的谐波不再出现，也就是说，j 是偶数，k 是奇数。由
于输出电压是两个桥臂电压的差（$V_{AB} = V_{AO} - V_{BO}$），这消除了在载波频率处的
谐波。桥臂电压的谐波出现在开关频率或载波频率的倍数处。由于调制信号是
180°反相的，开关频率处的谐波在负载侧由于相减而抵消掉。

单相全桥逆变器的 MATLAB/Simulink 模型

图示的 Simulink 模型使用 Simulink 库的"simpowersystem"模块集。IGBT 开
关从内置库中选取。使用单极性 SPWM 原则产生门极信号。双极性 PWM 的具体

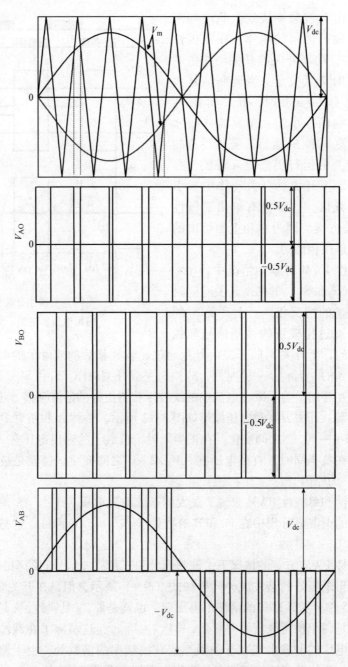

图 3-12 单相全桥逆变器的单极性 PWM 策略

实现留给读者作为练习。调制信号假定为两路单位幅值、具有 180°相移、50Hz 基波频率的正弦波。逆变器的开关频率选定为 1250Hz（可以通过改变载波信号的频率来改变），因此三角载波的频率为 1250Hz。产生的门极信号通过使用一个非门从而可以得到两路互补的开关信号（此模型中没有使用死区）。此仿真模型中的负载为 $R-L$，其中 $R=10\Omega$，$L=100\text{mH}$。给定的调制波是 180°相移、峰值为 0.95p. u. 的正弦波。仿真模型如图 3-13 所示，生成的电压频谱如图 3-14 所示。频谱显示了基波频率的电压峰值。引入死区的效果可以通过添加图 3-9 的死

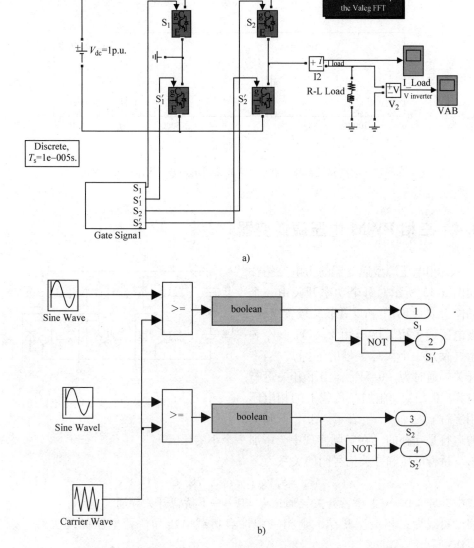

图 3-13　单相全桥逆变器中实现单极性 PWM 方案的 Simulink 模型

（文件名：*Full_ bridge_ PWM. mdl*）

区电路观察到。这种 PWM 也可以通过使用 2 个 180°相移的三角载波和一个正弦调制波来实现，生成的波形将和本节阐述的方法有相同的特性。

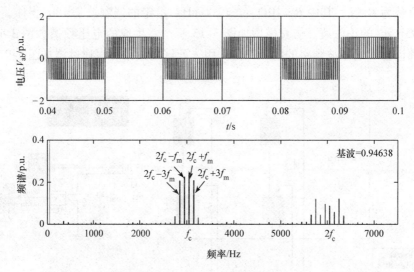

图 3-14　单相逆变器中单极性 PWM 策略的电压（V_{AB}）和其频谱

3.4　三相 PWM 电压源逆变器

　　三相电压源型逆变器的主电路拓扑如图 3-15 所示。每个功率开关由一个晶体管或者 IGBT 和反并联二极管组成。极电压或者桥臂电压用 V_A、V_B、V_C 表示（使用一个大写字母的下标），当上开关导通时为 $+0.5V_{dc}$，当下开关运行时为 $-0.5V_{dc}$。施加在负载上的相电压用字符 v_{an}、v_{bn}、v_{cn} 表示。上、下开关的运行是互补的（在实际实现中会添加一个小的死区）。

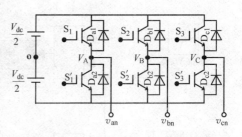

图 3-15　三相电压源型逆变器的主电路拓扑

　　桥臂电压和开关信号间的关系为

$$V_k = S_k V_{dc}; \quad k \in A, \ B, \ C \tag{3-11}$$

式中，$S_k = 1$——上桥臂开关导通；$S_k = 0$——下桥臂开关导通。

假设负载为三相星型联结，则相 - 中性点负载电压和桥臂电压间的关系可以写作：

$$V_A(t) = v_a(t) + v_{nN}(t)$$

$$V_B(t) = v_b(t) + v_{nN}(t)$$

$$V_C(t) = v_c(t) + v_{nN}(t) \tag{3-12}$$

其中 v_{nN} 为负载星型联结点 n 和直流母线负端 N 的电压差，称为"共模电压"。共模电压或者中性点电压会造成轴承泄露电流以及相应的损坏。这个问题将在第9章会更详细地分析。

通过将式（3-12）中各式相加，并设定相 - 中性点电压之和为 0（假设为三相平衡电压，其和一直为 0），可以得到下式：

$$v_{nN}(t) = \frac{1}{3}\left[V_A(t) + V_B(t) + V_C(t)\right] \tag{3-13}$$

将式（3-13）代入到式（3-12），得到相 - 中性点电压的表达式如下：

$$v_a(t) = \frac{2}{3}V_A(t) - \frac{1}{3}\left[V_B(t) + V_C(t)\right]$$

$$v_b(t) = \frac{2}{3}V_B(t) - \frac{1}{3}\left[V_A(t) + V_C(t)\right]$$

$$v_c(t) = \frac{2}{3}V_C(t) - \frac{1}{3}\left[V_B(t) + V_A(t)\right] \tag{3-14}$$

式（3-14）也可以用式（3-11）定义的开关函数写为

$$v_a(t) = \left(\frac{V_{dc}}{3}\right)\left[2S_A - S_B - S_C\right]$$

$$v_b(t) = \left(\frac{V_{dc}}{3}\right)\left[2S_B - S_A - S_C\right]$$

$$v_c(t) = \left(\frac{V_{dc}}{3}\right)\left[2S_C - S_B - S_A\right] \tag{3-15}$$

式（3-15）可以在 MATLAB/Simulink 中建立三相逆变器的模型。运行在六拍模式或 PWM 模式的开关信号可以通过模拟电路或者数字信号处理器/微控制器产生。本节将叙述在方波/六拍模式与 PWM 模式下的逆变器运行情况如下：

对于运行在方波或六拍模式的逆变器，开关信号或门极信号生成方法为：在一个基波周期中，功率开关只改变两次状态（从 OFF 到 ON，然后是从 ON 到 OFF）。每相桥臂使用相移为 120°的门极信号，以使三相输出电压间保持相同的相移。这种情况下的输出电压是最大的，而开关损耗是最小的；然而输出电压包含较多成分的低次谐波，特别是 5 次和 7 次。随着快速信号处理器的出现，PWM 运行的实现变得简单，因此避免普通的方波运行模式。六拍模式的相关波形如图 3-16 所示。桥臂电压的取值有 $+0.5V_{dc}$ 和 $-0.5V_{dc}$，相电压在一个基波周期中有六拍。相电压的取值有 $\pm 1/3 V_{dc}$ 和 $\pm 2/3 V_{dc}$ 的幅值，线电压在 $+V_{dc}$ 与 $-V_{dc}$ 间变化，而共模电压在 $+1/6 V_{dc}$ 和 $-1/6 V_{dc}$ 间变化。逆变器在六拍运行状态下，桥臂电压的值见表 3-1。

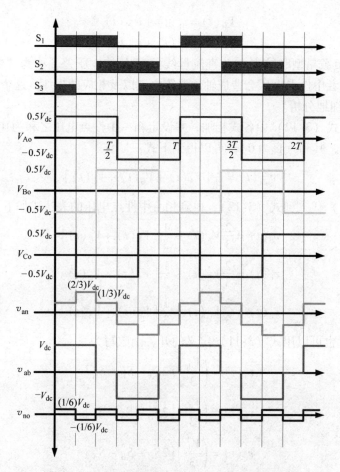

图 3-16 三相逆变器在方波/六拍模式运行的波形

表 3-1 六拍运行模式下三相 VSI 的桥臂电压/极电压

开关模式	导通开关	桥臂电压 V_A	桥臂电压 V_B	桥臂电压 V_C
1	S_1、S'_2、S_3	$0.5V_{dc}$	$-0.5V_{dc}$	$0.5V_{dc}$
2	S_1、S'_2、S'_3	$0.5V_{dc}$	$-0.5V_{dc}$	$-0.5V_{dc}$
3	S_1、S_2、S'_3	$0.5V_{dc}$	$0.5V_{dc}$	$-0.5V_{dc}$
4	S'_1、S_2、S'_3	$-0.5V_{dc}$	$0.5V_{dc}$	$-0.5V_{dc}$
5	S'_1、S_2、S_3	$-0.5V_{dc}$	$0.5V_{dc}$	$0.5V_{dc}$
6	S'_1、S'_2、S_3	$-0.5V_{dc}$	$-0.5V_{dc}$	$0.5V_{dc}$

对于星型联结的负载，为了确定六拍运行下的相－中性点电压，将表3-1中的桥臂电压代入式（3-14），相应的电压值见表3-2。通过使用式（3-16）获得线电压，见表3-3：

$$v_{ab} = v_{an} - v_{bn}$$

$$v_{bc} = v_{bn} - v_{cn}$$

$$v_{ca} = v_{cn} - v_{an} \tag{3-16}$$

表 3-2　六拍运行模式下三相 VSI 的相 – 中性点电压

开关模式	导通开关	相电压 V_{an}	相电压 V_{bn}	相电压 V_{cn}
1	S_1、S'_2、S_3	$1/3V_{dc}$	$-2/3V_{dc}$	$1/3V_{dc}$
2	S_1、S'_2、S'_3	$2/3V_{dc}$	$-1/3V_{dc}$	$-1/3V_{dc}$
3	S_1、S_2、S'_3	$1/3V_{dc}$	$1/3V_{dc}$	$-2/3V_{dc}$
4	S'_1、S_2、S'_3	$-1/3V_{dc}$	$2/3V_{dc}$	$-1/3V_{dc}$
5	S'_1、S_2、S_3	$-2/3V_{dc}$	$1/3V_{dc}$	$1/3V_{dc}$
6	S'_1、S'_2、S_3	$-1/3V_{dc}$	$-1/3V_{dc}$	$2/3V_{dc}$

表 3-3　六拍运行模式下三相 VSI 的线电压

开关模式	导通开关	线电压 V_{ab}	线电压 V_{bc}	线电压 V_{ca}
1	S_1、S'_2、S_3	V_{dc}	$-V_{dc}$	0
2	S_1、S'_2、S'_3	V_{dc}	0	$-V_{dc}$
3	S_1、S_2、S'_3	0	V_{dc}	$-V_{dc}$
4	S'_1、S_2、S'_3	$-V_{dc}$	V_{dc}	0
5	S'_1、S_2、S_3	$-V_{dc}$	0	V_{dc}
6	S'_1、S'_2、S_3	0	$-V_{dc}$	V_{dc}

在六拍模式下，相 – 中性点电压最大输出峰值为 $0.6367V_{dc}$ 或者（$2/\pi$）V_{dc}，线 – 线电压的最大输出峰值为 $1.1V_{dc}$。相 – 中性点电压和线 – 线电压的傅里叶级数如下：

$$v_{an}(t) = \frac{2}{\pi}V_{DC}\left[\sin\omega t + \frac{1}{5}\sin5\omega t + \frac{1}{7}\sin7\omega t + \frac{1}{11}\sin11\omega t + \frac{1}{13}\sin13\omega t + \cdots\cdots\right] \tag{3-17}$$

$$v_{ab}(t) = \frac{2\sqrt{3}}{\pi}V_{DC}\left[\sin\left(\omega t - \frac{\pi}{6}\right) + \frac{1}{5}\sin5\left(\omega t - \frac{\pi}{6}\right) + \frac{1}{7}\sin7\left(\omega t - \frac{\pi}{6}\right) + \cdots\cdots\right] \tag{3-18}$$

相 – 中性点电压和线 – 线电压的傅里叶级数显示，3 次谐波序列（三的倍数谐波）不再出现（因为假定负载具有隔离的中性点）。其他谐波的幅值同它们的阶次成反向变化。输出电压的幅值可以通过控制直流链路电压 V_{dc} 来控制。

生成六拍波形的 MATLAB/Simulink 模型如图 3-17 所示。门极信号使用 Simulink 的重复模块产生，该模块存储了开关信号的值。在六拍模式下，功率开关以基波频率进行开关动作，因此门极驱动信号的周期由逆变器输出基波电压的频率决定。

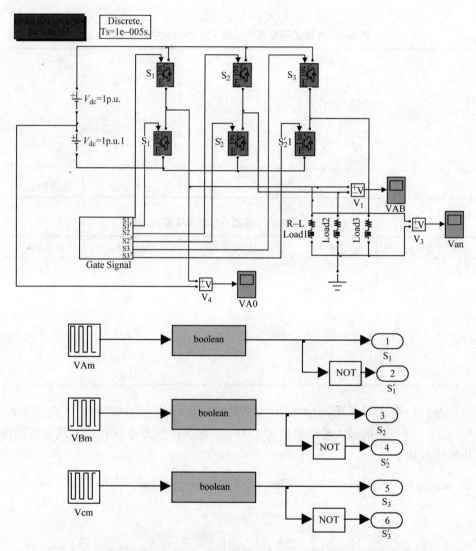

图 3-17　逆变器六拍运行下的 Simulink 模型（文件名：*Six - stepmode. mdl*）

3.4.1　基于载波的 SPWM

在载波的正弦脉宽调制方案（SPWM）中，三相正弦波为

$$v_{Am} = V_m \sin(\omega t)$$

$$v_{\mathrm{Bm}} = V_{\mathrm{m}} \sin\left(\omega t - 2\,\frac{\pi}{3}\right)$$

$$v_{\mathrm{Cm}} = V_{\mathrm{m}} \sin\left(\omega t + 2\,\frac{\pi}{3}\right) \tag{3-19}$$

式（3-19）的三相电压用作调制信号或控制信号与高频三角波比较。同一个三角波用来和所有三相信号作比较。当 A 相的调制波大于三角载波的幅值，即 $V_{\mathrm{am}} > V_{\mathrm{c}}$ 时，桥臂 A 的上开关导通，下开关与上开关是互补运行的。在上开关断开和下开关导通之间加入一个小的死区，反之亦然。与 SPWM 相关的波形如图 3-19所示。其中给出桥臂电压、相电压和线电压，波形表示的是 $m_{\mathrm{f}} = 9$。

实现 SPWM 的 MATLAB/Simulink 模型如图 3-20a）所示（主电路和图 3-17所示相同）。调制比设定为 0.95（参考调制信号为 $0.95 * 0.5V_{\mathrm{dc}}$，其中 $V_{\mathrm{dc}} =$ 1p. u.）。开关频率或者载波频率为1500Hz（因此 $m_{\mathrm{f}} = 1500/50 = 30$）。仿真中未加入死区。生成的相 - 中性点电压波形及其频谱如图 3-20b）所示。谐波出现在开关频率的旁瓣处。

从谐波频谱的角度看，m_{f} 的选择很重要。六拍运行的相电压谐波频谱如图 3-18 所示。一般地，频率比 m_{f} 选为 3 的奇数倍。可以确保消除来自电动机相电流的三次谐波（3 的倍数谐波），因为对于三相逆变器，这些谐波是同相位的，故而可以被消除。

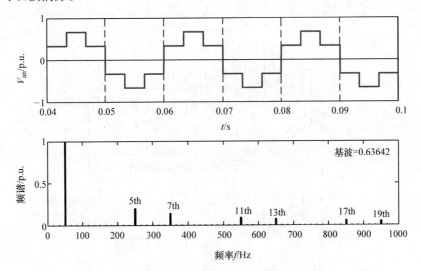

图 3-18　六拍相电压的谐波频谱

在使用恒 v/f 控制的调速驱动系统中，需要逆变器输出频率变化的交流电压。如果保持频率调制比 m_{f} 一定，在基波输出频率较高时，开关频率也会恒定且较高（$f_{\mathrm{c}} = m_{\mathrm{f}} * f_{\mathrm{m}}$）。因此，当驱动系统的工作频率不同时，频率调制比 m_{f} 是变化的。改变频率调制比,本质上是改变f_c与f_m之间直线的斜率。连线斜率出现突跳可能会在跳跃点处造成抖动。其典型的关系如图 3-21 所示。为避免这种情况的发生,通常使用一个滞环模块。对于基波输出频率增加到f_L的低频范围,使用异步 PWM。在达到频率值f_U之前使用同步 PWM 方案,然后开始六拍运行。f_L和f_U的典型值分别为 10Hz 和 50Hz。

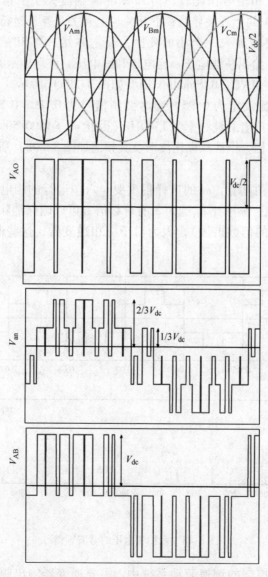

图 3-19　三相逆变器的 SPWM 控制

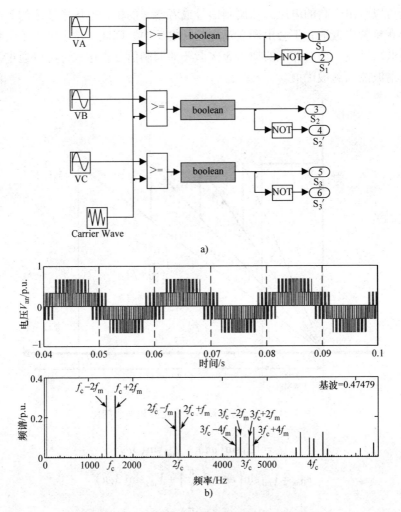

图 3-20　a）MATLAB 中三相逆变器门极信号的生成
（文件名：*PWM_ Three_ phase_ CB. mdl*）；b）SPWM 的相 – 中性点电压及其频谱

3.4.2　基于载波的 3 次谐波注入 PWM

使用 SPWM 技术的输出电压被限制在 $0.5V_{dc}$。如果 SPWM 应用在电动机驱动应用中，在额定时，逆变器输出电压可能不足以驱动电动机运行在额定工况下。在这种情况下，电动机需要降额运行，产生的转矩也会减少。为了在使用基于载波方案的 PWM 逆变器中提高输出电压，需要往调制信号中注入 3 次谐波。通过往基波调制信号中加入一个恰当的调制信号的 3 次谐波分量后，所得的调制信号的峰值会有所削弱。因此，得到的调制信号的参考值可以超过 $0.5V_{dc}$，由此逆变器可以输出更高的电压。在调制信号或者参考的桥臂电压中注入的 3 次谐波成分会在桥臂中抵消，不会出现在输出的相电压中。因此，输出电压不会包含不期望的低次谐波。针对如下的加入 3 次谐波的调制信号表达式，可以通过该式求出 3 次谐波注入的最优值。

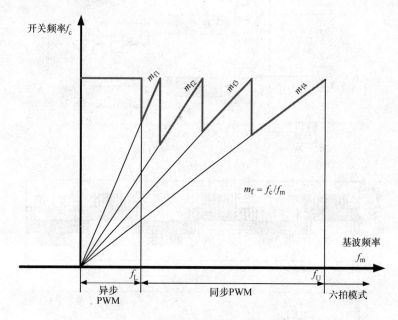

图 3-21　不同输出频率下变化的频率调制比

$$v_{Am} = V_{m1}\sin(\omega t) + V_{m3}\sin(3\omega t)$$

$$v_{Bm} = V_{m1}\sin\left(\omega t - 2\frac{\pi}{3}\right) + V_{m3}\sin(3\omega t)$$

$$v_{Cm} = V_{m1}\sin\left(\omega t + 2\frac{\pi}{3}\right) + V_{m3}\sin(3\omega t) \tag{3-20}$$

对于没有谐波注入的 SPWM，输出电压的基波峰值为 $0.5V_{dc}$。需要注意的是，3 次谐波对参考波形在 $\omega t = (2k+1)\frac{\pi}{3}$ 处的值没有影响，因为对于所有的奇数 k，$\sin\left(3(2k+1)\frac{\pi}{3}\right) = 0$。因此，选择 3 次的谐波应使式（3-20）的参考信号的峰值出现在 3 次谐波为零的时刻。这能保证基波分量为最大的可能值。参考电压达到最大值时，下式成立：

$$\frac{\mathrm{d}v_{am}}{\mathrm{d}(\omega t)} = V_{m1}\cos(\omega t) + 3V_{m3}\cos(3\omega t) = 0 \tag{3-21}$$

推出

$$V_{m3} = -\frac{1}{3}V_{m1}\cos\left(\frac{\pi}{3}\right)\text{当 }\omega t = \frac{\pi}{3} \tag{3-22}$$

故最大的调制比可以表示为

$$\left|v_{am}\right| = \left|V_{m1}\sin(\omega t) - \frac{1}{3}V_{m1}\cos\left(\frac{\pi}{3}\right)\sin(3\omega t)\right| = 0.5V_{dc}$$

由上式可得出

$$V_{m1} = \frac{0.5v_{dc}}{\sin\left(\dfrac{\pi}{3}\right)}\text{当 }\omega t = \frac{\pi}{3} \tag{3-23}$$

因此通过注入 1/6 比例的 3 次谐波，逆变器输出的基波电压相对于使用简单的 SPWM 获得的输出电压提高了 15.47%。

上述的 PWM 方案的实现框图如图 3-22 所示。参考的调制信号、3 次谐波信号和注入 3 次谐波后得到的调制信号如图 3-23 所示。

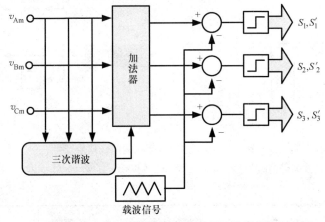

图 3-22 带 3 次谐波注入的 SPWM 方案框图

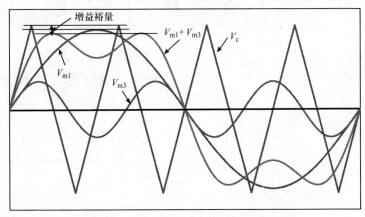

图 3-23 3 次谐波注入 PWM 的调制波和载波

3.4.3　3 次谐波注入 PWM 的 MATLAB/Simulink 模型

基于 3 次谐波注入 PWM 的 MATLAB/Simulink 模型如图 3-24 所示，其功率电路与图 3-17 相同，门极信号的产生如图 3-24 所示。输出电压频谱（如图 3-25 所示），相比于简单的 SPWM 方案，其输出电压提高了 15.47%。调制信号的参考值提高为 $0.575V_{dc}$。

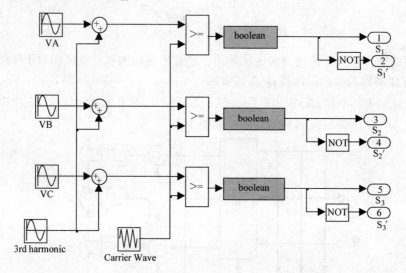

图 3-24　3 次谐波注入 PWM 的门极信号产生

（文件名：*PWM_ three_ phase_ CB_ 3rd_ harmonic.mdl*）

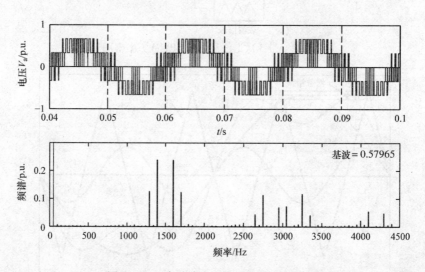

图 3-25　3 次谐波注入法 A 相电压频谱图

3.4.4　加入偏移量的载波 PWM

通过向正弦调制信号中加入一个偏移量，可以提高三相电压源逆变器输出电压的幅值。加入偏移量的 PWM 方案与 3 次谐波注入 PWM 的原理相同，减小调制信号的峰值，因此增加调制比。本质上，偏移量的加入向调制信号中注入 3 的倍数次谐波，结果是减小了调制信号的峰值，如图 3-26 所示。合成的调制信号为

$$v_{Am} = V_{m1} \sin(\omega t) + offset$$

$$v_{Bm} = V_{m1} \sin\left(\omega t - 2\,\frac{\pi}{3}\right) + offset$$

$$v_{Cm} = V_{m1} \sin\left(\omega t + 2\,\frac{\pi}{3}\right) + offset \tag{3-24}$$

其中偏移量为

$$Offset = -\frac{V_{max} + V_{min}}{2}\,; V_{max} = Max\left\{v_{Am}, v_{Bm}, v_{Cm}\right\}, V_{min} = Min\left\{v_{Am}, v_{Bm}, v_{Cm}\right\}$$

$$\tag{3-25}$$

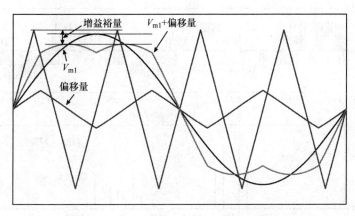

图 3-26　加入偏移量的 PWM 的调制信号和载波

输出电压幅值能达到和 3 次谐波注入 PWM 相同的值。其 MATLAB/Simulink 模型如图 3-27 所示，得到的电压波形及其频谱（如图 3-28 所示）。

3.4.5　空间矢量 PWM

SVPWM 技术是最受欢迎的 PWM 技术之一，因其有更高的直流母线电压利用率（相比于 SPWM 有更高的输出电压），容易数字化实现[8]。SVPWM 的概念依赖于逆变器输出的表示方法——空间矢量或空间相量。逆变器输出电压的空间矢量描述可用于实现 SVPWM。作为一个旋转矢量，空间矢量同时代表了三相的

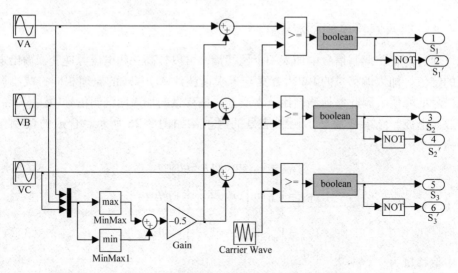

图 3-27　加入偏移量 PWM 的 MATLAB/Simulink 模型

（文件名：*PWM_ 3_ phase_ CB_ offset. mdl*）

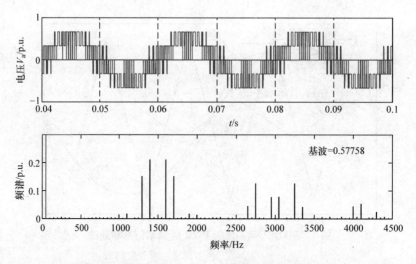

图 3-28　加入偏移量 PWM 的输出电压及其频谱图

变量，因此空间矢量不再是单独考虑某一相。相量表示法只对稳态运行有效，而空间矢量表示法对暂态和稳态运行都有效。空间矢量的概念起源于三相异步电动机中的旋转气隙磁动势。向三相异步电动机的三相平衡绕组中通入平衡的三相电压，产生了旋转磁动势，其旋转速度与单相电压的频率相同，幅值为单相电压的1.5 倍。

空间矢量的定义为

$$f_s = \frac{2}{3}[f_a + e^{j2\frac{\pi}{3}}f_b + e^{j4\frac{\pi}{3}}f_c] \qquad (3-26)$$

其中f_a、f_b和f_c是电压、电流和磁链的三相值。在逆变器的 PWM 控制中，通常考虑电压空间矢量。

　　由于逆变器可以获得 $+0.5V_{dc}$ 和 $-0.5V_{dc}$（如果直流母线有中点）或者 V_{dc} 和 0，也就是说，只有两种状态，所有可能的输出有 $2^3 = 8$ 种状态（000，001，010，011，100，101，110，111）。这里的 0 表示上开关关断（即"OFF"），1 表示上开关导通（即"ON"）。因此，存在 6 个有效的开关状态（功率从逆变器输入侧/直流链路侧流向逆变器的输出侧/负载侧），两个零开关状态（没有输入到输出的功率流）。下开关的操作与上开关互补。通过使用式（3-26）和表 3-2，可以计算出可能的空间矢量，见表 3-4。

表 3-4　三相电压源型逆变器的相 - 中性点电压空间矢量

开关状态	空间矢量序号	相 - 中性点电压空间矢量电压
000	7	0
001	5	$\frac{2}{3}V_{dc}e^{j\frac{4\pi}{3}}$
010	3	$\frac{2}{3}V_{dc}e^{j\frac{2\pi}{3}}$
011	4	$\frac{2}{3}V_{dc}e^{j\pi}$
100	1	$\frac{2}{3}V_{dc}e^{j0}$
101	6	$\frac{2}{3}V_{dc}e^{j\frac{5\pi}{3}}$
110	2	$\frac{2}{3}V_{dc}e^{j\frac{\pi}{3}}$
111	8	0

　　空间矢量的图形化显示如图 3-29 所示。把空间矢量的末端连在一起，形成一个六边形。六边形由 6 个不同的扇区跨越 360° 构成（一个正弦波周期对应于六边形旋转一周），每个扇区为 60°。空间矢量 1，2…6 称为有效状态矢量，7，8 称为零状态矢量。零状态矢量是冗余的矢量，但可用它们来减小开关频率。空间矢量是静止的，而参考矢量 v_s^* 按照

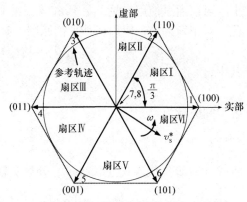

图 3-29　对应于不同开关状态的电压空间矢量位置

逆变器输出电压的基波频率旋转。在基波频率的一个周期内，电压空间矢量刚好旋转一个圆周。

在线性调制区，参考电压矢量沿着一个圆形轨迹运动，输出电压是正弦的。在过调制区，参考矢量的轨迹会改变；当运行在六拍模式时，参考矢量的轨迹为六边形边界。在实现 SVPWM 时，参考电压通过采用最近的两个相邻有效矢量与零矢量合成。有效矢量的选择依赖于参考矢量所在的扇区号。因此，参考电压的定位尤为重要。一旦参考电压矢量位置确定，实现 SVPWM 要使用的矢量也就被确定了。在确定了要使用的矢量之后，接下来的工作是确定每个矢量的作用时间，称为"停留时间"。逆变器输出交流电压的角频率和参考电压矢量的角速度相同，逆变器输出电压的幅值与参考电压矢量的幅值相同。

使用 SVPWM 技术能获得的最大调制比或最大输出电压，是能够和六边形内切的最大圆的半径。此圆与有效空间矢量端点的连线相切于其中点。因此，可获得的最大基波输出电压如图 3-30 所示中直角三角形计算可得

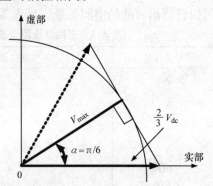

图 3-30　确定使用 SVPWM 控制的最大可能输出

$$V_{\max} = \left(\frac{2}{3}\right) V_{\mathrm{dc}} \cos\left(\frac{\pi}{6}\right) = \frac{1}{\sqrt{3}} V_{\mathrm{dc}} \tag{3-27}$$

使用 SPWM 的最大可能输出电压为 $0.5 V_{\mathrm{dc}}$，因此使用 SVPWM 的输出电压增加至 $(2/\sqrt{3} V_{\mathrm{dc}})/(0.5 V_{\mathrm{dc}}) = 1.154$。

使用"伏秒平衡原则"，可计算出不同空间矢量的作用时间。根据这个原则，参考电压和采样/开关时间（T_{s}）的乘积必须与选用的电压矢量及其作用时间的乘积相等，假定在开关时间内，参考电压保持固定不变。当参考电压在扇区 I，可以通过使用矢量 V_1、V_2 和零矢量 V_0 合成，作用时间分别为 t_{a}、t_{b} 与 t_{o}。因此，对于扇区 I，使用伏秒平衡原则，有

$$v_{\mathrm{s}}^* T_{\mathrm{s}} = V_1 t_{\mathrm{a}} + V_2 t_{\mathrm{b}} + V_{\mathrm{o}} t_{\mathrm{o}} \tag{3-28a}$$

其中，

$$T_{\mathrm{s}} = t_{\mathrm{a}} + t_{\mathrm{b}} + t_{\mathrm{o}} \tag{3-28b}$$

各空间矢量为

$$v_{\mathrm{s}}^* = |v_{\mathrm{s}}^*| e^{j\alpha} \quad V_1 = \frac{2}{3} V_{\mathrm{dc}} e^{jo} \quad V_2 = \frac{2}{3} V_{\mathrm{dc}} e^{j\frac{\pi}{3}} \quad V_{\mathrm{o}} = 0 \tag{3-29}$$

将式（3-29）代入式（3-28a），分离实轴（α 轴）分量和虚轴（β 轴）分量：

$$|v_{\mathrm{s}}^*| \cos(\alpha) T_{\mathrm{s}} = \frac{2}{3} V_{\mathrm{dc}} t_{\mathrm{a}} + \frac{2}{3} V_{\mathrm{dc}} \cos\left(\frac{\pi}{3}\right) t_{\mathrm{b}} \tag{3-30a}$$

$$|v_s^*|\sin(\alpha)T_s = \frac{2}{3}V_{dc}\sin\left(\frac{\pi}{3}\right)t_b \tag{3-30b}$$

其中 $\alpha = \pi/3$。

求解式（3-30a）和式（3-30b），作用时间 t_a 和 t_b 为

$$t_a = \frac{\sqrt{3}\,|v_s^*|}{V_{dc}}\sin\left(\frac{\pi}{3}-\alpha\right)T_s$$

$$t_b = \frac{\sqrt{3}\,|v_s^*|}{V_{dc}}\sin(\alpha)T_s$$

$$t_o = T_s - t_a - t_b \tag{3-31}$$

将上述等式一般化到 6 个扇区（其中 $k = 1, 2, \cdots 6$ 是扇区号），可得下式：

$$t_a = \frac{\sqrt{3}\,|v_s^*|}{V_{dc}}\sin\left(k\,\frac{\pi}{3}-\alpha\right)T_s$$

$$t_b = \frac{\sqrt{3}\,|v_s^*|}{V_{dc}}\sin\left(\alpha-(k-1)\frac{\pi}{3}\right)T_s$$

$$t_o = T_s - t_a - t_b \tag{3-32}$$

　　在确定参考电压位置和计算作用时间后，接下来是确定 SVPWM 中的开关顺序。其要求是开关次数最小以减小开关损耗。在一个开关周期内的理想情况是，一个功率开关开通（ON）、关断（OFF）一次。

　　为了在 SVPWM 中获得固定的开关频率和最优的谐波性能，在每一个开关周期中，每个桥臂应该只改变一次状态。其实现方法为，在半个开关周期内先施加零矢量，紧接着施加两个邻近的有效状态矢量，开关周期的后半部分是前半部分的镜像。整个开关周期被分为 7 部分，零状态矢量（000）作用总的零状态矢量时间的 1/4，接下来有效矢量作用其总作用时间的 1/2，然后零状态矢量（111）作用总的零状态矢量时间的 1/4。在开关周期的后半部分内重复上述各矢量的作用时间。这就是对称 SVPWM 的矢量输出方法。对扇区 I ~ 扇区 VI，一个完整的开关周期内，桥臂电压的开关模式如图 3-31 所示。

　　从图 3-31 的开关模式中，可以得到平均桥臂电压，例如，对扇区 I：

$$V_{A,avg} = \frac{(V_{dc}/2)}{T_s}\left[t_o + t_a + t_b - t_o\right]$$

$$V_{B,avg} = \frac{(V_{dc}/2)}{T_s}\left[t_o - t_a + t_b - t_o\right]$$

$$V_{C,avg} = \frac{(V_{dc}/2)}{T_s}\left[t_o - t_a - t_b - t_o\right] \tag{3-33}$$

将式（3-31）的矢量作用时间代入式（3-33），可以获得扇区 I 的平均桥臂电压如下式，其他扇区可类似推导：

$$V_{A,avg} = \frac{\sqrt{3}}{2}|v_s^*|\sin\left(\alpha+\frac{\pi}{3}\right), \quad V_{B,avg} = \frac{3}{2}|v_s^*|\sin\left(\alpha-\frac{\pi}{6}\right),$$

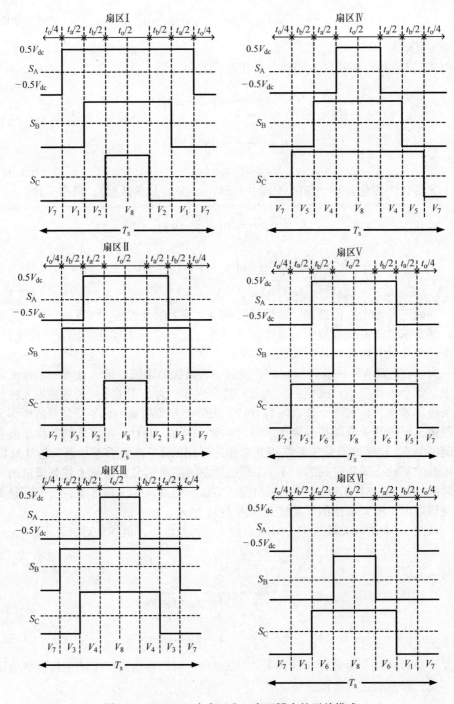

图 3-31　SVPWM 在扇区 I ~ 扇区 VI 中的开关模式

$$V_{C,avg} = -\frac{\sqrt{3}}{2} | v_s^* | \sin\left(\alpha + \frac{\pi}{3}\right) \tag{3-34}$$

3.4.6 不连续空间矢量 PWM

在实现 SVPWM，当两个零矢量中的一个不使用时，就产生了不连续的 SVP-WM。在整个开关周期期间，逆变器的一个桥臂没有开关动作，保持与正的或负的直流母线连接[9,10]。这就是不连续 SVPWM，因为开关动作是不连续的。在一个开关周期中，由于零空间矢量的这种工作方式，逆变器的其中一相保持不调制状态。在两相桥臂中发生开关切换，另一相要么与正直流母线连接，要么与负直流母线连接，如图 3-32 所示（当去掉零电压（000），桥臂电压与正直流母线 $0.5V_{dc}$ 连接；当去掉零电压（111），桥臂电压与负直流母线 $-0.5V_{dc}$ 连接）。相比于连续 SVPWM，开关次数减小到 2/3，因此显著地减小了开关损耗。当需要减少开关损耗时，这种 PWM 控制特别有用。有多种不连续 SVPWM，然而所有的不连续 SVPWM 在本质上仅仅是在每半个载波或一个载波间隔期间，对零输出电压脉冲的重新排列。根据零空间矢量的作用位置和其不作用的时间，将不连续 SVPWM 分类如下，这 9 种不同的不连续 SVPWM 技术是：

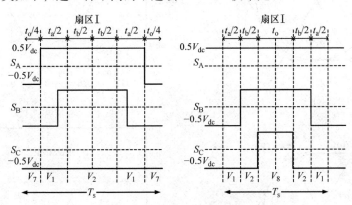

图 3-32　不连续 SVPWM 的桥臂电压（开关模式）

1）对所有扇区 $t_7 = 0$，称为 DPWMMAX；

2）对所有扇区 $t_8 = 0$，称为 DPWMMIN；

在不同的扇区中，零矢量交替不起作用：

3）不连续调制 DPWM0（零矢量（000），即 t_7 在奇数扇区内被消除；零矢量（111），即 t_8 在偶数扇区内被消除）；

4）不连续调制 DPWM1（零矢量（000），即 t_7 在偶数扇区内被消除；零矢量（111），即 t_8 在奇数扇区内被消除）；

5）不连续调制 DPWM2（每个扇区被分为许多部分，零矢量（000），即 t_7

在奇数扇区内被消除；零矢量（111），即 t_8 在偶数扇区内被消除）；

6）不连续调制 DPWM3（每个扇区被分为许多部分，零矢量（000），即 t_7 在偶数扇区内被消除；零矢量（111），即 t_8 在奇数扇区内被消除）；

7）不连续调制 DPWM4（每个 90°区域被分为 4 个扇区，零矢量（000），即 t_7 在奇数扇区内被消除；零矢量（111），即 t_8 在偶数扇区内被消除）；

8）不连续调制 DPWM5（零矢量（000），即 t_7 在扇区 1、2、3 内被消除；零矢量（111），即 t_8 在扇区 4、5、6 内被消除）；

9）不连续调制 DPWM6（所有区域被分为 8 块扇区，每个 45°，零矢量（000），即 t_7 在奇数扇区内被消除；零矢量（111），即 t_8 在偶数扇区内被消除）。

不连续 SVPWM 中，零矢量的作用位置及其对应的电压（V_{avg}（桥臂电压），V_a（相电压），V_{nN}（中性点之间的电压））波形如图 3-33 所示。

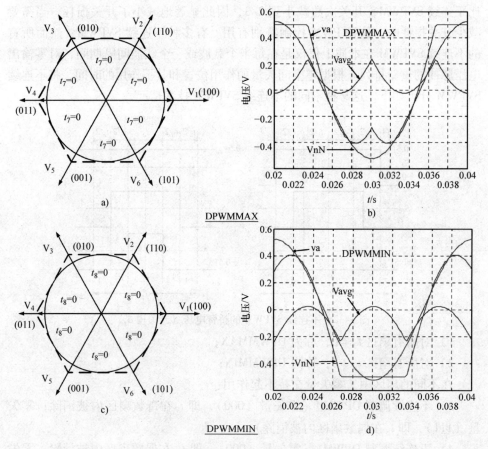

图 3-33　不连续 SVPWM 中 a）零电压分布，b）对应的电压波形

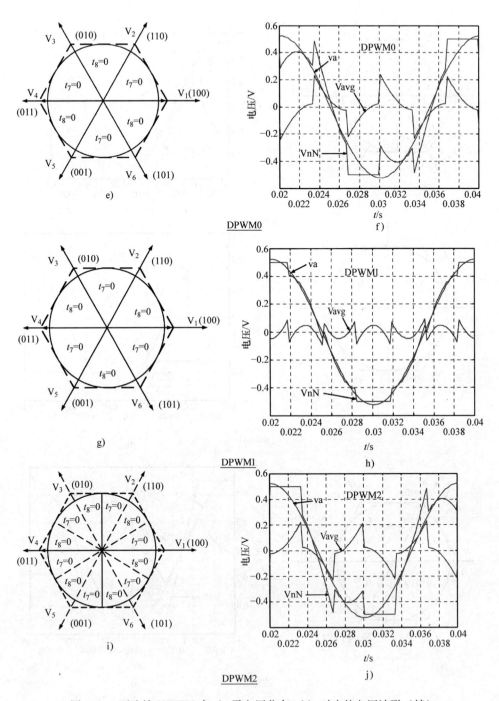

图 3-33 不连续 SVPWM 中 a) 零电压分布, b) 对应的电压波形 (续)

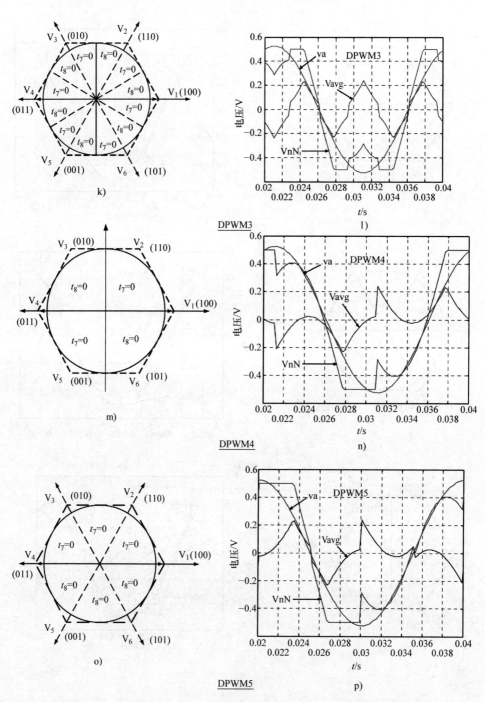

图 3-33　不连续 SVPWM 中 a）零电压分布，b）对应的电压波形（续）

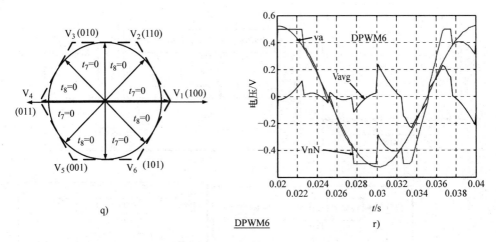

q)　　　　　　　　　　　　　　　　DPWM6　　　　　　　　r)

图 3-33　不连续 SVPWM 中 a）零电压分布，b）对应的电压波形（续）

3.4.7　空间矢量 PWM 的 MATLAB/Simulink 模型

MATLAB/Simulink 模型可以使用不同的方式搭建，例如全用 Simulink 模块或全用 MATLAB 代码 ［11，12］。本节的模型使用 MATLAB 函数模块和 Simulink 模块搭建。给出的模型实际上是灵活可变的，通过在 MATLAB 函数中改变指令，可以用作连续 SVPWM 模型，也可用作不连续 SVPWM 模型。仿真模型如图 3-34 所示。每个模块在图 3-35 中作了详细介绍。

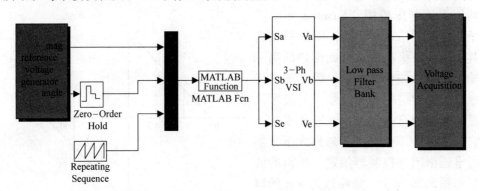

图 3-34　SVPWM 的 MATLAB/Simulink 模型

1. 参考电压生成模块

此模块用来仿真平衡的三相输入参考电压。三相输入正弦波电压使用 Simulink 的 “Function & Tables” 子库中的 “function” 模块生成。然后使用 Clark 变

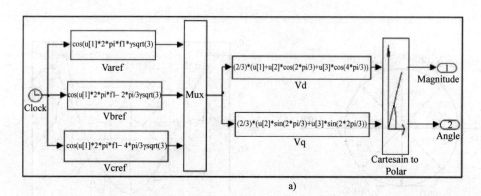

a)

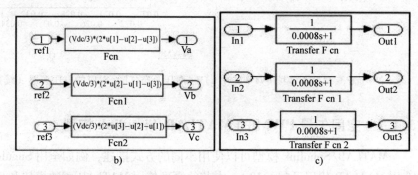

b)   c)

图 3-35　MATLAB/Simulink 模型的子模块：a）参考电压的生成；
b）VSI；c）滤波器（文件名：*Space3. mdl and aaa. m*）

换方程将其转变为两相等效电压，这又是通过使用"function"模块实现。此外，
两相等效电压使用"Simulink extras"
子库中的"Cartesian to polar"模块将
其转换为极坐标形式。此模块的第一
输出为参考矢量的幅值，第二输出为
参考矢量对应的相角。幅值的波形只
是一条恒值直线，因为在开环模式下
它的值保持不变。在闭环模式下，参
考电压由闭环控制器给定。相角的波
形如图 3-36 所示，是峰值为 ±π 的锯
齿波。通过把角度波形与预设定值相
比较，可以确定参考矢量的扇区，波
形中的数字代表了参考矢量的扇区号。

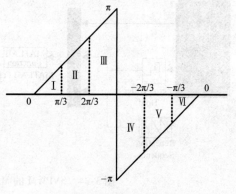

图 3-36　扇区识别逻辑

2. 开关时间的计算

每个功率开关的开关时间和对应的开关状态由 MATLAB 函数模块"sf"计

算得到。MATLAB 代码需要参考电压矢量的幅值、参考电压矢量的相角和用于比较的定时器信号。使用"zero order hold"模块使参考电压的相角在一个采样周期中保持恒定，因此其值在开关时间计算时不会发生变化。相角信息用来识别扇区，连续 SVPWM 使用 MATLAB 代码"aaa"，不连续 SVPWM（DPWMMAX）使用代码"a1"。此外，仿真中产生了一个斜坡时间信号以供 MATLAB 代码使用。斜坡信号的高度和宽度和逆变器桥臂的开关周期相等。此斜坡信号使用源子库中的"repeating sequence"模块产生。

MATLAB 代码首先确定参考电压的扇区，然后计算有效矢量和零矢量的作用时间。接着根据预设定的开关模式如图 3-31 所示，重新安排开关时间。然后再将时间和斜坡时间信号作比较，斜坡信号的高度和宽度与逆变器桥臂的开关周期相等。依据在开关周期中时间信号的定位，开关状态就确定了。接着，这个开关状态就被传送到逆变器模块，以供之后的运算使用。

3. 三相逆变器模块

建立此模块用以仿真具有恒定直流环节电压的电压型逆变器。逆变器模块的输入为开关信号，输出为 PWM 的各相 – 中性点电压。逆变器模型使用"function"模块建立。

4. 滤波器模块

为了使逆变器模块的实际输出可视化，对 PWM 纹波的滤波是必不可少的。此处使用一阶滤波器对 PWM 电压信号滤波。使用"Continuous"子库中的"Transfer function"模块实现滤波器建模。一阶滤波器的时间常数设定为 0.8ms。

5. 电压采集

此模块存储逆变器的输出结果。仿真结果存储在 Simulink 的"sink"库中取出的"workspace"模块中。仿真波形如图 3-37 所示。输入参考基波频率设为 50Hz，

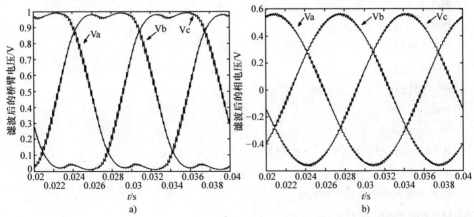

图 3-37　a）连续 SVPWM 滤波后的桥臂电压；b）不连续 DSVPWM 滤波后的相电压

逆变器的开关频率设为 5kHz。可见逆变器的输出为正弦电压，并且除了开关谐波无任何纹波。仅仅改变输入参考的幅值和频率，输出电压的幅值和频率就可改变。

6. 连续 SVPWM - %产生开关函数的 MATLAB 代码

```
% Inputs are magnitude u1( : ),angle u2( : ), and
% ramp time signal for comparison u3( : )
function [ sf] = aaa( u)
ts = 0. 0002;vdc = 1;peak_phase_max = vdc/sqrt( 3);
x = u( 2); y = u( 3);
mag = ( u( 1)/peak_phase_max) * ts;
% sector I
if ( x > = 0) & ( x < pi/3)
ta = mag * sin( pi/3 - x);
tb = mag * sin( x);
t0 = ( ts - ta - tb);
t1 = [ t0/4 ta/2 tb/2 t0/2 tb/2 ta/2 t0/4];
t1 = cumsum( t1);
v1 = [ 0 1 1 1 1 1 0];
v2 = [ 0 0 1 1 1 0 0];
v3 = [ 0 0 0 1 0 0 0];
for j = 1:7
if( y < t1( j))
break
end
end
sa = v1( j);
sb = v2( j);
sc = v3( j);
end
% sector II
if ( x > = pi/3) & ( x < 2 * pi/3)
adv = x - pi/3;
tb = mag * sin( pi/3 - adv);
ta = mag * sin( adv);
t0 = ( ts - ta - tb);
```

```
t1 = [ t0/4 ta/2 tb/2 t0/2 tb/2 ta/2 t0/4 ] ;
t1 = cumsum( t1 ) ;
v1 = [ 0 0 1 1 1 0 0 ] ;
v2 = [ 0 1 1 1 1 1 0 ] ;
v3 = [ 0 0 0 1 0 0 0 ] ;
for j = 1 : 7
if( y < t1( j ) )
break
end
end
sa = v1( j ) ;
sb = v2( j ) ;
sc = v3( j ) ;
end
% sector III
if ( x > = 2 * pi/3 ) & ( x < pi )
adv = x – 2 * pi/3 ;
ta = mag * sin( pi/3 – adv ) ;
tb = mag * sin( adv ) ;
t0 = ( ts – ta – tb ) ;
t1 = [ t0/4 ta/2 tb/2 t0/2 tb/2 ta/2 t0/4 ] ;
t1 = cumsum( t1 ) ;
v1 = [ 0 0 0 1 0 0 0 ] ;
v2 = [ 0 1 1 1 1 1 0 ] ;
v3 = [ 0 0 1 1 1 0 0 ] ;
for j = 1 : 7
if( y < t1( j ) )
break
end
end
sa = v1( j ) ;
sb = v2( j ) ;
sc = v3( j ) ;
end
% sector IV
```

```
if ( x > = - pi) & ( x < -2 * pi/3)
adv = x + pi;
tb = mag * sin( pi/3 - adv) ;
ta = mag * sin( adv) ;
t0 = ( ts - ta - tb) ;
t1 = [ t0/4 ta/2 tb/2 t0/2 tb/2 ta/2 t0/4 ] ;
t1 = cumsum( t1) ;
v1 = [ 0 0 0 1 0 0 0 ] ;
v2 = [ 0 0 1 1 1 0 0 ] ;
v3 = [ 0 1 1 1 1 1 0 ] ;
for j = 1: 7
if( y > t1( j) )
break
end
end
sa = v1( j) ;
sb = v2( j) ;
sc = v3( j) ;
end
% sector V
if ( x > = -2 * pi/3) & ( x < - pi/3)
adv = x +2 * pi/3;
ta = mag * sin( pi/3 - adv) ;
tb = mag * sin( adv) ;
t0 = ( ts - ta - tb) ;
t1 = [ t0/4 ta/2 tb/2 t0/2 tb/2 ta/2 t0/4 ] ;
t1 = cumsum( t1) ;
v1 = [ 0 0 1 1 1 0 0 ] ;
v2 = [ 0 0 0 1 0 0 0 ] ;
v3 = [ 0 1 1 1 1 1 0 ] ;
for j = 1: 7
if( y < t1( j) )
break
end
end
```

```
sa = v1(j);
sb = v2(j);
sc = v3(j);
end
% Sector VI
if (x > = - pi/3) & (x < 0)
adv = x + pi/3;
tb = mag * sin(pi/3 - adv);
ta = mag * sin(adv);
t0 = (ts - ta - tb);
t1 = [t0/4 ta/2 tb/2 t0/2 tb/2 ta/2 t0/4];
t1 = cumsum(t1);
v1 = [0 1 1 1 1 1 0];
v2 = [0 0 0 1 0 0 0];
v3 = [0 0 1 1 1 0 0];
for j = 1:7
if(y < t1(j))
break
end
end
sa = v1(j);
sb = v2(j);
sc = v3(j);
end
sf = [sa, sb, sc];
```

7. 不连续 SVPWM – %MATLAB 代码

```
function [sf] = a1(u)
f = 50;
ts = 0.0002;
vdc = 1;
peak_phase_max = vdc/sqrt(3);
x = u(2); y = u(3);
mag = (u(1)/peak_phase_max) * ts;
% sector I
if (x > =0) & (x < pi/3)
```

```
ta = mag * sin( pi/3 - x) ;
tb = mag * sin( x) ;
t0 = ( ts - ta - tb) ;
t1 = [ ta/2 tb/2 t0 tb/2 ta/2] ;
t1 = cumsum( t1) ;
v1 = [ 1 1 1 1 1] ;
v2 = [ 0 1 1 1 0] ;
v3 = [ 0 0 1 0 0] ;
for j = 1 : 5
if( y < t1( j) )
break
end
end
sa = v1( j) ;
sb = v2( j) ;
sc = v3( j) ;
end
% sector II
if ( x > = pi/3) & ( x < 2 * pi/3)
adv = x - pi/3 ;
tb = mag * sin( pi/3 - adv) ;
ta = mag * sin( adv) ;
t0 = ( ts - ta - tb) ;
t1 = [ ta/2 tb/2 t0 tb/2 ta/2 ] ;
t1 = cumsum( t1) ;
v1 = [ 0 1 1 1 0] ;
v2 = [ 1 1 1 1 1] ;
v3 = [ 0 0 1 0 0] ;
for j = 1 : 5
if( y < t1( j) )
break
end
end
sa = v1( j) ;
sb = v2( j) ;
```

```
sc = v3(j);
end
% sector III
if ( x > = 2 * pi/3) & ( x < pi)
adv = x – 2 * pi/3;
ta = mag * sin( pi/3 – adv);
tb = mag * sin( adv);
t0 = ( ts – ta – tb);
t1 = [ ta/2 tb/2 t0 tb/2 ta/2];
t1 = cumsum( t1);
v1 = [ 0 0 1 0 0];
v2 = [ 1 1 1 1 1];
v3 = [ 0 1 1 1 0];
for j = 1:5
if( y < t1(j))
break
end
end
sa = v1(j);
sb = v2(j);
sc = v3(j);
end
% sector IV
if ( x > = – pi) & ( x < –2 * pi/3)
adv = x + pi;
tb = mag * sin( pi/3 – adv);
ta = mag * sin( adv);
t0 = ( ts – ta – tb);
t1 = [ ta/2 tb/2 t0 tb/2 ta/2];
t1 = cumsum( t1);
v1 = [ 0 0 1 0 0];
v2 = [ 0 1 1 1 0];
v3 = [ 1 1 1 1 1];
for j = 1:5
if( y < t1(j))
```

```
break
end
end
sa = v1( j) ;
sb = v2( j) ;
sc = v3( j) ;
end
% sector V
if ( x > = - 2 * pi/3) & ( x < - pi/3)
adv = x + 2 * pi/3 ;
ta = mag * sin( pi/3 - adv) ;
tb = mag * sin( adv) ;
t0 = ( ts - ta - tb) ;
t1 = [ ta/2 tb/2 t0 tb/2 ta/2 ] ;
t1 = cumsum( t1) ;
v1 = [ 0 1 1 1 0 ] ;
v2 = [ 0 0 1 0 0 ] ;
v3 = [ 1 1 1 1 1 ] ;
for j = 1:5
if( y < t1( j) )
break
end
end
sa = v1( j) ;
sb = v2( j) ;
sc = v3( j) ;
end
% sector VI
if ( x > = - pi/3) & ( x < 0)
adv = x + pi/3 ;
tb = mag * sin( pi/3 - adv) ;
ta = mag * sin( adv) ;
t0 = ( ts - ta - tb) ;
t1 = [ ta/2 tb/2 t0 tb/2 ta/2 ] ;
t1 = cumsum( t1) ;
```

```
v1 = [1 1 1 1 1];
v2 = [0 0 1 0 0];
v3 = [0.1 1 1 0];
for j = 1:5
if(y < t1(j))
break
end
end
sa = v1(j);
sb = v2(j); sc = v3(j); end sf = [sa, sb, sc]
```

3.4.8　过调制区域的空间矢量 PWM

在 SVPWM 方案中，最大正弦输出电压的获得是当参考电压值为 $|v_s^*| = 1/\sqrt{3}V_{dc}$，此时的参考电压矢量轨迹是一个内切于六边形的圆，称为线性调制区。如果参考值继续增加超过这个值，使用线性调制技术不能实现期望的输出，这个区域称为过调制区[13~16]。由于零空间矢量的作用时间变为负数，这在物理上无任何意义。考虑式（3-31）并假定 $|v_s^*| = 1/\sqrt{3}V_{dc}$，$V_{dc} = 1\text{p. u.}$，$T_s = 1\text{s}$，计算得到扇区 I 中的零空间矢量的作用时间如图 3-38 所示。可见零矢量的作用时间刚好在扇区的中间 30°时降为 0。进一步增加参考电压空间矢量的长度会导致作用时间出现负值，对其他扇区而言也是这样。因此，对于超过这个限值的参考电压矢量，零电压矢量就不能像这样使用。

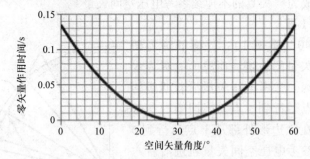

图 3-38　扇区 I 中线性调制区的零矢量作用时间

当参考电压矢量超过 $|v_s^*| = 1/\sqrt{3}V_{dc}$ 这个限值时，逆变器进入过调制区域 $\dfrac{V_{dc}}{\sqrt{3}} < |v_s^*| < \dfrac{2V_{dc}}{\pi}$。当参考电压矢量为 $|v_s^*| = 2/\pi V_{dc}$，逆变器运行在方波模式或六拍模式，如图 3-39 所示。

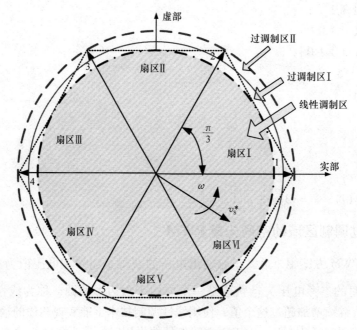

图 3-39 线性区和过调制区

过调制区可进一步分为两个子模式，过调制 I 区（$0.5773 < |v_s^*| < 0.6061$）和过调制 II 区（$0.6061 < |v_s^*| < 0.6366$）。在过调制 I 区，参考电压空间矢量以这种方式修改使之成为"失真的连续参考电压空间矢量"：修改参考电压的幅值而不修改其相角。然而，在过调制 II 区，参考电压空间矢量的幅值和相角都要修改，这样使之成为"失真的不连续参考电压空间矢量"。

1. 过调制 I 区

考虑图 3-40（案例 1）：外面的圆为期望的参考电压矢量的轨迹，而里面的圆为线性调制区的边缘。参考电压矢量沿着期望的圆形轨迹从 x 点运行到 y 点。当期望的参考电压空间矢量在六边形外部从 y 点运行到 p 点，修改后的参考电压空间矢量轨迹沿着六边形的直线滑动。在直线的末尾（p 点）之后，轨迹又一次沿着圆轨迹从 p 点运行到 q 点；在其他扇区重复这种情况。过调制 I 区的参考电压矢量按这种方式进行修改。

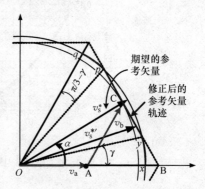

图 3-40 SVPWM 中的过调制 I 区 - 案例 1

参考电压空间矢量在某些时候沿着圆形轨迹运行，另一些时候沿着直线轨迹运行。圆轨迹的有效空间矢量的作用时间如式（3-31）所示。区域 y 至 p（直线）的有效空间矢量作用时间可以通过如下获得：

设修改后的空间矢量为 $|v_s^{*\prime}|$，分解为实部和虚部为

$$|v_s^{*\prime}|\cos(\alpha) = |v_a| + |v_b|\cos\left(\frac{\pi}{3}\right)$$

对于 $\gamma < \alpha < \dfrac{\pi}{3} - \gamma$

$$|v_s^{*\prime}|\sin(\alpha) = |v_b|\sin\left(\frac{\pi}{3}\right) \tag{3-35}$$

求解式（3-35）得 v_a：

$$|v_a| = |v_s^{*\prime}|\left(\cos(\alpha) - \frac{1}{\sqrt{3}}\sin(\alpha)\right) \tag{3-36}$$

如图 3-40 所示，ABC 形成一个等边三角形，因此

$$OB = OA + AB = |v_a| + |v_b| = \frac{2}{3}V_{dc} \tag{3-37}$$

使用式（3-35）、式（3-36）、式（3-37），确定修改后电压空间矢量的长度为

$$|v_s^\prime| = \frac{\dfrac{2}{3}V_{dc}}{\left(\cos(\alpha) + \dfrac{1}{\sqrt{3}}\sin(\alpha)\right)} \tag{3-38}$$

得到 $\gamma < \alpha < \pi/3 - \gamma$ 时，矢量分量的长度为

$$|v_a| = \frac{2}{3}V_{dc}\left(\frac{\sqrt{3}\cos(\alpha) - \sin(\alpha)}{\sqrt{3}\cos(\alpha) + \sin(\alpha)}\right) \tag{3-39a}$$

$$|v_b| = \frac{2}{3}V_{dc}\left(\frac{2\sin(\alpha)}{\sqrt{3}\cos(\alpha) + \sin(\alpha)}\right) \tag{3-39b}$$

为了获得有效空间电压矢量的作用时间表达式，应用伏秒平衡原则：

$$v_a t_a + v_b t_b = v_s^* T_s \tag{3-40}$$

$$t_a = \left(\frac{\sqrt{3}\cos(\alpha) - \sin(\alpha)}{\sqrt{3}\cos(\alpha) + \sin(\alpha)}\right) T_s$$

$$t_b = T_s - t_a$$

$$t_o = 0 \tag{3-41}$$

这些等式对第一扇区是有效的；不过，对其他扇区可以推导出相似的关系。SVP-WM 的实现和线性调制模式下的步骤相同，除了作用时间由式（3-41）决定。

根据图 3-41（案例 2），可见通过修改参考空间矢量的轨迹，逆变器的实际输出

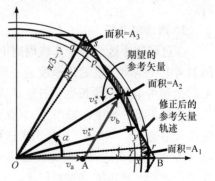

图 3-41　SVPWM 中的过调制 I 区 - 案例 2

电压比期望电压小。这是由于事实上并未满足伏秒平衡，输出的损失对应于 A₂ 的伏秒区面积。为了补偿这部分损失，保证伏秒平衡，参考电压矢量要进一步修改。参考电压矢量的轨迹跟随更靠外的圆运行一小段距离，到达与六边形相交的 r 点。然后在六边形上沿直线运行到 s 点，此处与圆轨迹相交，接着继续沿圆运行。这种方式下，在 A₂ 处损失的伏秒在 A₁ 和 A₃ 区获得。这种情况下需要精确地计算修改。修改后参考电压的表达式由各扇区的不同部分推导得出。一旦知道了修改后的电压参考，使用式（3-31）就可计算出矢量的作用时间，相应地，可获得开关模式以供之后实现 SVPWM 时使用。修改后空间电压矢量的表达式[14]为：

$$|v_s^*| = \frac{1}{\sqrt{3}} V_{dc} \tan(\alpha) \quad 对于 \quad 0 < \alpha < \left(\frac{\pi}{6} - \gamma\right) \tag{3-42a}$$

$$|v_s^{*\prime}| = \frac{1}{\sqrt{3}} V_{dc} \frac{1}{\cos\left(\frac{\pi}{6} - \gamma\right)} \quad 对于 \quad \left(\frac{\pi}{6} - \gamma\right) < \alpha < \left(\frac{\pi}{6} + \gamma\right) \tag{3-42b}$$

$$|v_s^*| = \frac{1}{\sqrt{3}} V_{dc} \frac{1}{\cos\left(\frac{\pi}{3} - \alpha\right)} \quad 对于 \quad \left(\frac{\pi}{6} + \gamma\right) < \alpha < \left(\frac{\pi}{2} - \gamma\right) \tag{3-42c}$$

$$|v_s^{*\prime}| = \frac{1}{\sqrt{3}} V_{dc} \frac{1}{\cos\left(\frac{\pi}{6} - \gamma\right)} \quad 对于 \quad \left(\frac{\pi}{2} - \gamma\right) < \alpha < \frac{\pi}{2} \tag{3-43}$$

角度 γ 和调制比之间的线性关系[14]为：

$$\gamma = \begin{cases} -30.23\text{MI} + 27.94 & 对于 \quad 0.9068 \leqslant \text{MI} < 0.9095 \\ -8.58\text{MI} + 8.23 & 对于 \quad 0.9095 \leqslant \text{MI} < 0.9485 \\ -26.43\text{MI} + 25.15 & 对于 \quad 0.9485 \leqslant \text{MI} < 0.9517 \end{cases} \tag{3-44}$$

其中 $\text{MI} = |v_s^*|/(2/3 V_{dc})$。当确定角度 γ 后，使用式（3-43）可以计算出修改后的参考电压矢量长度，使用式（3-31）可以进一步计算出此空间矢量的作用时间。

2. 过调制 II 区

在过调制 I 区，每个基波周期中，修改后参考电压空间矢量的角速度和期望的参考电压空间矢量的角速度是一致的。在过调制 I 区期间，通过增加 A₁ 区和 A₃ 区的参考电压矢量长度，补偿了 A₂ 区的伏秒损失（由于不能越过六边形区域，所以参考矢量的长度被减小了），保证了参考电压和输出电压相等。期望的参考电压矢量达到 $0.6061 V_{dc}$，会出现这种情况，A₁ 区和 A₃ 区将没有更多的空间以补偿 A₂ 区的损失。这时，过调制 II 区开始。在这种过调制模式期间，参考电压空间矢量的长度和角度都需要修正。对于区域 $x \sim y$ 和 $p \sim q$ 如图 3-42 所示，修改后的空间矢量在六边形的顶点处保持不变。因此，期望的参考电压移动而修正后电压矢量不动。一旦期望参考到达 y 点，修改后矢量开始沿着六边形的边运行。这种情况下，参考电压矢量变为不连续的。修正后参考电压矢量的角度为

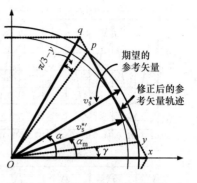

图 3-42　SVPWM 中的过调制 Ⅱ 区

$$\alpha_m = \begin{cases} 0 & 0 \leqslant \alpha \leqslant \gamma \\ \dfrac{\pi}{6} \dfrac{\alpha - \gamma}{\pi/6 - \gamma} & \gamma \leqslant \alpha \leqslant \pi/3 - \gamma \\ \pi/6 & \pi/3 - \gamma \leqslant \alpha \leqslant \pi/3 \end{cases} \tag{3-45}$$

修改后参考电压矢量的表达式[14] 为：

$$|v_s^{*'}| = \frac{1}{\sqrt{3}} V_{dc} \tan(\alpha) \quad \text{对于} \quad 0 < \alpha < \left(\frac{\pi}{6} - \gamma\right) \tag{3-46a}$$

$$|v_s^{*'}| = \frac{1}{3} V_{dc} \quad \text{对于} \quad \left(\frac{\pi}{6} - \gamma\right) < \alpha < \left(\frac{\pi}{6} + \gamma\right) \tag{3-46b}$$

$$|v_s^{*'}| = \frac{1}{\sqrt{3}} V_{dc} \frac{1}{\cos\left(\frac{\pi}{3} - \alpha_m\right)} \quad \text{对于} \quad \left(\frac{\pi}{6} + \gamma\right) < \alpha < \left(\frac{\pi}{2} - \gamma\right) \tag{3-46c}$$

$$|v_s^{*'}| = \frac{2}{3} V_{dc} \quad \text{对于} \quad \left(\frac{\pi}{2} - \gamma\right) < \alpha < \frac{\pi}{2} \tag{3-46d}$$

修改后的角度的线性方程为

$$\gamma = \begin{cases} 6.4MI - 6.09 & \text{for } 0.95 \leqslant MI < 0.98 \\ 11.75MI - 11.34 & \text{for } 0.98 \leqslant MI < 0.9975 \\ 48.96MI - 48.43 & \text{for } 0.9975 \leqslant MI < 1.0 \end{cases} \tag{3-47}$$

使用式（3-31）、式（3-46）和式（3-37）可实现过调制 Ⅱ 区的 SVPWM 控制。

3.4.9　过调制区域 SVPWM 的 MATLAB/Simulink 建模

过调制区实现 SVPWM 的 MATLAB/Simulink 模型和图 3-34 相同。MATLAB 函数模块为了实现过调制需要修改。当参考空间矢量位于区域（$0 < \alpha \leqslant \gamma$ 和 $\pi/3 - \gamma < \alpha \leqslant \pi/3$）期间，使用式（3-31）计算空间矢量的作用时间；当在剩下的时间段，使用式（3-41）计算作用时间。角度 γ 通过式（3-44）计算。MATLAB 代码需要参考电压矢量的幅值、参考电压矢量的相角和作比较用的定时信号。在每个开关周期，参考电压的角度保持不变，所以在计算作用时间时它的值不会改变。角度信息用来识别扇区，过调制 Ⅰ 区使用 MATLAB 代码 "aaa_ OM1"，过调制 Ⅱ 区使用 MATLAB 代码 "aaa_ OM2"，以及随后逆变器门极信号的产生。对于 50Hz 基波，不同调制系数下，滤波后的输出电压如图 3-43 所示。

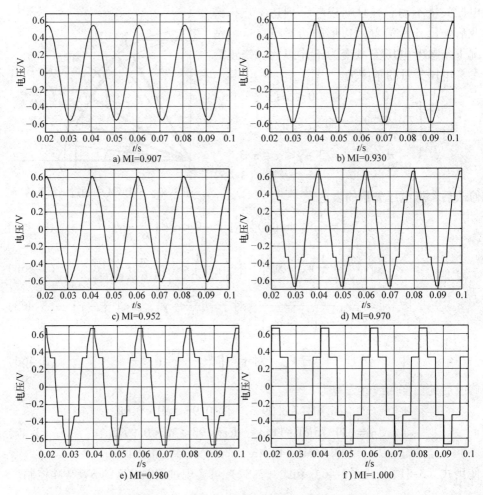

图 3-43　不同调制系数下，逆变器 A 相电压波形

3.4.10　谐波分析

逆变器输出的电压谐波分量可以由傅立叶级数表达式给出：

$$F_n(\theta) = \frac{4}{\pi}\Big[\int_0^{\pi/2} f(\theta)\sin(n\theta)\,\mathrm{d}\theta\Big] \tag{3-48}$$

其中 $f(\theta)$ 在过调制 I 区由式（3-42a）、式（3-42d）得到，在过调制 II 区由式（3-46a）、式（3-46d）得到。式（3-48）的数值积分运算表明在输出电压中，消除了偶次谐波和三的倍数次谐波。不同调制比（MI）下，6 个最低的谐波成分（3、5、7、9、11、13）如图 3-44 所示。当调制比增加时，低次谐波成分增加。

总谐波畸变率（THD）定义为

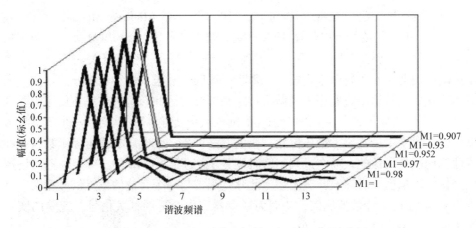

图 3-44 FFT 分析的谐波频谱，归一化到基波分量

$$\text{THD} = \frac{\sqrt{(V_r^2 - V_1^2)}}{V_1^2} \qquad (3-49)$$

其中 V_r 和 V_1 分别为相电压的第 r 次谐波分量 rms 值和基波分量 rms 值。图 3-45 显示了逆变器输出电压的 THD。当调制比增加时，特别是在过调制 II 区，THD 急剧增加，最高点是当 MI = 1 时达到 31.1%。

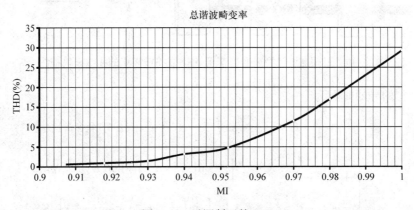

图 3-45 过调制区的 THD

3.4.11 基于人工神经元网络的 PWM

由于 SVPWM 算法是非线性的输入/输出映射，且人工神经元网络（ANN）是一种强大的非线性映射技术，所以可以通过前馈神经元网络实现 SVPWM 控制。这意味着，参考电压矢量 V^* 的幅值和角度 α^*，可以表示为神经网络的输入，对应的三相脉宽模式可以在输出端产生。可以有两种实现 SVPWM 的方法：

使用 ANN 的"直接法（Direct Method）"和"间接法（Indirect Method）"[1]。在"直接法"中，前馈的后向传输 ANN 网络直接取代传统的 SVPWM 算法。由于前馈 ANN 网络只能将一个输入模式映射到一个输出模式，故将开关周期分为 n 个子区间。因此，对于每个输入模式，每个子区间只能包含一种输出开关模式，所以需要很大的数据集合实现神经网络的正确训练。因此，这种方法在使用中受到限制[17~21]。"间接法"使用两个独立的前馈后向传输 ANN 网络：一个负责参考电压幅值，一个负责参考电压位置。幅值网络产生一个电压幅值定标函数，它在线性调制区是线性的，而在过调制区时则是 V_{dc} 的非线性函数。参考位置网络产生单位电压幅值下的导通脉宽函数。此脉宽函数与一个合适的偏置信号相乘，其乘积与向上/向下计数器比较，从而为逆变器产生合适的开关信号。完整的实现模块如图 3-46 所示。

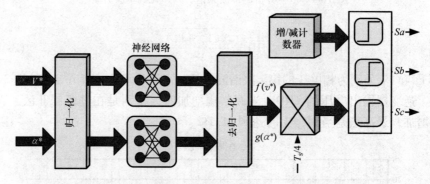

图 3-46　三相电压源型逆变器基于 ANN 的 SVPWM 的函数模块框图

A 相的导通时间为

$$
T_{A=ON} = \begin{cases}
\dfrac{t_o}{4} = \dfrac{T_s}{4} + K \cdot V^* \left[-\sin\left(\dfrac{\pi}{3} - \alpha^*\right) - \sin(\alpha^*) \right], S = 1,6 \\[2mm]
\dfrac{t_o}{4} + t_b = \dfrac{T_s}{4} + K \cdot V^* \left[-\sin\left(\dfrac{\pi}{3} - \alpha^*\right) + \sin(\alpha^*) \right], S = 2 \\[2mm]
\dfrac{t_o}{4} + t_a + t_b = \dfrac{T_s}{4} + K \cdot V^* \left[\sin\left(\dfrac{\pi}{3} - \alpha^*\right) + \sin(\alpha^*) \right], S = 3,4 \\[2mm]
\dfrac{t_o}{4} + t_a = \dfrac{T_s}{4} + K \cdot V^* \left[\sin\left(\dfrac{\pi}{3} - \alpha^*\right) - \sin(\alpha^*) \right], S = 5
\end{cases}
$$

$$(3\text{-}50)$$

其中 S 是扇区号，$K = \sqrt{3} T_s / 4 V_{dc}$。式（3-50）可以写成一般形式：

$$
T_{A-ON} = T_s/4 + f(V^*) g_A(\alpha^*) \tag{3-51}
$$

其中 $f(V^*)$ 是电压幅值定标系数；$T_s/4$ 是偏置时间；$g(\alpha^*)$ 是单位电压下的导

通信号，如图 3-47 所示为

$$
g_{\mathrm{A}}(\alpha^{*}) = \begin{cases}
K\left[-\sin\left(\dfrac{\pi}{3} - \alpha^{*}\right) - \sin(\alpha^{*}) \right], S = 1,6 \\[2ex]
K\left[-\sin\left(\dfrac{\pi}{3} - \alpha^{*}\right) + \sin(\alpha^{*}) \right], S = 2 \\[2ex]
K\left[\sin\left(\dfrac{\pi}{3} - \alpha^{*}\right) + \sin(\alpha^{*}) \right], S = 3,4 \\[2ex]
K\left[\sin\left(\dfrac{\pi}{3} - \alpha^{*}\right) - \sin(\alpha^{*}) \right], S = 5
\end{cases}
\tag{3-52}
$$

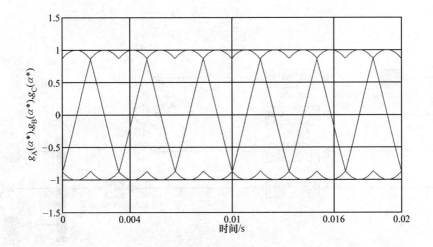

图 3-47　不同扇区中的 A、B、C 相的以角度 α 为变量的导通脉宽函数

3.4.12　基于人工神经元网络 SVPWM 的 MATLAB/Simulink 建模

实现基于 ANN 的 SVPWM 的 MATLAB/Simulink 模型如图 3-48 所示。最初神经网络运用式（3-50）~ 式（3-52）将参考电压作为输入、导通时间为输出进行训练。然后，通过神经元网络工具箱生成 ANN 模型，将生成的模型放入 Simulink 中，如图 3-48 所示。神经网络的输入信号是参考电压的位置 α^{*}。模型在第一层和第二层中使用多层的函数。节点的输入数量可以在训练阶段设置。隐藏节点数可设为 10 ~ 20。权重在训练模式下生成。对应于导通时间的数字通过将神经网络的输出与 $V^{*}T_{\mathrm{s}}$ 相乘，再加上 $T_{\mathrm{s}}/4$ 得到，如图 3-48 所示。然后，通过将

导通时间信号与周期为 T_s、幅值为 $T_s/2$ 的三角参考信号进行比较，可以产生 PWM 信号，接着将获得的 PWM 信号应用到逆变器的控制。

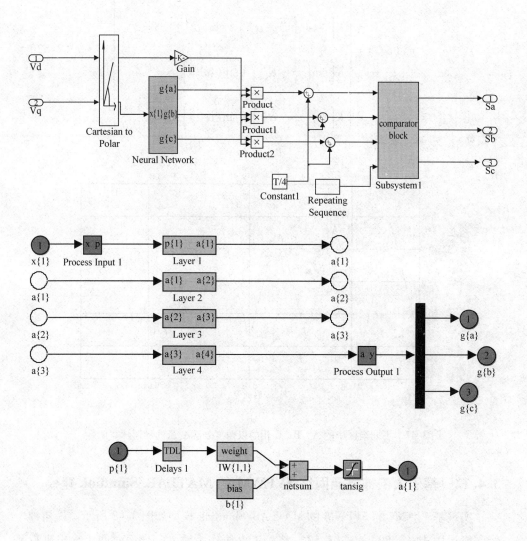

图 3-48　基于 ANN 的 SVPWM 控制的 MATLAB/Simulink 模型
（文件名：*ANN_ SVPWM_ 3 _ phase. mdl*）

上述分析的仿真波形如图 3-49 所示。

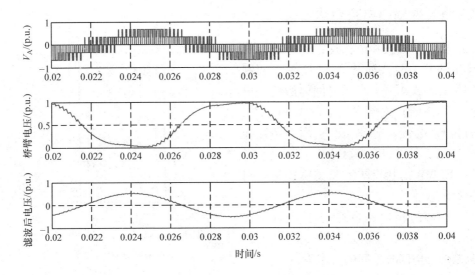

图 3-49　基于 ANN 的 SVPWM 波形

3.5　载波 PWM 与 SVPWM 的关系

虽然载波 PWM 和 SVPWM 这两种 PWM 方案看似不同，但两种方法之间存在着相似性。在 SPWM 方法中，通过将三相调制波与一个高频的三角载波比较，确定三相的开关时刻。给定相的调制波是对应相的平均桥臂电压。最常用的调制波是正弦波。可以将 3 次谐波序列（三的倍数）分量作为零序分量加入到三相正弦波或调制波中。因此，加入到基波信号中的 3 次谐波序列的不同选择，可以得到含有不同谐波频谱的调制波。因此，这些 3 次谐波序列的选择是 SPWM 技术中的一个自由度。

在 SVPWM 技术中，电压参考是以旋转空间矢量的形式给定的。输出的基波分量的幅值和频率是由参考矢量的幅值和频率设定的。在每个开关周期，参考矢量采样一次。在每个开关周期中，逆变器开关的原则是——平均电压矢量与采样得到的参考矢量相同。逆变器根据参考电压矢量的位置进行开关。在每个开关周期中，使用到两个有效矢量和两个零矢量。依据"伏秒平衡"原则，建立等效关系，从而可以获得每个矢量的作用时间。SVPWM 中的自由度是两个零状态（000 和 111）间的时间分割。7（000）和 8（111）两个零状态间的时间分配，等效为在三相平均桥臂电压上叠加一个零序分量。因此，从这个意义上来说，两种 PWM 技术是等效的。

3.5.1 调制信号与空间矢量

由三角载波和调制波之间的交叉点产生的开关模式如图 3-50 所示；调制信号的幅值在一个采样时间内假定是恒值。其中的开关模式是幅值为 $\pm 0.5V_{dc}$ 的桥臂电压。通过比较图 3-50 和图 3-31，可见，在扇区 I 中，可以获得与 SVPWM 控制相同的开关模式和空间矢量配置。

同样的相似性也存在于其他扇区中。从图 3-31 可以发现，不同扇区的调制波和空间矢量间的关系为

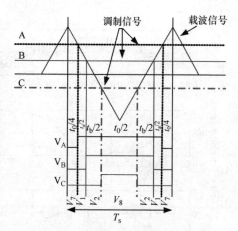

图 3-50 扇区 I 中载波 PWM 和
SVPWM 之间的关系

$$V_A T_s = 0.5V_{dc}(V_A^* + v_{nN})T_s = 0.5V_{dc}(t_a + t_b + t_8 - t_7)$$

$$V_B T_s = 0.5V_{dc}(V_B^* + v_{nN})T_s = 0.5V_{dc}(-t_a + t_b + t_8 - t_7)$$

$$V_C T_s = 0.5V_{dc}(V_C^* + v_{nN})T_s = 0.5V_{dc}(-t_a + t_b + t_8 - t_7) \quad (3\text{-}53)$$

扇区 I 中，调制波和空间矢量的关系为

$$U_A = (t_a + t_b + t_8 - t_7)/T_s$$

$$U_B = (-t_a + t_b + t_8 - t_7)/T_s$$

$$U_C = (-t_a - t_b + t_8 - t_7)/T_s \quad (3\text{-}54)$$

其中 t_8 为零矢量 111 的作用时间；t_7 为零矢量 000 的作用时间；U_A、U_B、U_C 表示 SPWM 的三相调制波。SPWM 的调制波为

$$U_A = V_A^* + v_{nN}$$

$$U_B = V_B^* + v_{nN}$$

$$U_C = V_C^* + v_{nN} \quad (3\text{-}55)$$

其中

$$v_{nN} = \frac{1}{3}(U_A + U_B + U_C) \quad (3\text{-}56)$$

是零序信号。

使用图 3-31，以相似的方式，可以获得在其他 5 个扇区中的调制波和空间矢量的关系，见表 3-5。

将式 (3-54) 代入式 (3-56) 中，可以确定零序信号与空间矢量作用时间的关系。对于奇数扇区 (I 、Ⅲ、Ⅴ) 和偶数扇区 (Ⅱ、Ⅳ、Ⅵ)，得到的关系

分别为

$$v_{nN} = \frac{1}{3T_s}\left[-t_a + t_b - 3t_7 + 3t_8 \right] \tag{3-57}$$

$$v_{nN} = \frac{1}{3T_s}\left[t_a - t_b - 3t_7 + 3t_8 \right] \tag{3-58}$$

表 3-5　空间矢量和调制波间的关系

扇区编号	U_A	U_B	U_C
I	$(t_a + t_b + t_8 - t_7)/T_s$	$(-t_a + t_b + t_8 - t_7)/T_s$	$(-t_a - t_b + t_8 - t_7)/T_s$
II	$(t_a - t_b + t_8 - t_7)/T_s$	$(t_a + t_b + t_8 - t_7)/T_s$	$(-t_a - t_b + t_8 - t_7)/T_s$
III	$(-t_a - t_b + t_8 - t_7)/T_s$	$(t_a + t_b + t_8 - t_7)/T_s$	$(-t_a + t_b + t_8 - t_7)/T_s$
IV	$(-t_a - t_b + t_8 - t_7)/T_s$	$(t_a - t_b + t_8 - t_7)/T_s$	$(t_a + t_b + t_8 - t_7)/T_s$
V	$(-t_a + t_b + t_8 - t_7)/T_s$	$(-t_a - t_b + t_8 - t_7)/T_s$	$(t_a + t_b + t_8 - t_7)/T_s$
VI	$(t_a + t_b + t_8 - t_7)/T_s$	$(-t_a - t_b + t_8 - t_7)/T_s$	$(t_a - t_b + t_8 - t_7)/T_s$

3.5.2　线电压与空间矢量的关系

使用表 3-5 中的关系式和式（3-54）可以获得线 - 线电压和空间矢量的关系见表 3-6：

$$U_{ij}T_s = (U_i - U_j)T_s = \frac{V_{dc}}{2}(U_i^* - U_j^*)T_s,\text{其中 } i,j = a,b,c \text{ 且 } i \neq j \tag{3-59}$$

表 3-6　线 - 线电压与空间矢量

扇区编号	U_{AB}	U_{BC}	U_{CA}
I	$2t_a/T_s$	$2t_b/T_s$	$-2(t_a + t_b)/T_s$
II	$-2t_b/T_s$	$2(t_a + t_b)/T_s$	$-2t_a/T_s$
III	$-2(t_a + t_b)/T_s$	$2t_a/T_s$	$2t_b/T_s$
IV	$-2t_a/T_s$	$-2t_b/T_s$	$2(t_a + t_b)/T_s$
V	$2t_b/T_s$	$-2(t_a + t_b)/T_s$	$2t_a/T_s$
VI	$2(t_a + t_b)/T_s$	$-2t_a/T_s$	$-2t_b/T_s$

线 - 线电压和空间矢量之间存在直接的关系。可以发现，线 - 线电压仅由有效矢量确定，而与零矢量无关。

3.5.3　调制信号与空间扇区

绘制三相正弦波形，划分成 6 个区域，这样就获得了调制信号与空间矢量扇区之间的对应关系：0 ~ 60°（扇区 I）、60° ~ 120°（扇区 II）、120° ~ 180°（扇区 III）、180° ~ 240°（扇区 IV）、240° ~ 300°（扇区 V）、300° ~ 360°（扇区 VI），

如图 3-51 所示。

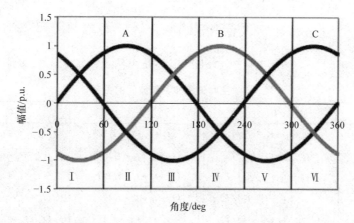

图 3-51 调制波与空间矢量扇区之间的关系

3.6 多电平逆变器

迄今为止，讨论的电压源型逆变器仅有两个电平输出，要么 $\pm 0.5V_{dc}$，要么 0 和 V_{dc}，因此称为两电平逆变器。由于功率半导体开关有限的电压阻断能力，两电平逆变器在大功率中压应用中产生许多问题。而且 dv/dt 相当高，在开关器件上导致很高的应力。解决这种问题的方法是使用多个电力开关器件串联或使用多电平逆变器[23~30]。前一种方案可能导致器件上电压不平衡。因此，后一种方案更受青睐。相比于两电平逆变器，多电平逆变器大大改善了输出电压的波形。即使在很低的开关频率下，THD 也很低，输出电压的质量也是可以接受的。在大功率驱动中，开关损耗占总损耗中的大部分，因此减少这部分损耗是一个主要目标。不过，在多电平逆变器中，使用的功率开关器件数目较多，并且需要额外的二极管和电容。多电平逆变器的另一个不足之处在于直流环节上电容电压的不平衡。这个问题在[31~34]中有探讨。

多电平逆变器有许多吸引人的特点，比如高电压能力、减小共模电压以接近正弦输出、低 dv/dt、更小甚至不需要输出滤波器；有时在输入端不需要变压器，称为无变压器方案，这都使得多电平逆变器更适合大功率应用[35~38]。

文献中提出了多种多电平逆变器的拓扑结构。不过，最受欢迎的配置如下：

- 二极管钳位或中性点钳位多电平逆变器；
- 电容箝位或飞跨电容多电平逆变器；
- 级联 H 桥多电平逆变器。

中性点拓扑使用二极管钳住电压值，而飞跨电容拓扑使用浮空电容钳住电压值。与这两种拓扑相关的主要问题是电容电压的平衡。飞跨电容式多电平逆变器的另一问题是起动过程，由于钳位电容需要充电到合适的电压值。电平数目越多，电压平衡问题越明显。然而，级联 H 桥逆变器本质上是模块化的，每个单元串联在一起，没有电压平衡问题。这种拓扑方式的主要问题是需要复杂的变压器[5]。

3.6.1　二极管钳位多电平逆变器

三电平中性点/二极管钳位的逆变器首先在文献［39］中提出。三电平中性点钳位或二极管钳位的逆变器的功率电路拓扑如图 3-52 所示。一个桥臂由 4 个功率半导体开关（IGBT）和 2 个用于钳位的功率二极管组成。在直流链路侧，电源端需要一个电容，需要两个等容量的电容串联以形成中性点 N。在这种配置下，两个电力开关同时导通。当逆变器桥臂的上面两个开关导通，中间两个开关导通，下面两个开关导通时，分别获得电压为 $0.5V_{dc}$、0、$-0.5V_{dc}$。开关 S_a 和 S'_a、S_b 和 S'_b、S_c 和 S'_c 的开关状态是互补的。定义开关函数 S_{k1}、S_{k0}、S_{k2}（$k = $ A、B、C）（0 表示开关断开，1 表示开关导通，并有限制：$S_{k1} + S_{k0} + S_{k2} = 1$）分别为上面两个开关导通、中间两个开关导通、下面两个开关导通。然后桥臂电压可以写为

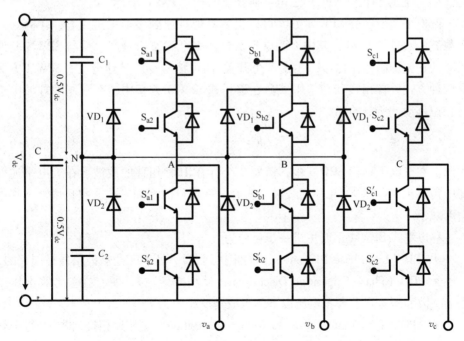

图 3-52　中性点钳位三电平逆变器拓扑

$$V_{AN} = (S_{A1} - S_{A2})V_{dc}$$
$$V_{BN} = (S_{B1} - S_{B2})V_{dc}$$
$$V_{CN} = (S_{C1} - S_{C2})V_{dc} \tag{3-60}$$

线电压关系为

$$v_{ab} = V_{AN} - V_{BN} = (S_{A1} - S_{A2} - S_{B1} + S_{B2})V_{dc}$$
$$v_{bc} = V_{BN} - V_{CN} = (S_{B1} - S_{B2} - S_{C1} + S_{C2})V_{dc}$$
$$v_{ca} = V_{CN} - V_{AN} = (S_{C1} - S_{C2} - S_{A1} + S_{A2})V_{dc} \tag{3-61}$$

相 – 负载中性点电压为

$$v_{an} = \frac{2}{3}V_{dc}(S_{A1} - S_{A2} - 0.5(S_{B1} - S_{B2} + S_{C1} - S_{C2}))$$

$$v_{bn} = \frac{2}{3}V_{dc}(S_{B1} - S_{B2} - 0.5(S_{A1} - S_{A2} + S_{C1} - S_{C2}))$$

$$v_{cn} = \frac{2}{3}V_{dc}(S_{C1} - S_{C2} - 0.5(S_{A1} - S_{A2} + S_{B1} - S_{B2})) \tag{3-62}$$

共模电压（负载中性点和逆变器中性点间的电压）为

$$v_{nN} = \frac{1}{3}V_{dc}(S_{A1} + S_{B1} + S_{C1} - S_{A2} - S_{B2} - S_{C2}) \tag{3-63}$$

1. 中性点钳位（NPC）三电平逆变器的载波 PWM 技术

两电平逆变器的 SPWM 方案可以很容易地扩展到多电平逆变器。不过，三角载波的数目是 $L-1$，其中 L 为电平数目。多个载波信号产生后与 SPWM 基波频率的正弦调制波作比较，由此产生开关/门极信号。广义地分类，SPWM 方案有两种方式，移相式和移电平式。在移相式 SPWM 方案中，在不同的载波上进行相位移动，所需的相移为

$$\phi = \frac{2\pi}{(L-1)} \tag{3-64}$$

因此，在三电平移相 SPWM 中，需要 2 个存在 180°相移的载波。在五电平逆变器中需要 4 个存在 90°相移的载波。随着电平数目的增加，载波数目增加，移相角度减小。

移电平式 SPWM 策略更进一步可分为

● IPD（In – Phase Disposition，同相排列式），所有三角载波信号是同相的；

● POD（Phase Opposition Disposition，反相排列式），所有在参考零电压以上的载波和所有在参考零电压以下的载波是反相的；

● APOD（Alternate Phase Opposition Disposition，交替反相排列式），每个载波对是反相的。

当应用到五电平二极管钳位逆变器中，不同方式的 SPWM 方案的示意图如

图 3-53 所示。在五电平逆变器中，需要 4 个载波如图 3-53 所示与三相正弦调制波比较（图中只显示了 A 相调制波）。门极信号由调制波和载波的交点产生。最上面和第三个电力开关的开关状态是互补的。同理，第二个和最下面开关的工作状态是互补的。

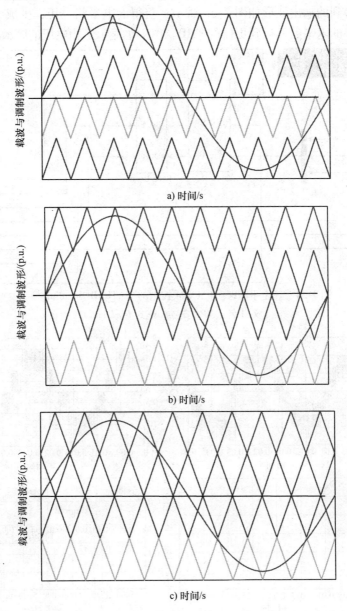

图 3-53　五电平二极管钳位逆变器的 SPWM 原则：a) IPD；b) POD；c) APOD

2. 三电平 NPC 的载波 PWM 策略的 MATLAB/Simulink 模型

三电平 NPC 逆变器的 MATLAB/Simulink 模型如图 3-54 所示。仿真模型使用逆变器的数学模型搭建。直流链路的电压假定为单位 1，输出电压的基波频率设定为 50Hz，开关频率设定为 2kHz。载波选定为同相排列式（IPD）。

仿真得到的输出波形如图 3-55 所示。获得七电平相电压，生成了三电平线电压。更多的电平数目得到更低的 THD。图中也显示了相电压的频谱。

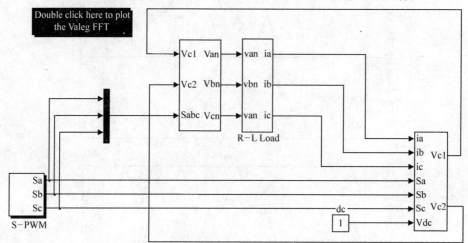

图 3-54　三电平 NPC 的 SPWM 控制的 MATLAB/Simulink 模型

（文件名：*NPC_3_phase_3_level.mdl*）

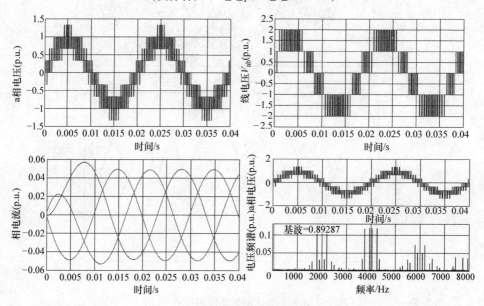

图 3-55　三电平 NPC 的响应

3.6.2　飞跨电容多电平逆变器

飞跨电容或电容钳位的拓扑相对于其他多电平逆变器的拓扑有许多明显的优点，例如，电压电平的冗余，这意味着不止一个开关组合能得到相同的输出电压，因此在选择合适的开关组合时有更多自由。飞跨电容逆变器有相冗余，不像 NPC 逆变器只有线电压冗余[40~48]。这个特点允许特定电容的充电与放电，这样就可以集成到电压平衡的控制算法中。这种逆变器的其他优点有可以控制有功和无功功率。同时，众多的电容能够支持逆变器在短时间的电压中断和严重的电压跌落时的运行。

飞跨电容多电平拓扑是不错的方法，特别是对于超过 3 个电平的逆变器。使用飞跨电容的一个缺点是输出电流会改变电容的电压。通常，电容值必须选择足够大，以使电压的改变尽可能的小。因此，电容器的尺寸会随着开关频率的减少而增加。这种拓扑也就不适用于较低开关频率的场合[40]。这种拓扑的另一个大的缺点是逆变器的起动过程。在逆变器工作之前，必须将电容器充电到合适的电压。因此，这种多电平逆变器需要一个特殊的起动程序。在飞跨电容拓扑中，飞跨电容电压平衡是一个繁重的任务[40~42]。文献中给出了大量方法来平衡钳位电容器两端的电压[41~48]。其中包括 SPWM 和使用开关矢量冗余特性的 SVPWM。在载波技术中，有三种方法最流行，即移相 PWM、修改载波分配 PWM 和锯齿型旋转 PWM。参考文献 [46] 中给出了这些方法在三相系统中的综合比较。结论是修改载波分配 PWM 能获得最优的性能。这种技术在参考文献 [14，17] 中也有用到。本章节将详细阐述这种技术。

1. 三电平飞跨电容逆变器的运行

五相三电平飞跨电容式电压源型逆变器的电路拓扑如图 3-56 所示。在这种多电平逆变器的拓扑中，串联连接的功率开关器件的节点电压由浮空的电容器来钳位。4 个功率开关器件串联连接在一起，形成逆变器的一相桥臂。互补的开关器件如图 3-56 所示（$(s_{n1}、s_{n1}')$，$(s_{n2}、s_{n2}')$；$n \in a、b、c$）；顶部和底部的开关及中间两个开关是互补的。同时开通两个电力开关器件，给输出相提供三种不同的电压值，$0.5V_{dc}$、$-0.5V_{dc}$ 和 0。由于飞跨电容的电压限制在 $0.5V_{dc}$、每个开关承受了相同的电压应力。电平数提高了装置的承受电压，单个功率器件的阻断电压减小，因此可以使用较小耐压的开关，或者可以实现更高的工作电压。极电压和输出相电压之间的关系仍和 NPC 三电平逆变器的一样。

飞跨电容逆变器的一个桥臂在一个周期中的运行如图 3-57a ~ h 所示。电流的路径显示为虚线。图 3-57a 和图 3-57b 中，极电压为 $0.5V_{dc}$，电流流入或流出负载。电容器没有充电（故其端电压不会发生变化）。

如图 3-57c 和图 3-57f 所示的开关状态期间，飞跨电容充电。充电电流等于

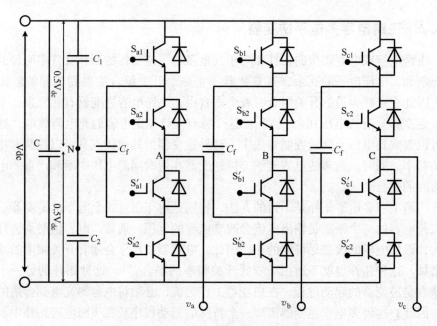

图 3-56　三电平三相飞跨电容逆变器的电路图

负载电流。因此，飞跨电容的设计需要考虑最大的负载电流。在这种状态下，极电压为 0。如图 3-57d 和图 3-57e 所示的开关状态期间，飞跨电容放电。同样，流过电容的电流等于负载电流。此开关状态下，极电压依然为 0。如图 3-57g 和图 3-57h 所示的是极电压为 $-0.5V_{dc}$ 的开关状态，此时飞跨电容仍然未充电。通过上述讨论，可明显看出，在如图 3-57c ~ 图 3-57f 所示这些状态下，电容充/放电状态发生改变。因此，为了平衡飞跨电容器的电压，这些开关状态需要特别的关注。因此，在下一节中介绍的 PWM 技术会最优地利用这些冗余的开关状态。

2. 平衡飞跨电容电压的 PWM 技术[44、46]

这种 PWM 方案的主要目标是无论负载大小都可以平衡飞跨电容器两端的电压，并将其保持在直流环节电压的一半。电压平衡的基本思想是飞跨电容器的充放电时间相等。通过开关图 3-57，可以清楚地看出，对于图 3-57c 和图 3-57f 的开关状态，输出极电压保持不变（为 0），因此这些状态是冗余状态。然而，飞跨电容器如图 3-57c 和图 3-57f 所示状态下充电，而在图 3-57d 和图 3-57e 所示状态下向负载放电。因此，状态见图 3-57c 和图 3-57f 和状态见图 3-57d 和图 3-57e 应该持续相等的时间，以便使飞跨电容器具有相等的充、放电时间。为了实现上述过程，开关 S_{n1} 和 S_{n2} 的载波信号需要分别制定，如图 3-58 和图 3-59 所示。当参考电压在 $0.5V_{dc}$ ~ V_{dc} 间时，使用上面的载波，当参考电压在 $0 ~ 0.5V_{dc}$ 时，

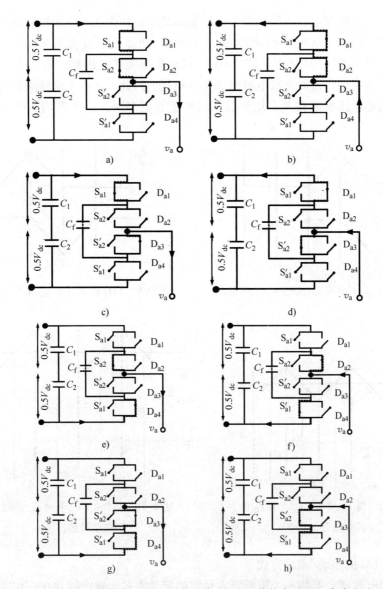

图 3-57　a) 开关状态 1100，正向电流　b) 开关状态 1100，负向电流
c) 开关状态 1010，正向电流（飞跨电容充电）　d) 开关状态 1010，负向电流（飞跨电容放电）
e) 开关状态 0101，正向电流（飞跨电容放电）　f) 开关状态 0101，负向电流（飞跨电容充电）
g) 开关状态 0011，正向电流　h) 开关状态 0011，负向电流

使用下面的载波。对于这两种不同大小的参考电压，其门极信号如图 3-60 和图 3-61 所示。图中显示了 4 个采样周期内的载波信号。很明显地，在图 3-60 中，在第一个和第三个采样周期中，冗余开关状态是有效的。因此，飞跨电容器在第

一个采样周期内充电，在第三个采样周期内放电，从而在 4 个采样周期内保持相同的充放电时间。从图 3-60 和图 3-61 可明显看出，每个功率开关的导通时间是相等的，都为 $2T_s$。同样可从图 3-61 中发现类似规律。因此，对于所有的参考电压值，飞跨电容器的充放电时间都保持相同。因此，在 4 个采样周期内，飞跨电容器的端电压平衡在其平均值处。当电平数更多时，这个平均的平衡时间会更大。

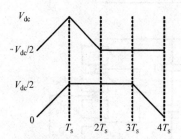

图 3-58　FLC 逆变器中 S_{n1} 和 S_{n1}' 的载波

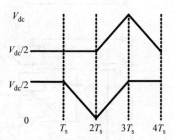

图 3-59　FLC 逆变器中 S_{n2} 和 S_{n2}' 的载波

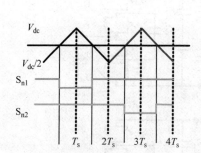

图 3-60　当 $V_{dc}/2 \leqslant |v_{ref}| \leqslant V_{dc}$ 时，
门极信号的产生

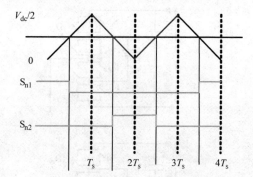

图 3-61　当 $0 \leqslant |v_{ref}| \leqslant V_{dc}/2$ 时，
门极信号的产生

3. FLC 的起动/激励方式

飞跨电容逆变器的一个重要要求是它的起动方式。这个问题在三相逆变器和五相逆变器中都存在。起动时，飞跨电容需要充电到 $0.5V_{dc}$。因此，门极信号可以按这种方式给定：开关 S_{n1} 和 S_{n1}' 导通以给电容充电，开关 S_{n2} 和 S_{n2}' 断开。一旦飞跨电容的电压建立了需要的电压值（如 $0.5V_{dc}$），所有的开关关断，使飞跨电容电压浮空为 $0.5V_{dc}$。然后就可以对逆变器实施正常的 PWM 控制。

4. 三电平电容钳位或 FLC 逆变器的 MATLAB/Simulink 模型

实现三电平 FLC（Flying Capacitor，飞跨电容式）逆变器的 MATLAB/Simulink 模型如图 3-62 所示。图中的模型使用 simpower system 模块集。此模型中使用的 SPWM 如图 3-60 和图 3-61 所示。

直流链路电压保持 100V，开关频率设定为 2.5kHz，飞跨电容选择为 $100\mu F$，负载参数为 $R = 5\Omega$、$L = 0.5mH$。逆变器输出的线电压和相电压如图 3-63 所示。输出线电压有 3 个电平，相电压有 7 个电平。

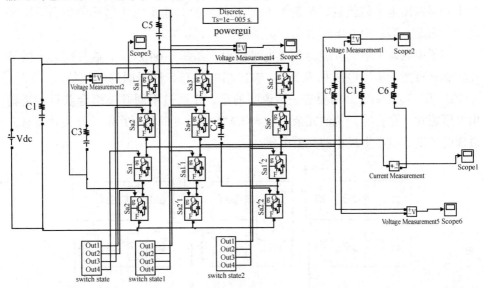

图 3-62 三电平飞跨电容逆变器的 MATLAB/Simulink 模型（文件名：*flc_3ph. mdl*）

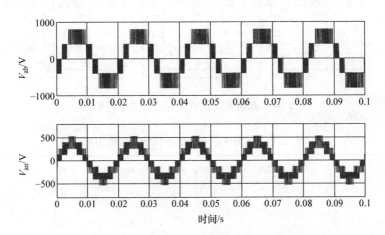

图 3-63 三电平 FLC 逆变器的输出线电压和相电压

3.6.3 H 桥级联多电平逆变器

H 桥逆变器的多个单元串联在一起，形成级联 H 桥拓扑，输出多个电平的电压。这是高度模块化的配置，通过增加每相 H 桥单元的数量提高输出电压等级。每个 H 桥单元需要带隔离的直流电源。为获得 L（奇数）个电平的输出电压，需要串联的单元数目为 .

$$N = \frac{L-1}{2} \tag{3-65}$$

其中 L 是输出电平的数目，N 是 H 桥单元的数目。输出电压电平的数目只能是奇数。因此，为获得五电平输出，需要两个 H 桥串联。

如果串联两个单元，能得到五电平输出，如图 3-64 所示。这种配置下的开关状态和可能的输出电压见表 3-7。输出相电压有 5 种不同的电压值，$-2V_{dc}$、$-V_{dc}$、0、V_{dc}、$2V_{dc}$。需要进一步说明的是，在通过不同开关组合获得所需输出电压值时，存在着开关的冗余。在 SVPWM 中，可以利用冗余的开关状态选择最优的矢量，以产生最小的共模电压。

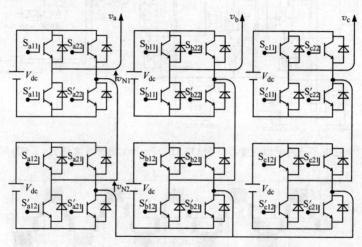

图 3-64 五电平级联 H 桥逆变器的电路拓扑

表 3-7 五电平 CHB 逆变器的开关状态和输出电压值

S_{a11}	S_{a22}	S_{a12}	S_{a21}	v_{N1}	v_{N2}	v_a
1	0	1	0	V_{dc}	V_{dc}	$2V_{dc}$
1	0	1	1	V_{dc}	0	V_{dc}
1	0	0	0	V_{dc}	0	V_{dc}
1	1	1	0	0	V_{dc}	V_{dc}
0	0	1	0	0	V_{dc}	V_{dc}
0	0	0	0	0	0	0

（续）

S_{a11}	S_{a22}	S_{a12}	S_{a21}	v_{N1}	v_{N2}	v_a
0	0	1	1	0	0	0
1	1	0	0	0	0	0
1	1	1	1	0	0	0
1	0	0	1	V_{dc}	$-V_{dc}$	0
0	1	1	0	$-V_{dc}$	V_{dc}	0
0	1	1	1	$-V_{dc}$	0	$-V_{dc}$
0	1	0	0	$-V_{dc}$	0	$-V_{dc}$
1	1	0	1	0	$-V_{dc}$	$-V_{dc}$
0	0	0	1	0	$-V_{dc}$	$-V_{dc}$
0	1	0	1	$-V_{dc}$	$-V_{dc}$	$-2V_{dc}$

1. 多电平 CHB 逆变器的载波 PWM 技术

SPWM 技术可以从广义上分为移相和移电平这两种方式。在移相 SPWM 技术中，两个相邻载波间的移相角由式（3-64）给出。因此，在五电平级联 H 桥逆变器中，需要 4 个载波信号，两个载波间的移相角为 90°。调制信号是三相正弦波。在五电平逆变器中，0°相移的载波控制第一个单元的上开关 S_{a11} 的通断，90°相移的载波控制第二个单元的上开关 S_{a12} 的通断。180°相移的载波控制第一个单元的开关 S_{a22} 的通断，270°相移的载波控制第二个单元的开关 S_{a21} 的通断，如图 3-64 所示。门极信号在三角载波信号和调制波信号的交点处产生。逆变器的开关频率和器件开关频率的关系为

$$f_{s,\text{inverter}} = (L-1)f_{s,\text{device}} \tag{3-66}$$

在移电平 SPWM 技术中，需要（$L-1$）个移电平载波。载波是在 $-V_{dc}$ ~ V_{dc} 之间垂直布置的，载波的幅值取决于它们的数目，例如，在五电平逆变器的情况中，需要 4 个载波信号。载波信号的幅值为 $0.5V_{dc}$ ~ V_{dc}，0 ~ $0.5V_{dc}$，$-0.5V_{dc}$ ~ $-V_{dc}$，$-0.5V_{dc}$ ~ 0。在移电平 PWM 控制中，逆变器的开关频率和载波频率是相同的。器件开关频率和逆变器开关频率是相关的，如式（3-66）所示。

2. 五电平 CHB 逆变器的 MATLAB/Simulink 模型

五电平级联 H 桥逆变器的 MATLAB/Simulink 模型如图 3-65 所示。此模型使用 simpower system 模块集搭建，仿真程序使用的是移相 SPWM 技术，生成的波形如图 3-66 所示。

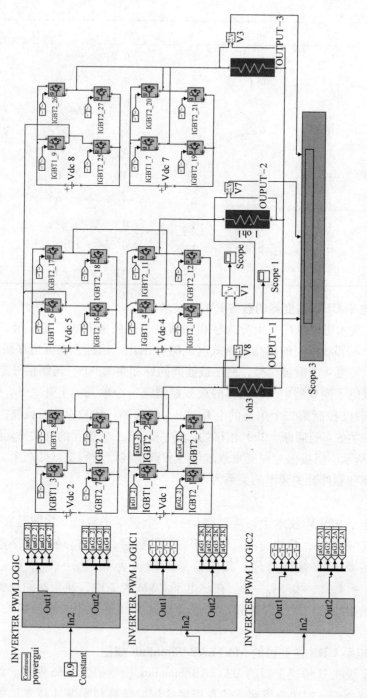

图 3-65 五电平三相 CHB 逆变器的 MATLAB/Simulink 模型（文件名：*CHB_5_level. mdl*）

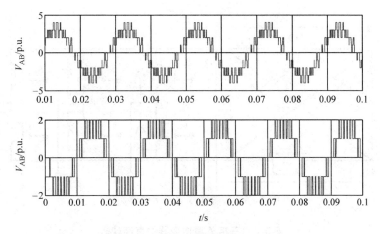

图 3-66 五电平 CHB 逆变器的输出线电压和相电压波形

3.7 阻抗源或 Z 源逆变器

阻抗源或 Z 源逆变器是一种特殊的逆变器，在传统的逆变器中提供了升压能力。传统的逆变器只能作为 buck 变换器工作，因为输出电压总是比直流输入电压小。而且同一桥臂的上、下开关不能同时导通，否则直流电源会短路。因此，同一桥臂互补工作的功率开关在开通和关断时，要特地加入死区。死区会造成输出电流的失真。这些缺点被 Z 源逆变器克服了。两个等值的电感和两个等值的电容，以串联电感和斜对角电容形成字母 X 形状的布置，插入到直流电源和逆变器 6 个功率开关之间。这种中间级有提升直流源电压的优点，这对于新能源接口如光伏系统、燃料电池等非常有吸引力，因为这些系统产生的电压很低，而负载需要的电压则很高。参考文献[49~58] 给出了关于 Z 源逆变器的详细讨论。阻抗源的概念同样可以应用在 AC – DC、DC – DC、AC – AC 和 DC – AC 电力变换器拓扑中。本节介绍这种新类别的逆变器（DC – AC 变换器），并将阐述 Z 源逆变器的基本运行原理和主电路拓扑如图 3-67 所示。从可再生能源或二极管整流器获得的直流源，与传统的三桥臂逆变器通过中间阻抗网络连接在一起。

相比于传统逆变器只有 8 个可能的状态（6 个有效状态，2 个零状态），Z 源逆变器的开关组合产生了 7 个额外的状态。这是由于在这种逆变器中，同一桥臂功率开关是允许同时导通的。当一个或多个桥臂的上、下两个功率开关都同时为"ON"而导通时，就会产生这些额外的开关状态，称为"直通"状态，逆变器的这些状态会产生升压效果。在"直通"状态期间，负载端的输出电压为 0，而逆变器的输入电压或从阻抗网络的直流输出电压在增加。带额外直通状态的开关见表 3-8。

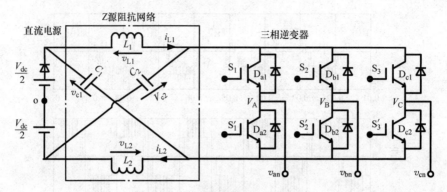

图 3-67 Z 源逆变器的主电路拓扑

表 3-8 三相 Z 源逆变器的直通状态

开关状态名称	导通开关
直通 1（E1）	S_1、S_1'
直通 2（E2）	S_2、S_2'
直通 3（E3）	S_3、S_3'
直通 4（E4）	S_1、S_1'、S_2、S_2'
直通 5（E5）	S_1、S_1'、S_3、S_3'
直通 6（E6）	S_2、S_2'、S_3、S_3'
直通 7（E7）	S_1、S_1'、S_2、S_2'、S_3、S_3'

3.7.1 电路分析

Z 源逆变器的等效电路如图 3-68 所示。当从阻抗源向逆变器侧看时，逆变器表现为一个恒流源，如图 3-68a 所示，此时逆变器工作在常规的"非直通"模式。当逆变器工作在"直通"模式时，逆变器是短路的，直流侧的等效二极管是关断的，如图 3-68b 所示。

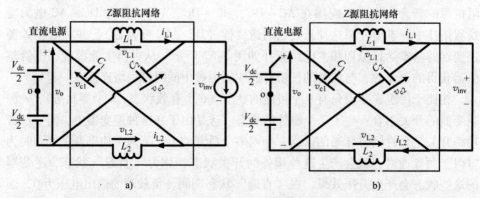

图 3-68 Z 源逆变器的等效电路

a）非直通模式 b）直通模式

为了分析电路，给出以下假设：假定电感值是相同的，如 $L_1 = L_2 = L$，电容值也是相同的，如 $C_1 = C_2 = C$。假定电感电流足够大且恒定。如果开关周期为 T_s，直通时间为 T_{sh}，非直通时间为 T_{nsh}，其中

$$T_s = T_{sh} + T_{nsh} \tag{3-67}$$

由于是对称的阻抗网络，以下关系是成立的：

$$v_{c1} = v_{c2} = V_c \tag{3-68}$$

$$v_{L1} = v_{L2} = V_L \tag{3-69}$$

在非直通状态期间，根据等效电路如图 3-68a 所示，以下关系成立：

$$v_{L-nsh} = V_L = V_{dc} - V_c \tag{3-70}$$

$$v_{inv} = V_c - V_L = 2V_c - v_o \tag{3-71}$$

$$v_o = V_{dc} \tag{3-72}$$

在直通状态期间，根据图 3-68b，可获得以下关系：

$$v_o = 2V_c \tag{3-73}$$

$$v_{L-sh} = V_L = V_c \tag{3-74}$$

$$v_{inv} = 0 \tag{3-75}$$

在稳态时，根据伏秒平衡，一个开关周期内电感两端的平均电压应该为 0，可以得到以下关系：

$$V_L T = v_{L-sh} T_{sh} + v_{L-nsh} T_{nsh} = 0$$

$$V_L T = V_c T_{sh} + (V_{dc} - V_c) T_{nsh} = 0 \tag{3-76}$$

由式 (3-76)，获得以下关系

$$\frac{V_c}{V_{dc}} = \frac{T_{nsh}}{T_{nsh} - T_{sh}} \tag{3-77}$$

根据式 (3-71) 和式 (3-77)，获得逆变桥端的直流环节峰值电压为

$$\hat{v}_{inv} = 2V_c - V_{dc} = \frac{2V_c - V_{dc}}{V_{dc}} V_{dc} = \left(2\frac{V_c}{V_{dc}} - 1\right) V_{dc} = \left(2\frac{T_{nsh}}{T_{nsh} - T_{sh}} - 1\right) V_{dc}$$

$$= \frac{T_s}{T_{nsh} - T_{sh}} V_{dc} = g V_{dc}$$

$$\tag{3-78}$$

其中

$$g = \frac{T_s}{T_{nsh} - T_{sh}} = \frac{1}{1 - 2\dfrac{T_{sh}}{T_s}} = \frac{1}{1 - 2\delta} \geq 1 \tag{3-79}$$

其中 g 为升压系数。传统逆变器的输出峰值交流电压为

$$\hat{v} = M\frac{V_{dc}}{2} \tag{3-80}$$

Z 源逆变器中的峰值输出电压为

$$\hat{v} = M\,\hat{v}_{\text{inv}}/2 = Mg\frac{V_{\text{dc}}}{2} \tag{3-81}$$

其中 M 为调制比。因此，可见 Z 源逆变器的输出交流峰值电压是传统逆变器输出的 g（升压系数）倍。g 值常常大于 1，因此实现了输出电压的增加。从式（3-79）可见，如果直通时间 $T_{\text{sh}} = 0$，升压系数 g 为 1。因此，可以肯定由于开关状态中存在直通状态，所以获得了输出电压的增加。

3.7.2 Z 源逆变器基于载波的简单升压 PWM 控制

传统的 PWM 方案，如正弦载波 PWM 和 SVPWM，对 Z 源逆变器也是适用的。唯一的不同出现在需要升压和直通状态运行的情况下。在传统 PWM 控制中，用到两个零状态和两个有效状态。直通状态嵌入到传统零状态中，如图3-69所示。三角载波和采样后的调制信号如图 3-69 所示。使用两个额外的恒定信号 V_P^*、V_N^*，调制直通的占空比。因此，通过控制两个额外信号的幅值，就控制了 Z 源逆变器的输出电压。可见只有零矢量时间被改变了，有效矢量时间仍保持相同。

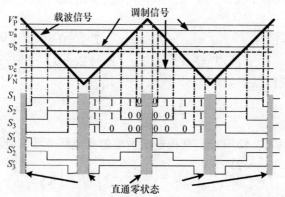

图 3-69 Z 源逆变器基于载波的简单升压 PWM 控制原则

直通占空比（δ）随着调制比 M 的增加而减小。最大的占空比是 $1 - M$，因此当调制比为 1 时，直通状态的占空比为 0。电压增益随着调制比的增加而减小。当 $M = 1$ 时，由于升压获得的电压增益变为 0。调制比越低，电压增益越多，因此为获得较高的电压增加，调制比必须保持很小。

使用简单升压 PWM 策略的输出电压的总增益为

$$G = M \cdot g = \frac{\hat{v}}{V_{\text{dc}}/2} = \frac{M}{2M - 1} \tag{3-82}$$

给定 g，最大的调制比为

$$M = \frac{G}{2G - 1} \tag{3-83}$$

使用基于载波的简单升压 PWM 方案，功率半导体开关的电压应力为

$$V_{\text{stress}} = gV_{\text{dc}} = (2G - 1)V_{\text{dc}} \tag{3-84}$$

更高的逆变器输出电压增益会导致功率半导体开关上更高的电压应力。

3.7.3　Z 源逆变器基于载波的最大升压 PWM 控制

简单升压控制方法的限制是由于电压增益为 $M * g$，开关上的电压应力为 $g * V_{\text{dc}}$，所以对于更高的电压增益，功率开关的电压应力也更高。为了使功率开关上的应力最小，应该最大程度减小升压系数 g，同时最大化调制系数 M，从而保持输出电压增益在期望值。不过，为了提升电压增益，应该提高升压系数 g。为了满足这些矛盾的要求，将所有的零状态都变换为直通时间。有效状态作用时间保持不变，如图 3-70 所示。

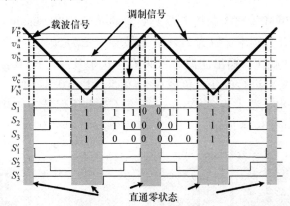

图 3-70　Z 源逆变器的基于载波的最大升压 PWM 控制原则

直通状态的平均占空比[50]为

$$\delta = \frac{T_{\text{sh}}}{T_{\text{s}}} = \frac{2\pi - 3\sqrt{3}M}{2\pi} \tag{3-85}$$

升压系数为

$$g = \frac{1}{1 - 2\delta} = \frac{\pi}{3\sqrt{3}M - \pi} \tag{3-86}$$

输出电压增益为

$$G = Mg = \frac{\pi M}{3\sqrt{3}M - \pi} \tag{3-87}$$

电力开关上的电压应力为

$$V_{\text{stress}} = gV_{\text{dc}} = \frac{3\sqrt{3}G - \pi}{\pi}V_{\text{dc}} \tag{3-88}$$

在此 PWM 方案中的电压应力比简单升压 PWM 方案大大降低。因此，使用这种最大值升压 PWM 方法可以实现更高的增益。

对于简单升压 PWM 方案和最大值升压 PWM 方法，电压增益 G 对调制比的变化情况如图 3-71 所示。

为了增加调制比 M 为 $1/\sqrt{3}$，可以使用 3 次谐波注入法。调制信号由一个正弦信号加上一个 1/4 或 1/6 的 3 次谐波构成。

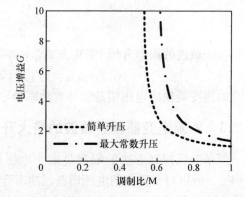

图 3-71　Z 源逆变器电压增益对调制系数的关系

3.7.4　Z 源逆变器的 MATLAB/Simulink 模型

使用简单 SPWM 策略控制的 Z 源逆变器的 MATLAB/Simulink 模型如图 3-72 所示。逆变器的开关频率保持为 2kHz，基波频率选为 50Hz，阻抗网络的参数是 $L = 500\mu H$、$C = 400\mu F$、输出滤波参数为 $L_v = 0.01H$、$C_v = 110\mu F$。负载可随有功和无功的不同要求进行改变。负载在 $t = 0.5s$ 和 $t = 0.8s$ 时突变，调制比保持为 0.75，输出相电压要求为 249Vrms，直流环节电压保持为 400V。仿真结果的波形如图 3-73 和图 3-74 所示。

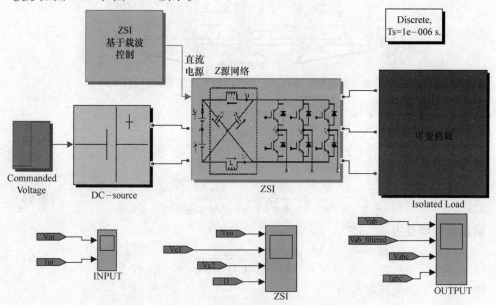

图 3-72　Z 源逆变器的 MATLAB/Simulink 模型

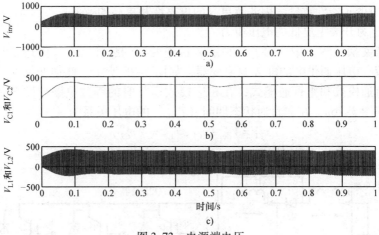

图 3-73　电源端电压

a）逆变桥输入侧电压　b）两个电容间电压　c）两个电感间电压

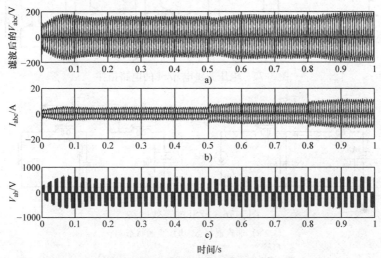

图 3-74　Z 源逆变器的输出

a）滤波后三相电压　b）三相负载电流　c）线电压

3.8　准阻抗源或准 Z 源逆变器

3.7 节描述的阻抗源或 Z 源逆变器，在升压模式时有输入电流不连续、电容两端的电压高、电力开关上应力大的缺点。这些缺点可以通过一种不同拓扑的逆变器（称为准 Z 源逆变器）克服[58~61]。qZSI（quasiZ – Source Inverter，准 Z 源逆变器）拓扑由原来的 Z 源逆变器演化而来。qZSI 的优点为：

- 从直流源汲取连续的电流；
- 减小了电容 C_2 上的电压；

- 减少元器件数量，因此有更高的可靠性和更高的效率；
- 电力开关上更低的电压应力。

参考文献［59］中介绍了几种准 Z 源逆变器的拓扑。本节阐述了具有连续输入电流、电压源供电的准 Z 源逆变器，如图 3-75 所示。此逆变器的两种运行模式为直通模式和非直通模式，在相应模式运行时的等效电路如图 3-75 所示。根据电路图 3-76a，在非直通状态期间（T_{nsh}）的电压关系为

$$v_{L1} = V_{dc} - v_{C1} , \; v_{L2} = - v_{C2} , \tag{3-89}$$

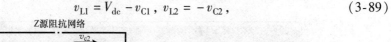

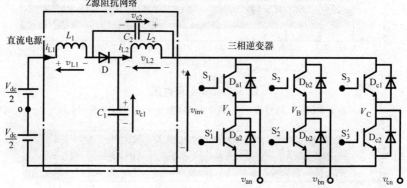

图 3-75 电压源供电 qZSI 的电路拓扑

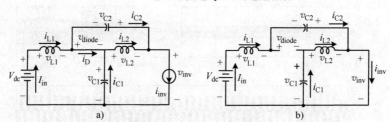

图 3-76 qZSI 的等效电路

a）非直通状态 b）直通状态

$$v_{inv} = v_{C1} - v_{L2} = v_{C1} + v_{C2} , \; v_{diode} = 0. \tag{3-90}$$

根据电路图 3-76b，直通状态期间（T_{sh}）的电压关系为

$$v_{L1} = v_{C2} + V_{in} , \; v_{L2} = v_{C1} \tag{3-91}$$

$$v_{inv} = 0 , \; v_{diode} = - (v_{C1} + v_{C2}) \tag{3-92}$$

根据伏秒平衡原则，在稳态时，在一个开关周期内，电感两端的平均电压应该为 0，因此，由式（3-89）和式（3-91），可以得到如下关系：

$$V_{L1} = \overline{v}_{L1} T_s = T_{sh} (V_{C2} + V_{dc}) + T_{nsh} (V_{dc} - V_{C1}) = 0 \tag{3-93}$$

$$V_{L2} = \overline{v}_{L2} T_s = T_{sh} (V_{C1}) + T_{nsh} (- V_{C2}) = 0 \tag{3-94}$$

因此，得到以下关系

$$V_{C1} = \frac{1-\delta}{1-2\delta} V_{dc} , \; V_{C2} = \frac{\delta}{1-2\delta} V_{dc} \tag{3-95}$$

由式（3-90）、式（3-92）和式（3-95），逆变桥侧直流环节的峰值电压为

$$v_{\mathrm{inv}} = V_{\mathrm{C1}} + V_{\mathrm{C2}} = \frac{T_{\mathrm{s}}}{T_{\mathrm{nsh}} - T_{\mathrm{sh}}} V_{\mathrm{dc}} = \frac{1}{1 - 2\delta} V_{\mathrm{dc}} = g V_{\mathrm{dc}} \tag{3-96}$$

其中 g 是 qZSI 的升压系数。根据系统的额定功率 P，可以计算出流过两个电感 L_1 和 L_2 的平均电流为

$$I_{\mathrm{L1}} = I_{\mathrm{L2}} = I_{\mathrm{in}} = P / V_{\mathrm{dc}} \tag{3-97}$$

根据基尔霍夫电流定律和式（3-97），获得以下电流关系：

$$I_{\mathrm{C1}} = I_{\mathrm{C2}} = I_{\mathrm{inv}} - I_{\mathrm{L1}}, \ I_{\mathrm{D}} = 2I_{\mathrm{L1}} - I_{\mathrm{inv}} \tag{3-98}$$

定义如下术语：

1）M 为调制比；$\hat{v}$ 是交流峰值相电压或逆变器输出峰值电压；

2）$p = (1 - \delta)/(1 - 2\delta)$；$k = \delta/(1 - 2\delta)$；$g = 1/(1 - 2\delta)$。

Z 源逆变器和准 Z 源逆变器的平均参数的比较见表 3-9。

表 3-9　Z 源逆变器和准 Z 源逆变器的平均参数的比较

	$v_{\mathrm{L1}} = v_{\mathrm{L2}}$		v_{inv}		v_{diode}		V_{C1}	V_{C2}	$\hat{v}$	$I_{\mathrm{in}} = I_{\mathrm{L1}} = I_{\mathrm{L2}}$	$I_{\mathrm{C1}} = I_{\mathrm{C2}}$	I_{D}
	T_{sh}	T_{nsh}	T_{sh}	T_{nsh}	T_{sh}	T_{nsh}						
ZSI	pV_{dc}	$-kV_{\mathrm{dc}}$	0	gV_{dc}	gV_{dc}	0	pV_{dc}	pV_{dc}	$GV_{\mathrm{dc}}/2$	P/V_{dc}	$I_{\mathrm{inv}} - I_{\mathrm{L1}}$	$2I_{\mathrm{L1}} - I_{\mathrm{inv}}$
qZSI	pV_{dc}	$-kV_{\mathrm{dc}}$	0	gV_{dc}	gV_{dc}	0	pV_{dc}	kV_{dc}	$GV_{\mathrm{dc}}/2$	P/V_{dc}	$I_{\mathrm{inv}} - I_{\mathrm{L1}}$	$2I_{\mathrm{L1}} - I_{\mathrm{inv}}$

Z 源逆变器和准 Z 源逆变器有相同的特性。对 qZSI 来说，也能获得在单级功率电路结构中升高输入直流电压的优点。在同一桥臂的功率开关上，不需要在开通和关断之间加入死区时间。

3.8.1　准 Z 源逆变器的 MATLAB/Simulink 模型

准 Z 源逆变器的 MATLAB/Simulink 模型如图 3-77 所示，使用简单的 SPWM 技术控制逆变器。仿真电路参数同 ZSI 一样。生成的波形如图 3-78 和图 3-79 所示。

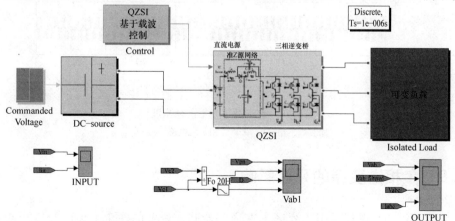

图 3-77　准 Z 源逆变器的 MATLAB/Simulink 模型

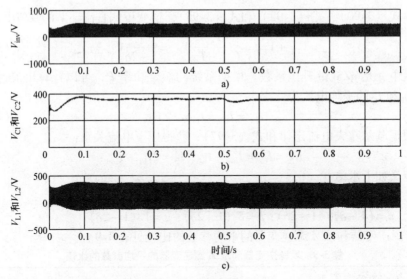

图 3-78 电源侧的电压

a）逆变桥输入侧 b）两个电容间 c）两个电感间

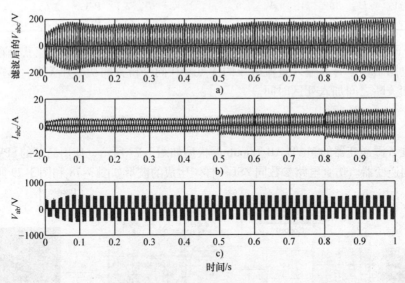

图 3-79 准 Z 源逆变器的输出波形

a）滤波后三相电压 b）三相负载电流 c）线电压

3.9 多相逆变器的死区影响

本节进一步阐述了引入死区（在逆变器同一桥臂的两个半导体开关开通和关断期间的时间延迟）的影响。为了避免电源侧短路、通过逆变器开关的电流失控及逆变器随后的失败，同一桥臂的两个电力开关不能同时导通；因此，必须在同一桥臂的两个开关的开通、关断之间引入时延。电力半导体开关的开通和关断时间决定于几个因素，比如开关的功率等级、运行温度和门极驱动电流[62]。考虑多相逆变器桥臂的门极驱动信号由门极驱动电路提供，所需的死区时间是器件功率等级的函数。与图 3-80 相关的波形如图 3-81 所示。

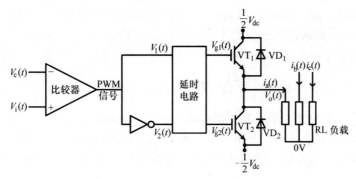

图 3-80　带时延电路的多相 PWM 逆变器的一相桥臂

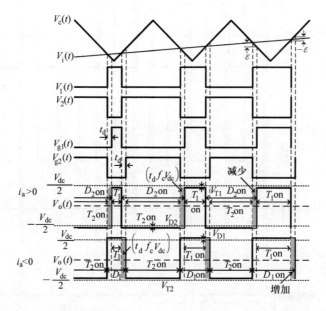

图 3-81　门极控制信号 V_{g1} 和 V_{g2}，当 $i_a > 0$ 和 $i_a < 0$ 时的输出电压，
显示了 IGBTs（VT_1，VT_2）和二极管（VD_1，VD_2）导通状态

图 3-80 显示了带阻感负载的多相 PWM 逆变器的一个桥臂。$V_c(t)$ 和 $V_i(t)$ 分别是载波和调制波，它们在比较器中进行比较。比较器的输出为 $V_1(t)$。此输出信号及其互补信号（$V_2(t)$），通过时延电路后，供给同一桥臂的上方 IGBT

（VT_1）和下方 IGBT（VT_2）的门极。需要上、下 IGBT 开关间的时延，避免直通运行和随后的电源短路。如图 3-80 所示的 PWM 逆变器的波形如图 3-81 所示，图中给出了正向相电流 $i_a > 0$ 和负向相电流 $i_a < 0$ 两种情况。如图 3-81 所示还给出了 VD_1，VD_2，VT_1 和 VT_2 的导通持续时间。V_{D1}、V_{D2}、V_{T1} 和 V_{T2} 分别为 VD_1、VD_2、VT_1 和 VT_2 上的电压降。VD_1 和 VD_2 是续流二极管。这里假定延迟时间 t_d 包含器件的开通时间 t_{on} 和关断时间 t_{off}。对于 $i_a > 0$，阴影部分是输出电压降低的原因，然而 $i_a < 0$ 时的阴影部分是输出电压升高的原因。

电压偏差 ε 取决于时延 t_d 和载波 $V_c(t)$ 的斜率。因此

$$\frac{-\varepsilon}{t_d} = \frac{-2V_c}{(T_c/2)} \text{ 或 } \varepsilon = t_d \frac{2V_c}{(T_c/2)} = 4f_c t_d V_c \qquad (3-99)$$

其中 V_c、f_c 和 T_c 分别是载波信号的幅值、频率和周期。

图 3-82 绘制了理想情况下，实际的和偏差输出电压波形。这里假定 IGBTs 开关是瞬时的。偏差脉冲的高度和宽度分别等于 $V_{DC}/2$ 和 t_d，它与逆变器的输出电流反相。

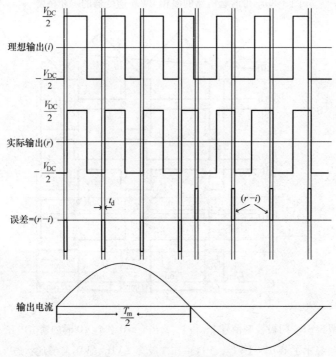

图 3-82　输出电压的死区效应

每个脉冲的面积为

$$\Delta e = \frac{V_{DC}}{2} \times t_d \qquad (3-100)$$

其中脉冲的数目为

$$n_{\mathrm{p}} = \frac{\left(\dfrac{T_{\mathrm{m}}}{2}\right)}{T_{\mathrm{c}}} \tag{3-101}$$

由于死区效应产生的脉冲可以叠加起来形成一个高度和宽度分别为 h 和 $T_{\mathrm{m}}/2$ 的方波，T_{c} 是三角波的周期或逆变器开关周期。因此，得到的方波的面积为

$$h \times \frac{T_{\mathrm{m}}}{2} = n_{\mathrm{p}} \times \frac{V_{\mathrm{DC}}}{2} \times t_{\mathrm{d}} \ \text{或} \ h = \Delta V = n_{\mathrm{p}} \times \frac{V_{\mathrm{DC}}}{T_{\mathrm{m}}} \times t_{\mathrm{d}} = f_{\mathrm{c}} \times \frac{V_{\mathrm{DC}}}{2} \times t_{\mathrm{d}} \tag{3-102}$$

其中 ΔV 为幅值。

在理想 PWM 波形中，主要的谐波被转移到开关频率处，低次谐波被削弱或消除了。然而，由于开关死区时间 t_{d}，偏差电压的存在会引入低频分量如 5 次、7 次，特别是在非常高的开关频率时。矩形脉冲可以近似为一个频率和输出基波频率相等的方波。如果"h"是方波的高度，有

$$h \times \frac{T_{\mathrm{m}}}{2} = n_{\mathrm{p}} \times V_{\mathrm{DC}} \times t_{\mathrm{d}} \tag{3-103}$$

例如：

$$h \frac{T_{\mathrm{m}}}{2} = \frac{\left(\dfrac{T_{\mathrm{m}}}{2}\right)}{T_{\mathrm{c}}} \times V_{\mathrm{DC}} \times t_{\mathrm{d}} \tag{3-104}$$

$$h = f_{\mathrm{c}} \times V_{\mathrm{DC}} \times t_{\mathrm{d}} \tag{3-105}$$

其中 f_{c} 是载波频率或逆变器开关频率。使用傅立叶级数表示此方波，偏差电压的 n 次谐波为

$$V_{\mathrm{n}} = \frac{4h}{\pi n} = \frac{4f_{\mathrm{c}} \times V_{\mathrm{DC}} \times t_{\mathrm{d}}}{\pi n} \tag{3-106}$$

上述公式表明，f_{c} 提高的越多，V_{n} 上升越大。因此，当使用高频载波时，载波频率的上限存在，f_{c} 和 t_{d} 的乘积应选择为一个较小值，以避免由于开关时延引入的低频谐波导致逆变器输出波形的较大失真。

在实际中，可以使用多种开环和闭环技术补偿死区效应的影响。一些和死区补偿相关的重要文献如 [2]、[63~66]。

3.10　总结

本章讨论了三相两电平和多电平电压源型逆变器的 PWM 控制技术。讨论了从半桥逆变器到全桥逆变器的逆变器基本结构，然后详述了三相逆变器。探讨了简单的 SPWM 方案，之后介绍了 3 次谐波注入和加入偏移量的 PWM 技术。介绍了 SVPWM 技术，搭建了通用仿真模型，通过简单修改，可以实现连续和不连续

SVPWM 技术。同时介绍了过调制区及其 MATLAB/Simulink 仿真实现。也阐述了使用人工智能技术来实现 SVPWM 的过程。讨论了死区的影响。介绍了多电平逆变器的基本拓扑，阐述了相应的 SPWM 控制技术。而且，详细地探讨了具备升压能力的特殊逆变器（Z 源和准 Z 源）。

3.11　练习题

1. 1 个中间抽头的、直流输入电压 120V 供电的单相半桥电压源型逆变器。逆变器给阻性负载 20Ω 供电。计算：

1）基波输出峰值电压和有效电压；

2）输出电压的前 3 个谐波幅值；

3）负载消耗的功率。

2. 1 个单相全桥电压源型逆变器，直流输入电压为 300V，带 20Ω 阻性负载。计算：

1）基波输出峰值电压和有效电压；

2）输出电压的前 3 个谐波幅值；

3）负载消耗的功率。

3. 1 个单相半桥逆变器，使用双极性 PWM 策略控制，中间抽头的 120V 直流电压源供电。基波输出电压频率为 50Hz。三角载波的频率为 5kHz。对于调制比为 0.9，确定：

1）频率调制比；

2）基波输出峰值电压和有效电压；

3）输出电压的前 3 个明显的谐波次数。

4. 1 个单相全桥逆变器，直流电压 300V 供电，使用单极性 PWM 技术控制。调制比为 0.9，基波输出频率为 50Hz，载波的频率为 2kHz。计算：

1）基波输出电压峰值；

2）前 3 个明显的谐波分量。

5. 1 个三相电压源型逆变器，运行在 180°导通模式，由 600V 直流链路电压供电，计算：

1）输出基波相电压和线电压的峰值和有效值；

2）相电压的三个最大谐波分量的峰值。

6. 1 个三相电压源型逆变器，使用载波正弦 PWM 技术控制。基波输出电压的频率保持为 50Hz，逆变器的开关频率为 2kHz。逆变器由 600V 直流链路电压供电。调制比为 0.9。计算基波输出相电压的有效值。

为了提高输出电压，注入了 3 次谐波分量。为提高输出电压 15.47%，计算需要的 3 次谐波分量的峰值。

7. 1 个三相感应电动机，由三相电压源型逆变器供电。三相 VSI 使用空间矢量 PWM 技术控制，输出正弦波给电动机。逆变器的开关频率为 5kHz，逆变器输入侧的直流母线电压为 300V。逆变器输出频率为 50Hz。参考相电压的有效值为 100V。确定在时刻为 1ms、5ms、10.5ms 时，应用的空间矢量及其作用时间。

参 考 文 献

1. Kazmierkowaski, M. P., Krishnan, R., and Blaabjerg, F. (2002) *Control in Power Electronics: Selected Problems*. Academic Press, USA.

2. Holmes, D. G. and Lipo, T. A. (2003) *Pulse Width Modulation for Power Converters: Principles and Practice*. IEEE Power Engineering Series, Wiley Interscience, USA.

3. Mohan, N., Undeland, T. M., and Robbins, W. P. (1995) *Power Electronics-Converters, Applications and Design*, 2nd edn. John Wiley & Sons, Ltd., USA.

4. Holtz, J. (1992) Pulse width modulation: A survey. *IEEE Trans. Ind. Elect.*, **39**(5), 410–420.

5. Wu, B. (2006) *High Power Converters and AC Drives*. IEEE Power Engineering Series, Wiley Interscience, USA.

6. Chen, Y. M. and Cheng, Y. M. (1999) PWM control using a modified triangle signal. *IEEE Trans. Ind. Elect.*, **1**(29), 312–317.

7. Boost, M. A. and Ziogas, P. D. (1998) State-of-art-carrier PWM techniques: A critical evaluation. *IEEE Trans. Ind. Appl.*, **24**(2), 271–280.

8. Van der Broeck, H. W., Skudenly, H., and Stanke, G. (1988) Analysis and realization of a pulse width modulator based on voltage space vectors. *IEEE Trans. Ind. Elect.*, **24**(1), 142–150.

9. Hava, A. M., Kerkman, R. S., and Lipo, T. A. (1997), A high performance generalized discontinuous PWM algorithm. *IEEE APEC*, **2**, 886–891.

10. Ojo, O. (2004) The generalized discontinuous PWM scheme for three-phase voltage source inverters. *IEEE Trans. Ind. Elect.*, **51**(6), 1280–1289.

11. Iqbal, A., Lamine, A., Ashraf, I., and Mohibullah (2006) MATLAB/Simulink model for space vector modulation of three-phase VSI. *IEEE UPEC 2006*, 6–8 September, Newcastle, UK, Vol. **3**, pp. 1096–1100.

12. Iqbal, A., Ahmed, M., Khan, M. A., and Abu-Rub, H. (2010) Generalised Simulation and experimental implementation of space vector PWM techniques of a three-phase voltage source inverter. *Int. J. Eng. Sci. Tech. (IJEST)*, **2**(1), *1–12*.

13. Holtz, J., Khamabdkone, A. M., and Lotzkat, W. (1993) On continuous control of PWM inverters in the over modulation range including the six-step mode. *IEEE Trans. Power Elect.*, **8**(4), 546–553.

14. Lee, D. C. and Lee, G. M. (1998) A novel over-modulation technique for space vector PWM inverter. *IEEE Trans. Power Elect.*, **13**(6), 1144–1151.

15. Have, A. M. (1998) Carrier-based PWM voltage source inverter in the over-modulation range. PhD thesis, University of Wisconsin.

16. Kerkman, R. J., Leggate, D., Seibel, B. J., and Rowan, T. M. (1996) Operation of PWM voltage source-inverters in the over-modulation region. *IEEE Trans. Ind. Elect.*, **43**(1), 132–140.

17. Bose, B. K. (2007) Neural network applications in power electronics and motor drives: an introduction and perspective. *IEEE Trans. Ind. Elect.*, **54**(1), 14–33.

18. Fen, H. S., Zhi, Y. L., An, T. P., Ju, L., Cheng, P.H., and Mei, P. H. (2008) Research on space vector PWM inverter based on the neural network. *Proc. Int. Conf. on Elect. Mach.Syst.* pp. 1802–1805.

19. Kashif, S. A. R., Saqib, M. A., Zia, S., and Kaleem, A. (2009) Implementation of neural network based space vector pulse width modulation inverter-induction motor drive system. *Proc. 3rd Int. Conf. Eletc. Eng., ICEE* pp. 1–6.

20. Mondal, S. K., Pinto, O. P., and Bose, B. K. (2002) A neural-network-based space-vector PWM controller for a three-level voltage-fed inverter induction motor drive. *IEEE Trans. Ind. Appl.*, **38**(3), 660–669.

21. Xiang, G. and Huang, D. (2007) A neural network based space vector PWM for permanent magnet synchronous motor drive. *Proc. Int. Conf. Mech. Autom., ICMA* pp. 3673–3678.

22. Zhou, K. and Wang, D. (2002) Relationship between space vector modulation and three-phase carrier-based PWM: A comprehensive analysis. *IEEE Trans. Ind. Elect.*, **49**(1), 186–196.

23. Lai, J. S. and Zheng Peng, F. (1985) Multilevel converters a new breed of power converters. *IEEE Trans. Ind. Appl.*, **32**(3), 509–517.

24. Meynard, T. A., Fadel, M., and Aouda, N. (1997) Modeling of multilevel converters. *IEEE Tran. Ind. Elec.*, **4**(3), 356–364.

25. Tolbert, L. M., Peng, F. Z., and Habetler, T. (1999) Multilevel converters for large electric drives. *IEEE Trans. Ind. Appl.*, **35**, 36–44.

26. Rodriguez, J., Lai, J-S., and Peng, R. Z. (2002) Multilevel inverters: A survey of topologies, controls, and applications. *IEEE Trans. Ind. Elect.*, **49**(4), 724–738.

27. Abu-Rub, H., Lewiscki, A., Iqbal, A., and Guzinski, J. (2010) Medium voltage drives-challenges and requirements. *Proc. IEEE ISIE-2010* Bari, Italy, pp. 1372–1377.

28. Abu-Rub, H., Holtz, J., Rodriguez, J., and Boaming, G. (2010) Medium voltage multilevel converter-state of the art, challenges and requirements in industrial applications. *IEEE Trans. Ind. Elect.*, **57**(8), 2581–2596.

29. Krug, D., Bernet, S., Fazel, S. S., Jalili, K., and Malinowski, M. (2007) Comparison of 2.3-kV medium-voltage multi-level converters for industrial medium-voltage drives. *IEEE Trans. Ind. Elect.*, **54**(6), 2979–2992.

30. Franquelo, L. G., Rodriguez, J., Leon, J. I., Kouro, S., Portillo, R., and Prats, M. A. M., (2008) The age of multi-level converters arrives. *IEEE Ind, Elect, Mag.*, **2**(2), 28–39.

31. Lin, L., Zou, Y., Wang, Z., and Jin, H. (2005) Modeling and control of neutral point voltage balancing problem in three-level NPC PWM inverters. *Proc. 36th IEEE PESC*, Recife, Brazil, pp. 861–866.

32. Ojo, O. and Konduru, S. (2005) A discontinuous carrier-based PWM modulation method for the control of neutral point voltage of three phase three-level diode clamped converters. *Proc. 36th IEEE Annu. Power Electron. Spec. Conf.*, Recife, Brazil, pp. 1652–1658.

33. Bernet, S. (2006) State of the art and developments of medium voltage converters: An overview. *Prz. Elektrotech. (Elect. Rev.)* **82**(5), 1–10.

34. Peng, F. (2001) A generalized multilevel inverter topology with self voltage balancing. *IEEE Trans. Ind. Appl.*, **37**(2), 611–618.

35. Fracchia, M., Ghiara, T., Marchesoni, M., and Mazzucchelli, M. (1992) Optimized modulation techniques for the generalized N-level converter. *Proc. IEEE Power Elect. Spec. Conf.*, **2**, 1205–1213.

36. Mukherjee, S. and Poddar, G. (2010) Series-connected three-level inverter topology for medium-voltage squirrel-cage motor drive applications. *IEEE Trans. Ind. Appl.*, **46**(1), 179–186.

37. Du, Z., Tolbert, L. M., Chiasson, J. N., Ozpineci, B., Li, H., and Huang, A. Q. (2006) Hybrid cascaded H-bridges multilevel motor drive control for electric vehicles. *Proc. 37th IEEE Power Elect. Spec. Conf.* pp. 1–6.

38. Sirisukprasert, S., Xu, Z., Zhang, B., Lai, J. S., and Huang, A. Q. (2002) A high frequency 1.5 MVA H-bridge building block for cascaded multilevel converters using emitter turn-off thyrister. *Proc. IEEE Appl. Power Elect. Conf.* pp. 27–32.

39. Nabae, A., Takahashi, I., and Akagi, H. (1981) A new neutral point clamped PWM inverter. *IEEE Trans. Ind. Appl.*, **IA-17**(5) 518–523.

40. Escalante, M. F., Vannier, J. C. and Arzande, A. (2002) Flying capacitor multilevel inverters and DTC motor drive applications, *IEEE Trans. Ind. Elect.*, **49**(4), 809–815.

41. Fazel, S. S., Bernet, S., Krug, D., and Jalili, K. (2007) Design and comparison of 4 kV Neutral-point-clamped, flying capacitor and series-connectd H-bridge multilevel converters. *IEEE Trans. Ind. Appl.*, **43**(4), 1032–1040.

42. Shukla, A., Ghosh, A., and Joshi, A. (2007) Capacitor voltage balancing schemes in flying capacitor multilevel inverters. *Proc. IEEE Power Elect. Spec. Conf. PESC-2007*, 17–21 June, Orlando, FL pp. 2367–2372.

43. Jin, B. S., Lee, W. K. Kim, T. J., Kang, D. W., and Hyun, D. S. (2005) A study on the multi-carrier PWM methods for voltage balancing of flying capacitor in the flying capacitor multilevel inverter. *Proc. 31st IEEE Ind. Elect. Conf. IECON*, 6–10 November. North Carolina, pp. 721–726.

44. Lee, S. G., Kang, D. W., Lee, W. H., and Hyun, D. S. (2001) The carrier-based PWM method for voltage balance of flying capacitor multilevel inverter. *Proc. 3rd IEEE Power Elect. Spec. Conf.*, 1, 126–131.

45. Shukla, A., Ghosh, A., and Joshi, A. (2008) Improved multilevel hysteresis current regulation and capacitor voltage balancing schemes for flying capacitor multilevel inverter. *IEEE Trans. Power Elect.*, **23**(2), 518–529.

46. Lee, W. K., Kim, S. Y., Yoon, J. S., and Baek, D. H. (2006) A comparison of the carrier-base PWM techniques for voltage balance of flying capacitor in the the flying capacitor multilevel inverter. *Proc. 21st IEEE Appl. Power Elect. Conf. Exp.*, 19–23 March, Dallas, TX pp. 1653–1659.

47. Xin, M. C., Ping, S. L., Xu, W. T., and Bao, C. C. (2009) Flying capacitor multilevel inverters with novel PWM methods. *Procedia Earth and Planet. Sci.*, **1**, 1554–1560.

48. Khazraei, M., Sapahvand, H., Corzine, K., and Fredowsi, M. (2010) A generalized capacitor voltage balancing scheme for flying capacitor multilevel converters. *Proc. 25th Appl. Power Elect. Conf. Exp.*, 6–10 March, Dallas, TX pp. 58–62.

49. Peng, F. Z. (2003) Z-source inverter. *IEEE Trans. Ind. Appl.*, **39**(2), 504–510.

50. Peng, F. Z., Shen, M., and Qian, Z. (2005) Maximum boost control of the Z-source inverter. *IEEE Trans. Power Elect.*, **20**(4), 833–838.

51. Shen, M., Wang, J., Joseph, A., Peng, F. Z., Tolbert, L. M., and Adams, D. J. (2006) Constant boost control of the Z-source inverter to minimize current ripple and voltage stress. *IEEE Trans. Ind. Appl.*, **42**(3), 770–778.

52. Badin, R., Huang, Y., Peng, F. Z., and Kim, H. G. (2007) Grid interconnected Z-source PV system. *Proc. IEEE PESC'07*, Orlando, FL, June, pp. 2328–2333.

53. Shen, M. and Peng, F. Z. (2008) Operation modes and characteristics of the Z-source inverter with small inductance or low power factor. *IEEE Trans. Ind. Elect.*, **55**(1), 89–96.

54. Peng, F. Z. (2008) Z-source networks for power conversion. 23rd *Ann. IEEE App. Power Elect. Conf. Exp., APEC2008*, 24–28 February, Austin, TX, pp. 1258–1265.

55. Peng, F. Z. (2008) Recent advances and applications of power electronics and motor drives: Power converters. *34th Ann. Conf. IEEE Ind. Elect., IECON*, 10–13 November, Orlando, FL, pp. 10–13.

56. Peng, F. Z., Shen, M., and Holland, K. (2007) Application of Z-source inverter for traction drive of fuel cell-battery hybrid electric vehicles. *IEEE Trans. Power Elect.*, **22**(3), 1054–1061.

57. Peng, F. Z., Yuan, X., Fang, X., and Qian, Z. (2003) Z-source inverter for adjustable speed drives. *IEEE Power Elect. Lett.*, **1**(2), 33–35.

58. Peng, F. Z., Joseph, A., Wang, J. *et al.* (2005) Z-Source inverter for motor drives. *IEEE Trans. Power Elect.*, **20**(4), 857–863.

59. Anderson, J. and Peng, F. Z. (2008) A class of quasi-Z-source inverters. *IEEE Ind. Appl. Soc. Ann. Mtg., IAS '08*, 5–9 October., Edmonton, Alta, pp. 1–7.

60. Li, Y., Anderson, J., Peng, F. Z., and Liu, D. (2009) Quasi-Z-source inverter for photovoltaic power generation systems. *24th Ann. IEEE Appl. Power Elect. Conf. Exp., APEC 2009*, 15–19 February, Washington, DC pp. 918–924.

61. Park, J., Kim, H., Nho, E., Chun, T., and Choi, J. (2009) Grid-connected PV system using a quasi-Z-source inverter. *24th Ann. IEEE AplL. Power Elect. Conf. Exp., APEC 2009*, 15–19 February, Washington, DC pp. 925–929.

62. Murai, Y., Watanabe, T. and Iwasaki, H. (1987) Waveform distortion and correction circuit for PWM inverters with switching lag-times. *IEEE Trans. Ind. Appl.*, **IA–23** 881–886.

63. Jeong, S. G. and Park, M. H. (1991) The analysis and compensation of dead-time effects in PWM inverters. *IEEE Trans. Ind. Elect.*, **38**, 108–114.

64. Lin, J. L. (2002) A new approach of dead time compensation for PWM voltage inverters. *IEEE Trans. Circ. Syst. I-Fund. Theory Appl.*, **49**(4), 476–483.

65. Munoz, A. R. and Lipo, T. A. (1999) On-line dead time compensation technique for open-loop PWM VSI drives. *IEEE Trans. Power Elect.*, **14**(4), 683–689.

66. Victor G., Cgrdenas, M., Horta, S. M., and Echavarria, S. R. (2006) Elimination of dead time effects in three-phase inverters. *Proc. CIEP*, 14–17 October, Mexico, pp. 258–262.

第 4 章   交流电机的磁场定向控制

4.1   概述

本章聚焦于交流电机的矢量控制，尤其是异步电动机、永磁同步电动机（PMSM）与双馈异步发电机（Double Fed Induction Generator，DFIG）。这几类电机是现代电气传动领域内最受瞩目的电机，因此本章的核心就是这几类电机的控制与仿真。交流电机的控制可划分为标量与矢量控制两大类。标量控制易于实现，可以提供良好的稳态响应。然而，因为过渡过程不受控制，动态过程响应缓慢。为了获得更好的动态性能与更高的精度，发明了矢量控制方案，同闭环反馈控制一起得到应用。因此，本章首先对标量控制方法进行简单的描述，然后重点分析交流电机的矢量控制方案。

在工业应用中，可调速电气传动提供了显著的节能、快速且精确的响应。在20 世纪 70 年代早期[1~9]，笼型异步电动机转矩与磁通的控制原理被提出，并称为磁场定向控制或矢量控制。后来，拓宽到同步电机的控制中。矢量控制的思想依赖于定子电流空间矢量的控制，这与直流电机有些相似，但远比后者复杂得多。可调速交流电气传动的进展依旧缓慢，直到20 世纪 80 年代，微处理器技术的进步使复杂控制算法的物理实现成为可能，这使得交流电机成为电气传动领域内的主流电机。

交流电机矢量控制的研究仍是行业内的研究热点，依然很活跃并且与时俱进，最新的进展是高精度与新方法的使用，例如电机的无传感器运行。

4.2   异步电动机控制

笼型异步电动机已经长期作为工业的动力源[2]，据称，工业场合中90% 都是此类型电动机。异步电动机广受欢迎的原因是此类电动机的结构牢固、运行可靠、低成本和相对较高的效率。

在工业应用中，异步电动机的多种不同控制方法应用很普遍，例如，标量方法（恒 V/f）、矢量控制、直接转矩控制等。本章先介绍恒 V/f 方法，然后着重分析矢量控制方法。

4.2.1 异步电动机的恒 *V/f* 控制

本节对异步电动机标量控制（即 *V/f* = 常数）方法进行建模，这种恒 *V/f* 方法是控制此类型电动机的最简单方法。

在恒 *V/f* 控制中，电压幅值与其频率之比保持恒定，其目的是为了保持电动机内部的磁场为最优值。

在第 2 章已经给出了一种经常使用的电机模型，这些方程可改写为下述形式[1~8]：

$$u_{sx} = R_s i_{sx} + \frac{d\psi_{sx}}{d\tau} - \omega_a \psi_{sy} \tag{4-1}$$

$$u_{sy} = R_s i_{sy} + \frac{d\psi_{sy}}{d\tau} + \omega_a \psi_{sx} \tag{4-2}$$

假定用于定向的坐标系为定子磁场坐标系，则有

$$\psi_{sx} = |\psi_s| \tag{4-3}$$

$$\psi_{sy} = 0 \tag{4-4}$$

在稳态情况下，会有

$$\frac{d\psi_{sx}}{d\tau} = 0 \tag{4-5}$$

因此

$$u_{sx} = R_s i_{sx} \tag{4-6}$$

$$u_{sy} = R_s i_{sy} + \omega_a \psi_{sx} \tag{4-7}$$

电压矢量的幅值为

$$|u_s| = \sqrt{u_{sx}^2 + u_{sy}^2} \tag{4-8}$$

$$|u_s| = \sqrt{(R_s i_{sx})^2 + (R_s i_{sy})^2 + (\omega_a \psi_{sx})^2 + 2R_s i_{sy} \omega_a \psi_{sx}} \tag{4-9}$$

忽略定子电阻，可得下式

$$|u_s| = \sqrt{(\omega_a \psi_{sx})^2} \tag{4-10}$$

保持电机磁通幅值为额定值（即标幺值为 1），有下式成立：

$$|\psi_s| = 1 \quad （额定值对应的标幺值） \tag{4-11}$$

因此，式（4-10）变为

$$|u_s| = \sqrt{(\omega_a)^2} \tag{4-12}$$

其中

$$\omega_a = 2\pi f \tag{4-13}$$

因此，在恒 *V/f* 控制中，电压幅值与频率之间的比例保持为恒定值。对于电动机而言，这是为了保证磁通的恒定，且力图使磁通保持为最优值。图 4-1 给出

了异步电动机恒 *V/f* 控制的仿真模型。它包括了电动机模型与图 4-2 中的控制系统模型。若无特别说明，所有模型均采用标幺值模型，异步电动机恒 *V/f* 控制的 Simulink 模型文件是［IM_Vbyf_control］，电动机参数在文件［IM_Vbyf_param］中。电动机参数文件应首先被 MATLAB 执行，然后再去运行仿真模型文件。

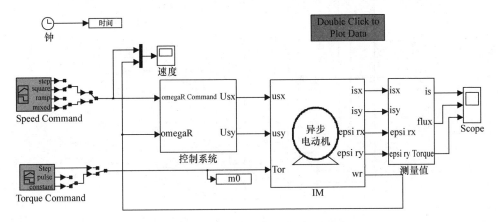

图 4-1　异步电动机的恒 *V/f* 控制

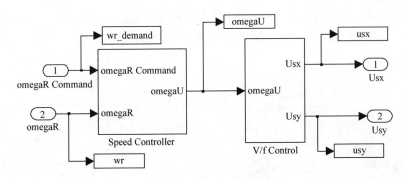

图 4-2　*V/f* 控制系统模型

1. 电流与磁通计算

电流与磁通的幅值可以通过实部与虚部来计算。如式（4-14）所示。

$$|I_s| = \sqrt{I_{s\alpha}^2 + I_{s\beta}^2} \tag{4-14}$$

图 4-3 给出了电流与磁通的计算过程。

$$|\psi_s| = \sqrt{\psi_{s\alpha}^2 + \psi_{s\beta}^2} \tag{4-15}$$

电动机转矩由式（4-16）[1~7]计算：

$$M_e = \frac{L_m}{L_r}(\psi_{r\alpha}i_{s\beta} - \psi_{r\beta}i_{s\alpha}) \tag{4-16}$$

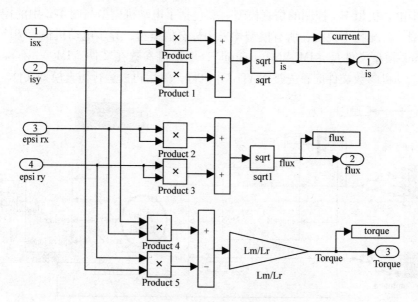

图 4-3　电流、磁通与转矩的计算模型

2. 控制系统

控制系统的模型就是用于计算定子电压的 PI 速度控制器，图 4-4 给出了 PI 速度控制器的结构，积分器仅仅在速度误差小于 0.4 标幺值时才有效。

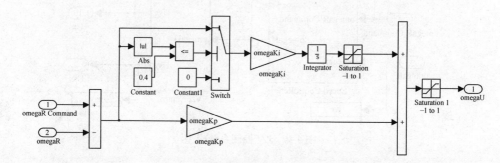

图 4-4　积分受限的 PI 控制系统模型

图 4-5 给出了恒 *V/f* 中的计算公式，恒 *V/f* 控制系统计算出定子电压的实部与虚部，定子电压的幅值可以从 PI 控制器输出的绝对值计算获得，电压矢量的相角通过对 PI 控制器的输出电角速度进行积分来获得。

3. 仿真结果

图 4-6 给出了方波速度指令下的恒 *V/f* 控制仿真结果，图中的结果是电动机响应的一些典型波形。

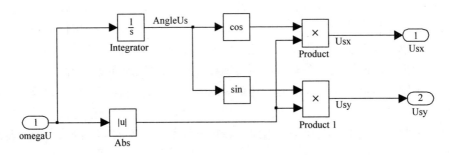

图 4-5 恒 *V/f* 控制

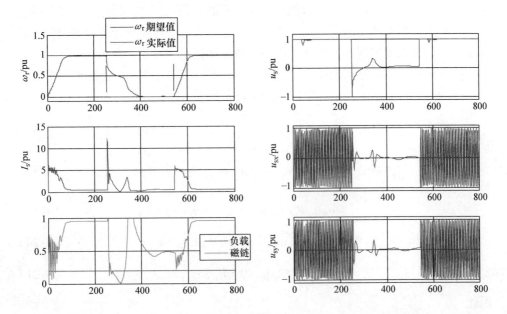

图 4-6 仿真结果

4.2.2 异步电动机的矢量控制[1~16]

笼型异步电动机（及其他类型交流电机）不可能像他励直流电动机那样很容易地进行控制。为了实现高动态性能的传动，系统的输入与输出之间要保持一种线性关系。为此，在各类控制方案中，电机的磁通与转矩都应进行解耦，交流电机的动态模型是非线性的，且远比直流电机复杂得多。

采用交流电机的空间矢量描述，使上述问题的解决成为可能。磁场定向的控制方法使异步电动机极为复杂的数学模型可以变成类似直流电机的简单模型，从而可以实施线性解耦控制的高性能交流传动。

　　高性能调速传动场合需要对电机的速度与电磁转矩进行适当的控制。转矩的产生依赖于电枢电流与电机磁通。为了产生最大的转矩，磁场应该保持在额定水平，同时也可以控制磁场避免进入饱和区域。保持磁通的恒定还可以确保电机转矩与电枢电流之间的线性关系。从而实现具有高动态性能的线性控制。

　　对他励直流电机而言，磁通与转矩间的解耦控制是很容易实现的，但交流电气传动的解耦控制却不容易实现。在笼型异步电动机中，控制信号仅可以是定子电流，因为转子电流无法获得。因此，转矩方程不是线性的，所以输出最大转矩的线性控制是难以实现的。

　　用以解决该问题的矢量控制方法由 Blaschke[9] 首先提出，引入磁场定向控制原理，使电机转矩与磁通间的解耦控制成为可能。简而言之，采用了矢量的描述方法，任意坐标系统中的变量都变得易于表示，如果坐标系统随着磁通空间矢量同步旋转，那么就出现了不同的术语，磁通定向控制、转子定向控制等。

　　第 2 章中给出的电机模型可以改写为 dq 坐标系中方程，d 坐标轴同转子磁场保持同向，q 轴的磁场分量为 0（$\psi_{rq} = 0$），如下所示：

$$\frac{\mathrm{d}i_{sd}}{\mathrm{d}t} = a_1 \cdot i_{sd} + a_2 \cdot 0 + \omega_{\psi r} i_{sq} + \omega_r \cdot a_3 \cdot 0 + a_4 \cdot u_{sd} \tag{4-17}$$

$$\frac{\mathrm{d}i_{sq}}{\mathrm{d}t} = a_1 \cdot i_{sq} + a_2 \cdot 0 - \omega_{\psi r} i_{sd} - \omega_r \cdot a_3 \cdot \varPsi_r + a_4 \cdot u_{sq} \tag{4-18}$$

$$\frac{\mathrm{d}\varPsi_r}{\mathrm{d}t} = a_5 \cdot \varPsi_{rd} + (\omega_{\psi r} - \omega_r) \cdot 0 + a_6 \cdot i_{sd} \tag{4-19}$$

$$0 = a_5 \cdot 0 - (\omega_{\psi r} - \omega_r) \cdot \varPsi_r + a_6 \cdot i_{sq} \tag{4-20}$$

$$\frac{\mathrm{d}\omega_r}{\mathrm{d}t} = \frac{L_m}{L_r J}(\varPsi_r i_{sq} - 0 \cdot i_{sd}) - \frac{1}{J}m_0 \tag{4-21}$$

因此

$$M_{em} = \frac{L_m}{L_r}(\varPsi_r i_{sq}) \tag{4-22}$$

　　由此可知，转矩可以表示成为励磁电流与转矩电流的乘积，当保持磁场恒定时，异步电动机就可以像他励直流电动机一样被控制。假定磁通保持恒定（为额定值），

$$0 = a_5 \cdot \varPsi_{rd} + a_6 \cdot i_{sd} \tag{4-23}$$

得到

$$i_{sd} = \frac{-a_5}{a_6} \cdot \varPsi_{rd} \tag{4-24}$$

　　从上述公式可以看出，在一个正交 dq 坐标系中，d 轴与转子磁链矢量始终保持同步，那么 q 轴的定子电流分量就决定了电磁转矩的大小。

1. 基本控制方案

图 4-7 绘出了交流电机矢量控制的基本方案。

在典型的交流传动系统中，通常都会对电机的两相电流与直流母线电压进行测量，测量后的电流通过 Clarke 变换得到静止两相坐标系的电流 $i_{s\alpha}$ 与 $i_{s\beta}$，然后通过 Park 变换，这两个电流分量可以进一步变换到 dq 旋转坐标系中的电流分量，PI 控制器对指令值与变换处理后的电流分量进行比较，并给出合适的控制电压变量（u_{sd} 与 u_{sq}）以产生期望的响应。

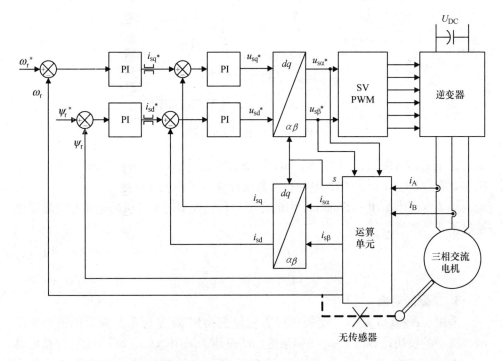

图 4-7　三相交流电机的 FOC 基本方案

通过逆 Park 变换，把 PI 控制器的输出电压变量从旋转坐标系变换到静止坐标系，然后再将定子电压的命令值送入到脉宽调制（PWM）模块中。

2. 异步电动机矢量控制的 MATLAB/Simulink 模型

图 4-8 给出了异步电动机矢量控制方案，控制系统使用到 Park/Clarke 两种矢量变换，控制思路是仿照他励直流电动机的方式来控制此类型电机，从而使转矩控制可以独立于磁通控制。按这种控制方式，在保持磁通恒定时，就可以实现转矩与磁通的解耦控制。

为了方便控制，电动机模型首先变换为 dq 坐标系模型，这包括电动机的模型、不同的变换矩阵，以及控制系统模型，除特别说明外，所有模型均采用标幺

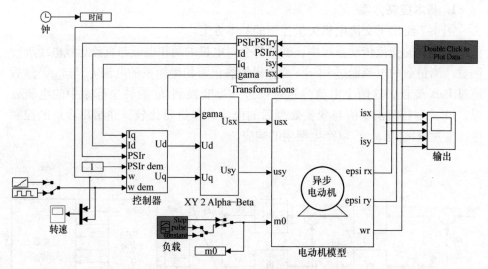

图 4-8　异步电动机控制

值，异步电动机矢量控制的 Simulink 模型文件在［IM_vector_control］中，电动机参数在［IM_param］中，电动机参数文件应先于模型文件运行。

第 2 章已经给出了 Simulink 中的异步电动机模型，电动机的电流与磁通幅值通过下式计算。

$$|I_s| = \sqrt{I_{s\alpha}^2 + I_{s\beta}^2} \tag{4-25}$$

$$|\psi_s| = \sqrt{\psi_{s\alpha}^2 + \psi_{s\beta}^2} \tag{4-26}$$

3. 变量的变换

采用"$\alpha-\beta$ to $x-y$"变换可以将变量变换到 dq 坐标系分量，如图 4-9 所示，图中的模块计算出 $d-q$ 坐标系施加的电压。采用"$x-y$ to $\alpha-\beta$"变换可将 $d-q$ 轴变量变换成 $x-y$ 分量，如图 4-10 所示。这些变换需要转子磁链角度（gamma）与转子磁链幅值，它们都通过图 4-11 中的变换计算获得。

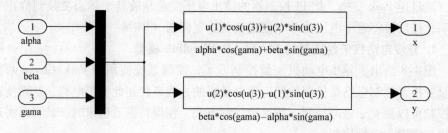

图 4-9　$\alpha-\beta$ to $x-y$ 变换

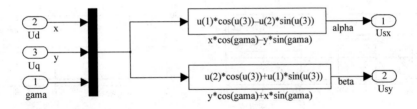

图 4-10 $x-y$ to $\alpha-\beta$ 变换

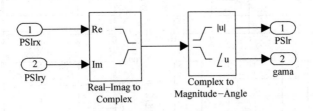

图 4-11 实部/虚部到幅值/相角的变换

4. 控制方案

图 4-12 给出了内环与外环的控制系统模型。内环控制器是基于 dq 坐标系模型工作的。外环控制器对磁通与速度进行控制,来分别产生 i_d 与 i_q 电流的期望值;内环控制器分别对 i_d 与 i_q 电流进行闭环控制。

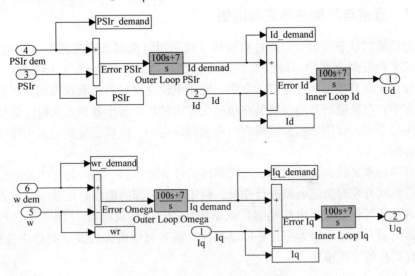

图 4-12 异步电动机的双环控制系统

5. 仿真结果

图 4-13 给出了方波脉冲速度指令的仿真结果。

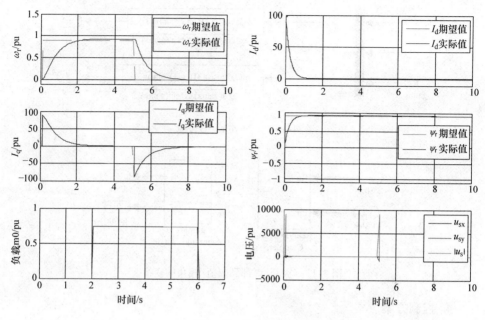

图 4-13　仿真结果

图中的仿真结果是电动机响应的一些典型波形。

4.2.3　直接与间接磁场定向控制

电动机的状态变量可以通过直接测量或采用电机模型或观测器来间接计算。在绝大多数控制方案中，最佳的状态变量都选择为定子电流与（转子或定子）磁链分量。在直接与间接控制方案中，定子电流是可以直接测量得到。在直接控制方案中，电机磁场是通过安装在电机气隙内的特殊传感器测量获得。这种方法的实用性不强，仅用于实验室研究。在实际应用中，电机磁通则是采用特殊方法计算得到。

有两种重要的先进技术用于电机磁通的计算和控制。第一种方法是通过电机的状态空间方程对交流电机进行建模，假定电机内部的磁场是正弦波。电机模型定义为开环（例如定子电压模型）或是闭环的自适应观测器[1~9,11~16]。自适应观测器更引人瞩目，因为与开环模型相比，前者对电机参数波动的鲁棒性更强，且拥有更高的计算精度。

4.2.4　转子磁通与定子磁通的计算

定子磁通矢量可采用广为人知的电压模型计算[1~9,13,14]

$$\overline{\psi}_s = \int (\overline{u}_s - R_s \overline{i}_s) \, dt \tag{4-27}$$

$$\overline{\psi}_s = L_s \overline{i}_s + L_m \overline{i}_r \tag{4-28}$$

转子磁链矢量是

$$\overline{\psi}_r = L_r \overline{i}_r + L_m \overline{i}_s \tag{4-29}$$

经过代数运算，可以得到静止坐标系（$\alpha\beta$）中的转子磁链分量表达式，如下：

$$\psi_{r\alpha} = \frac{L_r}{L_m}(\psi_{s\alpha} - \delta L_s i_{s\alpha}) \tag{4-30}$$

$$\psi_{r\beta} = \frac{L_r}{L_m}(\psi_{s\beta} - \delta L_s i_{s\beta}) \tag{4-31}$$

转子磁链幅值为

$$|\psi_r| = \sqrt{\psi_{r\alpha}^2 + \psi_{r\beta}^2} \tag{4-32}$$

转子磁链位置角 γ_s 为

$$\gamma_s = \tan^{-1}\left(\frac{\psi_{r\beta}}{\psi_{r\alpha}}\right) \tag{4-33}$$

电压模型的不足之处是较低频率时（低于 3%）不适用，这是因为在低频情况下，对小信号的积分通常会有问题。

采用式（4-34）的电流模型[3,6]可以增加低速运行范围。

$$\hat{\tau}'_\sigma \frac{d\hat{i}_s}{d\tau} = \frac{k_r}{\hat{r}_\sigma \hat{\tau}_r}(1 - j\hat{\omega}_m \hat{\tau}_r)\hat{\psi}_r + \frac{1}{\hat{r}_\sigma} u_s \tag{4-34}$$

该模型在较高速度下会失效，因为会对一些高频信号进行微分处理。

采用开环模型设计的控制系统会对定子、转子电阻敏感。对于电压模型，在较低速度下，定子电阻的影响更为明显。该方法较为简单，但在实际应用中需要做很多改进，以提高运行精度，同时消除低速运行时的直流偏移[12~15]。

4.2.5 自适应磁通观测器

本节将讨论磁通闭环观测器的基本形式，第 9 章将给出更多的示例。用于观测状态变量（绝大多数情况下都是定子电流与转子磁场）的全阶状态观测器可描述为[12]：

$$\frac{d}{dt}\hat{x} = \hat{A}\hat{x} + Bu_s + G(\hat{i}_s - i_s) \tag{4-35}$$

这里，"^" 表示观测变量，"G" 是观测器反馈增益。

伦伯格观测器[16]是使用最频繁的观测器之一，它主要用来进行磁通与电流的计算。对第 2 章提供的电机模型进一步变化，就可以推导出这类观测器的方程，表示如下[15]。

$$\frac{\mathrm{d}\hat{i}_{s\alpha}}{\mathrm{d}t} = a_1 \cdot \hat{i}_{s\alpha} + a_2 \cdot \hat{\Psi}_{r\alpha} + \omega_r \cdot a_3 \cdot \hat{\Psi}_{r\beta} + a_4 \cdot u_{s\alpha} + k_i(i_{s\alpha} - \hat{i}_{s\alpha}) \quad (4\text{-}36)$$

$$\frac{\mathrm{d}\hat{i}_{s\beta}}{\mathrm{d}t} = a_1 \cdot \hat{i}_{s\beta} + a_2 \cdot \hat{\Psi}_{r\beta} - \omega_r \cdot a_3 \cdot \hat{\Psi}_{r\alpha} + a_4 \cdot u_{s\beta} + k_i(i_{s\beta} - \hat{i}_{s\beta}) \quad (4\text{-}37)$$

$$\frac{\mathrm{d}\hat{\Psi}_{r\alpha}}{\mathrm{d}t} = a_5 \cdot \hat{\Psi}_{r\alpha} - \omega_r \cdot \hat{\Psi}_{r\beta} + a_6 \cdot \hat{i}_{s\alpha} - k_{f1}(i_{s\alpha} - \hat{i}_{s\alpha}) - k_{f2}(i_{s\beta} - \hat{i}_{s\beta}) \quad (4\text{-}38)$$

$$\frac{\mathrm{d}\hat{\Psi}_{r\beta}}{\mathrm{d}t} = a_5 \cdot \hat{\Psi}_{r\beta} + a_6 \cdot \hat{i}_{s\beta} + \omega_r \cdot \hat{\Psi}_{r\alpha} + k_{f2}(i_{s\alpha} - \hat{i}_{s\alpha}) - k_{f1}(i_{s\beta} - \hat{i}_{s\beta}) \quad (4\text{-}39)$$

其中

$$a_1 = -\frac{R_s L_r^2 + R_r L_m^2}{L_r w} \quad (4\text{-}40)$$

$$a_2 = \frac{R_r L_m}{L_r w} \quad (4\text{-}41)$$

$$a_3 = \frac{L_m}{w} \quad (4\text{-}42)$$

$$a_4 = \frac{L_r}{w} \quad (4\text{-}43)$$

$$a_5 = -\frac{R_r}{L_r} \quad (4\text{-}44)$$

$$a_6 = R_r \frac{L_m}{L_r} \quad (4\text{-}45)$$

$$w = \sigma L_r L_s = L_r L_s - L_m^2 \quad (4\text{-}46)$$

$$\sigma = 1 - \frac{L_m^2}{L_s L_r} \quad (4\text{-}47)$$

这里的 $u_{s\alpha}$、$u_{s\beta}$ 是定子电压分量，$i_{s\alpha}$、$i_{s\beta}$ 是测量的电流分量，$\hat{i}_{s\alpha}$、$\hat{i}_{s\beta}$ 是观测的电流分量，$\hat{\Psi}_{r\alpha}$、$\hat{\Psi}_{r\beta}$ 是观测的磁通分量，R_s、R_r 是定子、转子电阻，L_s、L_r、L_m 是电动机电感，ω_r 是转子角速度，k_i、k_{f1}、k_{f2} 是常数。基于上述微分方程，伦伯格观测器如图 4-14 所示。

异步电动机矢量控制的 Simulink 仿真模型文件是［IM_VC_Luenberger］，电动机参数在模型文件初始化函数中进行定义。

4.2.6 定子磁通定向

与转子磁场定向控制相比，图 4-15 中 SFO（Stator Flux Oriented，定子磁链

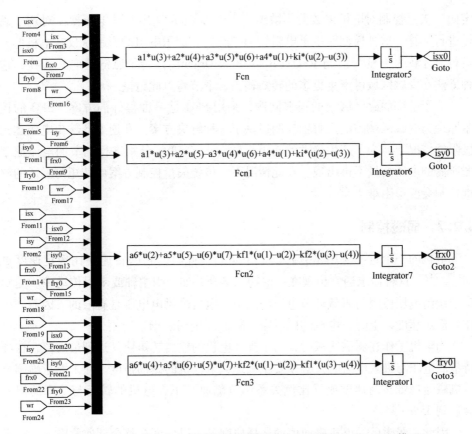

图 4-14　用于定子电流与转子磁链估算的伦伯格观测器的 Simulink 模型

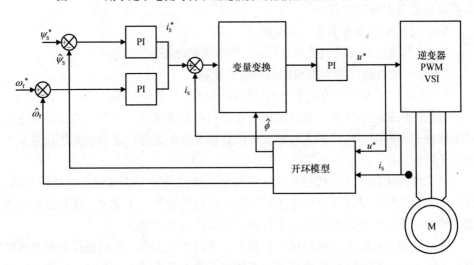

图 4-15　定子磁链定向矢量控制

定向）矢量控制对电机参数更不敏感[11,13,17]，通常使用开环电压模型对定子磁链进行估算。这种模型对定子电阻较为敏感，而定子电阻的影响也仅在电机低速运行时才较为明显[6]。与 RFO（Rotor Flnx Oriented，转子磁链定向）相比，这种方法在弱磁区域可产生更多的转矩输出，下节将对此讨论。

为了解决弱磁区域中的很多问题，采用 SFO 是一种很好的方案。SFO 的控制原理为弱磁区域的电机解耦控制提供了一种解决方案。在逆变器输出电压达到极限的情况下，为了产生最大的转矩，对 i_d 与 i_q 变量分别进行调节的电流控制器所需的电压裕量不再出现。在此情况下，传统矢量控制方案中转矩与磁通的解耦控制会变得困难[17,19]。

4.2.7　弱磁控制

电机的一个重要应用是它在弱磁下运行。此时，它的转速要比额定速度更高[17~24]。这种需求通常出现在一些特殊场合，如纺织主轴或牵引传动中。受到定子绕组电压极限与直流环节电压的约束，电机的供电电压是有限的。因而，工作在额定速度以上时，电机的磁场需要降低（削弱磁场）。

当电机工作在弱磁区域时，为了提高电机的输出转矩使其达到最大值，在维持最高电压与最大电流时，必须要正确地调节电机的磁场强度。在未能正确调节电机磁通（如按与速度成反比例关系调节磁通）下，电机的转矩与功率的损失会达到35%[18~23]。

因此，弱磁后的电机磁通值的选择原则是可以保证在整个调速范围内，电机都可以输出最大可能的转矩。

弱磁控制可以分为下述三类方法：

1）按与速度成反比例关系（$1/\omega$）调节电机磁场；

2）基于电机简化数学模型的磁场前馈控制；

3）维持电压为最大值的定子电压闭环控制。

传统的弱磁控制方法，电机的磁场保持与电机速度成反比例。直流环节电压就不能被充分利用以输出最大转矩。原因是该方法不能提供足够的电压裕量来控制定子电流。

第二种方法是基于电机的简化数学模型，这使得该方法依赖于电机的参数。在电机参数已知的情况下，该方法可以得到合理的结果。实际上，这种方法在弱磁区域中并不是一种最好的方式来控制电机输出最大转矩。

电压控制的弱磁方法可以保证在整个弱磁调速范围内，电机在稳态时都可输出最大转矩。这种方法可使电机在稳态情况下产生最大转矩，并且不依赖于电机参数和直流环节电压。

最大转矩对应的电流与电压限幅

弱磁运行时，电机过载条件下的电流必须受到限制。此时，励磁电流 i_q 的控制处于优先考虑，转矩电流 i_d 必须受到限制。i_q 的取值不能使总定子电流超出逆变器及电机能力允许的最大值。因此，电机工作在弱磁区域时[19]，就存在最优磁场与最大转矩。

当电机传动系统工作在最高调制比时，定子电压最大值受到限制。逆变器直流环节电压限制了最高定子电压极限。定子电压中的 u_d 是需要优先考虑的，它负责控制电机的励磁为最优状态，并且也决定了最大的输出转矩。总的限制条件是 $u_q \leqslant \sqrt{u_{smax}^2 - u_d^2}$，其中的 u_{smax} 受到逆变器直流电压限制[19、20、22~24]。

图 4-16 给出了弱磁区域控制方案的方框图[19]，对其有详细描述。该系统工作在定子磁场或转子磁场定向下。开环电压模型用来观测电机的磁场分量，提供旋转变换中的角度，并提供转子角速度 ω。

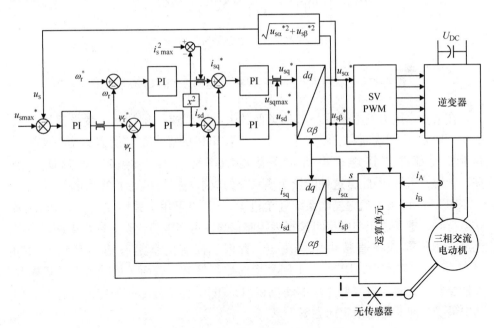

图 4-16 异步电动机磁场削弱控制系统

4.3 双馈异步发电机的矢量控制

4.3.1 简介

双馈异步发电机（DFIG）是具有绕线式转子的三相异步电动机，其定子与转子均与交流电网相连，如图 4-17 所示。电机定子绕组没有经过功率变换器直接连至电网，转子绕组采用有源背靠背功率变换器供电。DFIG 可由电流型或电压型逆变器供电，逆变器的电压幅值与频率均是可控的[12,25~32]。

在 DFIG 的控制方案中，通常对定子侧的两个输出变量进行控制，这些变量可能是电磁转矩与无功功率、有功与无功功率，或是定子电压及其频率。针对不同的变量组合，控制系统需要采用不同的控制结构。

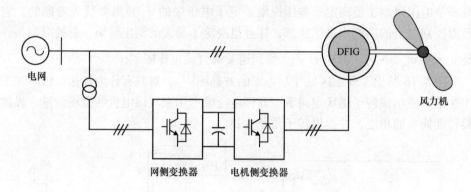

图 4-17 连接在风力发电系统与公用电网之间的 DFIG 原理图

在大功率风力发电系统与其他类似的大功率调速（例如水力发电系统）系统中，DFIG 受到欢迎和广泛应用，使用此类电机的优点是它所需的功率变换器容量要比那些直接连接电机定子侧的功率变换器小得多（可降低 3 倍多）[12,25~27,32]。因此，这种能量变换系统的成本与损耗得到了极大的降低[1]。

DFIG 既可用于独立发电系统（单机运行），也可用于并网发电。当 DFIG 独立运行时，定子电压与频率可选择为控制信号。但当电机连至无限大电网时，电机定子电压与频率直接由电网决定。此时，控制变量是有功功率和无功功率[12,27~32]。事实上，DFIG 有不同类型的控制策略。然而，最受欢迎的策略是矢量控制。此时，与笼型异步电动机相似，DFIG 有几种不同的定向坐标系，但其中最受欢迎的是定子定向方案。

4.3.2 并网 DFIG 的矢量控制（$\alpha\beta$ 模型）

DFIG 的数学模型与笼型异步电动机相似，唯一的不同之处在于前者的转子端电压不是零，第 2 章已经给出了电机模型。

在 DFIG 的控制中，需要使用定子回路与转子回路的有功功率与无功功率，它们可以表示为下述形式：

$$P_s = (v_{ds}i_{ds} + v_{qs}i_{qs}) \tag{4-48}$$

$$Q_s = (v_{qs}i_{ds} - v_{ds}i_{qs}) \tag{4-49}$$

$$P_r = (v_{dr}i_{dr} + v_{qr}i_{qr}) \tag{4-50}$$

$$Q_r = (v_{qr}i_{dr} - v_{dr}i_{qr}) \tag{4-51}$$

DFIG 系统的矢量控制方案如图 4-18 所示，它包括了 $\alpha\beta$ 坐标系描述的 DFIG 模型与控制系统部分。若无特别说明，所有变量与参数均为标幺值。在实际应用中，DFIG 的矢量控制与笼型异步电动机矢量控制非常相似，仅在控制变量上有些差异。DFIG 系统的控制依赖于三相静止系统到旋转坐标系的矢量变换。

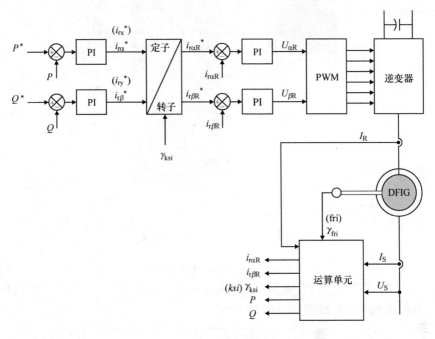

图 4-18　DFIG 控制系统方框图

图 4-19 给出了 MATLAB/Simulink 对控制系统的图形化编程。DFIG 矢量控制方案的 Simulink 模型文件是 ［DFIG_VC_model］，方案的参数在 ［DFIG_VC_init］ 文件中，该参数文件应先于模型文件执行。

DFIG 模型包含了多个不同的模块，如电机模型、计算模块与控制模块等，下面即将对此进行介绍。

静止坐标系中的电机模型在第 2 章（见图 2-10）中已经给出。

4.3.3　变量的变换

1. 定子坐标系到转子坐标系的变换

定子参数（磁通、电流与电压）通过使用下述变换可以变换到转子坐标系中。

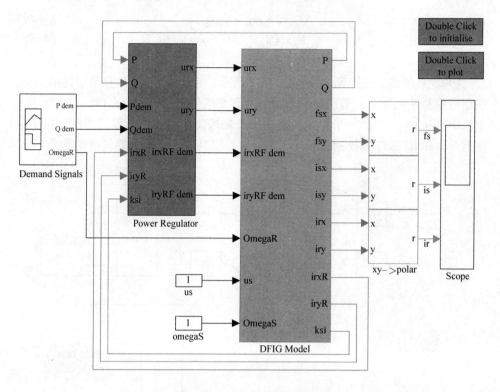

图 4-19　DFIG 功率调节模型

$$\phi_{sxR} = \phi_{sx}\cos\gamma_{fir} + \phi_{sy}\sin\gamma_{fir} \tag{4-52}$$

$$\phi_{syR} = \phi_{sy}\cos\gamma_{fir} - \phi_{sx}\sin\gamma_{fir} \tag{4-53}$$

方程的 Simulink 模型如图 4-20 所示。

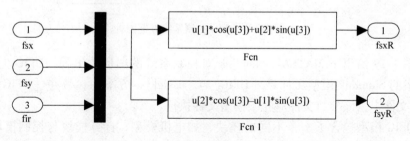

图 4-20　定子坐标系到转子坐标系的变换

2. 转子坐标系到定子坐标系的变换

转子参数（磁通、电流及电压）使用下述变换可以变换到定子坐标系中。

$$i_{rx} = i_{rxR}\cos\gamma_{fir} - i_{ryR}\sin\gamma_{fir} \tag{4-54}$$

$$i_{ry} = i_{rxR}\sin\gamma_{fir} + i_{ryR}\cos\gamma_{fir} \tag{4-55}$$

上述方程的 Simulink 模型如图 4-21 所示，角 γ_{fir} 是第 2 章中的转子角位置（MATLAB/Simulink 中的变量 fir）。

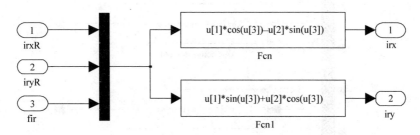

图 4-21　转子坐标系到定子坐标系的变换

3. 定子电流关系

定子电流、定子磁通及转子电流的关系式为

$$i_{\text{sx}} = \frac{\phi_{\text{sx}}}{L_{\text{s}}} - \frac{L_{\text{m}}}{L_{\text{s}}} i_{\text{rx}} \tag{4-56}$$

$$i_{\text{sy}} = \frac{\phi_{\text{sy}}}{L_{\text{s}}} - \frac{L_{\text{m}}}{L_{\text{s}}} i_{\text{ry}} \tag{4-57}$$

这两个方程的 Simulink 仿真建模如图 4-22 所示。

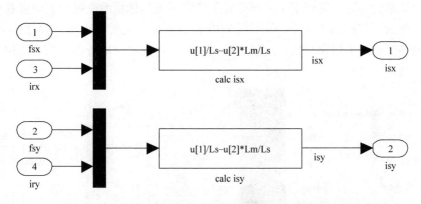

图 4-22　定子电流的计算

4. 功率计算

有功功率与无功功率可按式（4-58）和式（4-59）计算：

$$P = u_{\text{sx}} i_{\text{sxF}} + u_{\text{sy}} i_{\text{syF}} \tag{4-58}$$

$$Q = u_{\text{sy}} i_{\text{sxF}} - u_{\text{sx}} i_{\text{syF}} \tag{4-59}$$

下角标 F 表示该变量是经滤波后的变量。对控制而言，滤波并非必须，然而它可使波形更加平滑。如有必要，也可对其他变量进行滤波处理。这两个方程的仿真建模如图 4-23 所示。

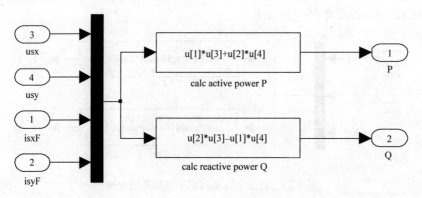

图 4-23　有功功率与无功功率的计算

5. 控制系统

功率调节使用了级联控制。有功功率与无功功率的 PI 控制器提供了内部电流环的电流指令值，如图 4-24 所示。有功功率控制器决定了定子磁场坐标系中转子电流的 α 轴分量。无功功率控制器决定了转子电流的 β 轴分量。角 γ_{ksi} 是定子磁场坐标系与转子坐标系之间的夹角（MATLAB/Simulink 中的变量为 *ksi*）可参见第 2 章的描述。通过定子磁场坐标系到转子速坐标系的变换后，即可获得转子电流的 $\alpha\beta$ 分量 i_{rxR} 与 i_{ryR}。采用两个 PI 控制器来产生转子电压并提供给 PWM 电压型逆变器。为简化分析，这里忽略逆变器，将这两个电压指令值直接提供给 DFIG 的仿真模型。

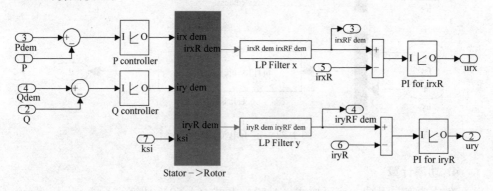

图 4-24　级联控制系统的模型

4.3.4　仿真结果

图 4-25 和图 4-26 给出了速度指令在阶跃变化下，DFIG 系统功率调节的仿真结果。DFIG 系统控制了不同速度运行时的有功功率与无功功率。

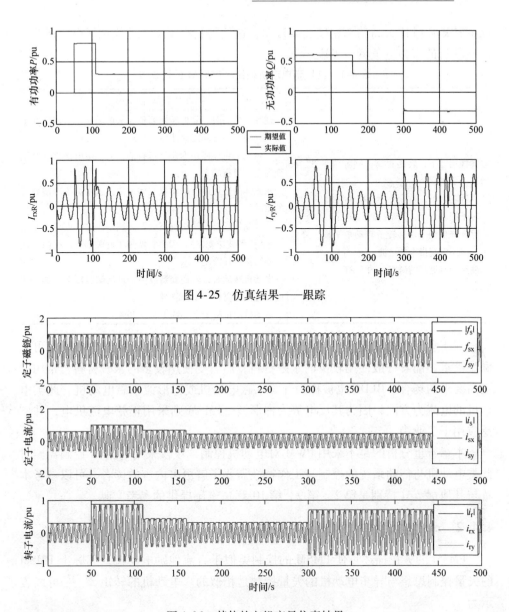

图 4-25　仿真结果——跟踪

图 4-26　其他的电机变量仿真结果

4.4　永磁同步电机的控制

4.4.1　简介

由于成熟的材料与设计工艺，PMSM 在工业中的关注度日益增加，它具有较高的转矩惯量比、高功率密度、高效率，这使得它在很多工业应用场合中成为异步电动机的有力竞争者，见表 4-1。

表 4-1 与异步电动机相比，PMSM 的优缺点

优点	缺点
同样尺寸下，转矩更高；同等功率下，尺寸减少 25% 同等功率下，重量更小，减少约 25% 转子损耗更少，效率提高约 3% 噪声降低约 3dB，转子转动更平滑，降低了气隙不规则带来的谐波 磁路中有更高的磁密，约 1.2T	逆变器失效时，降低转矩峰值无法削弱磁场，因而在电动机与逆变器之间需额外加入开关 一台电动机连接逆变器是可行的，而一组电动机连至逆变器是不可行的 永磁体的使用迫使电动机空间密闭，这增加了冷却处理的难度 功率晶体管需要使用较高的开关频率，这一点需要改变（例如梯形波逆变器），因为它增加了开关损耗，提高了逆变器结构设计难度 电动机转动时，若逆变器故障，直流侧电压会增加，这使得直流侧需要使用斩波器 电动机的价格更高（约 10% ~ 20%）

对于动态性能和速度控制精度方面，无刷直流电动机 BLDC 与 PMSM 都可以满足需求，前者一般使用较少的永磁材料，后者则使用较多的永磁材料，常用于更高要求的场合。BLDC 也被称为开关永磁电动机或梯形波永磁电动机。此类电动机的电流为方波，因为其反电势为梯形波。PMSM 则采用正弦电流供电，并广泛应用于工业中。

本章着重分析的是不采用 PWM 对电动机控制，仅仅采用电流 PI 控制器。对此类电动机与传动系统的控制与工作特性需要了解更多内容的读者，可以参考本章与其他章节（特别是第 2、第 9、第 10 章）末尾提供的参考文献。

4.4.2 *dq* 坐标系中 PMSM 的矢量控制

PMSM 的矢量描述可使 PMSM 的控制类似于直流他励电动机，实际上 PMSM 的矢量控制思想与异步电动机的矢量控制是相似的。电动机的转矩[33~37]可以表示为

$$t_e = \frac{3P}{2} \left[\Psi_f i_q + i_d i_q (L_d - L_q) \right] \qquad (4-60)$$

转矩的标幺值表达式为

$$t_e = \psi_f i_q + i_d i_q (L_d - L_q) \qquad (4-61)$$

对表面贴装 PMSM，*dq* 轴电感相等（$L_d = L_q$），此时转矩为

$$t_e = \psi_f i_q \qquad (4-62)$$

因此转矩可以表示为

$$t_e = \psi_f i_s \sin\beta \tag{4-63}$$

在给定的定子电流下，当转矩角 β 为 90°时，可获得最大的转矩输出。实现了最大转矩/电流比例控制，因此有较高的效率[36]。

图 4-27 给出了 dq 轴 PMSM 矢量控制的通用方案。它包括 PMSM 模型，还有与转速控制环相连的 dq 坐标系控制系统。除特别的说明外，所有参数与变量均为标幺值。

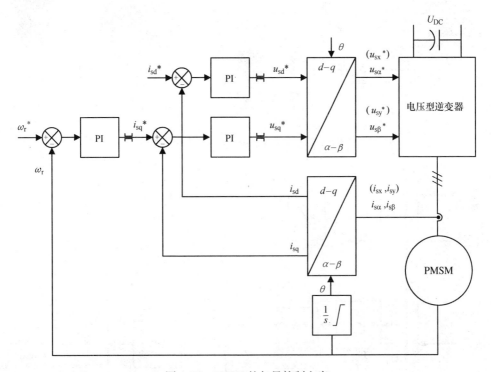

图 4-27　PMSM 的矢量控制方案

保持 i_{sd} 为 0 是 PMSM 最常用的控制技术，如前所述，这有助于帮助电机免受欠励磁或过励磁情况的影响。因此，在 MATLAB 仿真模型中，先从 i_{sd} 为 0 开始进行仿真研究。

图 4-28 给出了上述控制方案的 Simulink 仿真模型。内嵌式 PMSM 矢量控制方案的 Simulink 模型文件为 [PMSM_VC_dq]，电动机参数放置在模型初始化函数中。

PMSM 在静止坐标系与旋转坐标系中的数学模型已在第 2 章中给出。

1. 带有级联 PI 控制器的控制系统

如图 4-29 所示，d 轴电流的 PI 控制回路用来提供 u_{sd} 电压指令，转速环的 PI 控制器计算出 q 轴电流指令值，q 轴电流闭环控制器提供了 q 轴电压指令 u_{sq}。

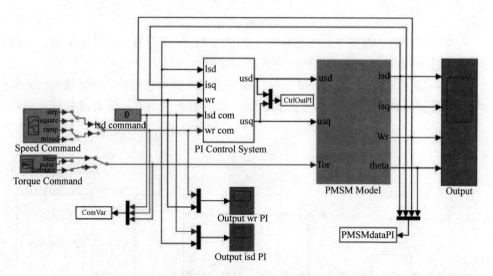

图 4-28 PMSM 的矢量控制

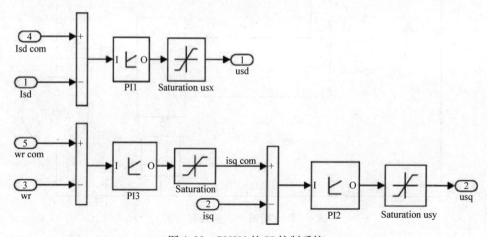

图 4-29 PMSM 的 PI 控制系统

2. 仿真结果

图 4-30 给出了速度指令与负载阶跃变化下的电动机仿真结果举例。

4.4.3 $\alpha\beta$ 坐标系中使用 PI 控制器的 PMSM 矢量控制

图 4-31 给出了 $\alpha-\beta$ 坐标系中 PMSM 控制的模型，它包括 PMSM 模型与控制系统模型。无特别说明时，所用变量都是标幺值。$\alpha-\beta$ 静止坐标系的 PMSM 模型已经在第 2 章中给出。

嵌入式 PMSM 矢量控制方案的 Simulink 模型文件是［PMSM_VC_alpha_beta］，方案中使用的参数在［PMSM_param］中，该参数文件应首先被执行。

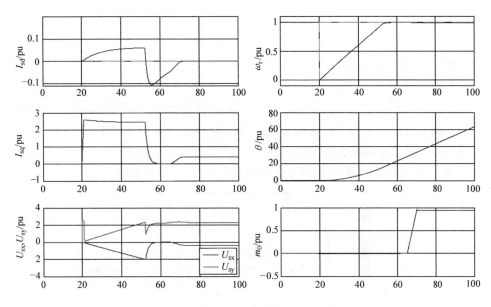

图 4-30　仿真结果

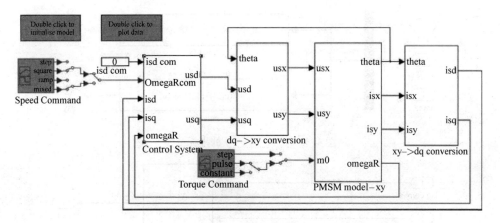

图 4-31　PMSM 的矢量控制

1. 变量变换

$\alpha-\beta$ 坐标系电流变换到 $d-q$ 坐标系中的电流变量需要使用下述变换：

$$i_{sd} = i_{sx}\cos\theta + i_{sy}\sin\theta \tag{4-64}$$

$$i_{sq} = -i_{sx}\sin\theta + i_{sy}\cos\theta \tag{4-65}$$

这些方程在图 4-20 中进行仿真建模。$d-q$ 坐标系电流是用来进行控制的。控制器提供了 $d-q$ 坐标系的控制输入。

可以使用下述变换将 $d-q$ 坐标系的控制电压转换为 $x-y$ 坐标系的控制电压，然后提供给 $x-y$ 坐标系中的电机模型。

$$u_{sx} = u_{sd}\cos\theta - u_{sq}\sin\theta \tag{4-66}$$

$$u_{sy} = u_{sd}\sin\theta + u_{sq}\cos\theta \tag{4-67}$$

图 4-21 给出了这两个方程的仿真建模。

2. 控制系统

图 4-34 给出了控制方案框图。d 轴电流控制器提供了控制电压 u_{sx}，速度控制与 q 轴电流控制采用了级联式 PI 控制器，它们如图 4-35 ~ 图 4-37 所示，速度环控制器计算出 q 轴电流指令值，q 轴电流控制器提供了 u_{sy} 变量。

图 4-32 ~ 图 4-35 分别给出了各种变换及每个 PI 控制器的仿真模型。

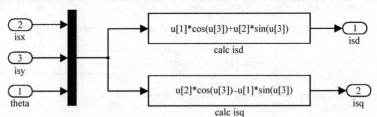

图 4-32 $x-y$ 到 $d-q$ 的坐标变换

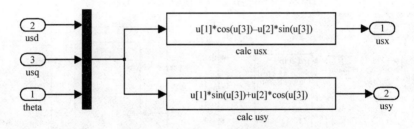

图 4-33 $d-q$ 到 $x-y$ 的坐标变换

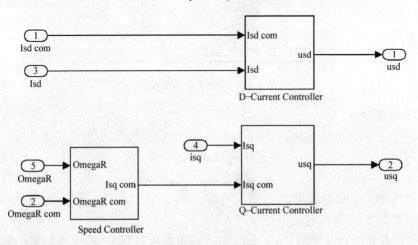

图 4-34 控制系统模型

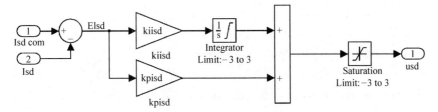

图 4-35　*d* 轴电流的 PI 控制器

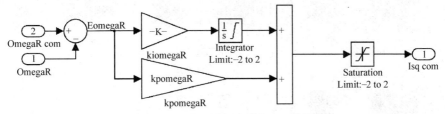

图 4-36　用于速度控制的外环 PI 控制器

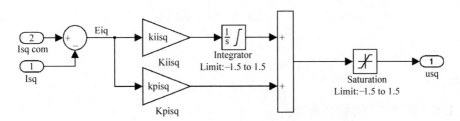

图 4-37　*q* 轴电流的 PI 控制器

3. 仿真结果

图 4-38 和图 4-39 给出了速度指令在阶跃变化下的系统仿真结果。

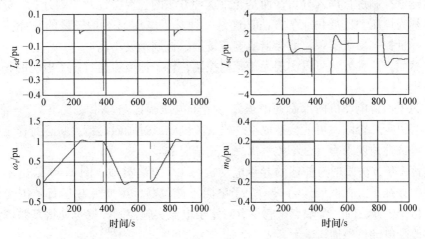

图 4-38　仿真结果——跟踪

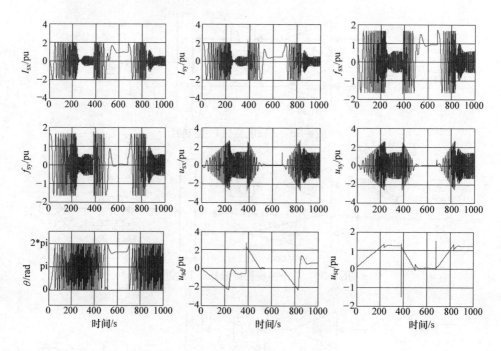

图 4-39　其他电机变量仿真结果

4. 4. 4　PMSM 的标量控制

　　PMSM 的标量控制是控制它的一种简单方法。但是标量控制方法不仅精度不高，而且响应较慢，这一点与异步电动机的标量控制类似[33]。因此，本节并不会对标量控制进行深入分析，而是介绍这种方法的主要特性及控制方案。标量控制也称为恒压频比或恒 V/f 方法，这是一种基于电压而不是矢量的开环控制方法，标量控制易于实现，但会造成响应缓慢，控制精度不高。

　　然而，这种方法可以实现无传感器控制，转子速度可通过定子电压的频率来计算出。

　　为了保持电动机内部磁通的恒定，定子电压幅值与频率之比（V/f = 常数）应保持恒定。否则，可能会造成电动机的欠励磁或过励磁运行，从运行稳定性及运行经济性角度来看，是不推荐出现上述情况的。

　　恒 V/f 方法原理与前述的异步电动机恒 V/f 方法类似，图 4-40 给出了这种方法的方框图。在低频运行时，定子电阻不能忽略，因此低频运行范围受到限制。恒 V/f 方法的一个缺点是它没有对定子电流实施控制，这也使得基频以上时能够改变电动机磁通。

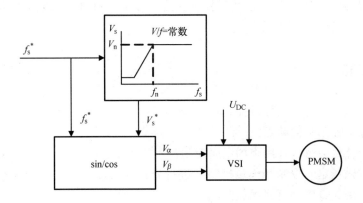

图 4-40 PMSM 恒 V/f 控制方框图

4.5 练习题

1) 对所有交流电机的转矩方程进行编程，并把结果显示出来。

2) 仿真中设定电动机反转，观察电流分量与转矩响应。

3) 在各种控制方案中，修改 PI 控制器参数，看看会有何不同的控制效果？（提示，先改变比例参数，观察响应有何不同，然后修改积分时间常数，并观察稳态响应误差）

4) 在电动机控制中，设定不同的 i_d 会出现什么情况？

5) 对带有速度控制环的标量控制方案进行仿真建模。

嵌入式 PMSM 恒 V/f 标量控制的 Simulink 仿真模型文件是［PMSM_scalar］，仿真参数在［PMSM_param］中，仿真参数文件需要先于模型文件运行。

4.6 补充作业

1) 对定子磁链与转子磁链定向矢量控制方案进行对比研究。

2) 对起动、制动、负载、反转等工况下的电动机运行进行综合的测试。

4.7 DFIG 作业

1) 在额定速度附近，改变转子速度（30% 的变化），观察不同功率下的情况，观察有功功率、无功功率、电动机电流、电压与磁通。

2) 把 DFIG 设置在单位功率因数情况下运行（提示：无功功率设为 0）。

3）观察改变 PI 控制器参数对控制性能的影响，例如：改变有功功率调节器参数，分析控制效果有何不同。

4.8 问题

1）什么是电动机的标量控制？

2）标量控制有何缺点？

3）为什么会有人选用磁场定向控制？

4）对磁场定向控制（矢量控制）进行分类。

5）采用矢量控制有何优点？

6）讲述一下矢量控制的缺点。

7）矢量控制中使用到哪些不同类型的坐标系？

参 考 文 献

1. Mohan, N. (2001) *Electric Drives an Integrative Approach*, 2nd en. MNPERE, Minneapolis.
2. Bose, B. K. (2006) *Power Electronics and Motor Drives: Advances and Trends*. Academic Press, Elsevier.
3. Vas, P. (1998) *Sensorless Vector and Direct Torque Control*. Oxford University Press Oxford,
4. Novotny, D. W. and Lipo, T. A. (1996) *Vector Control and Dynamics of AC Drive*. Oxford, Oxford University Press
5. Kazmierkowski, M. P., Krishnan R., and Blaabjerg, F. (2002) *Control in Power Electronics-Selected Problems*. Academic Press Elsevier.
6. Leonhard, W. (2001) *Control of Electrical Drives*. Springer
7. Krishnan, R. (2001) *Electric Motor Drives: Modeling, Analysis and Control*. Prenctice Hall.
8. Chiasson, J. (2005) *Modeling and High Performance Control of Electric Machines*. John Wiley & Sons, Ltd.
9. Blaschke F. (1971) Das Prinzip der Feldorientierung, die Grundlage fur Transvector-regelung von Drehfeld-maschine. *Siemens Z.* **45**, 757–760.
10. Kovacs, K. P. and Racz, I. (1959) *Transiente Vorgange in Wechselstrommachinen*. Budapest, Akad. Kiado.
11. Leonhard, W. (1991) 30 years of space vector, 20 years field orientation, 10 years digital signal processing with controlled AC drives: A review. *EPE Journal*, 1–2.
12. Bogdan, M. Wilamowski J., and Irwin, D. (2011) *The Industrial Electronics Handbook – Power Electronics and Motor Drives*. Taylor and Francis Group, LLC.
13. Holtz, J. and Khambadkone, A. (1991) Vector controlled induction motor drive with a self-commissioning scheme. *IEEE Trans. Ind. Elect.*, **38**(5), 322–327.
14. Hu, J. and Wu, B. (1998) New integrations algorithms for estimating motor flux over a wide speed range. *IEEE Trans. Power Elect*, **13**(3), 969–977.
15. Krzeminski, Z. (2008) Observer of induction motor speed based on exact disturbance model. *Power Elect. Mot. Cont. Conf.*, EPE-PEMC pp. 2294–2299.
16. Khalil, H. K. (2002) *Nonlinear Systems*. Prentice Hall.
17. Xu, X. and Novotny, D. W. (1992) Selection of the flux reference for induction machine drive in the field weakening region. *IEEE Trans. Ind. Appl.*, **28**(6), 1353–1358.

18. Grotstollen, H. and Wiesing, J. (1995) Torque capability and control of a saturated induction motor over a wide range of flux weakening. *IEEE Trans. Ind. Elect.*, **42**(4), 374–381.

19. Abu-Rub, H., Schmirgel, H., and Holtz, J. (2006) Sensorless control of induction motors for maximum steady-state torque and fast dynamics at field weakening. *IEEE/IAS 41st Ann. Mtg.*, Tampa, FL.

20. Briz, F., Diez, A., Degner, M. W., and Lorenz, R. D. (2001) Current and flux regulation in field weakening operation of induction motors. *IEEE Trans. Ind. Appl.*, **37**(1), 42–50.

21. Harnefor, L. Pietilainen, K., and Gertmar, L. (2001) Torque-maximizing field-weakening control: design, analysis, and parameter selection. *IEEE Trans. Ind. Elect.*, **48**(1), 161–168.

22. Bünte, A., Grotstollen, H., and Krafka, P. (1996) Field weakening of induction motors in a very wide region with regard to parameter uncertainties. *27th Ann IEEE Power Elect. Spec. Conf.*, 23–27 June, vol. **1** pp. 944–950.

23. Bünte, A. (1998) Induction motor drive with a self-commissioning scheme and optimal torque adjustment (in German), PhD. Thesis, Paderborn University, Germany.

24. Kim, S. H. and Sul, S. K. (1997) Voltage control strategy for maximum torque operation of an induction machine in the field weakening region. *IEEE Trans. Ind. Elect.*, **44**(4), 512–518.

25. Lin, F-J. Hwang, J-C. Tan, K-H., Lu, Z-H., and Chang, Y-R. (2010) Control of doubly-fed induction generator system using PIDNNs. *2010 9th Int. Conf. Mach. Learn. Appl.* pp. 675–680.

26. Pena, R., Clare, J. C., and Asher, G. M. (1996) Doubly fed induction generator using back-to-back PWM converters and its application to variable-speed wind-energy generation. *IEEE Proc. Electr. Power Appl.*, **143**(3), 231–241, May.

27. Muller, S., Deicke, M., and De Doncker, R. W. (2002) Doubly-fed induction generator systems for wind turbines. *IEEE IAS Mag.*, **8**(3), 26–33.

28. Pena, R., Clare, J. C., and Asher, G. M. (1996) A doubly fed induction generator using back-to-back PWM converters supplying an isolated load from a variable speed wind turbine. *IEEE Proc. Electr. Power Appl.*, **143**(5), 380–387.

29. Forchetti, D., Garcia, G., and Valla, M. I. (2002) Vector control strategy for a doubly-fed stand-alone induction generator. *Proc. 28th IEEE Int. Conf., IECON*, vol. **2**, pp. 991–995.

30. Jain, A. K. and Ranganathan, V. T. (2008) Wound rotor induction generator with sensorless control and integrated active filter for feeding nonlinear loads in a stand-alone grid. *IEEE Trans. Ind. Elect.*, **55**(1), 218–228.

31. Iwanski, G. and Koczara, W. (2008) DFIG-based power generation system with UPS function for variable-speed applications. *IEEE Trans. Ind. Elect.*, **55**(8), 3047–3054.

32. Bogalecka, E. (1993) Power control of a double fed induction generator without speed or position sensor. *Conf. Rec. EPE*, vol **377**, pt. 8, ch. 50, pp. 224–228.

33. Stulrajter, M. Hrabovcova, V., and Franko, M. (2007) Permanent magnets synchronous motor control theory. *J. Elect. Eng.*, **58**(2), 79–84.

34. Binns, K. J. and Shimmin, D. W. (1996) Relationship between rated torque and size of permanent magnet machines. *Elect. Mach. Drives IEE Proc. Electr. Power Appl.*, **143**(6), 417–422.

35. Pillay, P. and Knshnan, R. (1988) Modeling of permanent magnet motor drives. *IEEE Trans. Ind. Elect.*, **35**(4), 537–541.

36. Adamowicz, M. (2006) Observer of induction motor speed based on simplified dynamical equations of disturbance model. *Proc. Doct. Sch. of Energy and Geotech.*, 16–21 January, Kuressaare, Estonia, pp. 63–67.

37. Pajchrowski, T. and Zawirski, K. (2005) Robust speed control of Servodrive based on ANN. *IEEE ISIE* 20–23 June, Dubrovnik, Croatia.

38. Akagi, H., Kanazawa, Y., and Nabae, A. (1998) *Theory of the Instantaneous Reactive Power in Three-Phase Circuits*. IPEC, Tokyo.

第 5 章　交流电机的直接转矩控制

5.1　概述

高性能传动系统中的直接转矩控制理论在 20 世纪 80 年代后半期被提出[1~3]。与产生于 20 世纪 70 年代早期的磁场定向矢量控制相比，直接转矩控制是一个全新的控制概念。矢量控制获得工业应用的认可花费了 20 年时间，相比之下，DTC 的概念仅仅在 10 年内就迅速获得了业界的广泛接受[4,5]。矢量控制主要依赖于异步电动机的数学模型，而 DTC 的控制则直接建立在交流电机及电源的完整系统内部发生的物理作用基础上。DTC 方案采用了简单的信号处理方法，并且完全依赖于调速传动系统内，异步电动机供电电源的非理想特性（两电平、三电平电压型逆变器、矩阵式变换器等）。因此，它仅能用于电力电子变换器供电的电机控制中。变换器的 on_off 控制被用来对异步电动机的非理想特性进行解耦[6]，在 DTC 系统中最常提及和使用的功率变换器是电压型逆变器。

DTC 采取了一种完全不同的视角来分析异步电动机及功率变换器。首先，DTC 认识到不管逆变器是如何被控制的，它从本质上是一个电压源而不是电流源。其次，矢量控制的主要特性之一是通过定子电流两个分量实施间接磁场与转矩控制，DTC 与之不同。从本质来说，DTC 认识到，既然磁通与转矩可以被两个电流分量间接控制，那么就没有理由不可以摒弃电流环，而直接去控制磁通与转矩。

DTC 电气传动系统的控制部分包括两个平行的部分，这与矢量控制是类似的。磁通与转矩的设定作为控制的目标值，其中转矩的设定值可以是、也可以不是转速控制器的输出值，这依赖于传动系统采取的是转矩运行模式还是速度运行模式。DTC 需要对电动机定子磁通与转矩进行估算，以便形成磁通和转矩的闭环控制。然而，它们的设定值与估算值之间的误差是一种完全不同于矢量控制的方式被应用于系统控制中的。在矢量控制中，上述的误差值输送给 PI 控制器，由 PI 控制器输出电动机 dq 坐标系中定子电流分量的设定值。DTC 的控制思想是利用转矩与磁链的控制误差直接去驱动逆变器的开关工作，而无需再经过电流控制环及任何的坐标变换。磁通与转矩控制器都是滞环控制器，控制器的输出用来控制逆变器，使其输出合适的电压给电动机，以便使电动机的磁通和转矩的控制误差能够保持在事先设定的误差范围内。

　　DTC 从本质上是无需速度传感器的。在转矩运行模式下，转子速度的信息是不必要的，因为它不需要进行旋转坐标变换。但是，定子磁通与电动机转矩的正确估算对滞环控制器的正常工作是很重要的。因此，在 DTC 中，需要异步电动机的精确数学模型。DTC 的控制准确性与电动机转子参数的变化无关。环境温度的变化会导致电动机定子电阻的变化，只有这一点才会影响低速下 DTC 的运行性能。

　　总之，与矢量控制相比，DTC 的主要特点及其不同如下所述[7]：
- 磁通与转矩的直接控制；
- 定子电流与电压的间接控制；
- 无需旋转坐标变换；
- 无需专门的电压调制模块，而矢量控制通常是需要的；
- 仅仅需要知道定子磁链矢量的扇区位置信息，而无需磁链矢量的精确位置（在 VC 中则需要磁链的精确位置信息以进行旋转坐标变换）；
- 无需电流控制器；
- 本质无传感器控制，因为在转矩运行模式下根本无需电动机的速度信息；
- 在 DTC 的基本方案中，DTC 技术仅仅对定子电阻的变化是敏感的。

5.2　DTC 的基本概念与工作原理

5.2.1　DTC 的基本概念

　　DTC 的基本原理是 20 世纪 80 年代后期提出的[11~13]。矢量控制在经过 20 年的大量研究之后才被厂家接受。与之不同的是，DTC 技术仅仅经过 10 年就开始商业化应用。在 20 世纪 90 年代中期，ABB 公司推出了 DTC 控制的异步电动机传动系统产品。在 ABB 制造的 DTC 控制器中，每隔 $25\mu s$，最优的逆变器开关模式就可以被确定。DTC 控制系统的核心是包括转矩与磁通滞环控制器、最优逆变器开关逻辑在内的子系统。精确的电机模型是非常重要的，因为电动机定子磁链与转矩的估算是基于电机模型和电机定子电压、定子电流的测量。不需要实际转速的测量[5]。仅仅使用静止坐标系中的电机模型来推导 DTC 的工作原理。关于异步电动机数学模型的深入讨论详见第 6 章。

　　在静止坐标系中，定子磁链是定子 emf 的积分，如果定子电阻上的压降可以忽略，那么定子磁链就是定子电压的积分。因此，在很短暂的一个时间间隔内，定子磁链的增量与定子电压成正比例。因此，逆变器输出的电压空间矢量直接影响定子磁链，期望的定子磁链轨迹可以通过控制逆变器输出合适的电压来获得[7]。异步电动机的转子时间常数通常比较大，因此转子磁链变化较定子磁链更慢，故而，在较短的时间内转子磁链的幅值与旋转速度都可认为是常数。当正向有效电压空间矢量作用于电动机时，定子磁链逐渐远离转子磁链矢量。由于转矩角增加了，所以电动机的转矩也会增加。如果零电压矢量或反向有效电压矢量施加到电动机定子上，转矩角就会减小，因此转矩就会减少[6]。至此可以看出，转矩可以被直接控制，根据转矩指令，将定子磁链空间矢量移动到期望位置，转矩可以在很短的时间内增加或减少。通过快速地选择合适的电压矢量可以实现这一点。与此同时，定子磁链幅值可以保持在滞环区域内。这正是为何这种控制方案称为直接转矩控制的原因[7]。

DTC 需要磁通与转矩的设定值作为独立输入。它们的估算值用来完成磁通与转矩的闭环控制。然而，它们的估算值与设定值之间误差的使用方式完全不同于矢量控制。DTC 中没有设置电流控制器，转矩与磁通的控制器是两位或三位滞环式控制器，用来确定磁链与转矩是否需要增加或减少，这取决于转矩与磁链误差是否超出了预设的误差范围。基于上述信息，以及定子磁链空间矢量的位置信息，就可以按照一定的开关策略选择出合适的电压矢量。电机内部定子磁链空间矢量幅值需要准确获知。然而，并不需要定子磁链空间矢量瞬时位置的准确值，控制系统仅仅需要知道磁链空间矢量位于电压矢量空间内的哪个扇区，电压矢量空间是一个两维复平面。对于标准的两电平电压型逆变器，电压空间矢量平面划分为 6 个扇区，分别对应了 6 个有效电压空间矢量，其中 6 个电压矢量位于每个扇区的中心。每个扇区占据 60°空间，这样它们完全占据了整个电压矢量复平面。DTC 技术本身是无传感器的。对于速度闭环控制的无传感器运行模式，不同结构的速度观测器可直接用于直接转矩控制器中。

5.2.2 DTC 的工作原理

1. DTC 传动系统中的电动机转矩产生原理

在电压型逆变器供电的 DTC 控制的异步电动机传动系统中，通过选择逆变器的最优电压空间矢量，是可以对定子磁链与电磁转矩直接进行控制的。最优电压矢量的选择依据是磁链与转矩的误差限制在各自的滞环带内，这样不仅可以获得快速的转矩响应，同时逆变器的开关频率可保持在最低的水平。

在转子磁链定向控制的异步电动机中，电动机的电磁转矩可以表示为

$$T_e = (3/2)P(L_m/L_r)\psi_r i_{qs} \tag{5-1}$$

其中 q 轴定子电流是定子电流空间矢量在转子磁链空间矢量定向的坐标系中的虚部分量，如图 5-1a 所示。

转矩式（5-1）可用定子电流空间矢量的幅值及其相对于坐标系 d 轴的夹角来描述如下

$$T_e = K\psi_r |\underline{i}_s| \sin\lambda \tag{5-2}$$

根据式（5-2），转矩的快速变化需要定子电流矢量幅值与相位的改变。其中，d 轴电流保持不变（以便转子磁场保持恒定），而转矩会随着 q 轴定子电流分量的变化而阶跃改变为新的水平。

转矩的另一种表达式是使用了定子磁链空间矢量与定子电流空间矢量，不管使用哪一种控制方法，电动机转矩可以表示为

$$T_e = \frac{3}{2} P \, |\underline{\psi}_s| \, |\underline{i}_s| \sin\alpha \tag{5-3}$$

其中 α 是定子电流与定子磁链空间矢量夹角的瞬时值。图 5-1b 给出了定子电流空间矢量与定子磁链空间矢量的相对位置。

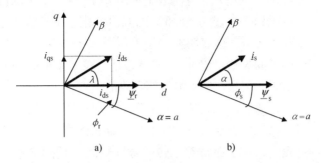

图 5-1　a）转子磁链定向异步电动机的定子电流与转子磁链矢量
b）异步电动机定子电流与定子磁链矢量的相对位置

参考文献 [7] 表明在一定的转子速度下，当定子磁链幅值保持恒定时，通过改变定子磁链矢量的瞬时位置以便使式（5-3）中的 α 可以快速变化，那么就可以产生快速的转速响应。换句话说，将电压矢量施加在电动机定子时，若该矢量可以保持定子磁链幅值在设定值，且可以使定子磁链快速旋转至所需位置（转矩指令决定），那么就可以获得快速的转矩控制。具体规律如下：在 DTC 传动系统中，若电动机转矩小于给定值，使定子磁链矢量位置角 ϕ_s 最快速增加，那么转矩就可增加。若定子磁链空间矢量在正方向上加速旋转时，转矩就会增加；然而，当定子磁链反向旋转时，转矩就会减少。通过控制 VSI 工作在 PWM 模式下，可以采用合适的定子电压空间矢量来调节定子磁链空间矢量。因此，VSI 的合理控制可直接控制定子磁链与转矩，这即是 DTC 名称的由来。转矩方程亦可以采用定、转子磁链来描述如图 5-2 所示。

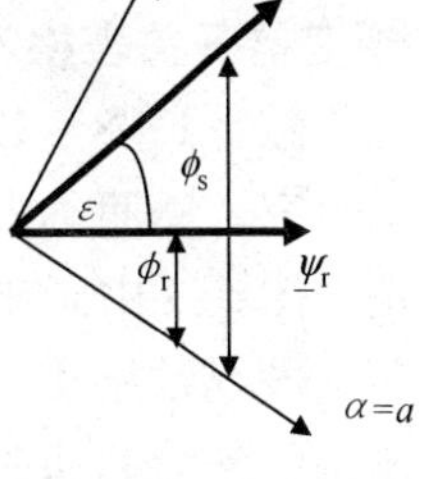

$$T_e = \frac{3}{2} P \frac{L_m}{\sigma L_s L_r} |\underline{\psi}_r| \, |\underline{\psi}_s| \sin\varepsilon \tag{5-4}$$

图 5-2　定子磁链空间矢量与转子磁链空间矢量的相对位置关系

其中 ε 是定子磁链与转子磁链空间矢量的夹角。

转子磁链变化较为缓慢，因为转子磁链变化速度依赖于一个相对较大的转子时间常数。因此，在很短的时间内，可以认为转子磁链是一个常数。DTC 中的定子磁链幅值也是保持恒定的。因此，式（5-4）中的两个矢量都具有恒定的幅值。如果定子磁链矢量的瞬时位置角可以快速改变，从而使角 ε 可以快速改变，那么就可以实现转矩的快速改变，这是 DTC 的精髓。ε 的瞬时改变可以通过控制 VSI 输出合适的定子电压空间矢量来实现。

如果忽略定子电阻压降，那么静止坐标系中定子电压方程可以改写为

$$\underline{v}_s = \mathrm{d}\underline{\psi}_s/\mathrm{d}t \tag{5-5}$$

因此，电动机定子端的电压矢量直接作用于（影响）定子磁链。若定子电压快速变化，那么定子磁链会按式（5-5）的规律变化。定子磁链在短时间内的增量可以描述为 $\Delta\underline{\psi}_s = \underline{v}_s\Delta t$，这表明在定子电压空间矢量 $\underline{v}_s$ 施加到定子端的这段时间内，定子磁链空间矢量沿着 $\underline{v}_s$ 的方向移动。在一系列时间间隔内，通过选择合适的定子电压空间矢量，就可能按照期望的轨迹来改变定子磁链。定子磁链与转矩的解耦控制是通过定子磁链空间矢量的径向与切向分量来实现的。磁链的这两个分量与定子电压矢量在对应方向上的分量直接成正比。

在转矩产生过程中，定子磁链对于转子磁链空间矢量的夹角 ε 是非常重要的。假定转子磁链空间矢量以某个给定速度运动，稳态时对应某个工作点。初始时，这个速度是与定子磁链空间矢量的平均运动速度是相等的。异步电动机在加速起动时，合适的定子电压被施加到电动机上以增加转矩，并且定子磁链空间矢量快速旋转起来。然而，转子磁链空间矢量幅值并不会快速（明显）变化，因为转子时间常数相对较大。转子磁链空间矢量的旋转速度也不会急剧变化。这个旋转速度可用转子磁链分量及其导数来计算，由于存在较大的时间常数，转子磁链分量没有变化时，转子磁链空间矢量的旋转速度也不会变化。结果是 ε 增加，电动机转矩也会增加。如果需要电动机减速，减少 ε，电动机的转矩也会相应减少，选用零电压矢量会使定子磁链空间矢量几乎停止旋转，如果 ε 变为负值，那么转矩会改变符号，于是电动机的制动过程就会发生。

2. 逆变器开关表格

参考文献 [1、8 ~ 12] 中，DTC 技术的最优电压空间矢量的选择方法得到了大量的研究，然而本书仅仅讨论最初由参考文献 [1] 提出的经典方法。为进一步讨论，图 5-3 中画出了逆变器输出相电压的空间矢量，此外相平面的扇区划分与命名（罗马数字 Ⅰ ~ Ⅵ）也在图 5-3 中标出。每个扇区都是 60°，且围绕在相应电压空间矢量的超前 30°到滞后 30°的范围内。若定子磁链矢量位于第 k 扇区，$k = 1$、$2 \cdots 6$，那么使用 k、$k+1$、$k-1$ 3 个电压矢量可以增加定子磁链幅值，使用 $k+2$、$k-2$、$k+3$ 矢量可以减少定子磁链幅值。换句话说，如果选择

属于该扇区的电压矢量或相邻两个电
压矢量中的一个,那么定子磁链将会
增加;若选择其他 3 个有效电压矢量
中的一个,那么定子磁链则会减少。
$k+1$、$k+2$ 矢量被称为有效前向电压
矢量,$k-1$、$k-2$ 矢量被称为有效反
向电压矢量。

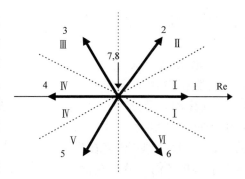

图 5-3　相电压空间矢量与对应的扇区

　　然而,上述方法中选择的电压矢
量会同时影响异步电动机转矩的产生,
此外逆变器的开关频率也会被影响。
通常的思路都是使开关频率尽可能低,以使得最合适的电压空间矢量不仅开关次
数最少,同时可以对定子磁链与转矩的误差都进行期望的控制。对 6 个非零电压
矢量中每个矢量,逆变器开关状态定义为二进制信号的集合见表 5-1。从状态 1
到状态 6,只需要对三相电路中的一相进行开关切换。因此,如果逆变器输出电
压矢量为 100 时,那么接下来最适合的电压矢量是 110、101 和 000(零矢量 8),
因为这些电压矢量仅需要一相电路进行开关动作。如此可实现最低的开关频率。
这 3 个电压矢量中究竟选择哪一个,这取决于磁链与电动机转矩的误差情况。

表 5-1　三相电压逆变器的相电压(相对于电动机的中性点)

开关状态	导通开关	空间矢量	相电压 V_a	相电压 V_b	相电压 V_c
1	1,4,6	$\underline{v}_{1\text{phase}}(100)$	$(2/3)V_{DC}$	$-(1/3)V_{DC}$	$-(1/3)V_{DC}$
2	1,3,6	$\underline{v}_{2\text{phase}}(110)$	$(1/3)V_{DC}$	$(1/3)V_{DC}$	$-(2/3)V_{DC}$
3	2,3,6	$\underline{v}_{3\text{phase}}(010)$	$-(1/3)V_{DC}$	$(2/3)V_{DC}$	$-(1/3)V_{DC}$
4	2,3,5	$\underline{v}_{4\text{phase}}(011)$	$-(2/3)V_{DC}$	$(1/3)V_{DC}$	$(1/3)V_{DC}$
5	2,4,5	$\underline{v}_{5\text{phase}}(001)$	$-(1/3)V_{DC}$	$-(1/3)V_{DC}$	$(2/3)V_{DC}$
6	1,4,5	$\underline{v}_{6\text{phase}}(101)$	$(1/3)V_{DC}$	$-(2/3)V_{DC}$	$(1/3)V_{DC}$
7	1,3,5	$\underline{v}_{7\text{phase}}(111)$	0	0	0
8	2,4,6	$\underline{v}_{8\text{phase}}(000)$	0	0	0

　　图 5-4 给出了逆变器开关状态切换的示意图。假定电动机运行在基速以下区
域,此时定子磁链指令值保持恒定,且等于额定磁链。滞环环差设置为 $\pm\Delta\psi_s$,
它是实际磁链与指令值的允许偏差范围。若在某个时刻,定子磁链在第 1 扇区,
并且刚刚达到磁链幅值允许的上限,如图 5-4 中的点 A 所示,逆变器开关状态
必须被改变,因为定子磁链必须要减少。磁链的旋转正方向为逆时针方向。因为
定子磁链在扇区 1 中,选用 1、2、6 3 个电压矢量会增加磁链幅值,选用 3、4、
5 3 个电压矢量会减少磁链幅值。在这 3 个电压矢量中,仅仅只有 3 号电压矢量

能满足逆变器 3 个桥臂中只有一相桥臂有开关动作，因此逆变器输出电压矢量 3。于是，它驱使电动机定子磁链向 B 点移动。到达 B 点后，定子磁链再次到达允许幅值的上限。因为此时磁链在扇区 2 中，并且仍需减少幅值。可以选用 4、5、6 电压矢量来减少定子磁链幅值，4 电压矢量是唯一一个只有一相桥臂需开关切换，因此选中电压矢量 4，它驱使电动机定子磁

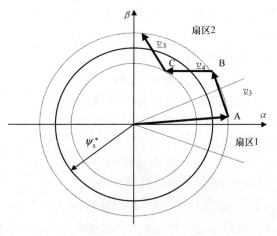

图 5-4　施加了合适电压矢量的
定子磁链空间矢量的控制

链向幅值允许偏差的下限移动。到达 C 点后，定子磁链依然在 2 扇区，但此时需要增加磁链。为此可选用电压矢量 1、2、3，因为矢量 3 仅需一相开关动作，故而它会被再次选用。接下来，上述过程不断持续下去。

前面的分析没有考虑到转矩误差对逆变器开关状态选择的影响。当转矩不需要改变时，即转矩的实际值与指令值的误差在预先设定的滞环范围内，此时就停止定子磁链空间矢量的旋转。然而，当转矩需要增加或减少时，就需要按顺时针或逆时针方向旋转定子磁链来改变转矩。总的来说，如果需要转矩增加，那么就选择在磁场旋转方向上，超前于定子磁链的电压空间矢量来控制转矩。如果需要减少转矩，那么选择与磁场旋转方向相反的电压矢量。如果不希望改变转矩，那么就选择零电压矢量。综上所述，定子磁链空间矢量的角度通过磁链幅值与转矩间接得到控制。转矩的控制期望简化为增加、减少或不变的控制选择。类似的，定子磁链幅值的控制也变为减少或增加的选择。图 5-5 给出了在期望的磁链、转矩变化下，最优电压矢量是如何选择出来的。图中的情况是定子磁链空间矢量沿逆时针方向旋转，并且定子磁链空间矢量的初始位置是在 1、2 扇区。其他扇区内也可以绘出类似的图。

上述分析的结果见表 5-2 最优电压矢量选择表或逆变器开关表。它给出了在所有可能的定子磁链空间矢量位置下，电压矢量的最佳选择。查表需要知道定子磁链的扇区信息和转矩与磁链滞环比较器的两个输出。表 5-2 给出的电压矢量将会控制转矩与定子磁链的增加或减少。从而保证两者都在各自的滞环范围内。如果定子磁链需要增加，那么 $\Delta\psi_s = 1$，如果定子磁链需要减少，那么 $\Delta\psi_s = 0$。这种标记方法与式（5-6）是一致的。式（5-6）给出了一个双位式磁链滞环比较器的数字输出信号 $\Delta\psi_s$。

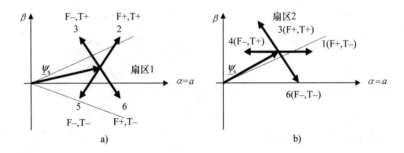

图 5-5　对定子磁链和电动机转矩产生期望控制的电压矢量的合理选择
a）定子磁链在扇区 1　b）定子磁链在扇区 2（F＝磁链，T＝转矩）

表 5-2　可选择电压矢量表

$\Delta\psi_s$	ΔT_e	扇区 1	扇区 2	扇区 3	扇区 4	扇区 5	扇区 6
	1	$\underline{v}_2$	$\underline{v}_3$	$\underline{v}_4$	$\underline{v}_5$	$\underline{v}_6$	$\underline{v}_1$
1	0	$\underline{v}_7$	$\underline{v}_8$	$\underline{v}_7$	$\underline{v}_8$	$\underline{v}_7$	$\underline{v}_8$
	−1	$\underline{v}_6$	$\underline{v}_1$	$\underline{v}_2$	$\underline{v}_3$	$\underline{v}_4$	$\underline{v}_5$
	1	$\underline{v}_3$	$\underline{v}_4$	$\underline{v}_5$	$\underline{v}_6$	$\underline{v}_1$	$\underline{v}_2$
0	0	$\underline{v}_8$	$\underline{v}_7$	$\underline{v}_8$	$\underline{v}_7$	$\underline{v}_8$	$\underline{v}_7$
	−1	$\underline{v}_5$	$\underline{v}_6$	$\underline{v}_1$	$\underline{v}_2$	$\underline{v}_3$	$\underline{v}_4$

$$\Delta\psi_s = 1 \quad 如果 |\underline{\psi}_s| \leqslant |\underline{\psi}_s{}^*| - |滞环宽度|$$

$$\Delta\psi_s = 0 \quad 如果 |\underline{\psi}_s| \geqslant |\underline{\psi}_s{}^*| + |滞环宽度| \tag{5-6}$$

　　类似的，转矩需要增加时 $\Delta T_e = 1$，转矩需要减少时 $\Delta T_e = -1$，如果希望转矩保持不变，则 $\Delta T_e = 0$，这种标记方法与 1 个三位式滞环比较器的数字输出是对应的，可以表示如下：

$$\Delta T_e = 1 \quad 如果 \ T_e \leqslant T_e^* - |滞环宽度|$$

$$\Delta T_e = 0 \quad 如果 \ T_e = T_e^* \tag{5-7}$$

$$\Delta T_e = -1 \quad 如果 \ T_e \geqslant T_e^* + |滞环宽度|$$

5.3　具有理想常参数电机模型的异步电动机 DTC

5.3.1　异步电动机的理想常参数模型

1. *dq* 旋转坐标系中异步电动机的动态模型

　　假定异步电动机的气隙是均匀的，定转子相绕组之间互差120°，绕组电阻与漏感假定是恒定的，所有的寄生现象，例如铁耗、（最大）磁路饱和等在本阶段都忽略。这里考虑的异步电动机是一个具有理想光滑气隙，正弦分布绕组，所

有磁势谐波效应均忽略[13、14]，图 5-6
给出了这种电动机的原理示意图。

在图 5-6 中的符号含义如下：

1）转子角速度 ω_r；

2）定子磁链空间矢量的角速
度 ω_s；

3）相对于定子 a 相（磁路）轴
线的转子瞬时角位置 θ；

4）相对于定子 a 相（磁路）轴
线的任意旋转坐标系的瞬时角位
置 θ_s；

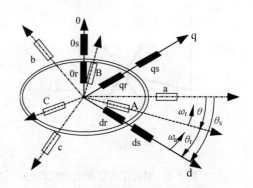

图 5-6　在三相坐标系和任意 dq 旋转
坐标系中的异步电动机示意图

5）相对于转子 a 相（磁路）轴线的任意旋转坐标系的瞬时角位置 θ_r。

从三相坐标系变换到任意速度旋转坐标系后，异步电动机的定子、转子电压
方程可以表示为

$$v_{ds} = R_s i_{ds} + \frac{d\psi_{ds}}{dt} - \omega_a \psi_{qs}$$

$$v_{qs} = R_s i_{qs} + \frac{d\psi_{qs}}{dt} + \omega_a \psi_{ds} \tag{5-8}$$

$$v_{dr} = R_r i_{dr} + \frac{d\psi_{dr}}{dt} - (\omega_a - \omega_r)\psi_{qr}$$

$$v_{qr} = R_r i_{qr} + \frac{d\psi_{qr}}{dt} + (\omega_a - \omega_r)\psi_{dr} \tag{5-9}$$

定子、转子磁链为

$$\psi_{ds} = L_s i_{ds} + L_m i_{dr}$$

$$\psi_{qs} = L_s i_{qs} + L_m i_{qr} \tag{5-10}$$

$$\psi_{dr} = L_r i_{dr} + L_m i_{ds}$$

$$\psi_{qr} = L_r i_{qr} + L_m i_{qs} \tag{5-11}$$

$L_s L_r$ 分别是定子、转子的自感，L_m 是励磁电感。

定子电感、转子电感、励磁电感与三相坐标系模型中的自感、互感的关
系是：

$$L_s = L_{\sigma s} + L_m$$

$$L_r = L_{\sigma r} + L_m \tag{5-12}$$

其中，$L_{\sigma s}$、$L_{\sigma r}$ 分别是定子、转子漏电感，电机的运动方程为

$$T_e - T_L = \frac{J}{P} \frac{d\omega_r}{dt} \tag{5-13}$$

式中，T_e 为电磁转矩，T_L 为负载转矩，J 是异步电动机转动惯量，P 是电动机的极对数。

电磁转矩可以用定子磁链与定子电流的 dq 轴分量描写为

$$T_e = \frac{3}{2}P(\psi_{ds}i_{qs} - \psi_{qs}i_{ds}) \tag{5-14}$$

图 5-7 给出了 dq 旋转坐标系中具有理想恒定参数电机的每一相等效电路。

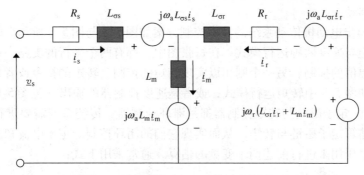

图5-7 在任意速旋转坐标系中异步电动机的动态等效电路

2. 静止坐标系中异步电动机动态数学模型

本章仿真中将要使用的异步电动机模型是静止坐标系中的电机模型，定子电流、转子电流、电角速度 ω_r 作为状态变量，这样电机模型是一个 5 阶微分方程。使用式（5-8 ~ 5-11）和式（5-13），将定子电流、转子电流和电机转子角速度作为空间状态变量，定子、转子电压方程可以描述为

$$v_{\alpha s} = R_s i_{\alpha s} + L_s \frac{di_{\alpha s}}{dt} + L_m \frac{di_{\alpha r}}{dt}$$

$$v_{\beta s} = R_s i_{\beta s} + L_s \frac{di_{\beta s}}{dt} + L_m \frac{di_{\beta r}}{dt} \tag{5-15}$$

$$0 = L_m \frac{di_{\alpha s}}{dt} + \omega_r L_m i_{\beta s} + R_r i_{\alpha r} + L_r \frac{di_{\alpha r}}{dt} + \omega_r L_r i_{\beta r}$$

$$0 = L_m \frac{di_{\beta s}}{dt} - \omega_r L_m i_{\alpha s} + R_r i_{\beta r} + L_r \frac{di_{\beta r}}{dt} + \omega_r L_r i_{\alpha r} \tag{5-16}$$

$$\frac{J}{P}\frac{d\omega_r}{dt} = \frac{3}{2}P[i_{\beta s}(L_s i_{\alpha s} + L_m i_{\alpha r}) - i_{\alpha s}(L_s i_{\beta s} + L_m i_{\beta r})] - T_L \tag{5-17}$$

这些方程可以用来在 MATLAB/Simulink 中对异步电动机进行仿真建模，用来对 DTC 的异步电动机传动系统的性能进行仿真分析。

5.3.2 DTC 技术方案

1. DTC 异步电动机的基本控制方案

因为 $\Delta\underline{\psi}_s = \underline{v}_s\Delta t$，所以当非零电压矢量作用于电动机定子端后，定子磁链空

间矢量将会迅速移动。当零电压矢量作用于定子端后，定子磁链几乎停止移动。在 DTC 的传动系统中，在每个采样周期中，为了使定子磁链幅值误差与转矩误差都维持在预先设定的滞环带内，最优电压矢量被控制系统选择出来。滞环带宽会显著影响逆变器的开关频率。总之，滞环带宽越大，逆变器开关频率越低，传动系统按照指令值变化的响应就会越差。因为定子磁链空间矢量是定子电压矢量的积分。只要某个电压矢量一直施加在电动机上，定子磁链就会一直沿着该电压矢量方向移动。

DTC 异步电动机传动系统的基本控制方案如图 5-8 与图 5-9 所示。两图分别对应了转矩与速度两种运行模式。在每张图中，都有两个平行的支路，一个用于定子磁链幅值的控制，另一个则用以实现转矩的控制。转矩的指令或者是一个独立的输入如图 5-8 中转矩运行模式，或者是速度控制器的输出（见图 5-9 中速度运行模式）。定子磁链与转矩控制器都是滞环控制器。传统系统需要进行适当的测量用来估算定子磁链与转矩，从而实现它们的闭环控制。定子电流和测量或重构的定子电压用来进行前述两个变量的估算，通常采用下式：

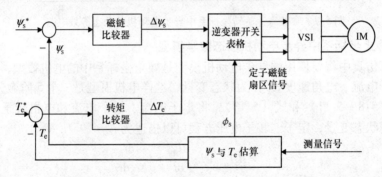

图 5-8 转矩运行模式下异步电动机传动系统的 DTC 方案

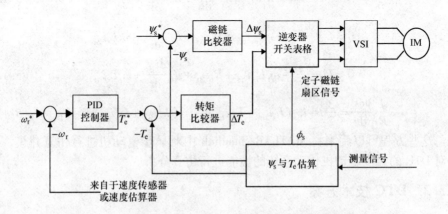

图 5-9 速度运行模式下异步电动机传动系统的 DTC 方案

$$\psi_{\alpha s} = \int (v_{\alpha s} - R_s i_{\alpha s}) \, dt$$

$$\psi_{\beta s} = \int (v_{\beta s} - R_s i_{\beta s}) \, dt \tag{5-18}$$

$$\psi_s = \sqrt{\psi_{\alpha s}^2 + \psi_{\beta s}^2} \quad \cos\phi_s = \psi_{\alpha s}/\psi_s \quad \sin\phi_s = \psi_{\beta s}/\psi_s$$

$$T_e = \frac{3}{2} P(\psi_{\alpha s} i_{\beta s} - \psi_{\beta s} i_{\alpha s}) \tag{5-19}$$

另外，在无传感器 DTC 传动系统中，为了进行速度的闭环控制，电动机旋转速度的估算是必要的。注意到，DTC 的异步电动机传动系统本质是无传感器运行的，因为此控制技术无需使用旋转坐标变换，仅在速度闭环控制中需要速度信号。

2. 定子磁链与转矩估算

通过前述几节的分析，已经了解到，为了使 DTC 方案顺利运行，需要精确地估算出定子磁链幅值与电磁转矩。此外，还需要估算出定子磁链矢量处于复平面内的哪个扇区。正如前述章节所看到的，如果测量到定子电流、定子电压也被测量或重构出，就可以根据式（5-18、5-19）直接计算出定子磁链幅值与转矩。

在定子磁链与转矩的估算处理中，遇到的两个问题是式（5-18）中的纯积分环节的使用与温度对定子电阻的影响，定子电阻对应的压降在电机低速运行时影响显著。低频运行时的估算精度依赖于定子电阻阻值的精度。开环定子磁链估算器可以在 1~2Hz 工作良好，但低于该频率则性能欠佳。

式（5-18）也可用来找出定子磁链矢量在复平面中的位置

$$\phi_s^e = \tan^{-1}(\psi_{\beta s}/\psi_{\alpha s}) \tag{5-20}$$

DTC 的异步电动机传动系统并不需要定子磁链空间矢量的精确位置。这里仅仅需要知道定子磁链矢量位于复平面内的扇区信息（6 个扇区中的 1 个），式（5-20）在仿真中用来确定定子磁链矢量所处的扇区。定子磁链在所处复平面内的扇区可通过式（5-18）计算的定子磁链的 $\alpha\beta$ 分量及 b 相定子磁链（见参考文献 [7] 按下式计算）的符号确定。

$$\psi_{bs} = -0.5\psi_{\alpha s} + 0.5\sqrt{3}\psi_{\beta s}$$

5.3.3 DTC 的速度控制

图 5-9 给出了一般的速度运行模式方案。其中用到了一个 PID 控制器作为速度控制器，其输入为速度指令与其反馈值的差值。速度反馈值可以通过速度传感器或速度估算器获得。通常情况下，PI 控制器常用来代替 PID 控制器。

为了获得更好性能的速度响应（低超调量、快速响应时间、更少的或零稳态误差），带有抗饱和的 PI 控制器常用作速度控制器，图 5-10 给出了一种抗饱和 PID 控制器的 MATLAB/Simulink 仿真模型。DTC 的异步电动机控制性能的仿真结果将在下一节讨论。并围绕转矩运行模式与速度运行模式分别进行讨论，还将给出仿真程序的结构。

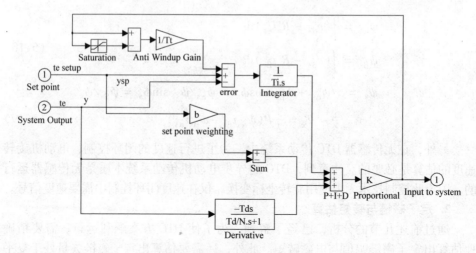

图 5-10   抗饱和 PID 控制器

5.3.4   DTC 转矩运行模式与速度运行模式的 MATLAB/Simulink 仿真

1. DTC 转矩运行模式的 MATLAB 仿真

本节讨论的是参考文献 [1] 建议的 DTC 方法中，转矩与定子磁链独立控制的仿真实现。电机模型不考虑铁耗、磁路饱和以及杂散损耗，且电机参数在运行中始终保持恒定。

采用 MATLAB/Simulink 进行仿真建模与分析。图 5-11 给出了仿真程序的整体界面。

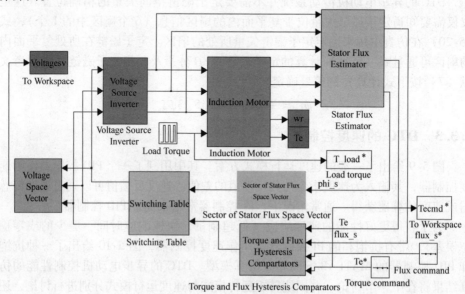

图 5-11   异步电动机 DTC 的仿真

图 5-12 给出了具有恒定参数异步电动机动态数学模型的模块的内部结构。因为电机模型是理想的，因而并没有考虑到铁耗、磁路饱和。

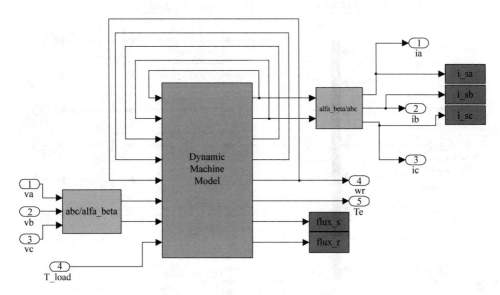

图 5-12 电机模型的 Simulink 框图

电动机参数列如图 5-13 所示的对话框中。

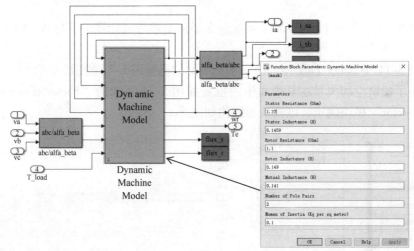

图 5-13 异步电动机的参数

电机数学模型的微分方程采用了 Simulink 模块文件进行建模，如图 5-14 所示。

仿真中采用了 $\alpha - \beta$ 静止坐标系中的电机模型。图 5-14 中的 Fcn 模块是 $\dfrac{\mathrm{d}i_{\alpha s}}{\mathrm{d}t}$ 的表达式，如图 5-15 所示，该表达式中包含了 $i_{\alpha s}$，$i_{\beta s}$，$i_{\alpha r}$，$i_{\beta r}$ 及两个输入电压

$v_{\alpha s}$，$v_{\beta s}$。类似的，模块 Fcn1、Fcn2、Fcn3、Fcn4 分别是 $\dfrac{di_{\beta s}}{dt}$，$\dfrac{di_{\alpha r}}{dt}$，$\dfrac{di_{\beta r}}{dt}$，$\dfrac{d\omega_r}{dt}$ 的表达式，Fcn5 模块是依据上述变量计算电磁转矩的表达式。

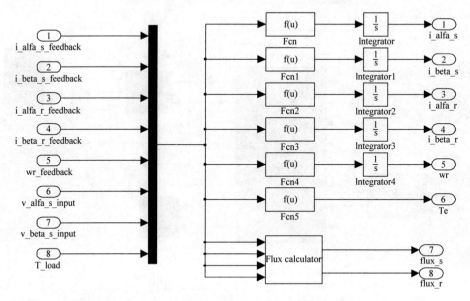

图 5-14　电机模型中微分方程的仿真

图 5-14 中 Flux Calculator 子系统包含了从上述变量计算定子与转子磁链的表达式。

图 5-11 中 Stator Flux Estimator 子系统的结构如图 5-16 所示。

定子磁链空间矢量在复平面中的位置如图 5-11 所示的 "Sector of stator flux space vector" 模块确定，该模块的结构如图 5-17 所示。

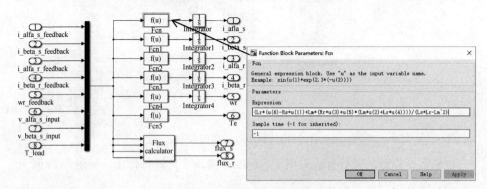

图 5-15　"Fcn" 模块中微分方程的表达式

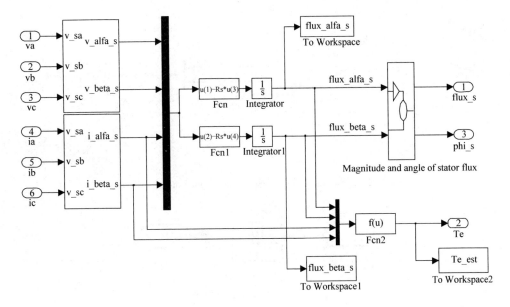

图 5-16　"Stator Flux Estimator" 模块的原理图

"Torque and Flux Hysteresis Comparators" 模块中滞环比较器的结构如图 5-18 所示。磁链与转矩滞环比较器分别如图 5-19 和图 5-20 所示。

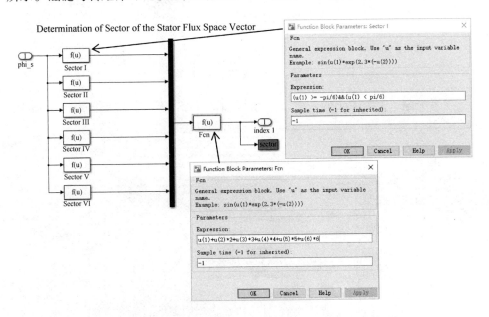

图 5-17　"Sector of stator flux space vector" 模块的结构框图

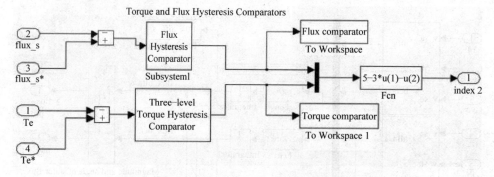

图 5-18 "Flux and Torque Hysteresis Comparators" 的结构

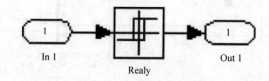

图 5-19 磁链滞环比较器

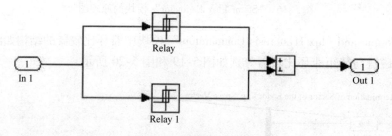

图 5-20 转矩滞环比较器

参考文献 [1] 建议的开关表的结构如图 5-21 所示，每个 "Look – up Table" 模块代表了三相电压型逆变器一个桥臂的开关状态。

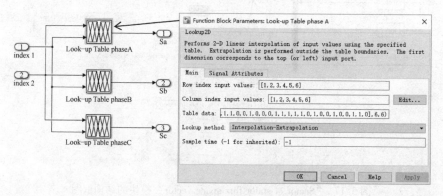

图 5-21 DTC 中查表模块的 Simulink 仿真

　　图 5-22 给出了用来观察施加在异步电动机上的电压空间矢量的模块。三相电压型逆变器的工作原理如图 5-23 所示，每个 Switch 模块代表了一相桥臂。

　　DTC 系统的磁链指令、转矩指令及负载转矩如图 5-24 所示。磁链指令值为额定磁链，转矩指令是额定转矩的 1.5 倍，负载转矩为额定值，并且在施加额定负载的瞬间电机转速达到额定速度。

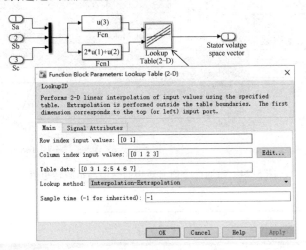

图 5-22　逆变器输出电压空间矢量的 Simulink 观测模型

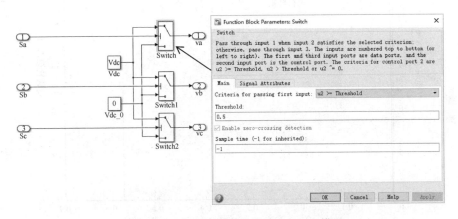

图 5-23　三相电压型逆变器的 Simulink 模型

　　图 5-25 给出了 DTC 中转矩与定子磁链控制中的转矩响应。在电动机起动时，负载转矩并没有施加在电动机上，但是当电动机达到额定速度时，电动机已经满负载运行了。

　　图 5-26 给出了定子磁链与转子速度波形，定子电流波形如图 5-27 所示。

　　图 5-26 中转子速度值随着时间略微减少，这是因为电动机高速运行时的电

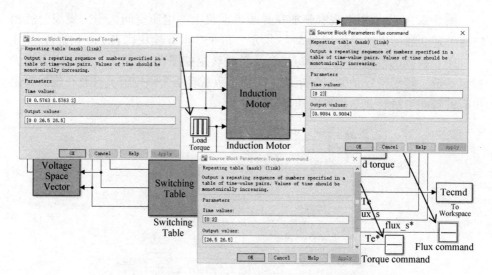

图 5-24 磁通命令值、转矩命令值与负载转矩值

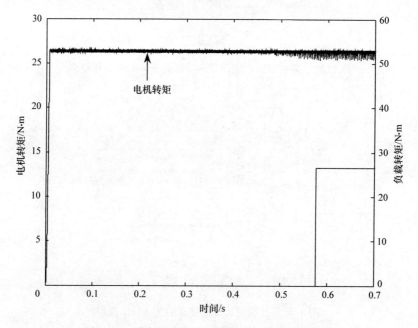

图 5-25 异步电动机的电磁转矩与负载转矩波形

磁转矩平均值要比负载转矩略微小一些，由于此时存在较高的转矩脉动。转矩指令与负载转矩均为额定转矩，因此根据式（5-13）可知，速度对时间的变化率是负数。

从仿真结果看，DTC 的两个显著缺点是低速运行时较高的磁链脉动与高速

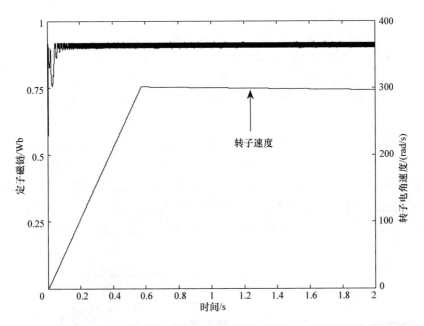

图 5-26　DTC 转矩与定子磁链控制下的定子磁链与转子速度波形

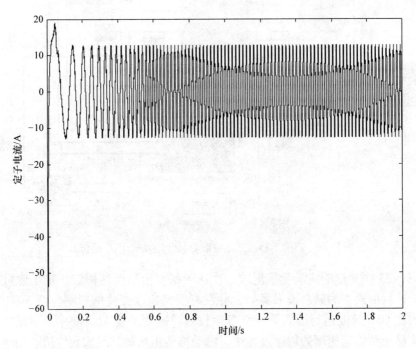

图 5-27　DTC 转矩与定子磁链控制下的定子电流波形

运行时较高的转矩脉动。

2. DTC 速度运行模式的 MATLAB/Simulink 仿真

在电动机电磁转矩与定子磁链独立控制仿真模型建立后，就可完成速度运行模式的建模了。带有抗饱和的 PID 控制器（结构如图 5-10 所示）进行速度的控制，控制器的输出是转矩指令，它是转矩滞环比较器的输入。速度控制器的输入是速度指令与实际速度的差值。图 5-28 给出了 DTC 异步电动机速度运行模式的仿真原理图。图 5-28 中异步电动机的 DTC 控制系统的速度控制中，电动机没有机械负载。速度指令从 0 上升到额定电角速度，转速指令信号与 PID 控制器参数值的细节如图 5-29 所示。图 5-30 给出了仿真中的负载转矩值。除速度指令及 PID 控制器的参数外，仿真程序中其他模块的配置与转矩运行模式程序中相似。仿真得到的电动机速度、电磁转矩、定子磁链、相电流的波形在图 5-31 ~ 图 5-34 中给出。

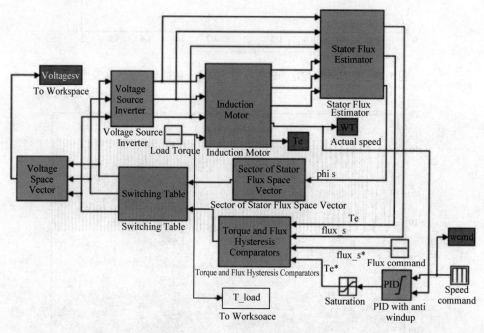

图 5-28　速度运行模式下空载时异步电动机 DTC 的仿真

图 5-31 中速度响应满足了需求，在达到指令值后保持恒定。定子磁链波形与转矩运行模式下的磁链波形类似，并没有受到速度变化的影响。图 5-32 中可以看出在 DTC 速度运行模式下，空载运行时，速度的稳态误差并不明显，在电动机从静止到给定速度的加速过程中，电动机转矩增加到最大允许值。当电动机速度达到并维持在所需值时，转矩减少到零附近。由于转子速度较高，电动机转矩的脉动依然较高。图 5-34 给出了与转矩运行模式下相似的电流响应。两种情

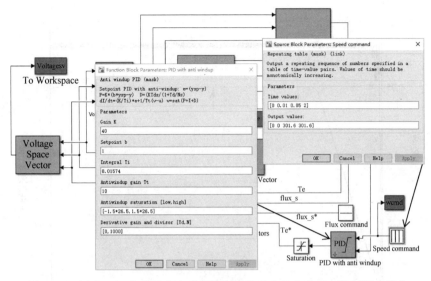

图 5-29 在图 5-28 中的异步电动机控制系统速度命令和 PID 控制器参数值

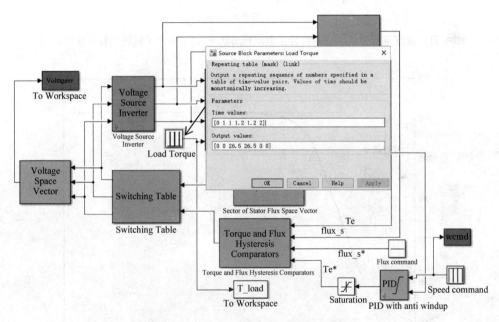

图 5-30 速度运行模式仿真中的负载转矩

况中的起动电流都较高。

重新对速度运行模式下空载起动的电动机进行了仿真。然后将额定负载以阶跃的形式施加到电动机上并以阶跃的形式卸载，这种假想的负载变化条件用来测试控制器的抗扰能力。负载是在起动 1s 后突加，然后在起动 1.2s 后突然卸载。

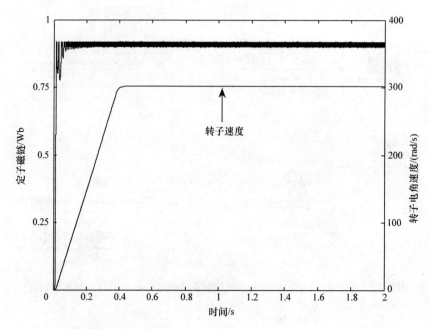

图 5-31 速度运行模式下空载时异步电动机 DTC 控制下的定子磁链与转子速度波形

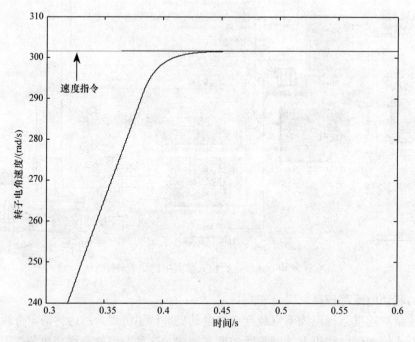

图 5-32 DTC 速度运行模式下空载时的异步电动机转子速度与速度指令波形

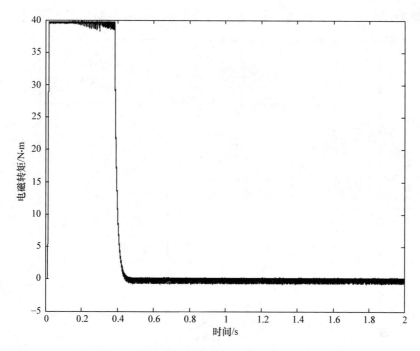

图 5-33 DTC 速度运行模式下空载时的转矩响应波形

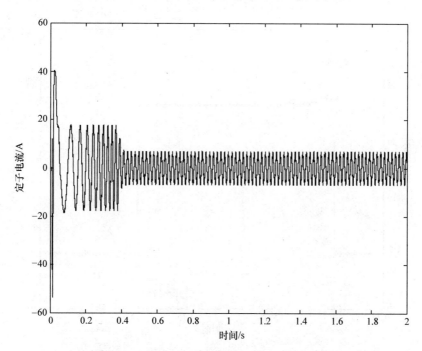

图 5-34 DTC 速度运行模式下空载时的定子相电流波形

电动机的速度、转矩、磁链、定子相电流波形分别如图 5-35 ~ 图 5-38 所示。

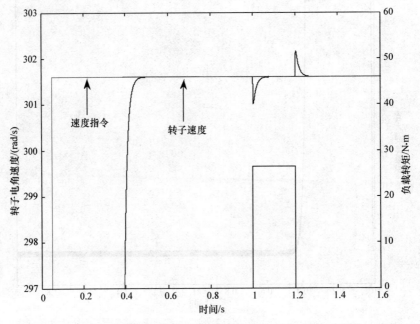

图 5-35　DTC 速度运行模式下加载与卸载时的电动机速度与负载转矩波形

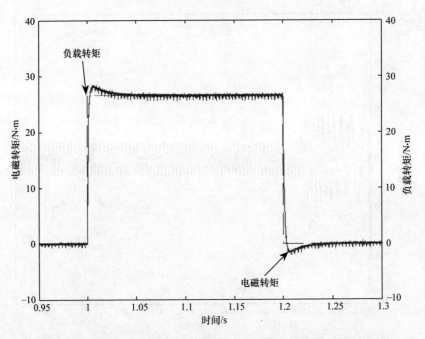

图 5-36　额定负载转矩加载与卸载过程中的电动机电磁转矩的动态波形

当突加负载转矩时，电动机的转速有跌落，然后快速恢复到指令值。稳态误差保持为零。类似的，当负载转矩取消后，转速有上升，然后在很短的时间内恢复到速度指令值。如图 5-36 所示转矩响应波形中可以看出电磁转矩的动态特性。

电动机的转矩不可能发生突变以匹配负载转矩，所以如图 5-35 所示中的速度波形发生了稍许的跌落。然而，电动机转矩迅速增加，控制电动机速度重新达到期望值并稳定下来。类似的，同样的转矩响应也发生在机械负载突然取消时，这一点也解释了图 5-35 中速度的波形。如图 5-37 所示，定子磁链并未受加载与卸载负载转矩的影响。但是，电动机电磁转矩是会受到负载转矩的影响。这也说明了 DTC 对异步电动机转矩与磁链独立控制的能力。

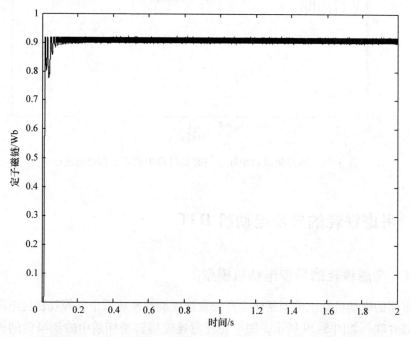

图 5-37　额定负载转矩加载与卸载过程中的定子磁链响应波形

如图 5-38 所示，在电动机加载过程中，定子相电流增加了。然而，在加载与卸载的暂态过程中，并没有检测到过大的电流冲击。这说明，除了电动机起动过程以外，DTC 中异步电动机的电流也受到良好的控制。较大的起动电流问题可通过软启动与 DTC 的结合来解决。

综上所述，本节讨论了具有理想恒定参数动态数学模型的异步电动机在转矩运行模式与速度运行模式下的 DTC 技术，并给出了 MATLAB/Simulink 仿真结果。考虑铁耗的动态数学模型的 DTC 将在下节介绍。

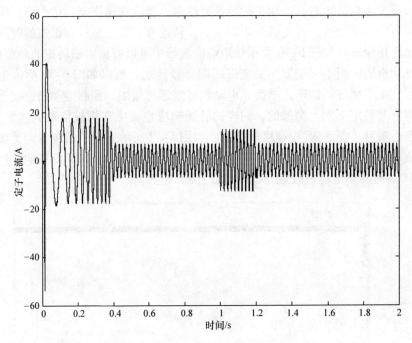

图 5-38   额定负载转矩加载与卸载过程中的定子相电流波形

5.4   考虑铁耗的异步电动机 DTC

5.4.1   考虑铁耗的异步电动机模型

下面的电动机动态模型是建立在任意速度旋转坐标系中，等效铁耗电阻与励磁支路并联，如图 5-39 所示，图中在任意速度旋转坐标系中的新模型的矢量方程[15、16] 如下：

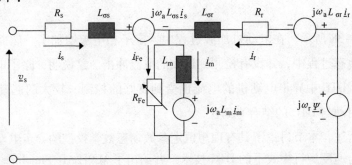

图 5-39   在任意速度旋转坐标系中采用空间矢量形式的考虑铁耗的异步电动机等效电路

$$\underline{v}_s = R_s\,\underline{i}_s + \frac{\mathrm{d}\,\underline{\psi}_s}{\mathrm{d}t} + \mathrm{j}\omega_a\,\underline{\psi}_s$$

$$0 = R_r\,\underline{i}_r + \frac{\mathrm{d}\,\underline{\psi}_r}{\mathrm{d}t} + \mathrm{j}(\omega_a - \omega_r)\underline{\psi}_r \tag{5-21}$$

$$\underline{\psi}_s = L_{\sigma s}\underline{i}_s + L_m\,\underline{i}_m = L_{\sigma s}\underline{i}_s + \underline{\psi}_m$$

$$\underline{\psi}_r = L_{\sigma r}\underline{i}_r + L_m\,\underline{i}_m = L_{\sigma r}\underline{i}_r + \underline{\psi}_m \tag{5-22}$$

$$R_{Fe}\underline{i}_{Fe} = L_m\frac{\mathrm{d}\,\underline{i}_m}{\mathrm{d}t} + \mathrm{j}\omega_a L_m\,\underline{i}_m \tag{5-23}$$

$$\underline{i}_m + \underline{i}_{Fe} = \underline{i}_s + \underline{i}_r \tag{5-24}$$

$$T_e = \frac{3}{2}P\frac{L_m}{L_{\sigma r}}(\psi_{dr}i_{qm} - \psi_{qr}i_{dm}) \tag{5-25}$$

上述电机模型中的等效铁耗电阻的阻值是基频的函数，即 $R_{Fe}=f(f)$，实际上，等效铁耗电阻是磁通与频率的函数。然而，参考文献［17］的实验计算方法已经考虑了磁密的影响。

动态模型仅仅考虑到实际铁耗的基波分量。因为图 5-39 模型中的等效铁耗电阻仅仅对铁耗基波分量进行了建模，等效铁耗电阻的阻值是通过变频、空载实验获得的，其中电压幅值与基波频率成正比例。实验中的电源可以是理想正弦交流电压源（例如同步发电机），也可以是 PWM 电压型逆变器。实验中，都需要对输入电流及功率的基波分量进行测量。在 PWM 电压型逆变器的实际运行中，供电电源中会包含一些较高次的电压谐波。因为系统模型包含了逆变器模型，所以当使用图 5-39 模型应用于异步电动机 DTC 传动系统的动态仿真时，这些谐波遇到的仅仅是基波等效铁耗电阻。这是（式 5-18～式 5-23）模型的本身限制，但应用在矢量控制系统中是没有影响的。在矢量控制传动系统的仿真中，供电电源可以不失一般性地假定为理想正弦电压，所以基波等效铁耗电阻可以满足需求，然而 DTC 系统中并非如此，因为系统研究中必须包含逆变器的模型。因为使用基波铁耗电阻用于高次电压谐波，会带来仿真精度的问题。图 5-39 模型得到的仿真结果中在电动机转矩脉动特征上会有所不同。不幸的是，对此问题尚无更好的解决方法。我们可以使用多个参考坐标系，在这些坐标系中，设计出与图 5-39 中类似的并合适的电路来满足每个电压谐波下的计算需求。谐波等效电路中的等效铁耗电阻阻值可以由参考文献［17］中提出的推广的铁耗辨识流程计算出来。然而，因为 DTC 依赖于滞环控制，逆变器输出电压中的电压谐波分量不可能事先计算出来，而且输出电压频谱是连续的，因此使用多参考系理论也不可能。

为了便于实施动态仿真，静止坐标系中异步电动机的完整仿真模型可以从式 (5-19)～式（5-25）获得如下：

$$v_{\alpha s} = R_s i_{\alpha s} + L_{\sigma s} \frac{di_{\alpha s}}{dt} + L_m \frac{di_{\alpha m}}{dt}$$

$$v_{\beta s} = R_s i_{\beta s} + L_{\sigma s} \frac{di_{\beta s}}{dt} + L_m \frac{di_{\beta m}}{dt} \tag{5-26}$$

$$0 = R_r i_{\alpha r} + L_{\sigma r} \frac{di_{\alpha r}}{dt} + L_m \frac{di_{\alpha m}}{dt} + \omega_r (L_{\sigma r} i_{\beta r} + L_m i_{\beta m})$$

$$0 = R_r i_{\beta r} + L_{\sigma r} \frac{di_{\beta r}}{dt} + L_m \frac{di_{\beta m}}{dt} - \omega_r (L_{\sigma r} i_{\alpha r} + L_m i_{\alpha m}) \tag{5-27}$$

$$i_{\alpha m} + i_{\alpha Fe} = i_{\alpha s} + i_{\alpha r}; i_{\beta m} + i_{\beta Fe} = i_{\beta s} + i_{\beta r} \tag{5-28}$$

$$R_{Fe} i_{\alpha Fe} = L_m \frac{di_{\alpha m}}{dt}; \quad R_{Fe} i_{\beta Fe} = L_m \frac{di_{\beta m}}{dt} \tag{5-29}$$

$$T_e = \frac{3}{2} P \frac{L_m}{L_{\sigma r}} [i_{\beta m} (L_{\sigma r} i_{\alpha r} + L_m i_{\alpha m}) - i_{\alpha m} (L_{\sigma r} i_{\beta r} + L_m i_{\beta m})] \tag{5-30}$$

$$T_e - T_L = \frac{J}{P} \frac{d\omega_r}{dt} \tag{5-31}$$

微分方程的状态变量选为定子电流、转子与励磁电流的 $\alpha - \beta$ 分量以及转子电角速度。通过使用式 (5-27)，消去式 (5-29) 中的铁耗电流分量，最终可以从式 (5-26) ~ 式 (5-31) 得到微分方程的一系列简洁的表达式。

对于一台三相笼型异步电动机，4kW、380V、8.7A、4 极、50Hz，1440r/min，等效铁耗电阻随基波频率的变化关系在式 (5-32) 中给出。采用参考文献 [17] 流程，可采用实验方法确定基波铁耗分量。实验中的频率变化范围从 10 ~ 100Hz，本章中与电动机分析和仿真角度出发，电动机的基速对应了 50Hz。知道基波铁耗分量与基波频率的函数关系后，图 5-39 中的等效铁耗电阻就可以计算出来。图 5-40a 给出了基波铁耗分量的测量结果，图 5-40b 给出了相应的等效铁耗电阻。图 5-39 电路中所需的等效铁耗电阻的合理近似解析解也绘制在图 5-40b 中。图 5-40a 中绘出了基波铁耗的近似解析的分析结果，将会在后面用来进行补偿。采用最小方差拟合得到的解析函数如下式所示，它们显示了基波铁耗与基波频率的关系。

$$P_{Re}(W) = \begin{cases} 0.00003808f^4 - 0.004585f^3 + 0.183f^2 + 1.0254f - 0.2784, f \leqslant 50Hz \\ 0.00002087f^4 - 0.0073f^3 + 0.9658f^2 - 57.684f + 1468.3, f > 50Hz \end{cases}$$

$$R_{Fe}(\Omega) = \begin{cases} 128.92 + 8.242f + 0.0788f^2 & f \leqslant 50Hz \\ 1841 - 55275/f & f > 50Hz \end{cases} \tag{5-32}$$

5.4.2 考虑铁耗影响的转矩控制与速度控制 MATLAB/Simulink 仿真

1. 考虑铁耗的电机动态模型

本节对考虑铁耗的动态模型基础上建立 MATLAB/Simulink 新仿真模型。采

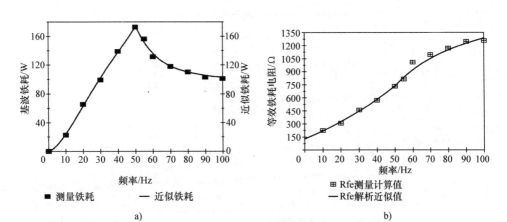

a)　　　　　　　　　　b)

图 5-40　基波铁耗分量

a）铁耗测量计算值与近似计算值　b）实验数据及对应的铁耗电阻测量计算值与解析近似数值

用这个新的仿真模型替代 DTC 转矩运行与速度运行模式仿真中的理想电机模型。图 5-41 给出了这个考虑铁耗的异步电动机的新模型用于 DTC 转矩运行模式的 MATLAB/Simulink 程序，图 5-42 给出了该电机模型的内部模块。

图 5-42 中的 "Induction Motor Dynamic Model" 模块的细节在图 5-43 中给出，各微分方程的细节显示在图 5-44～图 5-46 中。

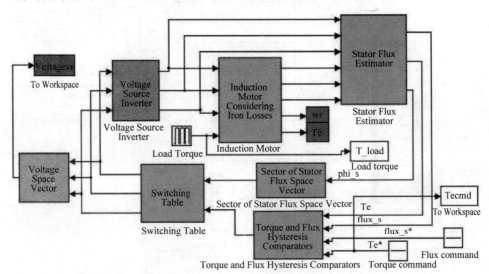

图 5-41　考虑铁耗的异步电动机仿真模型

前面各图微分方程中的变量是定子电流、转子电流、气隙磁链的各分量及转子速度。图 5-43 中模块的内部结构如图 5-47 所示。定子基波频率从定子磁链分

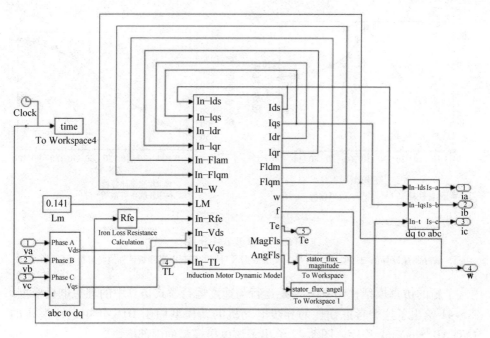

图 5-42　考虑铁耗的异步电动机的模型图

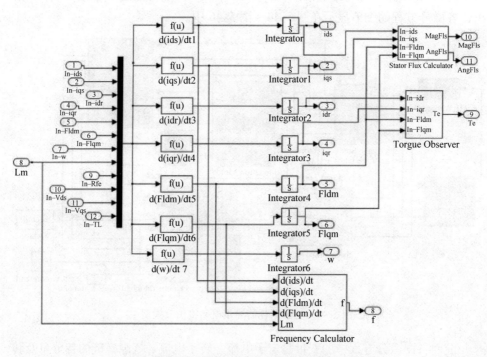

图 5-43　考虑铁耗的电机模型的微分方程仿真模型

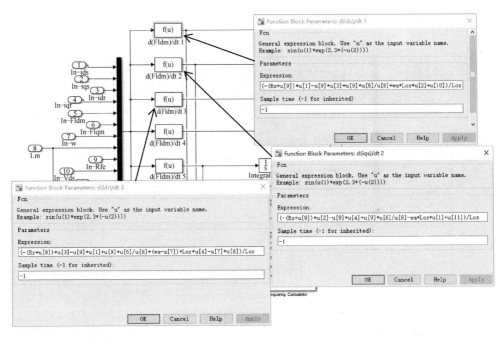

图 5-44　"d $(i_{ds})/dt$" "d $(i_{qs})/dt$" "d $(i_{dr})/dt$" 模块的表达式

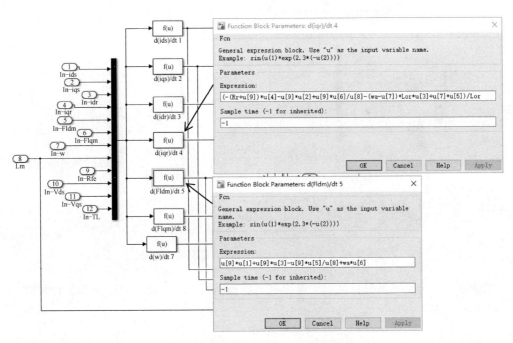

图 5-45　"d $(i_{qr})/dt$" "d $(Fldm)/dt$" 模块的表达式

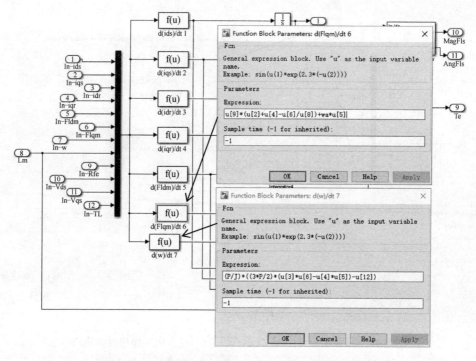

图 5-46　"d（Flqm）/dt""d（w）/dt"模块的表达式

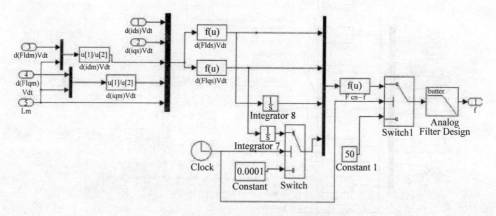

图 5-47　"Frequency Calculator"模块的结构图

量计算出。定子磁链分量从定子电流与气隙磁链分量计算出。定子频率的计算式
如下：

$$f = \frac{1}{2\pi} \frac{\psi_{\alpha s} \mathrm{d}\psi_{\beta s}/\mathrm{d}t - \psi_{\beta s} \mathrm{d}\psi_{\alpha s}/\mathrm{d}t}{\psi_{\alpha s}^2 + \psi_{\beta s}^2} \tag{5-33}$$

在仿真程序开始运行时，式（5-33）的分母数值很小，为避免出现（NaN）

错误（NaN：不是一个数），在仿真的最初一段时间内，人为地将一些变量的值保持为常数。在这个阶段，定子频率也就保持为 50Hz 不变。由于仿真步长较小，该常数值并不会影响仿真处理的结果。计算出的频率需经过一个巴特沃斯低通滤波器之后用于计算铁耗等效电阻。

图 5-48 给出了式（5-33）中使用的定子磁链分量微分的计算公式，图 5-49 中给出了式（5-33）的实现方法。巴特沃斯低通滤波器的参数也显示在图 5-49 中。

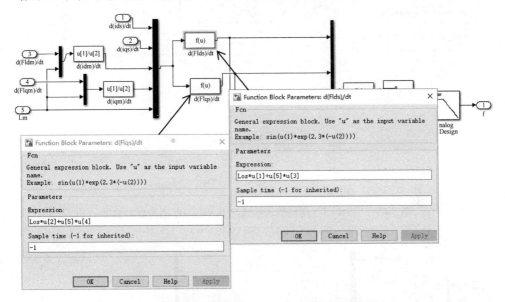

图 5-48　定子磁链 α、β 分量微分的表达式

各开关的动作选择时间设为 5μs，如图 5-50 所示。

图 5-51 给出了图 5-43 中的模块图与表达式，图 5-52 给出了图 5-43 中电磁转矩估算的模块图与表达式。

2. 转矩运行模式中考虑铁耗的 DTC 系统仿真

考虑到铁耗以后，转矩运行模式下 DTC 系统仿真得到的转矩响应波形如图 5-53 所示。转矩指令与 5.3 节仿真中的指令值保持一致（26.5N·m）。类似的，定子磁链幅值仍保持为 0.9084，异步电动机也仍是同一台电动机，仅仅只是把恒定参数、不考虑铁耗的动态模型替换为考虑铁耗（其值由定子基波频率决定）的动态模型。

从图 5-53 中可以看出，由于考虑铁耗，电动机的电磁转矩不能达到指令值，而在理想电机模型中却可以达到。因此，电动机产生的实际转矩比理想电机模型的输出能力下降一些。电磁转矩的不足会导致转速响应的不准确，如图 5-54 所示。理想电动机的速度响应可以达到额定速度，因为存在着如前所述的转矩损

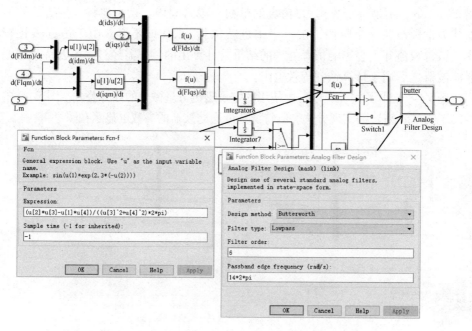

图 5-49　"Fcn – f"模块的表达式与 Butterworth 滤波器的参数

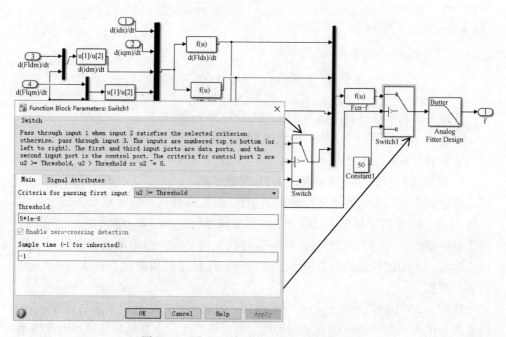

图 5-50　图 5-47 中"Switch1"的阈值选择

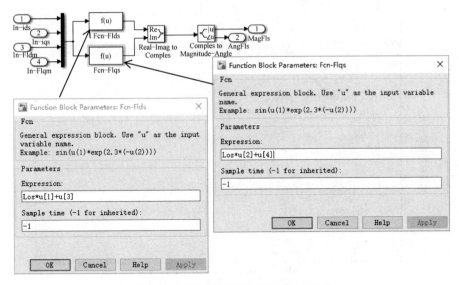

图 5-51　定子磁链计算的框图与表达式

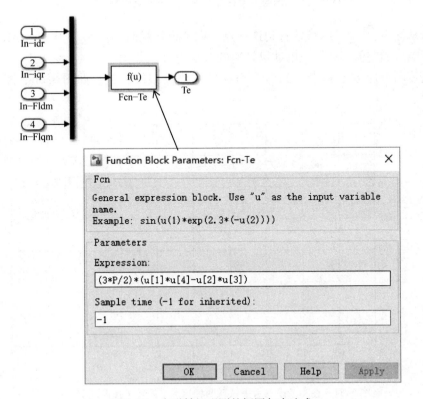

图 5-52　电磁转矩观测的框图与表达式

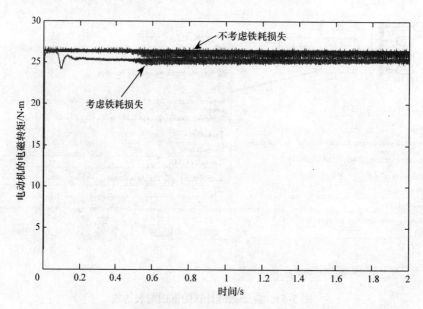

图 5-53　在不考虑与考虑铁耗两种情况下的电磁转矩响应波形

失，从图 5-55 中可以清楚看到这一点。在考虑铁耗时，图 5-55 中稳态情况下，转矩响应的差值，会导致电动机转速的较快下降，如图 5-54 所示。定子磁链与相电流的响应波形并未受到考虑铁耗的电机模型的影响，如图 5-56、图 5-57 所示。

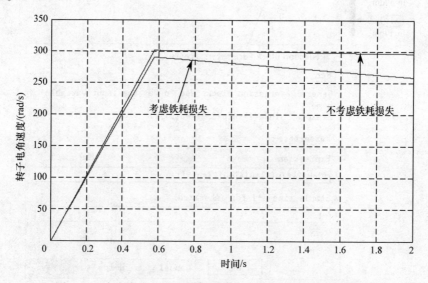

图 5-54　在不考虑与考虑铁耗两种情况下的转子速度响应波形

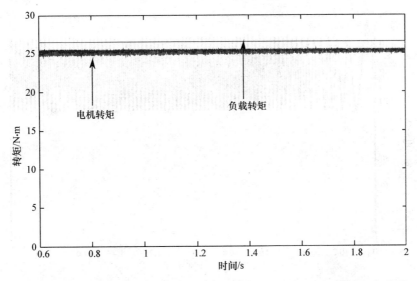

图 5-55 考虑铁耗的稳态情况下，异步电动机的负载转矩与电磁转矩波形图

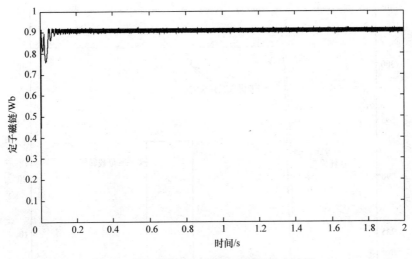

图 5-56 考虑铁耗时的定子磁链响应波形

3. 速度运行模式中考虑铁耗的 DTC 系统仿真

在 5.3.4 中速度运行模式 DTC 的 MATLAB/Simulink 仿真程序中的理想恒定参数电机模型被考虑铁耗的电机模型（见 5.4.2 中）替代。PID 速度控制器的参数也被调整以便得到较好的转速响应。图 5-58 给出了起动、加载与卸载过程中的转速响应。

在考虑铁耗后，速度响应比使用理想恒定参数电机模型传动系统的响应慢一些。这是因为输出功率因铁耗而减少一点，电动机实际输出的电磁转矩相应会降

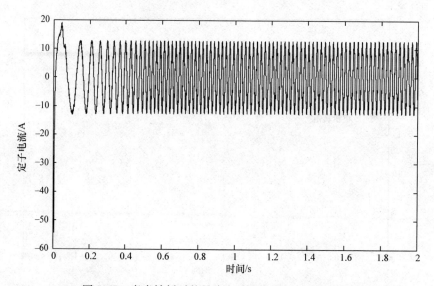

图 5-57　考虑铁耗时的异步电动机定子相电流波形图

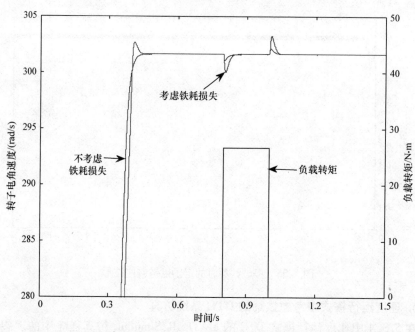

图 5-58　考虑铁耗电机模型在速度运行模式下 DTC 中的速度响应波形

低一些。然而，速度的稳态响应是可以接受的。电动机的转速也达到了给定值。

　　当负载转矩瞬时突加后，考虑铁耗的系统仿真的转速跌落的更多。因此考虑铁耗的传动系统速度的恢复时间略长一些。不考虑与考虑铁耗两种情况下的速度响应的稳态误差是相同的，并且转子速度都可以达到指令值。当负载转矩瞬时取消后，是否考虑铁耗两种情况下的系统仿真表明，转速的响应也会存在上述类似情况。

当负载转矩分别施加到电动机与从电动机取消时，电动机的电磁转矩响应波形如图 5-59、图 5-60 所示。两图都给出了忽略与考虑电动机铁耗时的转矩响应波形。在如图 5-59 所示中，与不考虑铁耗相比，考虑电动机铁耗时的转矩在稳态时有更大一些的脉动和更长一些的响应时间。当负载转矩取消时，也同样可看到类似的一些不足。通常情况下，DTC 对异步电动机速度控制的性能不会受到铁耗存在的严重影响。速度的暂态响应受到转矩响应能力不足的影响。对于转矩不足的现象，建议可采用简单的补偿方案。为在暂态过程中提供更加准确的转矩响应，需要采用更加复杂的补偿方案。然而，该方案需要控制系统具备更加强大的计算能力。下一节将讨论一种简单的转矩补偿方案。

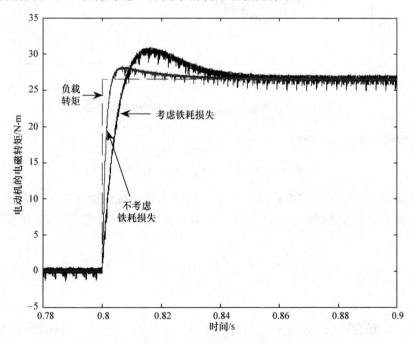

图 5-59　施加负载时电动机电磁转矩的响应波形

5.4.3　补偿铁耗的改进型 DTC 方案

已经表明，铁耗仅仅影响电动机电磁转矩响应的性能。考虑铁耗时的定子磁链响应并未变化。因此，这里仅讨论铁耗的补偿。式 (5-19) 用来对 DTC 的异步电动机转矩进行估算，它是基于理想的电机模型，因此不能考虑铁耗的存在导致的功率损失，估算的电动机转矩值较实际值更高一些。参考文献 [18] 给出

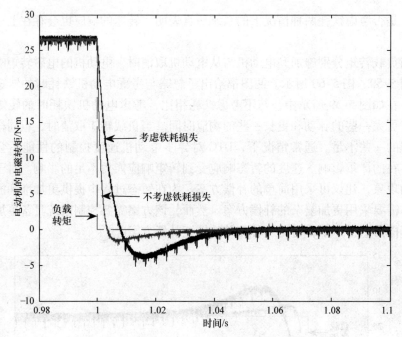

图 5-60 取消负载时电动机电磁转矩的响应波形

了降低的估算转矩值，如下：

$$T'_e = \frac{3}{2}P(\psi_{\alpha s}i_{\beta s} - \psi_{\beta s}i_{\alpha s}) - \Delta T_{Fe} \tag{5-34}$$

电动机输出的机械功率在理论上等于 $T_e\omega_m$，而实际的输出功率为 $T'_e\omega_m$[18]，ω_m 是转子旋转的机械角速度，式（5-34）中的转矩补偿量 ΔT_{Fe} 可从下式得出[18]：

$$T_e\omega_m = T'_e\omega_m + P_{Fe} \quad \Delta T_{Fe} = P_{Fe}/\omega_m \tag{5-35}$$
$$P_{Fe} = \Delta T_{Fe}\omega_m$$

P_{Fe} 表示铁耗的基波分量，式（5-34）在电动机处于制动与电动状态时都是成立的。铁耗会降低电动运行时的输出转矩，但在制动时，电动机的转矩数值却高于式（5-19）的计算值。

式（5-32）中的铁耗是定子频率的函数，然而在 DTC 方案中，定子频率一般都无法获得。转子的电角速度用来近似计算铁耗。定子角速度与转子电角速度之间的差值是很小的转差频率。转子速度通常可以测量或估算出。至此，转矩补偿量可用下式[19]计算出：

$$\Delta T_{Fe} = \frac{P_{Fe}(f)}{\omega_m} \quad or \quad \Delta T_{Fe} = \frac{P_{Fe}(P\omega_m/2\pi)}{\omega_m} \tag{5-36}$$

从实验获得的铁耗基波分量通常几乎是与定子频率呈线性关系[20~22]。从

图 5-40 中看出，对于本章考虑的电动机而言，在 0 ~ 50Hz 的频率范围内，基波铁耗与频率的关系几乎是线性的。在基速以下区域，按照与频率的线性关系，可以将电机铁耗近似处理，参考文献 [19] 提出了一种简单的对铁耗进行恒定补偿的方法。

$$\Delta T_e = \frac{P_{Fen}}{P_n} T_{en} = \text{const} \tag{5-37}$$

在 50Hz 时，电动机铁耗基波分量为 173.4W，而电动机额定功率与转矩分别为 4kW 和 26.5N·m，恒定的转矩补偿量为 1.15N·m。

对于转矩运行模式下采用铁耗的恒定量补偿方法后，DTC 系统的仿真结果如图 5-61、图 5-62 所示。提出的改进方案对铁耗引起的功率损耗进行了稍微地过补偿。带有铁耗补偿的速度响应甚至比没有考虑铁耗的情况更好一些，如图 5-61 所示。电动机转矩的过补偿情况如图 5-62 所示中可以清楚地看出，特别是在电动机的起动过程中。这是因为在低速区域中，实际的铁耗与定子频率几乎是线性关系，因此在起动时，实际铁耗比补偿值要小很多。

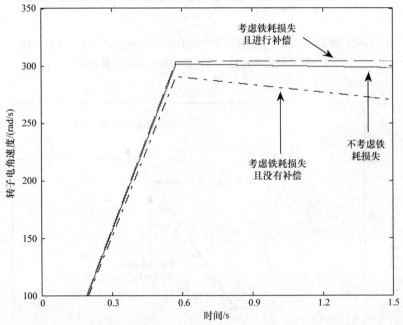

图 5-61　转矩运行模式下三种情况中的 DTC 转子速度响应波形
（不考虑铁耗、考虑铁耗但没有补偿、考虑铁耗并采用恒定量补偿）

图 5-63、图 5-64 给出了速度运行模式中，考虑了电动机铁耗恒定量补偿的 DTC 系统仿真结果。在图 5-63 电机起动过程中，补偿铁耗后的速度响应时间比理想电机模型的响应时间略长。前者的速度超调量也较后者略高一些。然而，当考虑到铁耗后，是否进行补偿的系统明显存在一些差异。

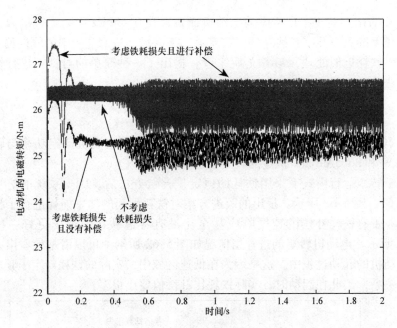

图 5-62　转矩运行模式下三种情况中的 DTC 转矩响应波形（不考虑铁耗、
考虑铁耗但没有补偿、考虑铁耗并采用恒定量补偿）

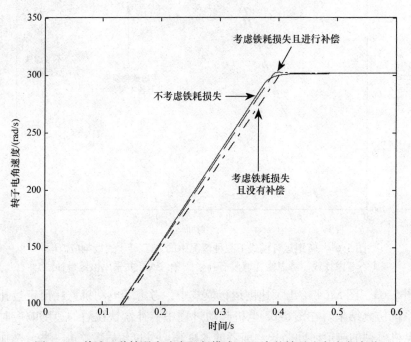

图 5-63　前述三种情况在速度运行模式 DTC 中的转子速度响应波形

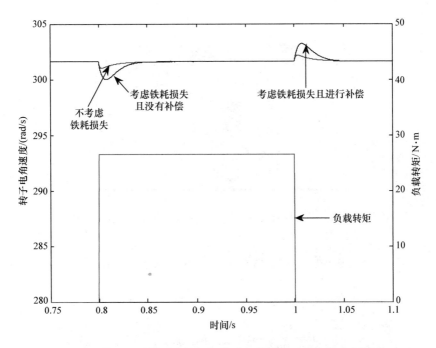

图 5-64　前述三种情况在施加与取消负载转矩时的速度响应波形

当负载转矩瞬时突加与突然卸载时，铁耗的补偿并不能提高速度的响应，如图 5-64 所示。在考虑铁耗时，不论是否对其进行补偿，速度响应都是很相似的。

综上所述，本节讨论了异步电动机的 DTC 控制中对铁耗的考虑。在转矩与速度运行模式下，都给出了考虑铁耗影响的 DTC 性能的仿真结果，并对结果进行了分析。在分析中，讨论了铁耗的补偿方法，也给出最简单补偿的仿真结果。本章下一节将讨论 DTC 中对铁耗与磁路饱和的同时考虑。

5.5　考虑铁耗与磁饱和的异步电动机 DTC

5.5.1　考虑铁耗与磁饱和的异步电动机模型

图 5-65 给出了考虑铁耗与磁场饱和时感应电动机在任意电角速度 ω_a 旋转坐标系中的空间矢量等效电路。

参考文献 [23] 给出了电机模型的微分方程

$$v_{\alpha s} = R_s i_{\alpha s} + L_{\sigma s} \frac{di_{\alpha s}}{dt} + \frac{d\psi_{\alpha m}}{dt}$$

$$v_{\beta s} = R_s i_{\beta s} + L_{\sigma s} \frac{di_{\beta s}}{dt} + \frac{d\psi_{\beta m}}{dt} \tag{5-38}$$

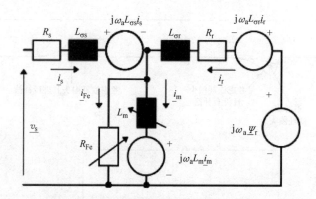

图 5-65　在任意速度旋转坐标系中异步电动机的空间矢量等效电路

$$0 = R_r i_{\alpha r} + L_{\sigma r} \frac{di_{\alpha r}}{dt} + \frac{d\psi_{\alpha m}}{dt} + \omega(L_{\sigma r} i_{\beta r} + \psi_{\beta m})$$

$$0 = R_r i_{\beta r} + L_{\sigma r} \frac{di_{\beta r}}{dt} + \frac{d\psi_{\beta m}}{dt} + \omega(L_{\sigma r} i_{\alpha r} + \psi_{\alpha m}) \tag{5-39}$$

$$0 = \frac{d\psi_{\alpha m}}{dt} - R_{Fe} i_{\alpha s} - R_{Fe} i_{\alpha r} + \frac{R_{Fe}}{L_m}\psi_{\alpha m}$$

$$0 = \frac{d\psi_{\beta m}}{dt} - R_{Fe} i_{\beta s} - R_{Fe} i_{\beta r} + \frac{R_{Fe}}{L_m}\psi_{\beta m} \tag{5-40}$$

$$\psi_{\alpha s} = L_{\sigma s} i_{\alpha s} + L_m i_{\alpha m}$$

$$\psi_{\beta s} = L_{\sigma s} i_{\beta s} + L_m i_{\beta m}$$

$$\psi_{\alpha r} = L_{\sigma r} i_{\alpha r} + L_m i_{\alpha m}$$

$$\psi_{\beta r} = L_{\sigma r} i_{\beta r} + L_m i_{\beta m} \tag{5-41}$$

$$\frac{d\omega}{dt} = \frac{P}{J}\left[\frac{3}{2}P(i_{\alpha r}\psi_{\beta m} - i_{\beta r}\psi_{\beta m}) - T_L\right] \tag{5-42}$$

$$T_e = \frac{3}{2}P(i_{\alpha r}\psi_{\beta m} - i_{\beta r}\psi_{\alpha m}) \tag{5-43}$$

参考文献 [23] 给出了作为定子频率函数的等效铁耗电阻,

$$R_{Fe} = \begin{cases} 128.92 + 8.242f + 0.0788f^2 & (\Omega), f \leqslant 50Hz \\ 1841 - 55272/f & (\Omega), f \geqslant 50Hz \end{cases} \tag{5-44}$$

等效励磁电感当作是主磁通的非线性函数,

$$L_m = f(\psi_m); \text{其中} L_m = \frac{\psi_m}{i_m} \tag{5-45}$$

参考文献 [23] 中给出了励磁曲线的近似表达式（rms 有效值）,如下

$$\psi_m = \begin{cases} 0.1964285 i_m & , i_m < 2.2A \\ 0.8374 + 0.0067 i_m - 0.924/i_m & , i_m > 2.2A \end{cases} \tag{5-46}$$

s、r 的下角标分别表示定子、转子参数与变量，σ 表示漏电感，m 表示与励磁磁通、励磁电流和电感相关的参数与变量，P 是电机极对数，J 是系统转动惯量常数，ω 是转子的电角速度。

5.5.2　考虑铁耗与磁饱和影响的转矩控制与速度控制 MATLAB/Simulink 仿真

1. 转矩运行模式下铁耗与磁场饱和的影响

图 5-66 给出了转矩运行模式下，采用 DTC 的传动系统的 MATLAB/Simulink 仿真程序，其中的电机模型考虑到铁耗与磁场饱和，代替了以往的恒定参数的异步电动机模型。

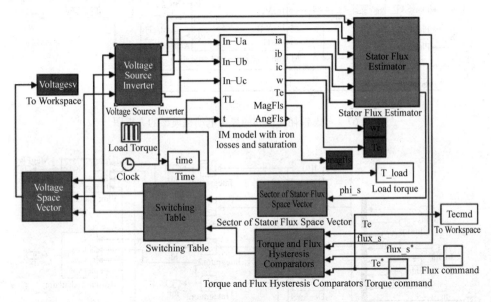

图 5-66　考虑铁耗和磁场饱和的异步电动机 DTC 仿真

DTC 系统仿真模型中的其他子系统和图 5-11 和图 5-41 中的相同，图 5-66 中的 "IM model with iron losses and saturation" 模块内部结构如图 5-67 所示。在图 5-67 中，除了坐标系变换的模块外，还有计算瞬时励磁电感值与等效铁耗电阻的模块，模块内部的异步电动机动态模型的微分方程如图 5-68 所示。

各微分方程模块的表达式细节如图 5-69 ~ 图 5-71 所示。

图 5-68 中 Frequency Calculator 模块内部如图 5-72 ~ 图 5-74 所示。

图 5-68 中定子磁链与转矩计算的模块内部结构如图 5-75、图 5-76 所示。

励磁电感的瞬时值可由式 5-45、式 5-46 推导出，其计算过程的建模如图 5-77、图 5-78 所示。铁耗等效电阻随频率而变化，该瞬时电阻的计算过程的

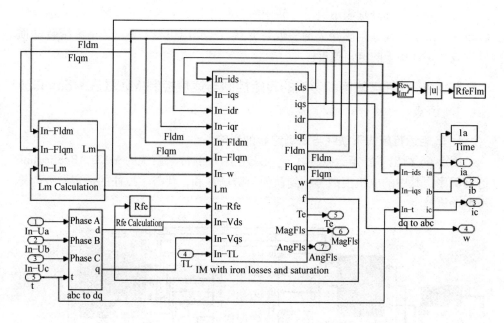

图 5-67　考虑铁耗与饱和的异步电动机模型的方框图

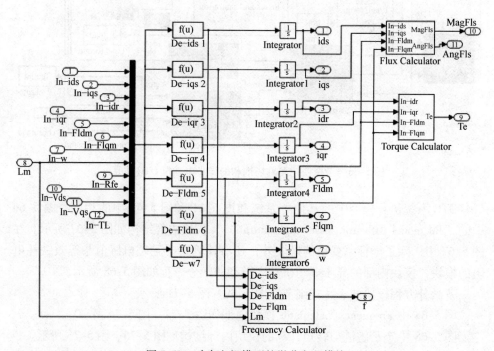

图 5-68　动态电机模型的微分方程模块

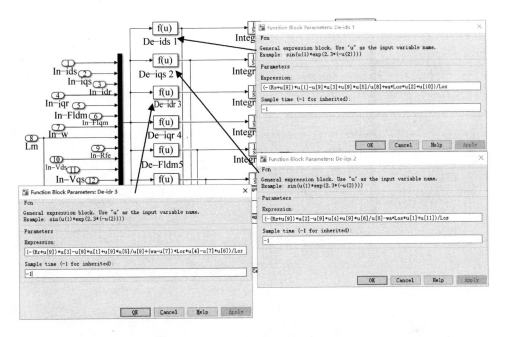

图 5-69　i_{ds}、i_{dr}、i_{dr} 微分方程的表达式

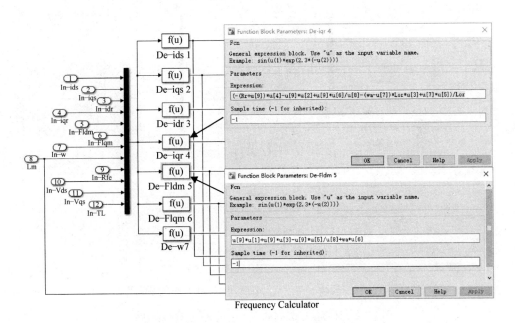

Frequency Calculator

图 5-70　i_{qr}、Ψ_{dm} 微分方程的表达式

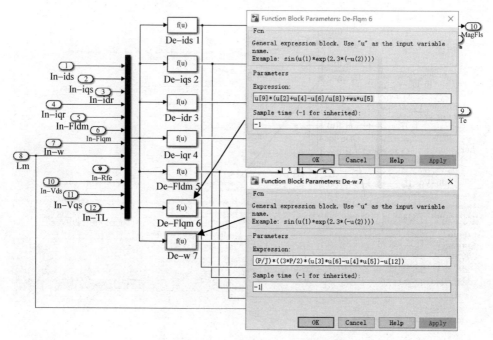

图 5-71 Ψ_{dqm}、ω 微分方程的表达式

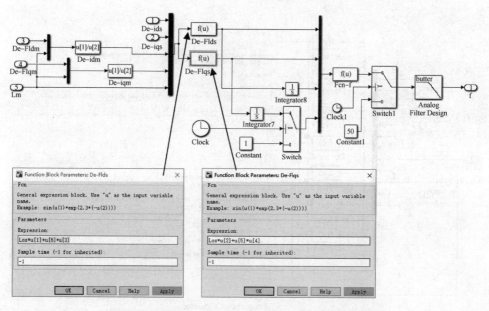

图 5-72 计算定子频率的定子磁链 dq 分量的表达式

建模如图 5-79 所示，考虑铁耗与磁场饱和的异步电动机参数如图 5-80 所示。

考虑铁耗及磁场饱和以后，按照转矩与磁链的额定值作为指令值，进行了

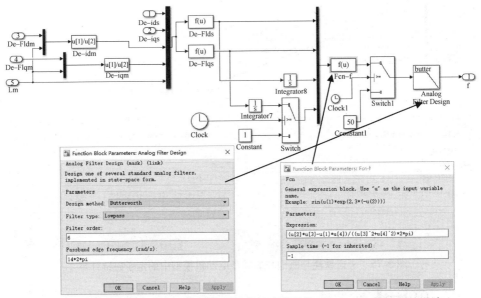

图 5-73　频率计算表达式与获得定子频率基波分量的 Butterworth 滤波器的设计

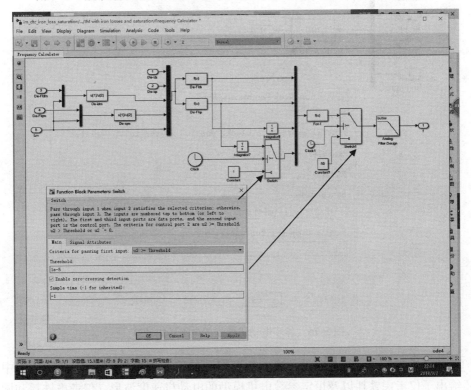

图 5-74　图 5-72 中 "Switch" 模块的设计

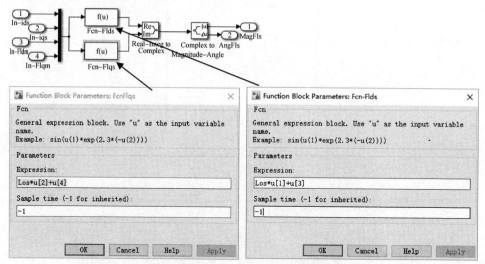

图 5-75　考虑铁耗与磁饱和的异步电动机模型中的定子磁链计算

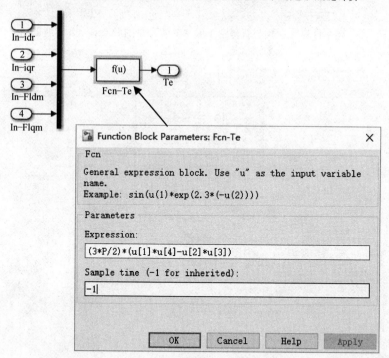

图 5-76　异步电动机模型的电磁转矩计算

DTC 的转矩控制与磁链控制的仿真。仿真得到的速度波形如图 5-81 所示，图中还给出了仅考虑铁耗以及恒定参数电机模型的电动机速度波形。仅考虑铁耗和同时考虑铁耗与磁场饱和的转速响应波形几乎完全相同。加入额定负载后，由于转

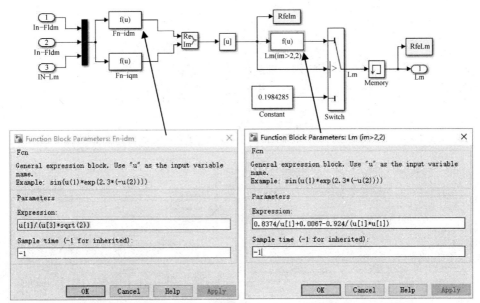

图 5-77 计算励磁电感瞬时值时的 i_{dm} 与 L_m 表达式（$i_{dm} > 2.2\text{A}$）

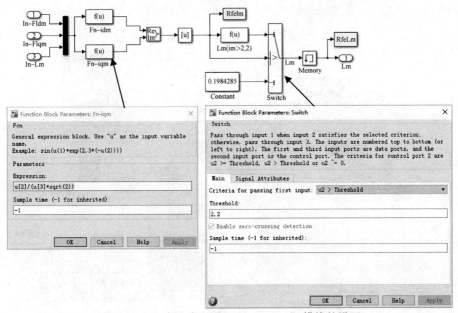

图 5-78 i_{qm} 表达式和图 5-77 "Switch" 模块的设置

矩脉动较高，导致了电动机电磁转矩平均值的下降，最终导致了电动机转速的下降。磁场饱和并不会影响这个运行区域中的速度响应。

图 5-82 给出了转矩响应波形，再次看出，考虑磁场饱和现象并不会显著改变转矩响应。

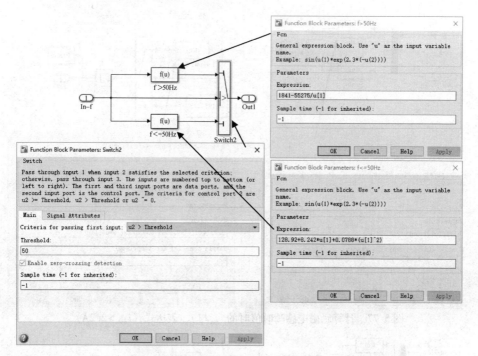

图 5-79　与频率相关的铁耗等效电阻的计算

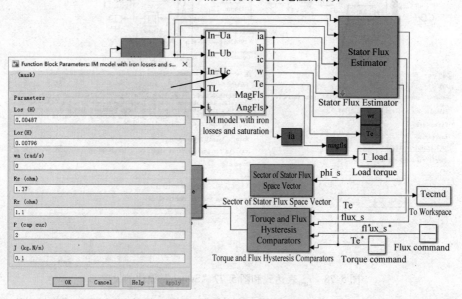

图 5-80　异步电动机的参数值

图 5-83 给出了稳态情况下，负载转矩与电动机实际转矩之间的差异，其差值导致了电动机速度的下降。

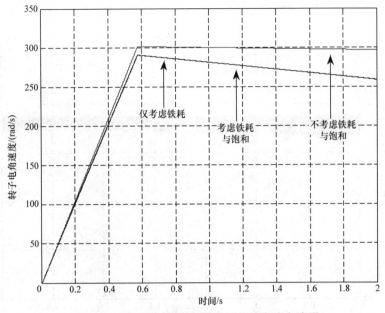

图 5-81　DTC 在转矩运行模式下的速度响应波形

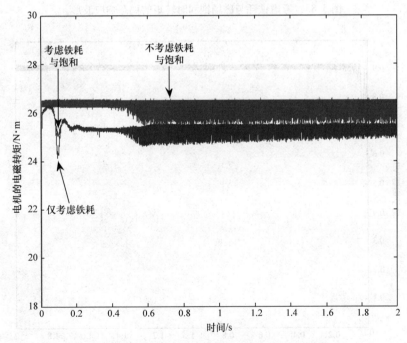

图 5-82　DTC 在转矩运行模式下的转矩响应波形

图 5-84、图 5-85 给出了磁链与定子电流响应波形，考虑磁场饱和与铁耗并没有对它们有显著的影响。

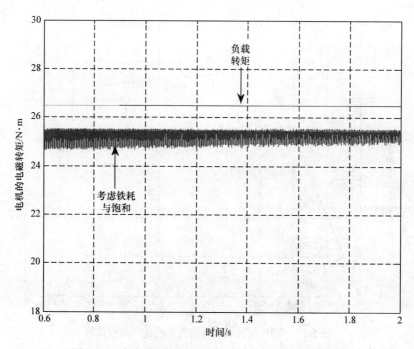

图 5-83　考虑铁耗与磁场饱和时转矩的稳态响应波形

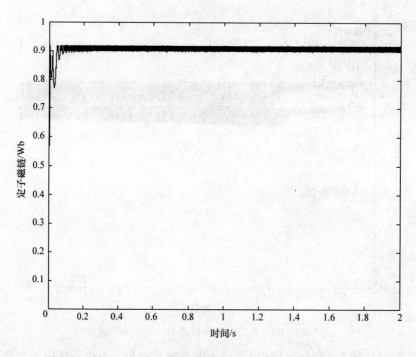

图 5-84　转矩运行模式下考虑铁耗与磁场饱和时的磁链响应波形

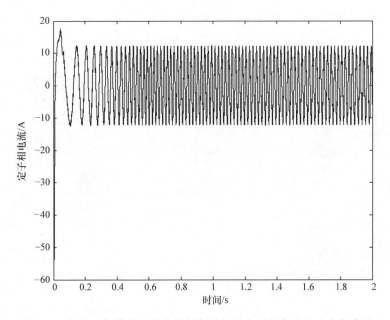

图 5-85　转矩运行模式下考虑铁耗与磁场饱和时的定子电流响应波形

2. 速度运行模式下铁耗与磁场饱和的影响

速度运行模式下的 DTC 仿真程序与 5.3.4 节中大体相同，仅仅是将其中异步电动机模块替换成考虑铁耗与磁场饱和的模型。图 5-86 和图 5-87 分别给出了

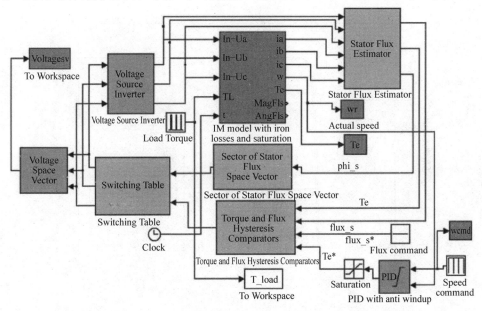

图 5-86　考虑铁耗与磁场饱和时速度运行模式下的 DTC 仿真

仿真程序的原理图和 PID 控制器的参数。图 5-88 给出了电动机加速过程中的速度波形，同时还给出了理想电机模型的速度响应。图 5-89 给出了在额定负载突加与卸载下，考虑铁耗与磁场饱和时电动机的转矩响应。

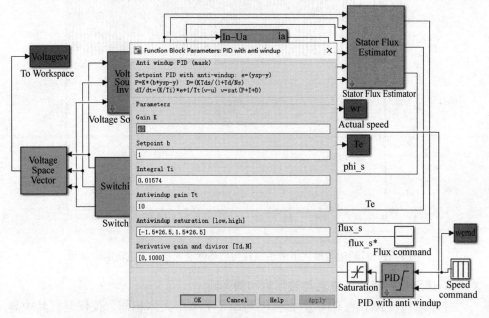

图 5-87 在速度运行模式下 PID 控制器的参数

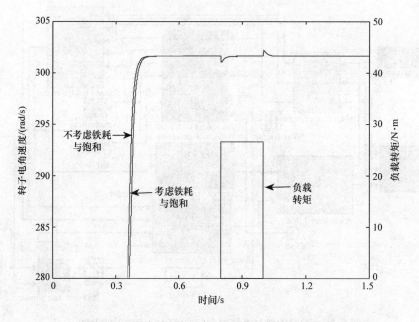

图 5-88 考虑铁耗与磁场饱和时的速度响应波形

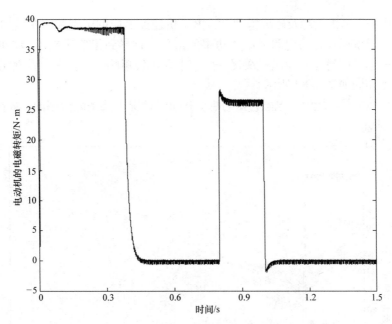

图 5-89 加速、加载与卸载过程中的转矩响应波形

在额定负载加载和卸载中，电机电磁转矩的响应分别显示如图 5-90、图 5-91 所示，为方便对比，图中还给出了采用理想恒定参数电机模型的电磁转矩仿真波形。

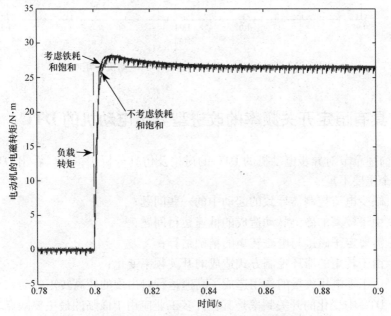

图 5-90 施加额定负载转矩下的电动机转矩响应波形

考虑与不考虑铁耗及磁场饱和时，电动机速度响应的区别并不明显如图 5-88 所示，由于铁耗及磁路饱和造成了功率的损失，这导致了实际电磁转矩的减少，从而使得速度的暂态响应略微缓慢一些。电动机转矩响应与仅考虑铁耗时的转矩响应大体相同如图 5-89 所示。

在突加负载转矩时，电磁转矩的响应在所有情况下几乎完全相同，如图 5-90、图 5-91 所示。

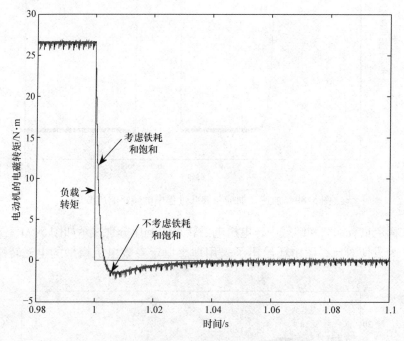

图 5-91　取消额定负载转矩过程中的电动机转矩响应

5.6　具有恒定开关频率的改进型异步电动机的 DTC

从前述章节对异步电动机的 DTC 的讨论及仿真分析中，可以看出 DTC 具有下述几个主要不足[7]：

1）缺少电流控制器导致的起动中的一些问题；

2）由于较高的磁链脉动造成的低速运行问题；

3）需要定子磁链与电磁转矩的精确估算；

4）由于转矩的滞环控制方式造成的开关频率变化；

5）由于零电压矢量的作用造成了高速运行时出现的较高转矩脉动。

6）DTC 中变化的开关频率是其在许多工业应用中面临的最主要缺点之一。

为了使 DTC 具有恒定的开关频率，许多改进措施被提出。例如采用 SVPWM

的 DTC，采用无差拍控制 DTC，开关模式被直接计算出来以实现恒定开关周期[24]；采用预测控制 DTC，根据瞬时转矩变化方程[9]计算出一个开关周期内的转矩脉动 RMS 方程，在此基础上，计算出在每一个循环周期内的最优开关时刻；为减少磁链与转矩误差，带有模糊控制器的直接自控制（Direct Self Control）选择出合适的开关状态，该方案同时仍可获得快的转矩响应，并维持开关频率的恒定[25]。然而，这些改进方法都会导致控制系统的内部结构更加复杂，所以它们比传统 DTC 需要更强大的计算能力。

DTC 的概念日以扩展，还被提出新的控制方法——称为定子磁链矢量控制，它不使用电流控制器，但可以提供快速的转矩响应和恒定的开关频率[26]。这种新的概念是通过采用定子磁链角速度的变化实现转矩控制；以前馈的方式实现定子磁链控制以获得恒定的转子磁链幅值。新的控制方法还提高了控制对异步电动机参数的敏感性，甚至是低速区域下运行的稳定性[26]。

两电平和三电平逆变器的 SVPWM 控制可以使 DTC 获得恒定的开关频率，已被提出应用于电动车辆牵引中[27]。进而，恒定频率转矩控制器被用来实现恒定的开关频率，同时可以减少转矩的纹波，尤其是 DTC 系统采用低速处理器实现时，后者只有较低的采样频率。

5.7　正弦永磁同步电动机（SPMSM）的 DTC

5.7.1　简介

永磁同步电动机，基于反电势波形可划分为正弦波或梯形波。SPMSM（Sinusoidal Permanent Magnet Synchronous Motors，正弦永磁同步电动机）是具有正弦波形的反电势，BLDCM（Brushless DC Machines，无刷直流电动机）具有梯形波的反电势[29]。本节讨论的是 SPMSM 的 DTC，它具有正弦波分布的气隙磁通。SPMSM 具有表面磁体的结构。磁体放置于转子叠片外围的沟槽中，用以在气隙中产生较高的磁密，同时具有均匀的圆柱形表面，为转子提供较好的机械牢固性。SPMSM 的动态模型的数学方程在下节介绍。

5.7.2　SPMSM 的数学模型

SPMSM 的数学模型见式（5-47）~ 式（5-52），该模型是基于转子磁链定向坐标系的。转子旋转速度、转子磁链空间矢量旋转速度是相同的。对同步电动机而言，它们等于参考坐标系旋转速度 $\omega_a = \omega_r = \omega$。

$$v_{ds} = R_s i_{ds} + \frac{d\psi_{ds}}{dt} - \omega_r \psi_{qs}$$

$$v_{qs} = R_s i_{qs} + \frac{d\psi_{qs}}{dt} + \omega_r \psi_{ds} \tag{5-47}$$

$$v_f = R_f i_f + \frac{d\psi_f}{dt} \tag{5-48}$$

$$T_e - T_L = \frac{J}{P} \frac{d\omega_r}{dt} \tag{5-49}$$

$$\psi_{ds} = L_s i_{ds} + L_m i_f$$
$$\psi_{qs} = L_s i_{qs} \tag{5-50}$$

$$\psi_f = L_f i_f + L_m i_{ds} \tag{5-51}$$

$$T_e = \frac{3}{2} P (\psi_{ds} i_{qs} - \psi_{qs} i_{ds}) \tag{5-52}$$

定子电压、定子电流的坐标变换式见式（5-53）~式（5-55），其中 θ 是转子的瞬时角度。

$$v_{ds} = \frac{2}{3} \left[v_a \cos\theta + v_b \cos\left(\theta - \frac{2\pi}{3}\right) + v_c \cos\left(\theta - \frac{4\pi}{3}\right) \right]$$

$$v_{qs} = -\frac{2}{3} \left[v_a \sin\theta + v_b \sin\left(\theta - \frac{2\pi}{3}\right) + v_c \cos\left(\theta - \frac{4\pi}{3}\right) \right] \tag{5-53}$$

$$i_a = i_{ds} \cos\theta - i_{qs} \sin\theta$$

$$i_b = i_{ds} \cos\left(\theta - \frac{2\pi}{3}\right) - i_{qs} \sin\left(\theta - \frac{2\pi}{3}\right) \tag{5-54}$$

$$i_c = i_{ds} \cos\left(\theta - \frac{4\pi}{3}\right) - i_{qs} \sin\left(\theta - \frac{4\pi}{3}\right)$$

$$\theta = \int_0^t \omega_r(\tau) d\tau + \theta(0) \tag{5-55}$$

当同步电动机的转子是永磁体时，永磁体产生的励磁磁链可以用一个虚拟的励磁电流[30]表示为：

$$\psi_m = L_m i_f \tag{5-56}$$

将式（5-56）带入到式（5-47）~式（5-52）中，可以改写为

$$v_{ds} = R_s i_{ds} + \frac{d\psi_{ds}}{dt} - \omega_a \psi_{qs}$$

$$v_{qs} = R_s i_{qs} + \frac{d\psi_{qs}}{dt} + \omega_a \psi_{ds} \tag{5-57}$$

$$\psi_{ds} = L_s i_{ds} + \psi_m$$
$$\psi_{qs} = L_s i_{qs} \tag{5-58}$$

$$T_e - T_L = \frac{J}{P} \frac{d\omega}{dt} \tag{5-59}$$

$$T_e = \frac{3}{2}P(\psi_{ds}i_{qs} - \psi_{qs}i_{ds}) = \frac{3}{2}P\psi_m i_{qs} \qquad (5\text{-}60)$$

由于 SPMSM 的设计特点，它不能用在传统同步电动机的主要工作场合。由于缺少转子的阻尼绕组，SPMSM 难以起动[30]，它们主要用来进行调速传动，因此需要电力电子变换器作为供电电源。因此，通常需要测量或估算出转子位置反馈给控制系统。然而，这并不是 SPMSM 传动系统的一个不足，因为在传动系统的应用中，通常都是需要转子位置的信息。BLDC 电机的成本通常比 SPMSM 要低一些，但是 SPMSM 的性能会更好一些。两种电机的选用依赖于具体的应用场合[30]。

5.7.3　SPMSM 的 DTC 控制方案

式（5-57）~式（5-60）的数学模型改写为静止坐标系中的方程，如下式：

$$v_{\alpha s} = R_s i_{\alpha s} + \frac{d\psi_{\alpha s}}{dt}$$

$$v_{\beta s} = R_s i_{\beta s} + \frac{d\psi_{\beta s}}{dt} \qquad (5\text{-}61)$$

$$\psi_{\alpha s} = L_s i_{\alpha s} + \psi_m$$

$$\psi_{\beta s} = L_s i_{\beta s} \qquad (5\text{-}62)$$

$$T_e - T_L = \frac{J}{P}\frac{d\omega}{dt} \qquad (5\text{-}63)$$

$$T_e = \frac{3}{2}P(\psi_{\alpha s}i_{\beta s} - \psi_{\beta s}i_{\alpha s}) = \frac{3}{2}P\psi_m i_{\beta s} \qquad (5\text{-}64)$$

本节讨论的 SPMSM 的 DTC 方案中，通过查询电压型逆变器的最优开关表控制定子磁链和电磁转矩，式（5-61）~式（5-64）用来估算定子磁链和电磁转矩[7]。

通过定子磁链和电磁转矩两个比较器分别实现它们的指令值与估计值的比较，定子磁链比较器是两位式的，转矩比较器是三位式的，分别见式（5-6）、式（5-7）。

最优开关表格的输入是上述两个比较器和估算的定子磁链空间矢量所处的复平面内的扇区信号，复平面如图 5-3 所示，本节中 SPMSM 的 DTC 中的最优开关表是文献［1］提出的开关表格如图 5-2 所示。下一节将讨论 SPMSM 的 DTC 仿真。

5.7.4　SPMSM 的 DTC 的 MATLAB/Simulink 仿真

1. MATLAB/Simulink 程序设计

在前述章节方案的基础上可以设计 SPMSM 的 DTC 仿真程序，图 5-92 给出了仿真系统的结构。

图 5-92 中的 PID 控制器与图 5-10 中的控制器完全相同。图 5-92 中"SPMSM"模块内部的 SPMSM 电机模型的 Simulink 程序如图 5-93 所示。

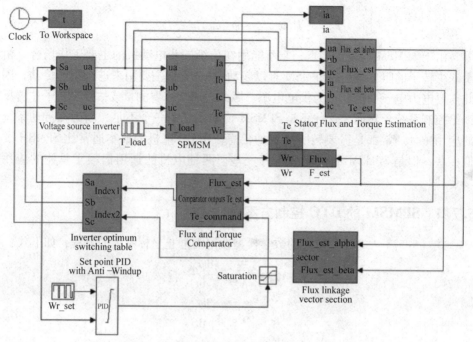

图 5-92 SPMSM 的 DTC 仿真

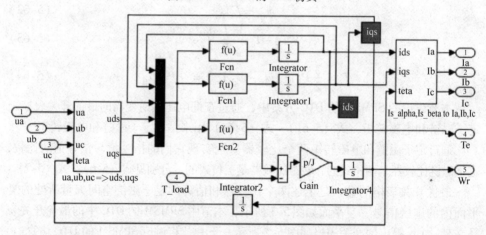

图 5-93 SPMSM 电机模型的 Simulink 方框图

在 MATLAB 中，式（5-61）~式（5-63）的微分方程表达式如图 5-94 所示。

从转子磁链定向坐标系到静止坐标系的电机模型变换如图 5-95 所示。

从静止坐标系到转子磁链定向 dq 坐标系的变换如图 5-96 所示。

图 5-97 给出了 DTC 中，用来估算 SPMSM 定子磁链和电磁转矩的模块图。

图 5-98 给出了定子相电压变换到静止坐标系 α、β 分量的模块图，定子电流的变换也可以采用图 5-98 中相同的模块。

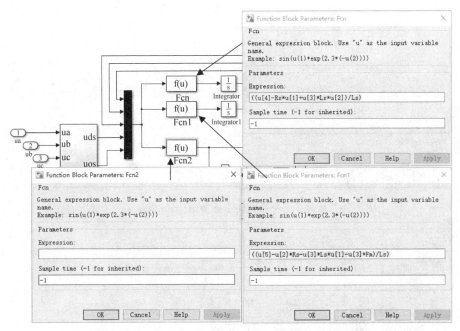

图 5-94 仿真程序中的电机模型的微分方程

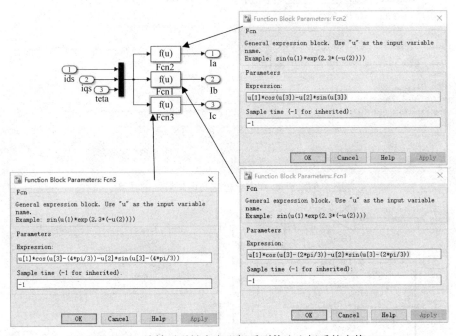

图 5-95 从转子磁链定向坐标系到静止坐标系的变换

图 5-99 给出了 "Flux linkage vector section" 子系统的模块图，它用来确定定子磁链瞬时空间矢量在复平面中的位置。

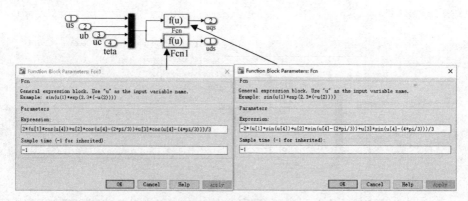

图 5-96 从静止坐标系到转子磁链定向 dq 坐标系的变换

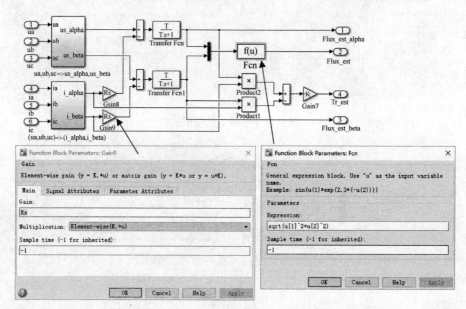

图 5-97 SPMSM 定子磁链与电磁转矩的估算

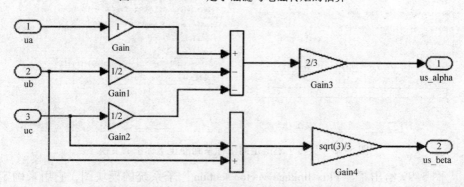

图 5-98 从相电压到静止坐标系 α、β 分量的变换

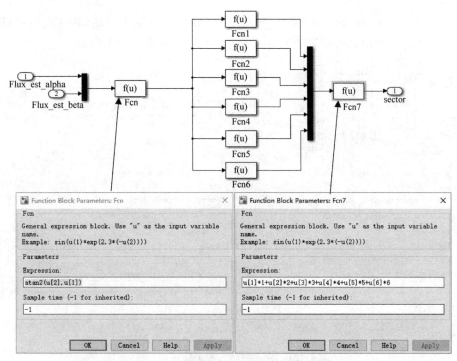

图 5-99　复平面内定子磁链空间矢量的扇区判定

确定正确扇区信息的逻辑表达式与图 5-17 中模块相似，为方便起见，重新画在图 5-100 中。

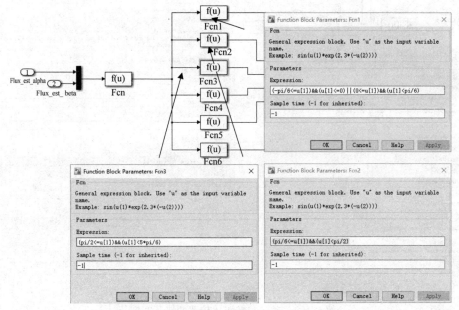

图 5-100　定子磁链空间矢量扇区判定的逻辑表达式

通过"Flux and Torque Comparator"子系统将实际定子磁链和电磁转矩与指令值比较后,确定它们需要增加或减少,其模块图如图 5-101 所示。

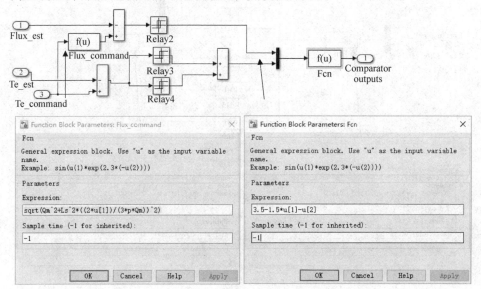

图 5-101　定子磁链与电磁转矩比较器

磁链比较器的滞环带宽设置为定子磁链额定值的 1%,类似地,转矩比较器的滞环带宽也设置为额定转矩的 1%,这两个比较器的模块如图 5-102 所示。

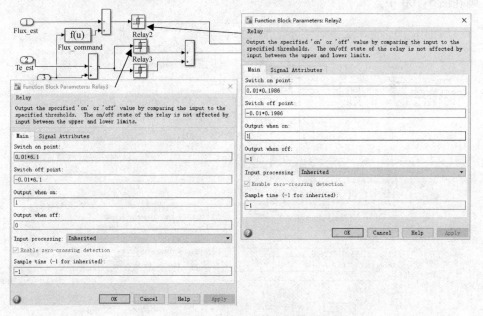

图 5-102　磁链与转矩比较器的滞环宽度

两位式磁链比较器与三位式转矩比较器如图 5-103、图 5-104 所示。

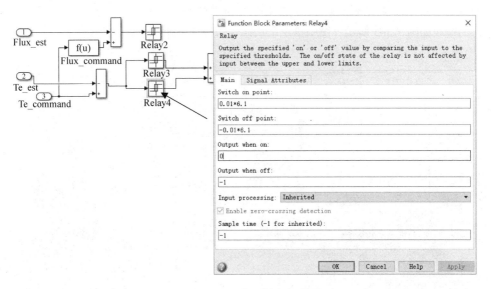

图 5-103　三位式转矩比较器

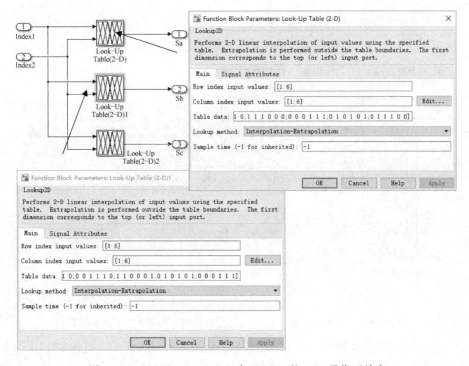

图 5-104　MATLAB/Simulink 中 SPMSM 的 DTC 最优开关表

参考文献［1］提出的最优开关表格如图 5-104 所示，其中 3 个"Look – Up Ta-ble（2 – D）"模块用来对电压型逆变器三相桥臂的开关状态进行编码。电压型逆变器的模块如图 5-105 所示，图中给出了从逆变器线电压计算相电压的表达式。

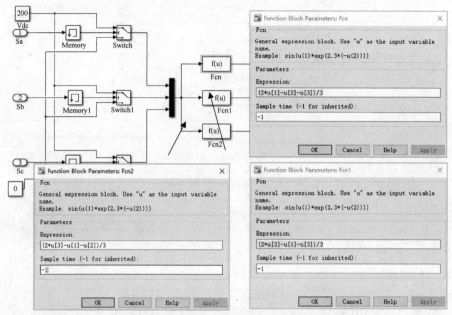

图 5-105 SPMSM 的 DTC 的电压型逆变器

图 5-106 给出了"Switch"模块的设置。

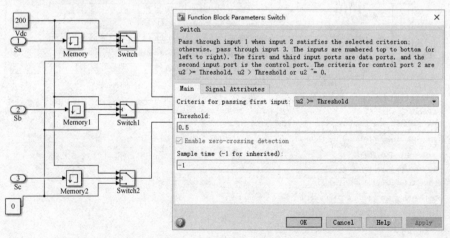

图 5-106 "Voltage source inverter"子系统中"Switch"模块的设置

速度运行模式 SPMSM 的 DTC 的速度命令如图 5-107 所示，抗饱和 PID 控制器参数见图 5-10，电动机正向加速到额定速度，然后反转到相同速度。PID 控制器输出（即转矩指令）的上、下限幅分别为 20N·m 和 – 20N·m。

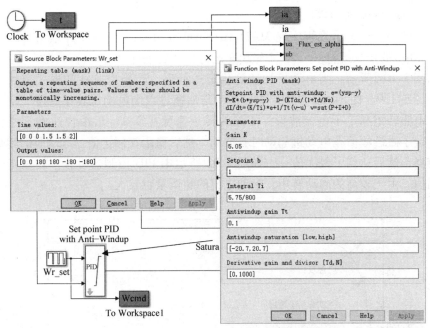

图 5-107　速度命令与 PID 控制器的参数

　　SPMSM 的参数如图 5-108 所示，图中还给出了运行中负载转矩施加与卸载的情况。

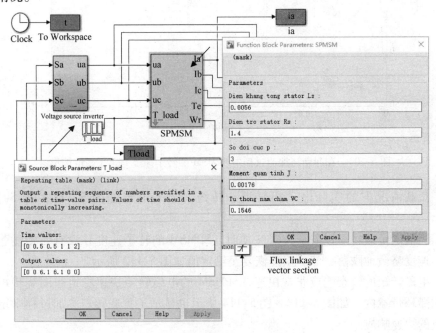

图 5-108　SPMSM 的参数值

2. SPMSM 的 DTC 仿真

本节中设计的仿真程序在 MATLAB/Simulink 中采用了龙格库塔解算器,且固定 10μs 的步长运行。SPMSM 先加速运行,然后进行反转运行,速度命令的设置如图 5-107 所示。当电动机加速到稳定运行后,转矩以阶跃的形式突加或卸载。图 5-109 ~ 图 5-112 分别给出了起动与加速过程中电动机转子速度、定子磁链、电磁转矩和定子电流波形。实际的转子速度在 0.05s 后很快达到了指令速度。定子磁链幅值在电动机起动时有波动,然后稳定在额定值。起动时的转矩超调较高,然后达到了最大值——如图 5-92 所示中 PID 控制器设置了转矩指令的限幅值。由于较高的起动转矩,起动电流的超调量也较大。

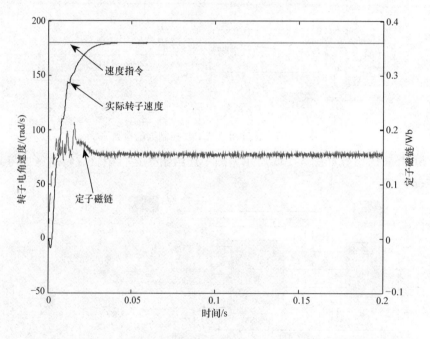

图 5-109　在起动与加速过程中 SPMSM 的转子速度与定子磁链波形

负载情况下的实际电动机转速、转矩、定子电流如图 5-112 ~ 图 5-114 所示。

当额定负载转矩以阶跃方式突加时,SPMSM 的转子速度并没有受到显著影响。速度略微地跌落,然后快速恢复至给定值如图 5-112 所示。

电磁转矩的暂态响应非常快速,SPMSM 的电磁转矩快速稳定在围绕转矩指令的滞环带宽内,如图 5-113 ~ 图 5-114 所示也显示了负载转矩突加过程中定子电流的快速响应。

当电动机负载运行时,定子磁链会受到轻微的影响,如图 5-115 所示。

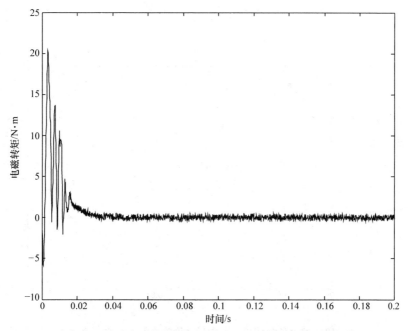

图 5-110　在起动与加速过程中 SPMSM 的电磁转矩波形

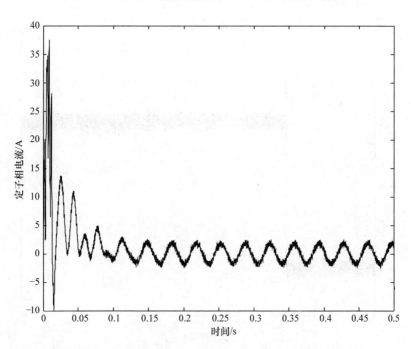

图 5-111　在起动与加速过程中 SPMSM 的定子相电流波形

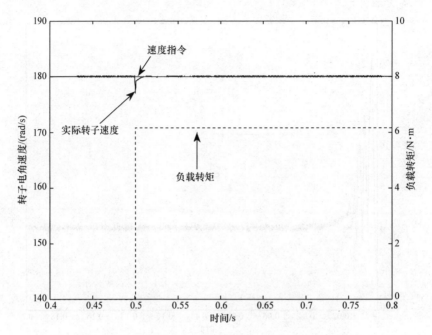

图 5-112　加入负载转矩过程中的速度指令与实际转子速度波形

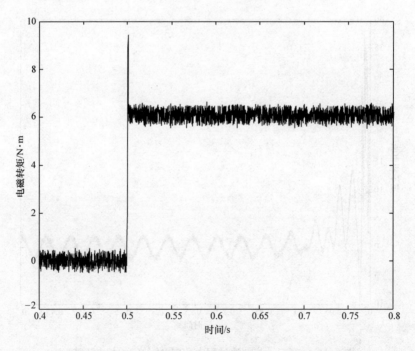

图 5-113　加入负载转矩过程中 SPMSM 的电磁转矩响应

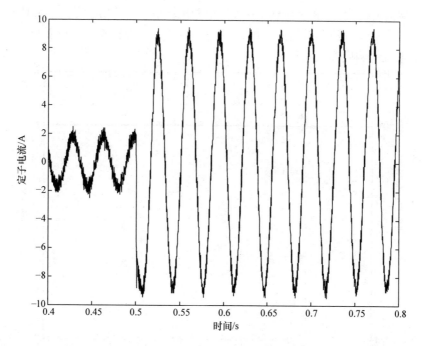

图 5-114　加入负载转矩过程中定子相电流波形

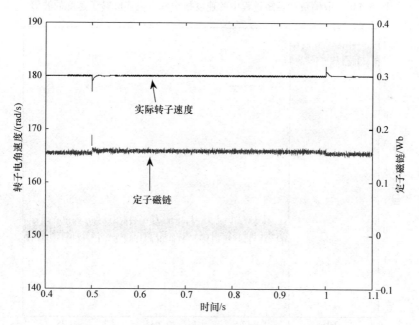

图 5-115　在施加和取消负载转矩过程中定子磁链响应

在取消负载转矩后的实际转子速度、电动机转矩、定子相电流波形如图 5-116 ~ 图 5-118 所示。取消负载转矩时的速度响应会受到轻微影响，可以看出电磁转矩和定子电流的响应都很快速。

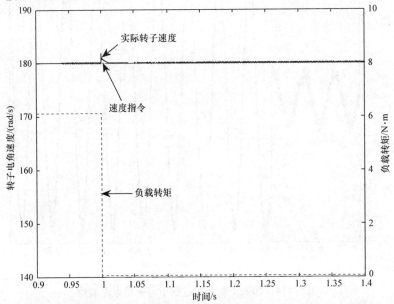

图 5-116　取消负载转矩过程中的速度指令和电机实际转子速度的波形

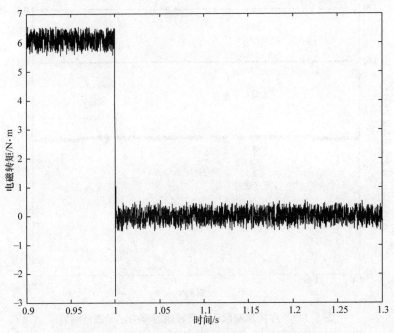

图 5-117　取消负载转矩过程中的 SPMSM 电磁转矩响应

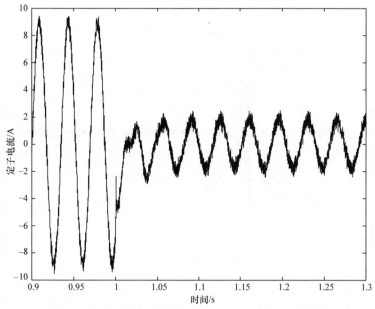

图 5-118　取消负载转矩过程中的电机定子相电流波形

在电动机反转运行时的 SPMSM 的转子速度、定子磁链、电磁转矩和定子电流波形分别如图 5-119 ~ 图 5-121 所示。在正向减速运行及反向加速运行中，SPMSM 的定子磁链都会受到显著影响，这一点与图 5-109 中的结果相一致。实际转子速度很快跟随指令值，如图 5-119 所示，速度的稳态误差是很小的。

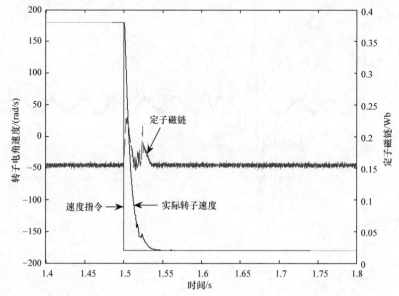

图 5-119　在电动机速度反向过程中的速度指令、实际转子速度和定子磁链波形

如图 5-120 所示，电磁转矩会略微超出由速度 PID 控制器输出端限幅器设置的转矩下限。在速度反向时，定子电流也出现了很高的超调，如图 5-121 所示。

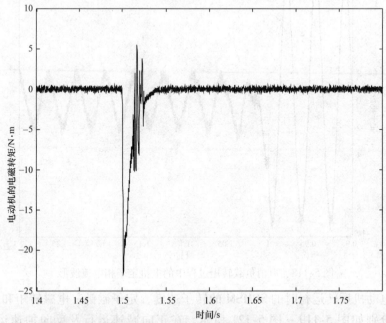

图 5-120　在电动机速度反向过程中 SPMSM 的电磁转矩波形

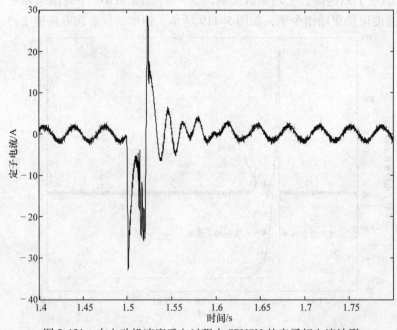

图 5-121　在电动机速度反向过程中 SPMSM 的定子相电流波形

参 考 文 献

1. Takahashi, I. and Noguchi, T. (1986) A new quick-response and high-efficiency control strategy of an induction motor. *IEEE Trans. Ind. Appl*, **IA-22(5)**, 820–827.
2. Depenbrock, M. (1985) Direkte Selbstregelung (DSR) fur hochdynamische Drehfeldantriebe mit Stromrichterschaltung. *Etz Archiv.*, **7**(7), 211–218.
3. Depenbrock, M. (1988) Direct self-control (DSC) of inverter-fed induction motors. *IEEE Trans. Power Elect.*, **3**(4), 420–429.
4. Schofield, J. R. G. (1998); Variable speed drives using induction motors and direct torque control. *Dig. IEE Colloq. 'Vector Control Revisited'*, London, pp. 5/1–5/7.
5. Tiitinen, P., Pohjalainen, P., and Lalu, J. (1995) The next generation motor control method: Direct torque control (DTC). *Europ. Power Elect. J.*, **5**(1), 14–18.
6. Kazmierkowski, M. P. and Tunia, H. (1994) *Auto. Cont. Conv. Drive.* Elsevier, New York.
7. Vas, P. (1998) *Sensorless Vector and Direct Torque Control.* Oxford University Press, New York.
8. Chen, J. and Li, Y. (1999) Virtual vectors based predictive control of torque and flux of induction motor and speed sensorless drives. *IEEE Ind. App. Soc. Ann. Mtg., IAS'99*, Phoenix, AZ, CD-ROM, paper No. 59_3.
9. Kang, J. K. and Sul, S. K. (1999) New direct torque control of induction motor for minimum torque ripple and constant switching frequency. *IEEE Trans. Ind. Appl.*, **35**(5), 1076–1082.
10. Alfonso, D., Gianluca, G., Ignazio, M., and Aldo, P. (1999) An improved look-up table for zero speed control in DTC drives. *Europ. Conf. Power Elect. Appl. EPE'99*, Lausanne, Switzerland, CD-ROM.
11. Casadei, D., Grandi, G., Serra, G., and Tani, A. (1994) Switching strategies in direct torque control of induction machines. *Int. Conf. Elect. Mach. ICEM'94*. Paris, pp. 204–209.
12. Casadei, D., Grandi, G., Serra, G., and Tani, A. (1998a) The use of matrix converters in direct torque control of induction machines. *IEEE Ann. Mtg. Ind. Elect. Soc., IECON'98*. Aachen, Germany, pp. 744–749.
13. Vas, P. (1992) *Electrical Machines and Drives: A Space-vector Theory Approach.* Oxford, Clarendon Press.
14. Boldea, I. and Nasar, S. A. (1992) *Vector Control of AC Drives.* Boca Raton, Florida CRC Press.
15. Levi, E. (1994) Impact of iron loss on behaviour of vector controlled induction machines. *IEEE Ind. App. Soc. Ann. Mtg., IAS'94*, Denver, CO, pp. 74–80.
16. Levi, E. (1995) Impact of iron loss on behaviour of vector controlled induction machines. *IEEE Trans. Ind. App.* **31**(6), 1287–1296.
17. Levi, E. (1996) Rotor flux oriented control of induction machines considering the core loss. *Elect. Mach. Power Syst.*, **24**(1), 37–50.
18. Levi, E. and Pham-Dihn, T. (2002) DTC of induction machines considering the iron loss. *Elect. Power Comp. Syst.*, **30**(5), May 2002.
19. Pham-Dihn, T. (2003) Direct torque control of induction machines considering the iron losses, PhD thesis, Liverpool John Moores University, UK.
20. Dittrich, A. (1998) Model based identification of the iron loss resistance of an induction machine. *Int. Conf. Power Elect. Var. Speed Drives, PEVD'98* London, IEE Conference Publication No. 456, pp. 500–503.
21. Noguchi, T., Nakmahachalasint, P., and Watanakul, N. (1997) Precise torque control of induction motor with on-line parameter identification in consideration of core loss. *Proc. Power Conv. Conf., PCC'97*, Nagaoka, Japan, pp. 113–118.
22. Wieser, R. S. (1998) Some clarifications on the impact of AC machine iron properties on space phasor models and field oriented control. *Int. Conf. Elect. Mach., ICEM'98*, Istanbul, pp. 1510–1515.
23. Sokola, M and Levi, E. (2000) A novel induction machine model and its application in the development of an advanced vector control scheme. *Int. J. Elect. Eng. Educ.*, **37**(3), 233–248.

24. Habetler, T. G., Profumo, F., Pastorelli, M., and Tolbert, L. M. (1992) Direct torque control of induction machines using space vector modulation. *IEEE Trans. Ind. Appl.*, **28**(5).

25. Mir, S. A., Elbuluk, M. E., and Zinger, D. S. (1994) Fuzzy implementation of direct self control of induction machines. *IEEE Trans. Ind. Appl.*, **30**(3), 729–735.

26. Stojic, M. D. and Vukosavic, N. S. (2005) A new induction motor drive based on the flux vector acceleration method. *IEEE Trans. Ener. Conv.*, **20**(1), 173–180.

27. Swarupa, L. M., Das, T. R. J., and Gopal, R. V. P. (2009) Simulaiton and analysis of SVPWM based 2-level and 3-level inverters for direct torque of induction motor. *Int. J. Elect. Eng. Res.*, **1**(3), 169–184.

28. Jidin, A., Idris, N. R. N, Jatim, N. H. A, Sutikno, T., and Elbuluk, E. M. (2011) Extending switching frequency of torque ripple reduction utilizing a contant frequency torque controller in DTC of induction motors. *J. Power Elect.*, **11**(2), 148–155.

29. Krishnan, R. (2010) *Permanent Magnet Synchronous and Brushless DC Drives*. CRC Press, Taylor & Francis Group.

30. Levi, E. (2001) *High Performance Drives*. Course note for the Subject ENGNG 3028, School of Engineering, Liverpool John Moores University, UK.

第6章 采用非线性反馈的电机非线性控制

6.1 概述

高性能传动系统控制的近期发展已经使得交流电动机具有他励直流电动机的性能。在矢量控制（VC）原理基础上，上述目标已经几乎得以实现，VC方法的主要不足是当转子磁链发生变化时，机械部分方程中存在非线性。

尽管在磁场定向控制（FOC）中已经得到了良好的控制效果，尝试获得新的控制方法仍在进行。异步电动机（IM）的非线性控制在参考文献［1］中首次提出。文中提出了IM的一种新型数学模型，从而可以避免使用状态变量的正余弦三角变换。该模型包含两个完全解耦的子系统，机械子系统和电磁子系统。已有的研究表明，在这种情况下，是有可能实施非线性控制，并对电磁转矩和转子磁链进行解耦。在进行一些简化[1,2,25,26]后，转矩与转子磁链平方的解耦已经实现。讨论动态系统非线性控制的参考文献有［1-28］。

当电动机由电压型逆变器供电时，如果转子磁链幅值保持恒定，那么非线性控制系统的控制与VC方法是等效的。在其他许多情况中，这种新的思路可以简化系统结构并取得良好效果[2,25,26]。

矢量控制方法的主要不足是，当改变转子磁链时，机械部分方程存在非线性现象，直接应用矢量控制去控制电流型逆变器供电的异步电动机（IM），或去控制双馈异步发电机（DFIG），会使电机模型高度复杂，而这又是实现精确控制系统所必需的。

对变量进行变换，得到非线性模型的变量，这使得控制策略易于实现。因为只需要获得4个相对简单的非线性形式的状态变量。这意味着在磁链矢量改变时，可以使用这种方法，并且获得简单的系统结构也成为可能。在这些系统中，随着工作点变化而改变转子磁链并且同时不影响系统的动态响应成为可能。新变量之间的关系使我们得到能够保证传动系统具有良好响应的新型控制结构成为可能。这便于在轻载时减少磁链，从而使传动系统处于经济运行中。在引入一个新的变量后，使用FOC也可以将传动系统解耦成两个部分。但是，与应用非线性控制方法相比，这种方法产生了更加复杂的非线性反馈形式。并且新变量的使用也使控制系统进一步复杂化。

6.2 采用非线性反馈的动态系统线性化处理

使用非线性反馈时控制系统线性化处理需要所有的状态变量都是可以实现的。假定所有必要的变量都可以测量，或使用模型或观测器系统直接计算或估算出。

非线性系统的线性化处理在参考文献［2、3、8、26、27］中讨论颇多，为了能使用非线性反馈，需要把非线性动态系统的数学模型描述成一系列微分方程。假定动态系统可以由下述方程描述[2,3,8,19]

$$\dot{x} = f(x) = \sum_{i=1}^{m} g_i(x) u_i \tag{6-1}$$

其中，

$u = [u_1, u_2, \cdots\cdots, u_m]^T; x \in R^n; u \in R^m, m \le n, f(.), g_i(.)$ 是矢量函数。

微分几何的方法[8]使得上述系统通过变量的非线性变化及非线性反馈变成如下形式：

$$\dot{y} = Ay + BV \tag{6-2}$$

其中 A 与 B 是常数矩阵，以便 (A, B) 是可控的。

通过变量变换与非线性反馈，系统可以实现线性化[8]，线性化的第一步是选择新的状态变量，

$$z = z(x) \tag{6-3}$$

以便微分方程可以变为如下形式：

$$\dot{z}_1 = A_1 z \tag{6-4}$$

$$\dot{z}_2 = A_2 z_2 + f_2(z) + g_2(z) u \tag{6-5}$$

其中 A_1、A_2 是常数矩阵，f_2、g_2 是非线性矢量函数，$z_1 \in R^{(n-m)}$，$z_2 \in R^m$。

在下一步线性化中，假定在使用非线性反馈时，可以对式（6-4）中的非线性进行补偿，因而有

$$B_2 v = f_2(z) + g_2(z) u \tag{6-6}$$

其中 B_2 是常数矩阵，v 是新的控制信号。

若存在反函数，那么就可以得到线性化的控制信号[2,3,8,27]。

$$u = [g_2(z)]^{-1} [B_2 v - f_2(z)] \tag{6-7}$$

基于前述的非线性控制的建议，可以获得下述的动态系统为

$$\dot{z}_1 = A_1 z \tag{6-8}$$

$$\dot{z}_2 = A_2 z + B_2 v \tag{6-9}$$

采用非线性反馈的 IM 传动系统的线性化处理，一般情况下，需要所有状态变量是可实现的。图 6-1 总结了采用非线性反馈的系统线性化处理的思想。把非线性反馈与非线性模型组合在一起，然后进行变量变换，将诸如 IM 的高度非线

性动态系统转化为一个线性对象，本章将逐步进行解释。

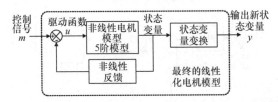

图 6-1　使用非线性反馈的动态系统线性化处理 m—线性化系统的驱动函数 y—线性化系统的状态变量 u—非线性系统的驱动函数 x—非线性系统的状态变量

在获得动态系统的线性结构之后，就可以采用简单的级联结构的 PI 控制器，如下节所示。

6.3　他励直流电动机的非线性控制

因为他励直流电机具有最佳的机械特性，它是应用最广泛的直流（DC）电动机之一，对他励直流电动机控制的解释仅限于本节的介绍。尽管 DC 电动机并不再用于高性能的传动系统，但分析此类电动机有益于我们对电动机的学习和理解。

为了对数学模型非线性进行线性化处理，需要引入一个新变量，它正比于电动机的转矩，

$$m = i_a \cdot i_f \tag{6-10}$$

对新变量求微分，并进行一些数学变换，可以得到下述模型

$$\frac{dm}{dt} = \left(\frac{1}{T_f} + \frac{1}{T_a} \right) m + \frac{1}{T_a} v_1 \tag{6-11}$$

$$\frac{di_f}{dt} = -\frac{i_f}{T_f} + \frac{1}{T_f} v_2 \tag{6-12}$$

$$J \frac{d\omega_r}{dt} = \frac{m}{T_m} - \frac{m_o}{T_m} \tag{6-13}$$

针对新模型，我们可以使用线性、级联控制器进行电动机的控制，控制器的输出信号分别为新变量 v_1、v_2，如下所示：

$$v_1 = K_1 \cdot u_a \cdot i_f + \frac{T_a \cdot K_2 \cdot u_f \cdot i_a}{T_f} - K_3 \cdot i_f^2 \cdot \omega_r \tag{6-14}$$

$$v_2 = K_2 \cdot u_f \tag{6-15}$$

图 6-2 给出了使用上述策略的电动机控制方案，速度控制器控制着与电动机转矩成正比例的变量 m，其值受到励磁电流实际值与电枢电流最大值乘积的限制。转矩控制器对变量 v_2 进行控制，励磁电流控制器决定了控制信号 v_1，这两个变量连同其他信号，通过解耦单元计算出电枢与励磁电压的命令值。

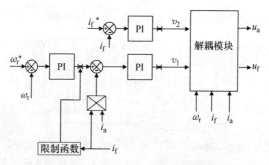

图 6-2 他励直流电动机控制方案

6.3.1 MATLAB/Simulink 非线性控制模型

图6-3中他励直流电动机控制模型包括两个模块，一个是控制系统模型，另一个是他励 DC 电动机模型，如图 6-4 所示。除非特别说明，所有模型均采用标幺值。

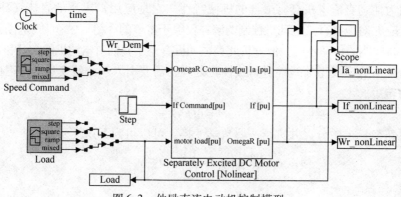

图6-3 他励直流电动机控制模型

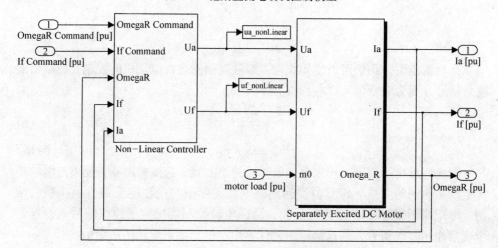

图 6-4 他励直流电动机控制模型的子系统

他励 DC 电动机模型的 Simulink 模块文件是【DCmotor_non – linear】，电动机参数在文件【DCmotor_non – linear_init】中，且参数文件应先于模型文件执行。

6.3.2　非线性控制系统

对新输入变量 v_1、v_2 进行非线性输入变换之后，电动机模型实现了线性化。其变换为

$$v_1 = K_1 \cdot u_a + \frac{T_a \cdot K_2 \cdot u_f \cdot I_a}{T_f} - K_3 \cdot I_a^2 \cdot \omega_r \tag{6-16}$$

$$v_2 = K_2 \cdot u_f \tag{6-17}$$

这两个方程在图 6-5 和图 6-6 中的变换模块中进行建模。

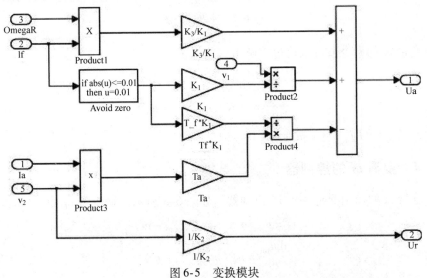

图 6-5　变换模块

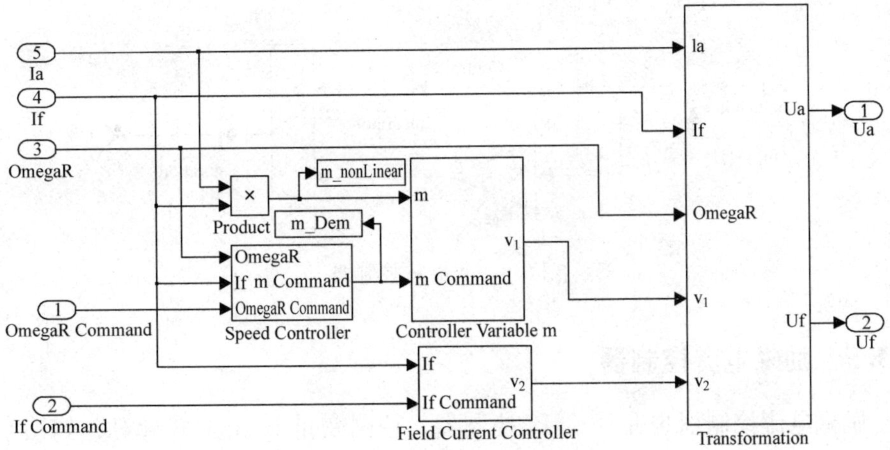

图 6-6　非线性控制器

6.3.3 速度控制器

速度控制器是一个 PI 控制器，用来计算变量 m 的指令值，如图 6-7 所示。

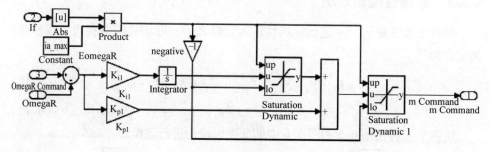

图 6-7　速度控制器

变量 m 的指令值可以通过求解下式获得：

$$m_{command} = U_{int} + K_{p1}(\omega_{r_{command}} - \omega_r) \tag{6-18}$$

$$\frac{dU_{int}}{dt} = + K_{i_1}(\omega_{r_{command}} - \omega_r) \tag{6-19}$$

其中，$|U_{int}| \le I_f I_{a_{max}}$ 且 $|m_{command}| \le I_f I_{a_{max}}$。

6.3.4 变量 m 的控制器

变量 m 的控制器是一个 PI 控制器，如图 6-8 所示。输出量 v_1 由下式计算：

$$v_1 = m_{int} + K_{p_2}(m_{command} - m) \tag{6-20}$$

$$\frac{dm_{int}}{dt} = K_{i_2}(m_{command} - m) \tag{6-21}$$

其中，$|m_{int}| \le 3$ 且 $|v_1| \le 3$。

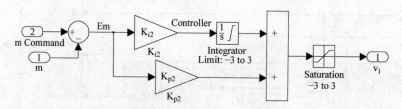

图 6-8　变量 m 控制器

6.3.5 励磁电流控制器

励磁电流控制器也是一个 PI 控制器，控制变量 v_2 由下式计算，如图 6-9 所示。

$$v_2 = U_{f_{int}} + K_{p_3}(I_{f_{command}} - I_f) \tag{6-22}$$

$$\frac{dU_{f_{int}}}{dt} = K_{i_3}(I_{f_{command}} - I_f) \tag{6-23}$$

其中，$|U_f| \leqslant 1$ 且 $|v_2| \leqslant 1$。

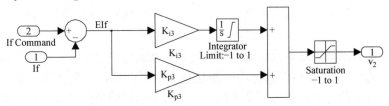

图 6-9 变量 v_2 控制器

6.3.6 仿真结果

在负载变化、速度指令为一系列阶跃指令下的仿真结果，如图 6-10 所示，控制器都可以很好地跟随指令。

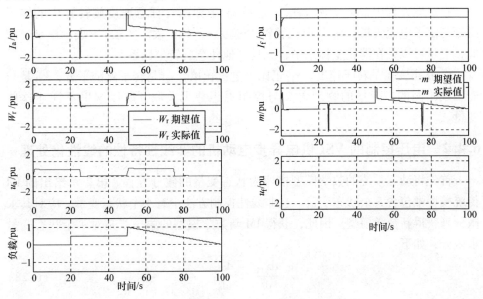

图 6-10 仿真结果

6.4 异步电动机的多标量模型（MM）

IM 是一个高阶、非线性对象，如第 2 章所示。在机械变量与电磁变量之间存在内在的耦合。因此，采用非线性控制的思想控制 IM 是特别有用的。

6.4.1 多标量变量

参考文献［1］首次提出了采用非线性反馈的非线性控制思想。文中提出的电机新模型采用了更少的状态变量，它们可以与转子、定子、主磁通有关联。如果变量是转子磁链的函数，那么非线性转子定向控制系统为 (i_s, ψ_r)，其他情况，如 (i_s, ψ_s)，(i_s, ψ_m) 也可以使用。本书关注的是第一种选择。因为它最受关注，且解耦系统复杂性稍低一些。然而，在其他研究中，后两种选择可以用来进一步研究。(i_s, ψ_r) 选择中的新状态变量可以是转子角速度、定子电流与转子磁链矢量的标量乘积与矢量乘积，以及转子磁链幅值的平方，可以采用任意坐标系（即 xy），（见参考文献［1、2、26］）

$$x_{11} = \omega_r \tag{6-24}$$

$$x_{12} = \psi_{rx} i_{sy} - \psi_{ry} i_{sx} \tag{6-25}$$

$$x_{21} = \psi_{rx}^2 + \psi_{ry}^2 \tag{6-26}$$

$$x_{22} = \psi_{rx} i_{sx} - \psi_{ry} i_{sy} \tag{6-27}$$

在这些方程中，ψ_{rx}，ψ_{ry}，i_{sx}，i_{sy} 是 xy 坐标系（任意速度旋转）中的转子磁链与定子电流矢量，ω_r 是电机转轴角速度，下标 x 表示实轴，y 表示虚轴；因此，变量可以是在静止坐标系中，或是其他任意旋转坐标系。

x_{11} 状态变量是转子速度，x_{12} 正比于电机转矩，x_{21} 是转子磁链平方，x_{22} 是与能量成比例的。变量的物理含义与控制思想并无关联，所以这里不详述这些变量。

6.4.2 电压控制的 VSI 供电异步电动机的非线性特性的线性化处理

首先将动态系统的数学模型描述为状态变量的微分方程。第 2 章给出的 IM 传统模型中包含 5 个状态变量。在非线性控制方法中有 4 个状态变量，应对其求微分来获得新数学模型。因此，获得 IM 新数学模型的第一步是对 4 个状态变量求微分，如下：

$$\frac{dx_{11}}{dt} = \frac{d\omega_r}{dt} \tag{6-28}$$

$$\frac{dx_{12}}{dt} = \psi_{rx}\frac{di_{sy}}{dt} + i_{sy}\frac{d\psi_{rx}}{dt} - \psi_{ry}\frac{di_{sx}}{dt} - i_{sx}\frac{d\psi_{ry}}{dt} \tag{6-29}$$

$$\frac{dx_{21}}{dt} = 2\psi_{rx}\frac{d\psi_{rx}}{dt} + 2\psi_{ry}\frac{d\psi_{ry}}{dt} \tag{6-30}$$

$$\frac{dx_{22}}{dt} = \psi_{rx}\frac{di_{sx}}{dt} + i_{sx}\frac{d\psi_{rx}}{dt} - \psi_{ry}\frac{di_{sy}}{dt} - i_{sy}\frac{d\psi_{ry}}{dt} \tag{6-31}$$

下一步是要将电动机模型方程中，电流与磁链的微分替换为新变量的微分，在完成替换以后，同时考虑新状态变量之间的关系，我们可以得到系统的下述模型：

$$\frac{\mathrm{d}x_{11}}{\mathrm{d}\tau} = \frac{x_{12}L_{\mathrm{m}}}{JL_{\mathrm{r}}} - \frac{m_{\mathrm{o}}}{J} \tag{6-32}$$

$$\frac{\mathrm{d}x_{12}}{\mathrm{d}\tau} = -\frac{1}{T_{\mathrm{v}}}x_{12} - x_{11}\left(x_{22} + \frac{L_{\mathrm{m}}}{w_{\sigma}}x_{21}\right) + \frac{L_{\mathrm{r}}}{w_{\sigma}}u_1 \tag{6-33}$$

$$\frac{\mathrm{d}x_{21}}{\mathrm{d}\tau} = -2\frac{R_{\mathrm{r}}}{L_{\mathrm{r}}}x_{21} + 2R_{\mathrm{r}}\frac{L_{\mathrm{m}}}{L_{\mathrm{r}}}x_{22} \tag{6-34}$$

$$\frac{\mathrm{d}x_{22}}{\mathrm{d}\tau} = -\frac{x_{22}}{T_{\mathrm{v}}} + x_{11}x_{12} + \frac{R_{\mathrm{r}}L_{\mathrm{m}}}{L_{\mathrm{r}}w_{\sigma}}x_{21} + \frac{R_{\mathrm{r}}L_{\mathrm{m}}}{L_{\mathrm{r}}}\frac{x_{12}^2 + x_{22}^2}{x_{21}} + \frac{L_{\mathrm{r}}}{w_{\sigma}}u_2 \tag{6-35}$$

其中，T_{v} 是电机转矩时间常数。

$$T_{\mathrm{v}} = \frac{w_{\sigma}L_{\mathrm{r}}}{R_{\mathrm{r}}w_{\sigma} + R_{\mathrm{s}}L_{\mathrm{r}}^2 + R_{\mathrm{r}}L_{\mathrm{m}}^2} \tag{6-36}$$

$$w_{\sigma} = L_{\mathrm{r}}L_{\mathrm{s}} - L_{\mathrm{m}}^2 \tag{6-37}$$

$$u_1 = \psi_{\mathrm{rx}}u_{\mathrm{sy}} - \psi_{\mathrm{ry}}u_{\mathrm{sx}} \tag{6-38}$$

$$u_2 = \psi_{\mathrm{rx}}u_{\mathrm{sx}} + \psi_{\mathrm{ry}}u_{\mathrm{sy}} \tag{6-39}$$

上述模型的非线性较传统模型（第 2 章中给出的）降低很多，尽管式（6-10）、式（6-12）仍存在非线性，但式（6-9）、式（6-11）是线性的，为了对式（6-10）、式（6-12）进行线性化处理，根据式（6-10）和式（6-12）的定义，新信号 m 用在系统的反馈中。两个信号定义[1,2,26]如下式，用来代替上述方程中的非线性。

$$m_1 = -x_{11}\left(x_{22} + \frac{L_{\mathrm{m}}}{w_{\sigma}}x_{21}\right) + \frac{L_{\mathrm{r}}}{w_{\sigma}}u_1 \tag{6-40}$$

$$m_2 = x_{11}x_{12} + \frac{R_{\mathrm{r}}L_{\mathrm{m}}}{L_{\mathrm{r}}w_{\sigma}}x_{21} + \frac{R_{\mathrm{r}}L_{\mathrm{m}}}{L_{\mathrm{r}}}\frac{x_{12}^2 + x_{22}^2}{x_{21}} + \frac{L_{\mathrm{r}}}{w_{\sigma}}u_2 \tag{6-41}$$

因此，IM 的新数学模型可以定义[1,2,26]如下：

机械子系统为

$$\frac{\mathrm{d}x_{11}}{\mathrm{d}\tau} = \frac{x_{12}L_{\mathrm{m}}}{JL_{\mathrm{r}}} - \frac{m_{\mathrm{o}}}{J} \tag{6-42}$$

$$\frac{\mathrm{d}x_{12}}{\mathrm{d}\tau} = -\frac{1}{T_{\mathrm{v}}}x_{12} - m_1 \tag{6-43}$$

电磁子系统为

$$\frac{\mathrm{d}x_{21}}{\mathrm{d}\tau} = -2\frac{R_{\mathrm{r}}}{L_{\mathrm{r}}}x_{21} + 2R_{\mathrm{r}}\frac{L_{\mathrm{m}}}{L_{\mathrm{r}}}x_{22} \tag{6-44}$$

$$\frac{\mathrm{d}x_{22}}{\mathrm{d}\tau} = -\frac{x_{22}}{T_{\mathrm{v}}} + m_2 \tag{6-45}$$

上述模型是线性且完全解耦的，从而可以使用线性的级联控制器如图 6-11 所示。在控制系统中，控制信号 m_1 和 m_2 分别由状态变量 x_{12}、x_{21} 的 PI 控制器输出。产生这两个信号之后，信号 u_1 与 u_2 可以根据下式计算[1,2,26]：

$$u_1 = \frac{w_\sigma}{L_r}\left[x_{11}\left(x_{22} + \frac{L_m}{w_\sigma}x_{21}\right) + m_1\right] \tag{6-46}$$

$$u_2 = \frac{w_\sigma}{L_r}\left(-x_{11}x_{12} + \frac{R_r L_m}{L_r w_\sigma}x_{21} - \frac{R_r L_m}{L_r}\frac{x_{12}^2 + x_{22}^2}{x_{21}} + m_2\right) \tag{6-47}$$

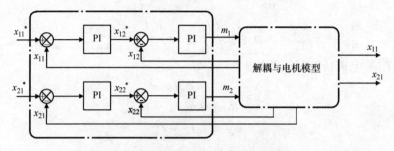

图 6-11　多标量模型控制方法的级联结构[2]

PWM 算法所需的电压分量（$u_{s\alpha}$ 和 $u_{s\beta}$）可以定义[1,2,26]为：

$$u_{s\alpha} = \frac{\psi_{r\alpha}u_2 - \psi_{r\beta}u_1}{\psi_r^2} \tag{6-48}$$

$$u_{s\beta} = \frac{\psi_{r\beta}u_2 - \psi_{r\alpha}u_1}{\psi_r^2} \tag{6-49}$$

其中，ψ_r 是转子磁链的模值。

在新的状态空间变量中，电流并没有被直接控制。然而，为了保护电动机，应对电流进行限幅，电流幅值可以按下式计算：

$$\frac{x_{12}^2 + x_{22}^2}{x_{21}} = I_s^2 \tag{6-50}$$

因此，应对控制器的输出信号进行限制以确保电动机电流没有超出设定的最大值 I_{smax}。转矩需要按下式进行限制：

$$I_s^2 < \frac{x_{12}^2 + x_{22}^2}{x_{21}} \tag{6-51}$$

$$x_{12}^{limit} = \sqrt{I_{smax}^2 x_{21} - x_{22}^2} \tag{6-52}$$

6.4.3　系统控制设计

在使用 MM（Multiscalar Model，多标量模型）时，IM 产生的转矩仅与一个状态变量成正比例，它出现在控制系统的机械部分。在系统电磁部分的转子磁链是稳定的，其指令值可以根据系统能量损耗最小的原则来确定，或在转矩指令受限时，系统机械部分响应时间最小的原则来确定[2]。

机械部分包含了 1 个一阶延迟环节和与其串联的 1 个积分器。为了转矩限制的需要，机械子系统采用级联的控制结构是比较方便的。

电磁子系统包含了两个串联的一阶延迟环节。此时，为了限制转子磁链的平方，采用级联的控制结构也是很方便的。

因此，在使用 MM 的控制系统中，具有恒定参数的 PI 类型控制器可以级联使用，控制器的参数可以按著名的线性系统控制理论进行设计。

图 6-12 给出了 IM 的完全解耦的控制系统，图中采用了电压控制型的 PWM 技术。

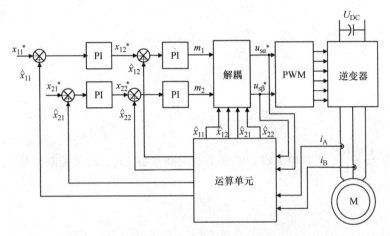

图 6-12　电压控制型 VSI 供电的异步电动机系统的控制

6.4.4　电流控制的 VSI 供电异步电动机的非线性特性的线性化处理

尽管前期的分析与电动机新模型的推导都是建立在静止参考系的，下面采用定子电流矢量位于 x 轴的旋转坐标系（x 表示随定子电流矢量旋转的坐标轴，而不是静止的），在这样一个 x 轴随定子电流矢量一同旋转着的坐标系中，定子电流在虚轴上的分量为 0（$i_{sy} = 0$）。在定子电流设定值通道中引入时间常数为 T 的一阶延迟环节后，IM 的微分方程可以描述[2,25]为

$$\frac{\mathrm{d}i_{sx}}{\mathrm{d}t} = -\frac{1}{T}(-i_{sx} + I_s) \tag{6-53}$$

$$\frac{\mathrm{d}\psi_{rx}}{\mathrm{d}t} = -\frac{R_r}{L_r}\psi_{rx} + (\omega_i - \omega_r)\psi_{ry} + R_r\frac{L_m}{L_r}i_{sx} \tag{6-54}$$

$$\frac{\mathrm{d}\psi_{ry}}{\mathrm{d}t} = -\frac{R_r}{L_r}\psi_{ry} - (\omega_i - \omega_r)\psi_{rx} \tag{6-55}$$

$$\frac{\mathrm{d}\omega_r}{\mathrm{d}t} = \frac{L_m}{L_r J}(-\psi_{ry}i_{sx}) - \frac{1}{J}m_o \tag{6-56}$$

其中 R_r 与 L_r 分别是转子电阻与电感，L_m 是互感，ω_r 是转子角速度。ω_s 是坐标系的旋转速度，J 是转动惯量，m_o 是负载转矩。

异步电动机的 MM 可以进一步由新状态变量的微分进行推导，考虑到上述定子电流与转子磁链微分方程（这与前面几节相似），可以得到较传统模型具有更少非线性特征的下述模型。

$$\frac{\mathrm{d}x_{11}}{\mathrm{d}t} = \frac{L_m}{JL_r}x_{12} - \frac{1}{J}m_o \tag{6-57}$$

$$\frac{\mathrm{d}x_{12}}{\mathrm{d}t} = -\frac{1}{L_i}x_{12} + v_1 \tag{6-58}$$

$$\frac{\mathrm{d}x_{21}}{\mathrm{d}t} = -2\frac{R_r}{L_r}x_{21} + 2R_r\frac{L_m}{L_r}x_{22} \tag{6-59}$$

$$\frac{\mathrm{d}x_{22}}{\mathrm{d}t} = -\frac{1}{T_i}x_{22} - \frac{R_r L_m}{L_r}i_{sx}^2 + v_2' \tag{6-60}$$

其中 $\dfrac{1}{T_i} = \dfrac{1}{T} + \dfrac{R_r}{L_r}$，$T$ 是电流设定值通道的时间常数，v_1、v_2' 是控制信号。

$$v_1 = -\frac{1}{T}I_s\psi_{rx} + i_{sx}\psi_{rx}s_i \tag{6-61}$$

$$v_2' = \frac{1}{T}I_s\psi_{rx} + i_{sx}\psi_{ry}s_i \tag{6-62}$$

在新模型中，只有一个微分方程中出现了简单的非线性特征，采用非线性反馈，可以补偿式（6-60）中出现的非线性。该非线性反馈表达式[2,25]如下：

$$v_2 = v_2' - \frac{R_r L_m}{L_r}i_{sx}^2 \tag{6-63}$$

定子电流幅值为

$$I_s = T\frac{\psi_{rx}v_2 - \psi_{ry}v_1}{\psi_r^2} \tag{6-64}$$

另有

$$\frac{x_{12}^2 + x_{22}^2}{x_{21}} = I_s^2 \tag{6-65}$$

转差频率为

$$s_i = \frac{\psi_{ry}v_2 + \psi_{rx}v_1}{i_{sx}\psi_r^2} \tag{6-66}$$

引入非线性反馈之后，可以获得两个线性的、完全解耦的子系统，机械子系统与电磁子系统。这些特性与 IM 的供电系统是无关的。最后的 MM 具有如下形式：

机械子系统为

$$\frac{\mathrm{d}x_{11}}{\mathrm{d}t} = \frac{L_{\mathrm{m}}}{JL_{\mathrm{r}}}x_{12} - \frac{1}{J}m_{\mathrm{o}} \tag{6-67}$$

$$\frac{\mathrm{d}x_{12}}{\mathrm{d}t} = -\frac{1}{T_{\mathrm{i}}}x_{12} + v_1 \tag{6-68}$$

电磁子系统为

$$\frac{\mathrm{d}x_{21}}{\mathrm{d}t} = -2\frac{R_{\mathrm{r}}}{L_{\mathrm{r}}}x_{21} + 2\frac{R_{\mathrm{r}}L_{\mathrm{m}}}{L_{\mathrm{r}}}x_{22} \tag{6-69}$$

$$\frac{\mathrm{d}x_{22}}{\mathrm{d}t} = -\frac{1}{T_{\mathrm{i}}}x_{22} + v_2 \tag{6-70}$$

多标量变量与坐标系无关。因此，当我们为了动态描述或系统控制的需要选定了某个坐标系后，并不必把多标量变量从该坐标系变换到其他的坐标系。这对于系统控制的物理实现是非常重要的，因为它使传动系统得到了极大的简化。

完全解耦的子系统使得该方法适用于磁链矢量变化过程中或用以获得简单的系统结构。在解耦的控制系统中，可以采用 PI 控制器的级联形式，这样可以限制变量 x_{12} 与 x_{22} 的指令值，以便满足下式的关系：

$$\frac{x_{12}^2 + x_{22}^2}{x_{21}} \leqslant I_{\mathrm{smax}}^2 \tag{6-71}$$

其中 I_{smax} 是允许的最大定子电流。

同时在使用这种方法（MM）进行 PI 控制器级联时，可以限制电压型逆变器、周波变换器的输出电压和电流型逆变器的直流母线电压。通过限制控制器的输出量即可实现。

图 6-13 给出了 IM 的最终控制系统。定子电流分量受到电流控制器（例如滞环控制器）的控制，定子电流与电压的瞬时值经由计算模块得到电动机变量，两个 PI 控制器用来控制变量 x_{12} 与 x_{22}。x_{12} 控制器的指令值是速度控制器的输出角速度，x_{11} 可以测量或计算出后用以进行反馈控制。x_{22} 控制器的指令值是转子磁链平方控制器的输出信号。

在控制系统中，定子电压从直流环节电压得到，因为知道了 PWM 算法或者可以直接从电压调制器的指令值获取。这种方法简化了整个传动系统并降低了成本。

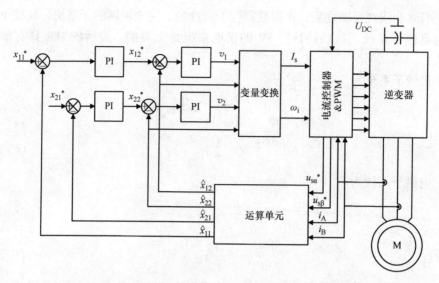

图 6-13　电流控制型 VSI 供电的异步电动机的系统控制

6.4.5　定子定向的非线性控制系统

IM 的稳态与暂态电磁特性可以用下述静止坐标系中的方程描述：

$$\frac{\mathrm{d}i_{\mathrm{sx}}}{\mathrm{d}\tau} = -\frac{L_{\mathrm{r}}R_{\mathrm{s}} + L_{\mathrm{s}}R_{\mathrm{r}}}{w_{\sigma}}i_{\mathrm{sx}} + \frac{R_{\mathrm{r}}}{w_{\sigma}}\psi_{\mathrm{sx}} - \omega_{\mathrm{r}}i_{\mathrm{sy}} + \omega_{\mathrm{r}}\frac{L_{\mathrm{r}}}{w_{\sigma}}\psi_{\mathrm{sy}} + \frac{L_{\mathrm{r}}}{w_{\sigma}}u_{\mathrm{sx}} \tag{6-72}$$

$$\frac{\mathrm{d}i_{\mathrm{sy}}}{\mathrm{d}\tau} = -\frac{L_{\mathrm{r}}R_{\mathrm{s}} + L_{\mathrm{s}}R_{\mathrm{r}}}{w_{\sigma}}i_{\mathrm{sy}} + \frac{R_{\mathrm{r}}}{w_{\sigma}}\psi_{\mathrm{sy}} + \omega_{\mathrm{r}}i_{\mathrm{sx}} - \omega_{\mathrm{r}}\frac{L_{\mathrm{r}}}{w_{\sigma}}\psi_{\mathrm{sx}} + \frac{L_{\mathrm{r}}}{w_{\sigma}}u_{\mathrm{sy}} \tag{6-73}$$

$$\frac{\mathrm{d}\psi_{\mathrm{sx}}}{\mathrm{d}\tau} = -R_{\mathrm{s}}i_{\mathrm{sx}} + u_{\mathrm{sx}} \tag{6-74}$$

$$\frac{\mathrm{d}\psi_{\mathrm{sy}}}{\mathrm{d}\tau} = -R_{\mathrm{s}}i_{\mathrm{sy}} + u_{\mathrm{sy}} \tag{6-75}$$

$$\frac{\mathrm{d}\omega_{\mathrm{r}}}{\mathrm{d}\tau} = \frac{L_{\mathrm{m}}}{JL_{\mathrm{r}}}(\psi_{\mathrm{rx}}i_{\mathrm{sy}} - \psi_{\mathrm{ry}}i_{\mathrm{sx}}) - \frac{1}{J}m_{\mathrm{o}} \tag{6-76}$$

其中 i_{sxy}，ψ_{sxy}，u_{sxy} 分别表示定子电流矢量、定子磁链矢量、定子电压矢量，ω_{r} 是转子速度。此外，IM 的机械特性可以用下述转速方程描述：

$$\frac{\mathrm{d}\omega_{\mathrm{r}}}{\mathrm{d}\tau} = \frac{1}{J}(\psi_{\mathrm{sx}}i_{\mathrm{sy}} - \psi_{\mathrm{sy}}i_{\mathrm{sx}}) - \frac{1}{J}m_{\mathrm{o}} \tag{6-77}$$

其中参数 w_{σ} 定义为

$$w_{\sigma} = L_{\mathrm{s}}L_{\mathrm{r}} - L_{\mathrm{m}}^{2} \tag{6-78}$$

L_{s}、L_{r}、L_{m} 分别是定子电感、转子电感及互感系数，R_{s}、R_{r} 分别是定子及转子电阻，m_{o} 是负载转矩，J 是转动惯量。所有变量与参数均是标幺值。为方

便测量，建议采用静止的 $x - y$ 坐标系。

6.4.6 基于转子磁链 – 定子磁链的模型

在 MM 模型中，可以选择其他变量而不选择转子磁链与定子电流。这里，选择定子磁链与转子磁链分量描述电机[25、26、29]，如下：

$$\frac{d\psi_{sx}}{d\tau} = -\frac{R_s}{w_\sigma}(L_r\psi_{sx} - L_m\psi_{rx}) + \omega_a\psi_{sy} + u_{sx} \qquad (6\text{-}79)$$

$$\frac{d\psi_{sy}}{d\tau} = -\frac{R_s}{w_\sigma}(L_r\psi_{sy} - L_m\psi_{ry}) - \omega_a\psi_{sx} + u_{sy} \qquad (6\text{-}80)$$

$$\frac{d\psi_{rx}}{d\tau} = -\frac{R_r}{w_\sigma}(L_s\psi_{rx} - L_m\psi_{sx}) + (\omega_a - \omega_r)\psi_{ry} \qquad (6\text{-}81)$$

$$\frac{d\psi_{ry}}{d\tau} = -\frac{R_r}{w_\sigma}(L_s\psi_{ry} - L_m\psi_{sy}) - (\omega_a - \omega_r)\psi_{rx} \qquad (6\text{-}82)$$

$$\frac{d\omega_r}{d\tau} = \frac{L_m}{Jw_\sigma}(\psi_{sx}\psi_{ry} - \psi_{sy}\psi_{rx}) - \frac{1}{J}m_o \qquad (6\text{-}83)$$

MM 状态变量[25、26、29]可以选为：

$$q_{11} = \omega_r \qquad (6\text{-}84)$$

$$q_{12} = \psi_{sx}\psi_{ry} - \psi_{sy}\psi_{rx} \qquad (6\text{-}85)$$

$$q_{21} = \psi_{rx}^2 - \psi_{ry}^2 \qquad (6\text{-}86)$$

$$q_{22} = \psi_{sx}\psi_{rx} + \psi_{sy}\psi_{ry} \qquad (6\text{-}87)$$

考虑到式（6-79）~式（6-83）的电动机模型，上述状态变量的微分 [25、26、29] 如下：

$$\frac{dq_{11}}{d\tau} = \frac{L_m}{Jw_\sigma}q_{12} - \frac{m_0}{J} \qquad (6\text{-}88)$$

$$\frac{dq_{12}}{d\tau} = -\frac{1}{T_v}q_{12} + q_{11}q_{22} + w_1 \qquad (6\text{-}89)$$

$$\frac{dq_{21}}{d\tau} = -2\frac{R_rL_s}{w_\sigma}q_{21} + 2R_r\frac{L_m}{\omega_\sigma}q_{22} \qquad (6\text{-}90)$$

$$\frac{dq_{22}}{d\tau} = -\frac{q_{22}}{T_v} + (R_r + R_s)\frac{L_m}{w_\sigma}q_{21} - q_{11}q_{12} + w_2 \qquad (6\text{-}91)$$

式中，T_v 为电机的电磁时间常数。

$$w_1 = u_{sx}\psi_{ry} - u_{sy}\psi_{rx} \qquad (6\text{-}92)$$

$$w_2 = u_{sx}\psi_{rx} + u_{sy}\psi_{ry} \qquad (6\text{-}93)$$

尽管该模型简单，但它需要获取定子磁链与转子磁链。

（学生的作业：设计控制系统并在 MATLAB 上运行该系统）

6.4.7 定子定向的多标量模型

描述 IM 动态特性的第 1 组变量在参考文献 [2] 中定义了:

$$x_{11} = \omega_r \tag{6-94}$$

$$x_{12} = \psi_{sx} i_{sy} - \psi_{sy} i_{sx} \tag{6-95}$$

$$x_{21} = \psi_{sx}^2 - \psi_{sy}^2 \tag{6-96}$$

$$x_{22} = \psi_{sx} i_{sx} + \psi_{sy} i_{sy} \tag{6-97}$$

这些变量的微分方程构成了 IM 的 MM 模型[25,26,29]:

$$\frac{dx_{11}}{d\tau} = \frac{1}{J}x_{12} - \frac{m_o}{J} \tag{6-98}$$

$$\frac{dx_{12}}{d\tau} = -\frac{1}{T_v}x_{12} + x_{11}\left(x_{22} - \frac{L_r}{w_\sigma}x_{21}\right) + \frac{L_m}{w_\sigma}u_1 \tag{6-99}$$

$$\frac{dx_{21}}{d\tau} = -2R_s x_{22} + 2u_2 \tag{6-100}$$

$$\frac{dx_{22}}{d\tau} = -\frac{1}{T_v}x_{22} - x_{11}x_{12} + \frac{R_r}{w_\sigma}x_{21} - \frac{x_{12}^2 + x_{22}^2}{x_{21}} + 2\frac{L_r}{w_\sigma}u_2 - \frac{L_m}{w_\sigma}u_1' \tag{6-101}$$

其中,

$$u_1 = u_{sy}\psi_{rx} - u_{sx}\psi_{ry} \tag{6-102}$$

$$u_2 = u_{sx}\psi_{sx} + u_{sy}\psi_{sy} \tag{6-103}$$

$$u_1' = u_{sx}\psi_{rx} + u_{sy}\psi_{ry} \tag{6-104}$$

$$T_v = \frac{w_\sigma L_r}{R_r w_\sigma + R_s L_r^2 + R_r L_m^2} \tag{6-105}$$

上述模型的非线性反馈解耦公式为

$$u_1 = \frac{w_\sigma}{L_r}\left[m_1 - x_{11}\left(x_{22} - \frac{L_r}{w_\sigma}x_{21}\right)\right] \tag{6-106}$$

$$u_2 = \frac{1}{2}\left(m_2 - \frac{1}{T}x_{21}\right) + R_s x_{22} \tag{6-107}$$

将式 (6-98) ~式 (6-101) 的系统方程式转化为下述形式的线性系统,
机械子系统为

$$\frac{dx_{11}}{d\tau} = \frac{1}{J}x_{12} - \frac{m_o}{J} \tag{6-108}$$

$$\frac{dx_{12}}{d\tau} = -\frac{1}{T_v}x_{12} + m_1 \tag{6-109}$$

电磁子系统为

$$\frac{dx_{21}}{d\tau} = -\frac{1}{T_v}x_{21} + m_2 \tag{6-110}$$

其中 m_1、m_2 为线性系统的新输入，T 为时间常数。出现在 IM 的 MM 中的控制变量 u_1、u_2 是按下述方式变换的定子电压分量[25、26、29]：

$$u_{\mathrm{sx}} = \frac{u_2\psi_{\mathrm{rx}} - u_1\psi_{\mathrm{sy}}}{\psi_{\mathrm{sx}}\psi_{\mathrm{rx}} + \psi_{\mathrm{ry}}\psi_{\mathrm{sy}}} \tag{6-111}$$

$$u_{\mathrm{sy}} = \frac{u_2\psi_{\mathrm{ry}} - u_1\psi_{\mathrm{sx}}}{\psi_{\mathrm{sx}}\psi_{\mathrm{rx}} + \psi_{\mathrm{ry}}\psi_{\mathrm{sy}}} \tag{6-112}$$

图 6-14 给出了基于定子磁链、定子电流的非线性控制系统方案。它包含了两个线性子系统，可以通过机械子系统的级联控制器和一个磁链控制器进行控制。新的状态变量不依赖于系统的坐标系。这一点对于控制系统的物理实现是很重要的，因为它可以大大简化传动系统。符号^表示变量是在速度观测器[3、4]中估算的。

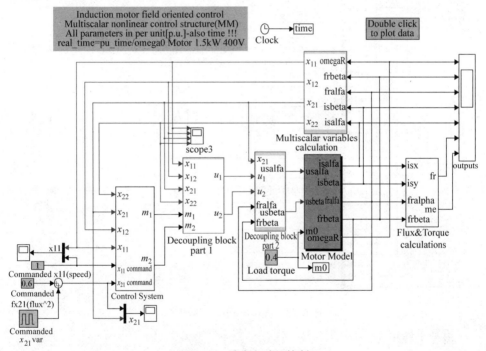

图 6-14　异步电动机控制

6.4.8　异步电动机的多标量控制

IM 控制仿真模型如图 6-14 所示，为了控制的需要，电动机模型由非线性状态及输入变换进行了解耦，仿真模型包括电动机模型、各种变换及控制系统模型。除特别说明，所有模型均采用标幺值。

IM 的多标量控制 Simulink 模型文件是【MM_voltage_control】，电动机参数

在【IM_param】文件中，参数文件应该首先被执行。

6.4.9 异步电动机模型

在任意速度旋转坐标系中，IM 标幺值模型在第 2 章中给出，仿真模型如图 6-15 所示，电动机电流与磁链幅值计算式为

$$|I_s| = \sqrt{I_{s\alpha}^2 + I_{s\beta}^2} \tag{6-113}$$

$$|\psi_s| = \sqrt{\psi_{s\alpha}^2 + \psi_{s\beta}^2} \tag{6-114}$$

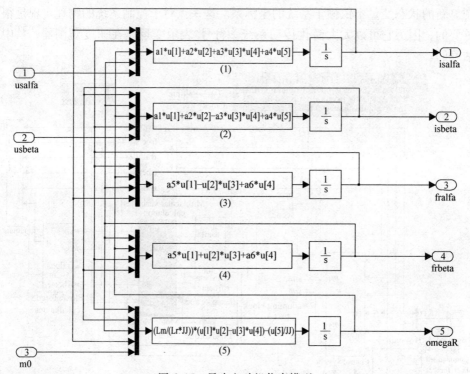

图 6-15 异步电动机仿真模型

电动机转矩为

$$M_e = \frac{L_m}{JL_r}(\psi_{r\alpha}i_{s\beta} - \psi_{r\beta}i_{s\alpha}) \tag{6-115}$$

6.4.10 状态变换

采用下述的非线性状态变换，可以使一个系统的非线性特性环节仅仅出现在控制通道中，

$$x_{11} = \omega_r \tag{6-116}$$

$$x_{12} = \psi_{r\alpha}i_{s\beta} - \psi_{r\beta}i_{s\alpha} = t_e \qquad (6\text{-}117)$$

$$x_{21} = \psi_{r\alpha}^2 + \psi_{r\beta}^2 = \psi_r^2 \qquad (6\text{-}118)$$

$$x_{22} = \psi_{r\alpha}i_{s\alpha} + \psi_{r\beta}i_{s\beta} \qquad (6\text{-}119)$$

上述变换的仿真建模如图 6-16 所示。

多标量变量计算

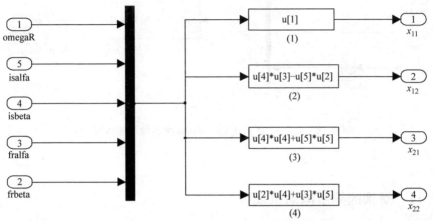

图 6-16　非线性状态变换

以 m_1、m_2 为新的输入，采用下述输入变换，非线性的 IM 可以完全解耦，

$$u_{s\alpha} = \frac{\psi_{r\alpha}u_2 - \psi_{r\beta}u_1}{x_{21}} \qquad (6\text{-}120)$$

$$u_{s\beta} = \frac{\psi_{r\alpha}u_1 + \psi_{r\beta}u_2}{x_{21}} \qquad (6\text{-}121)$$

$$u_1 = \frac{w_\sigma}{L_r}\left(x_{11}\left(x_{22} + \frac{L_m}{w_\sigma}x_{21} \right) + m_1 \right) \qquad (6\text{-}122)$$

$$u_2 = \frac{w_\sigma}{L_r}\left(-x_{11}x_{12} - \frac{R_rL_m}{L_rw_\sigma}x_{21} - \frac{R_rL_m}{L_r}\frac{x_{12}^2x_{22}^2}{x_{21}} + m_2 \right) \qquad (6\text{-}123)$$

这些方程在图 6-17、图 6-18 中进行仿真建模。

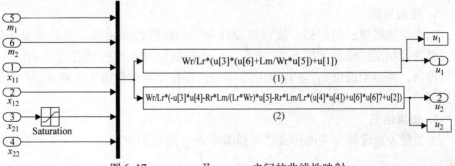

图 6-17　m_1、m_2 及 u_1、u_2 之间的非线性映射

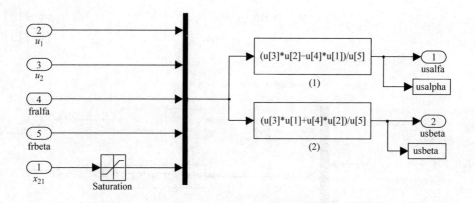

图 6-18　u_1、u_2 及 usalpha、usbeta 之间的非线性映射

6.4.11　解耦的异步电动机模型

在新的多标量状态与输入 m_1、m_2 之间的 IM 解耦模型[2、25、26、29]如下式：

$$\frac{\mathrm{d}x_{11}}{\mathrm{d}\tau} = \frac{L_m}{JL_r}x_{12} - \frac{1}{J}m_o \tag{6-124}$$

$$\frac{\mathrm{d}x_{12}}{\mathrm{d}\tau} = -\frac{1}{T_v}x_{12} + m_1 \tag{6-125}$$

$$\frac{\mathrm{d}x_{21}}{\mathrm{d}\tau} = -2\frac{R_r}{L_r}x_{21} + 2\frac{R_rL_m}{L_r}x_{22} \tag{6-126}$$

$$\frac{\mathrm{d}x_{22}}{\mathrm{d}\tau} = -\frac{1}{T_v}x_{22} + m_2 \tag{6-127}$$

其中 $T_v = \dfrac{w_\sigma L_r}{R_r w_\sigma + R_s L_r^2 + R_r L_m^2}$。

1. 控制系统

因为系统模型已经解耦，故可以设计简单的级联控制系统，且系统易于调试。级联控制系统模型如图 6-19 所示，外环控制器对系统的状态变量 x_{11}、x_{21} 进行控制，并分别提供 x_{12} 与 x_{22} 的指令值。内环控制器根据期望值对 x_{12} 与 x_{22} 进行控制。

2. 仿真结果

方波脉冲速度指令下的仿真结果如图 6-20、图 6-21 所示。

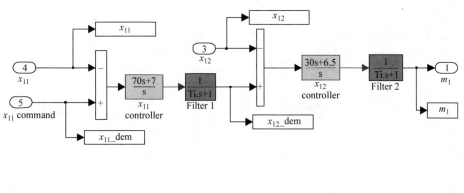

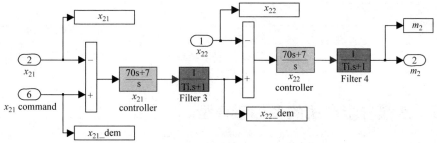

图 6-19 异步电动机级联控制系统

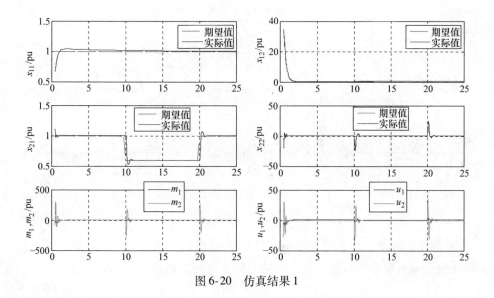

图 6-20 仿真结果 1

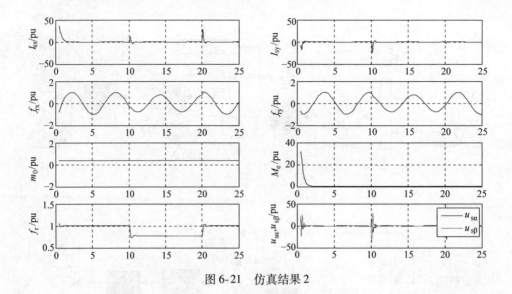

图 6-21 仿真结果 2

6.5 双馈异步电机的多标量模型

DFIM 的数学模型可推导成 5 个状态变量的微分方程，除转子速度外，将定子磁链、转子电流矢量选为状态变量对电动机建模[25,26]：

$$\frac{\mathrm{d}\psi_{\mathrm{sx}}}{\mathrm{d}\tau} = -\frac{R_{\mathrm{s}}}{L_{\mathrm{s}}} \cdot \psi_{\mathrm{sx}} + R_{\mathrm{s}}\frac{L_{\mathrm{m}}}{L_{\mathrm{s}}} \cdot i_{\mathrm{rx}} + \omega_{\mathrm{a}}\psi_{\mathrm{sy}} + u_{\mathrm{sx}} \tag{6-128}$$

$$\frac{\mathrm{d}\psi_{\mathrm{sy}}}{\mathrm{d}\tau} = -\frac{R_{\mathrm{s}}}{L_{\mathrm{s}}} \cdot \psi_{\mathrm{sy}} + R_{\mathrm{s}}\frac{L_{\mathrm{m}}}{L_{\mathrm{s}}} \cdot i_{\mathrm{ry}} - \omega_{\mathrm{a}}\psi_{\mathrm{sx}} + u_{\mathrm{sy}} \tag{6-129}$$

$$\frac{\mathrm{d}i_{\mathrm{rx}}}{\mathrm{d}\tau} = -\frac{R_{\mathrm{r}}L_{\mathrm{r}}^2 + R_{\mathrm{s}}L_{\mathrm{m}}^2}{L_{\mathrm{s}}w_{\sigma}}i_{\mathrm{rx}} + \frac{R_{\mathrm{s}}L_{\mathrm{m}}}{L_{\mathrm{s}}w_{\sigma}}\psi_{\mathrm{sx}} + (\omega_{\mathrm{a}} - \omega_{\mathrm{r}})i_{\mathrm{ry}} - \omega_{\mathrm{r}}\frac{L_{\mathrm{m}}}{w_{\sigma}}\psi_{\mathrm{sy}} + \frac{L_{\mathrm{s}}}{w_{\sigma}}u_{\mathrm{rx}} - \frac{L_{\mathrm{m}}}{w_{\sigma}}u_{\mathrm{sx}}$$
$$\tag{6-130}$$

$$\frac{\mathrm{d}i_{\mathrm{ry}}}{\mathrm{d}\tau} = -\frac{R_{\mathrm{r}}L_{\mathrm{r}}^2 + R_{\mathrm{s}}L_{\mathrm{m}}^2}{L_{\mathrm{s}}w_{\sigma}}i_{\mathrm{ry}} + \frac{R_{\mathrm{s}}L_{\mathrm{m}}}{L_{\mathrm{s}}w_{\sigma}}\psi_{\mathrm{sy}} - (\omega_{\mathrm{a}} - \omega_{\mathrm{r}})i_{\mathrm{rx}} + \omega_{\mathrm{r}}\frac{L_{\mathrm{m}}}{w_{\sigma}}\psi_{\mathrm{sx}} + \frac{L_{\mathrm{s}}}{w_{\sigma}}u_{\mathrm{ry}} - \frac{L_{\mathrm{m}}}{w_{\sigma}}u_{\mathrm{sy}}$$
$$\tag{6-131}$$

$$\frac{\mathrm{d}\omega_{\mathrm{r}}}{\mathrm{d}\tau} = \frac{L_{\mathrm{m}}}{L_{\mathrm{s}}J}(\psi_{\mathrm{sx}}i_{\mathrm{ry}} - \psi_{\mathrm{sy}}i_{\mathrm{rx}}) - \frac{1}{J}m_{\mathrm{o}} \tag{6-132}$$

对静止坐标系，ω_{a} 为 0，电机工作在发电机时，速度 ω_{r} 是模型的输入量，DFIM 的多标量变量可以选为定子磁链与转子电流，描述[25,26]如下：

$$x_{11} = \omega_{\mathrm{r}} \tag{6-133}$$

$$x_{12} = \psi_{\mathrm{sx}}i_{\mathrm{ry}} - \psi_{\mathrm{sy}}i_{\mathrm{rx}} \tag{6-134}$$

$$x_{21} = \psi_{sx}^2 + \psi_{sy}^2 \tag{6-135}$$

$$x_{22} = \psi_{sx}i_{rx} + \psi_{sy}i_{ry} \tag{6-136}$$

其中 ψ_{sx}、ψ_{sy}、i_{rx}、i_{ry} 是任意速度旋转 xy 坐标系中的定子磁链、转子电流矢量，ω_r 是电机转轴的角速度。

在推出新状态变量后，使用电机模型计算电流与磁链微分，DFIM 的一种新的 MM[25,26] 如下：

$$\frac{\mathrm{d}x_{11}}{\mathrm{d}\tau} = \frac{L_m}{JL_s}x_{12} - \frac{m_o}{J} \tag{6-137}$$

$$\frac{\mathrm{d}x_{12}}{\mathrm{d}\tau} = -\frac{1}{T_v}x_{12} + x_{11}x_{22} + \frac{L_m}{w_\sigma}x_{11}x_{21} + \frac{L_s}{w_\sigma}u_{r1} - \frac{L_m}{w_\sigma}u_{sf1} + u_{si1} \tag{6-138}$$

$$\frac{\mathrm{d}x_{21}}{\mathrm{d}\tau} = -2\frac{R_s}{L_s}x_{21} + 2R_s\frac{L_m}{L_s}x_{22} + 2u_{sf2} \tag{6-139}$$

$$\frac{\mathrm{d}x_{22}}{\mathrm{d}\tau} = -\frac{x_{22}}{T_v} - x_{11}x_{12} + \frac{R_sL_m}{L_sw_\sigma}x_{21} + \frac{R_sL_m}{L_s}\frac{x_{12}^2 + x_{22}^2}{x_{21}} - \frac{L_s}{w_\sigma}u_{r2} - \frac{L_m}{w_\sigma}u_{sf2} + u_{si2}$$
$$\tag{6-140}$$

式中

$$u_{r1} = u_{ry}\psi_{sx} - u_{rx}\psi_{sy} \tag{6-141}$$

$$u_{r2} = u_{rx}\psi_{sx} + u_{ry}\psi_{sy} \tag{6-142}$$

$$u_{sf1} = u_{sy}\psi_{sx} - u_{sx}\psi_{sy} \tag{6-143}$$

$$u_{sf2} = u_{sx}\psi_{sx} + u_{sy}\psi_{sy} \tag{6-144}$$

$$u_{si1} = u_{sx}i_{ry} - u_{sy}i_{rx} \tag{6-145}$$

$$u_{si2} = u_{sx}i_{rx} + u_{sy}i_{ry} \tag{6-146}$$

在非线性控制方法（以及 VC 方法）中，需要测量或估算出定子与转子之间的角度。

在使用非线性反馈后，新的线性化电机模型[25,26] 为：

$$\frac{\mathrm{d}x_{11}}{\mathrm{d}\tau} = \frac{L_m}{JL_s}x_{12} - \frac{1}{J}m_o \tag{6-147}$$

$$\frac{\mathrm{d}x_{12}}{\mathrm{d}\tau} = \frac{1}{T_v}(-x_{12} + m_1) \tag{6-148}$$

$$\frac{\mathrm{d}x_{21}}{\mathrm{d}\tau} = -2\frac{R_s}{L_s}x_{21} + 2\frac{R_sL_m}{L_s}x_{22} + 2u_{sf2} \tag{6-149}$$

$$\frac{\mathrm{d}x_{22}}{\mathrm{d}\tau} = \frac{1}{T_v}(-x_{22} + m_2) \tag{6-150}$$

式中，T_v 为时间常数。

$$u_{r1} = u_{ry}\psi_{sx} - u_{rx}\psi_{sy} \tag{6-151}$$

$$u_{r2} = u_{rx}\psi_{sx} + u_{ry}\psi_{sy} \tag{6-152}$$

$$u_{r1} = \frac{w_\sigma}{L_s}\left(-x_{11}\left(x_{22} + \frac{L_m}{w_\sigma}x_{21}\right) + \frac{L_m}{w_\sigma}u_{sf1} - u_{si1} + \frac{1}{T_v}m_1\right) \tag{6-153}$$

$$u_{r2} = \frac{w_\sigma}{L_s}\left(-\frac{R_s L_m}{L_s w_\sigma}x_{21} - \frac{R_s L_m}{L_s}i_r^2 + x_{11}x_{12} + \frac{L_m}{w_\sigma}u_{sf2} - u_{si2} + \frac{1}{T_v}m_2\right) \tag{6-154}$$

用于 PWM 算法中的转子电压分量定义如下：

$$u_{rx} = \frac{\psi_{sy}u_{r1} + \psi_{sx}u_{r2}}{x_{21}} \tag{6-155}$$

$$u_{ry} = \frac{\psi_{sy}u_{r2} - \psi_{sx}u_{r1}}{x_{21}} \tag{6-156}$$

6.6　永磁同步电机的非线性控制

静止坐标系中 PMSM 的数学模型[17]为：

$$\frac{di_\alpha}{dt} = -\frac{R_s}{L_s}i_\alpha + \frac{1}{L_s}e_\alpha + \frac{1}{L_s}u_{s\alpha} \tag{6-157}$$

$$\frac{di_\beta}{dt} = -\frac{R_s}{L_s}i_\beta + \frac{1}{L_s}e_\beta + \frac{1}{L_s}u_{s\beta} \tag{6-158}$$

$$\frac{d\psi_r}{dt} = \frac{1}{J}(\psi_{s\alpha}i_\beta - \psi_{s\beta}i_\alpha) - \frac{1}{J}m_o \tag{6-159}$$

且有，

$$\psi_{f\alpha} = \psi_f\cos\theta \tag{6-160}$$

$$\psi_{f\beta} = \psi_f\sin\theta \tag{6-161}$$

$$e_\alpha = \frac{d\psi_{f\alpha}}{dt} = -\psi_f\omega_r\sin\theta = -\omega_r\psi_{f\beta} \tag{6-162}$$

$$e_\beta = \frac{d\psi_{f\beta}}{dt} = +\psi_f\omega_r\cos\theta = \omega_r\psi_{f\alpha} \tag{6-163}$$

对 $\psi_s = \psi_f$，

$$\frac{d\omega_r}{dt} = \frac{1}{J}(\psi_{f\alpha}i_\beta - \psi_{f\beta}i_\alpha) - \frac{1}{J}m_o \tag{6-164}$$

电动机多标量模型的变量[17]为：

$$x_{12} = i_\beta\psi_{f\alpha} - i_\alpha\psi_{f\beta} \tag{6-165}$$

$$x_{22} = i_\alpha\psi_{f\alpha} + i_\beta\psi_{f\beta} \tag{6-166}$$

求这两个状态变量的微分，并将电动机电流与磁链的微分进行替换，得到如下模型：

$$\frac{\mathrm{d}x_{12}}{\mathrm{d}t} = -\frac{R_{\mathrm{s}}}{L_{\mathrm{s}}}(i_{\beta}\psi_{\mathrm{f}\alpha} - i_{\alpha}\psi_{\mathrm{f}\beta}) + e_{\alpha}i_{\beta} + \frac{1}{L_{\mathrm{s}}}e_{\beta}\psi_{\mathrm{f}\alpha} - e_{\beta}i_{\alpha} - \frac{1}{L_{\mathrm{s}}}e_{\alpha}\psi_{\mathrm{f}\beta} + \frac{1}{L_{\mathrm{s}}}u_{\beta}\psi_{\mathrm{f}\alpha} - \frac{1}{L_{\mathrm{s}}}u_{\alpha}\psi_{\mathrm{f}\beta}$$
$$(6\text{-}167)$$

$$\frac{\mathrm{d}x_{12}}{\mathrm{d}t} = -\frac{R_{\mathrm{s}}}{L_{\mathrm{s}}}(i_{\beta}\psi_{\mathrm{f}\alpha} - i_{\alpha}\psi_{\mathrm{f}\beta}) - \omega_{\mathrm{r}}\psi_{\mathrm{f}\beta}i_{\beta} - \omega_{\mathrm{r}}\psi_{\mathrm{f}\alpha}i_{\alpha} + \frac{1}{L_{\mathrm{s}}}\omega_{\mathrm{r}}\psi_{\mathrm{f}\alpha}^{2} - \frac{1}{L_{\mathrm{s}}}\omega_{\mathrm{r}}\psi_{\mathrm{f}\beta}^{2}$$
$$+ \frac{1}{L_{\mathrm{s}}}u_{\beta}\psi_{\mathrm{f}\alpha} - \frac{1}{L_{\mathrm{s}}}u_{\alpha}\psi_{\mathrm{f}\beta} \qquad (6\text{-}168)$$

$$\frac{\mathrm{d}x_{12}}{\mathrm{d}t} = -\frac{R_{\mathrm{s}}}{L_{\mathrm{s}}}x_{12} - x_{11}x_{22} + \frac{1}{L_{\mathrm{s}}}x_{11}x_{21} + V_{1} \qquad (6\text{-}169)$$

$$\frac{\mathrm{d}x_{22}}{\mathrm{d}t} = -\frac{R_{\mathrm{s}}}{L_{\mathrm{s}}}(i_{\alpha}\psi_{\mathrm{f}\alpha} + i_{\beta}\psi_{\mathrm{f}\beta}) + \omega_{\mathrm{r}}(\psi_{\mathrm{f}\alpha}i_{\beta} - \psi_{\mathrm{f}\beta}i_{\alpha}) - \frac{1}{L_{\mathrm{s}}}\omega_{\mathrm{r}}\psi_{\mathrm{f}\alpha}\psi_{\mathrm{f}\beta} + \frac{1}{L_{\mathrm{s}}}\omega_{\mathrm{r}}\psi_{\mathrm{f}\alpha}\psi_{\mathrm{f}\beta}$$
$$+ \frac{1}{L_{\mathrm{s}}}u_{\beta}\psi_{\mathrm{f}\alpha} + \frac{1}{L_{\mathrm{s}}}u_{\alpha}\psi_{\mathrm{f}\beta} \qquad (6\text{-}170)$$

$$\frac{\mathrm{d}x_{22}}{\mathrm{d}t} = -\frac{R_{\mathrm{s}}}{L_{\mathrm{s}}}x_{22} + x_{11}x_{12} + V_{2} \qquad (6\text{-}171)$$

这等效[17]为

$$\frac{\mathrm{d}x_{12}}{\mathrm{d}t} = -\frac{R_{\mathrm{s}}}{L_{\mathrm{s}}}x_{12} - x_{11}x_{22} + \frac{1}{L_{\mathrm{s}}}x_{11}x_{21} + V_{1} \qquad (6\text{-}172)$$

$$\frac{\mathrm{d}x_{22}}{\mathrm{d}t} = -\frac{R_{\mathrm{s}}}{L_{\mathrm{s}}}x_{22} + x_{11}x_{12} + V_{2} \qquad (6\text{-}173)$$

$$V_{1} = \frac{1}{L_{\mathrm{s}}}u_{\beta}\psi_{\mathrm{f}\alpha} - \frac{1}{L_{\mathrm{s}}}u_{\alpha}\psi_{\mathrm{f}\beta} \qquad (6\text{-}174)$$

$$V_{1} = \frac{1}{L_{\mathrm{s}}}u_{\beta}\psi_{\mathrm{f}\beta} + \frac{1}{L_{\mathrm{s}}}u_{\alpha}\psi_{\mathrm{f}\alpha} \qquad (6\text{-}175)$$

PMSM 的最终解耦模型为

$$\frac{\mathrm{d}x_{12}}{\mathrm{d}t} = \frac{1}{T_{\mathrm{i}}}(-x_{12} + m_{1}) \qquad (6\text{-}176)$$

$$\frac{\mathrm{d}x_{22}}{\mathrm{d}t} = \frac{1}{T_{\mathrm{i}}}(-x_{22} + m_{2}) \qquad (6\text{-}177)$$

式中

$$V_{1} = x_{11}x_{22} - \frac{1}{L_{\mathrm{s}}}x_{11}x_{21} + \frac{1}{T_{\mathrm{i}}}m_{1} \qquad (6\text{-}178)$$

$$V_{2} = -x_{11}x_{12} + \frac{1}{T_{\mathrm{i}}}m_{2} \qquad (6\text{-}179)$$

综上，控制信号可以选为

$$u_{\alpha} = L_{\mathrm{s}}\frac{V_{2}\psi_{\mathrm{f}\alpha} - V_{1}\psi_{\mathrm{f}\beta}}{x_{21}} \qquad (6\text{-}180)$$

$$u_\beta = L_s \frac{V_2\psi_{f\beta} + V_1\psi_{f\alpha}}{x_{21}} \tag{6-181}$$

控制部分的方块图如图 6-22 所示。

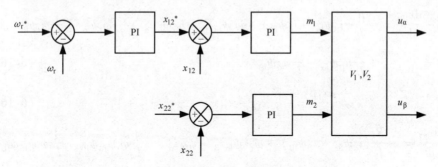

图 6-22　带有非线性解耦的 PMSM 的方块图

6.6.1　*dq* 电动机模型中永磁同步电机的非线性控制

为更好地描述非线性控制，重新列写电动机模型[17]：

$$\frac{di_d}{dt} = -\frac{R_s}{L_d}i_d + \frac{L_q}{L_d}\omega_r i_q + \frac{1}{L_d}u_d \tag{6-182}$$

$$\frac{di_q}{dt} = -\frac{R_s}{L_q}i_q - \frac{L_d}{L_q}\omega_r i_d - \frac{1}{L_q}\omega_r\psi_f + \frac{1}{L_q}u_q \tag{6-183}$$

$$\frac{d\omega}{dt} = \frac{1}{T_m}\left[\psi_f i_q + (L_d - L_q)i_d i_q - m_o\right] \tag{6-184}$$

$$\frac{d\theta}{dt} = \omega_r \tag{6-185}$$

新的驱动函数有

$$v_1 = \frac{L_q}{L_d}\omega_r i_q + \frac{1}{L_d}u_d \tag{6-186}$$

$$v_2 = -\frac{L_d}{L_q}\omega_r i_d - \frac{1}{L_q}\omega_r\psi_f + \frac{1}{L_q}u_q \tag{6-187}$$

可以得到电动机模型为

$$\frac{di_d}{dt} = -\frac{R_s}{L_d}i_d + v_1 \tag{6-188}$$

$$\frac{di_q}{dt} = -\frac{R_s}{L_q}i_q + v_2 \tag{6-189}$$

$$\frac{d\omega}{dt} = \frac{1}{T_m}\left[\psi_f i_q + (L_d - L_q)i_d i_q - m_o\right] \tag{6-190}$$

$$\frac{\mathrm{d}\theta}{\mathrm{d}t} = \omega_\mathrm{r} \tag{6-191}$$

按下式使用 v_1、v_2，可以得到解耦模块的电压分量命令值[17]为：

$$u_\mathrm{d} = L_\mathrm{d}v_1 - L_\mathrm{q}\omega_\mathrm{r}i_\mathrm{q} \tag{6-192}$$

$$u_\mathrm{q} = L_\mathrm{q}v_2 + \omega_\mathrm{r}(L_\mathrm{d}i_\mathrm{d} + \psi_\mathrm{f}) \tag{6-193}$$

这样，就得到了 dq 坐标系中的非线性控制方案（已经解耦）。

6.6.2 $\alpha\beta$ 坐标系 PMSM 非线性矢量控制

在 $\alpha\beta$ 坐标系中，PMSM 的控制模型如图 6-23 所示，它包含了 PMSM 模型与控制系统模型。除特别说明，模型都使用标幺值。

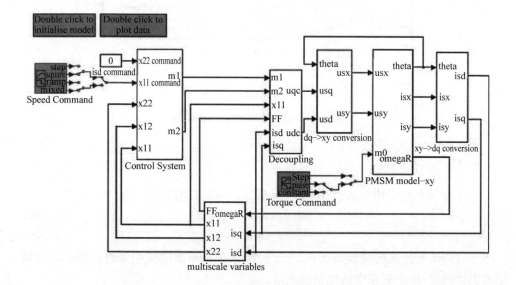

图 6-23 PMSM 的矢量控制

PMSM 控制模型的 Simulink 仿真文件是 ［PMSM_FOC_in_alpha_beta_nonlinear］，电动机参数在 ［PMSM_param］ 中，参数文件需要首先运行以便初始化系统的变量和参数。

6.6.3 $\alpha\beta$（xy）坐标系 PMSM 模型

在 $\alpha\beta$ 坐标系中，PMSM 标幺值数学模型已经在第 2 章中给出，仿真模型如图 6-24 所示。

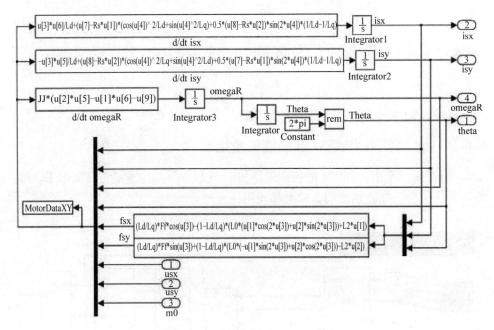

图 6-24 $\alpha\beta$ 坐标系的 PMSM 模型

6.6.4 坐标变换

xy 坐标系中的电流转换到 dq 坐标系时，可以采用下述变换：

$$i_{sd} = i_{sx}\cos\theta + i_{sy}\sin\theta \tag{6-194}$$

$$i_{sq} = -i_{sx}\sin\theta + i_{sy}\cos\theta \tag{6-195}$$

这两个变换式的建模如图 6-25 所示，dq 坐标系的电流用来进行控制。控制器提供的是 dq 坐标系中的控制输入量。

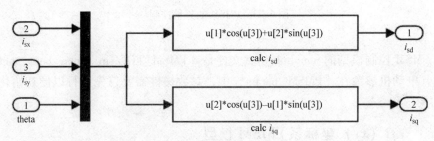

图 6-25 xy 坐标系转换为 dq 坐标系

dq 坐标系的控制电压需使用下述变换式转换到 xy 坐标系中，然后将两个电压分量送到 xy 坐标系的电机上。

$$u_{sx} = u_{sd}\cos\theta - u_{sq}\sin\theta \tag{6-196}$$

$$u_{sy} = u_{sd}\sin\theta + u_{sq}\cos\theta \tag{6-197}$$

上述方程式的建模如图 6-26 中所示。

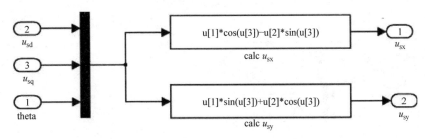

图 6-26　*dq* 坐标系转换为 *xy* 坐标系

1. 状态变换与输入变换

通过采用非线性状态与输入变换，可以得到 PMSM 线性化模型。该模型在多标量输入 m_1、m_2 及状态 x_{11}、x_{12}、x_{22} 之间是线性的，变换式如后面章节所述。

2. 状态变换

非线性多标量状态按下式计算：

$$x_{11} = \omega_r \tag{6-198}$$

$$x_{12} = ((L_d - L_q)i_{sd} + F_f)i_{sq} \tag{6-199}$$

$$x_{22} = i_{sd} \tag{6-200}$$

3. 输入变换

$$FF = (L_d - L_q)i_{sd} + F_f \tag{6-201}$$

$$U_1 = \left[-I_q\left(\frac{1}{L_d} - \frac{1}{L_q}\right)R_s i_{sd}i_{sd} + x_{11}\left(\frac{1}{L_q}FF^2 + i_{sd}FF\right) + x_{11}\left(\frac{1}{L_d} - \frac{1}{L_q}\right)L_q^2 i_{sq}^2 \right] + \frac{R_s}{L_q}m_1 \tag{6-202}$$

$$U_2 = -\frac{1}{L_d}x_{11}L_q i_{sq} + \frac{R_s}{L_d}m_2 \tag{6-203}$$

$$u_{sq} = \frac{L_q(U_1 - (L_d - L_q)i_{sq}U_2)}{FF} \tag{6-204}$$

$$u_{sd} = L_d U_2 \tag{6-205}$$

6.6.5　控制系统

x_{22} 通道的 PI 控制器提供了控制输入量 m_2，x_{11} 通道采用了级联的 PI 控制，如图 6-27 所示。x_{11} 环路控制器计算出 x_{12} 环路的命令值，后者则提供了控制输

入 m_1。

PI 控制器的内部结构如图 6-28 所示。

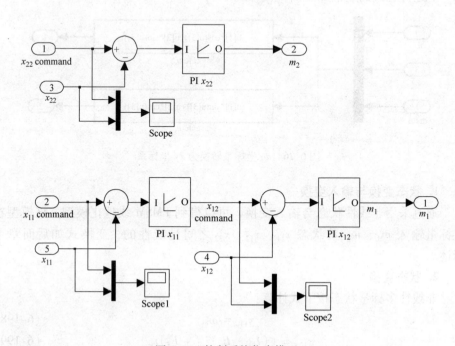

图 6-27 控制系统仿真模型

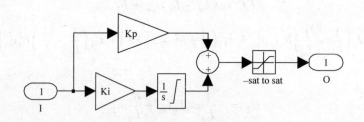

图 6-28 通用 PI 控制

6.6.6 仿真结果

速度跟踪的仿真结果如图 6-29、图 6-30 所示。

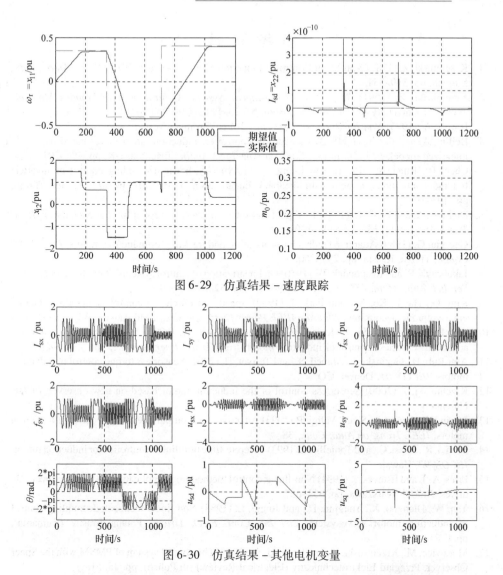

图 6-29　仿真结果 – 速度跟踪

图 6-30　仿真结果 – 其他电机变量

6.7　练习题

1. 选择 PI 控制器的参数

给出不同的电压与励磁电流命令值，运行仿真，观察直流电动机的响应。

2. 对他励直流电动机的两种控制方案，即线性与非线性控制方法，在同一个 Simulink 文件中进行仿真编程。然后进行对比分析。

3. 对 IM 的多标量电流控制方案进行 Simulink 编程。

（提示：可以使用图 6-13 中的模块作为示例）

参 考 文 献

1. Krzeminski, Z. (1987) Non-linear Control of Induction Motor. *IFAC 10th World Congr. Auto. Contr.*, Munich, pp. 349–354.
2. Krzeminski, Z. (1991) *Structures of Non-Linear Systems Control of Asynchronous Machine*. Technical University of Czestochowa, Book No 23, Poland (in Polish).
3. Isidori, A. (1995) *Non-linear Control Systems*, 3rd en. Springer Verlag.
4. Bellini, A. and Figali, G. (1993) An adaptive control for induction motor drives based on a fully linearized model, *EPE 5th Europ. Conf. on Pow. Elec. Applic*. Brighton, UK, pp. 196–201.
5. Chen, B., Ruan, Y., Xu, Y., and Liang, Q. (1990) Non-linear decoupling control of inverter-fed induction motor system with feedback linearization, *IFAC 11th World Congress*, Tallin, pp. 191–196.
6. De Luca, A. and Ulivi, G. (1989) Design of an exact non-linear controller for induction motor. *IEEE Trans. Aut. Contr.*, **34**(12), 1304–1307.
7. Georgiu, G. (1989) Adaptive feedback linearization and tracking for induction motors, *Proc. IFAC Congr.*, Tbilisi, Russia, pp. 255–260.
8. Jakubczyk, B. and Respondek, W. (1980) On linearization of control systems. *Bull. Acad. Polon. Sci. Ser. Ind. Appl. Math. Astron. Phys.*, **28**(9–10), 517–522.
9. Kim, G., Ha, I., Ko, M., and Park, J. (1989) Speed and efficiency control of induction motors via asymptotic decoupling, *20th Ann IEEE Power Elect. Spe. Conf.*, Milwaukee, WI, pp. 931–938.
10. Abu-Rub, H., Guzinski, J., Krzeminski, K., and Toliyat, H. (2003) Speed observer system for advanced sensorless control of induction motor, *IEEE Trans. Ener. Conv...*, **18**(2), 219–224.
11. Abu-Rub, H., Guzinski, J., Ahmed, S., and Toliyat, H. (2001) Sensorless torque control of induction motors, *IECON'01*, Denver, CO.
12. Krzemiński, Z (2000) Sensorless control of the induction motor based on new observer. *PCIM*, Nürenberg.
13. Marino, R., Peresada, S. and Valigi, P. (1993) Adaptive input-output linearizing control of induction motors, *IEEE Trans. on Auto. Cont.*, **38**.
14. Morici, R., Rossi, C., and Tonielli, A. (1993) Discrete-time non-linear controller for induction motor, *IECON'93*, Hawaje.
15. Pires, A. J. and Esteves, J. (1994) Non-linear control methodology application on variable speed AC drives, *PEMC*, Warszawa, pp. 652–657.
16. Yan, W., Dianguo, X., Yongjun, D., and Jinggi, L. (1988) Non-linear feedback decoupling control of induction motor servosystem. *2nd Int. Conf. Elect. Drives*, Poiana Brasov (Rumania), pp. C.211–217.
17. Morawiec, M., Krzemiński, Z., and Lewicki, A. (2009) The control system of PMSM with the Speer Observer, Przegląd Elektrotechniczny (Electrical Review) (in Polish), pp. 48–51.
18. Baran, J. and Krzemiński, Z. (1987) Simulation of non-linear controlled DC drive, *SPD-4*, Polana Chocholowska, (in Polish).
19. Krzemiński, Z. and Guziński, J. (1995) Non-linear control of DC drives, *II Polish Nat. Conf. Pover Elect. Electr. Drives Cont.*, Łódź, (in Polish).
20. Krause, P. C. and Wasynczuk, O. (1989) *Electromechanical Motion Devices*. McGraw-Hill.
21. Buxbaum, A., Straughen, A. and Schierau, K. (1990) *Design of Control Systems for DC Drives*. Springer-Verlag.
22. Baran, J. and Szewczyk, K. (1994) Synthesis of a non-linear control system of a chopper. *Conf. Elect. Drives Power Electron., EDPE'94*, The High Tatras, Slovakia.

23. Alexandridis, A. T and Iracleeous, D. P. (1994) Non-linear controllers for series-connected DC motor drive, *PEMC'94*, Warsaw.

24. Vukosavić, S. N. (2007) *Digital Control of Electrical Drives*. Springer Science + Business Media, LLC.

25. Krzemiński, Z. (2001) *Digital Control of AC Machines*. Gdańsk University of Technology Publishers, Gdańsk, (in Polish).

26. Bogdan, M., Wilamowski, J., and Irwin, D. (2011) *The Industrial Electronics Handbook: Power Electronics and Motor Drives* (Chapters 22-I and 27-I), Taylor and Francis Group, LLC.

27. Khalil, H. K. (2002) *Non-linear Systems*, 3rd edition, Prentice Hall, Upper Saddle River, NJ.

28. Abu-Rub, H., Krzeminski, Z., and Guzinski, J. (2000) Non-linear control of induction motor: Idea and application. *EPE–PEMC, 9th Inter. Power Elect. Motion Cont. Conf.*, vol. 6, pp. 213-218, Kosice/Slovac Republic.

29. Krzemiński, Z., Lewicki, A., and Włas, M. (2006) Properties of control systems based on non-linear models of the induction motor, *COMPEL Int. J. Comp. Math. Elect. Electr. Eng.*, **25**(1), 0332–1649.

第 7 章　五相异步电机的传动系统

7.1　概述

本章中的多相一词指的是相数大于三。三相电源随着三相供电、输电及配电系统的应用而易于获得。三相是发电与输电系统中最优的相数,因为三相系统的复杂度与其功率处理能力之间存在着平衡,调速电气传动也是为三相交流电机开发的。然而,电力电子变换器,大多为电压源或电流源逆变器,也是用于向三相传动系统供电的。电力电子变换器并没有限制其桥臂数量,逆变器输出相数等于其桥臂数目,因此将逆变器增加一个额外的桥臂就增加了其输出交流电的相数。相数增加的自由引起了人们对发展超过三相的调速电气传动系统的兴趣。据报道,1969[1]年首次提出五相 IM 调速传动。最初,五相逆变器工作在方波模式下,后来采用了 PWM 的工作模式。在 1983[2] 年六相传动系统的优点被公开,并引起了大量的文献报道,到 20 世纪末期,多相电机传动系统的研究依然在进行。在低成本,高可靠的功率开关器件以及强大的 DSP 出现后,多相传动系统吸引了研究者的热切关注,本章将介绍五相传动系统,讨论的焦点也仅是五相传动系统。

多相逆变器的 PWM 技术作为先进的多相传动系统控制的一部分而被大量研究,应用于三相逆变器的 SPWM 控制也可以在五相逆变器中应用。除了 SPWM,选择谐波消去技术也可以采用。然后,在多相电压型逆变器中的 SVPWM 被开发并得以具体实现。早期的方法是对三相 VSI 的 SVPWM 进行简单扩展,并应用于五相系统中。后来研究发现,需要更加精细的控制方案产生正弦量输出,已有多个方案提出并见于文献中。五相传动系统的研究是活跃的,并且有关该主题的印刷刊物甚多。

本章描述了五相传动系统的基本概念。一个典型的五相电气传动系统包括一台五相功率变换器、一个五相电机以及相关的控制部分,控制部分现在多由先进的 DSP(且与 PC 进行通信)实现。首先,详述了五相逆变器的模型,然后介绍了方波模式(即十阶梯运行)的简单控制。理论概念通过仿真和实验进行了验证。然后,描述了更加先进的控制技术,如 SVPWM。在本章中给出工作在 FOC 模式下的传动系统的完整数学模型,且在每个控制算法后都随即给出了相应的仿真模型。希望读者可以对书中给出的传动系统进行仿真,并实现自己的控制算法。要进一步了解五相及更多相数的交流电气传动系统,现在已有大量文献可以参阅,该领域内技术发展的综述可以参见文献 [17~21]。

7.2　多相传动系统的优点与应用

与三相传动系统相比,多相传动系统可以提供一些显著的优势。采用多相电机取代三相电机的主要优势可以参见 [17~42]。

- 更高的转矩密度[22-26];
- 更小的转矩脉动[1,27];
- 更好的故障冗余性[27-38];
- 逆变器每一个桥臂的功率等级下降(因此,可以使散热系统更简单、更可靠)[39,40];
- 更好的噪声特性。由于转矩纹波幅值减少,同时转矩脉动频率增加,从而使转矩更加平稳[41,42]。

多相传动系统尚不适用于通用传动系统,因此它们的应用场合被局限在一些关键领域中,如船舶推进、更多电气化的飞行器、混合动力电动汽车、电力牵引与电池供电电动车辆中,其中的原因主要有两层,在高功率应用场合中(例如船舶推进),多相传动系统的使用可以减少逆变器每个桥臂(每相)的额定功率。这是变换器侧的主要优势,因为较低定额的器件足可以处理较低的每相功率,在大功率应用中,需要将功率器件进行串并联组合以处理更大的功率。器件的串并联组合造成了电压、电流的暂态和动态均衡的问题。因此,在该领域中降低的每相功率对电机极具诱惑力。在保障生命安全的场合中(例如更加电气化的飞行器),多相传动的应用使系统具有更好的故障容错性,这一点是极其重要的。已有报道表明,其中一相或两相的损失,对传动系统的性能几乎没有影响。最后在电动及混合动力车辆场合中,多相传动推进系统的使用可以降低半导体功率器件的电流定额,尽管这几种系统的功率并不是很高,但车辆较低的供电电压使得电流很高。

7.3　五相异步电机传动系统的建模与仿真

一个五相电气传动系统包括一台五相交流电机、一台五相功率变换器及基于微控制器或 DSP 或 FPGA 且由 PC 控制的一台控制器,下述几节分别讲述传动系统几个部分的建模过程。首先给出一台五相感应电机的模型,其次是五相 VSI 的建模过程,然后讨论了采用 MATLAB/Simulink 对电机及逆变器的仿真。

7.3.1　五相异步电机的模型

描述的是五相异步电机数学模型，首先以相变量的形式进行推导，为了消去时变电感项简化电机模型，采用了坐标变换，因此构造了电机在 dqxy0 坐标系的模型，假定电机内所有的磁动势（磁场）沿空间呈正弦分布，仅考虑磁场基波分量产生的转矩；然后，在具有集中式绕组的五相电机中，电流的 3 次谐波分量可以同基波一起用来产生转矩[5]。本书暂不考虑五相电机的这个特性。第 4 章电机统一理论中的其他假设条件均适用于此。有关建模流程更加详细的讨论见参考文献 [49]。

1. 相变量模型

一台五相异步电机沿定子圆周有 10 个相带，每个相带占据了 36°空间。因此，两相之间的空间位移是 72°。转子绕组可以等效为一套与定子绕组具有相同属性的五相绕组，假定使用经过绕组变换系数的转子绕组，已经与定子绕组具有相同的参数，那么一台五相异步电机可以采用下列电压平衡方程与磁链方程：

$$\boldsymbol{v}^s_{\_abcde} = \underline{\boldsymbol{R}}_s \, \underline{\boldsymbol{i}}^s_{\_abcde} + \frac{\mathrm{d}\,\underline{\boldsymbol{\psi}}^s_{\_abcde}}{\mathrm{d}t}$$

$$\underline{\boldsymbol{\psi}}^s_{\_abcde} = \underline{\boldsymbol{L}}_s \, \underline{\boldsymbol{i}}^s_{\_abcde} + \underline{\boldsymbol{L}}_{sr} \, \underline{\boldsymbol{i}}^r_{\_abcde} \qquad (7\text{-}1)$$

$$\boldsymbol{v}^r_{\_abcde} = \underline{\boldsymbol{R}}_r \, \underline{\boldsymbol{i}}^r_{\_abcde} + \frac{\mathrm{d}\,\underline{\boldsymbol{\psi}}^r_{\_abcde}}{\mathrm{d}t}$$

$$\underline{\boldsymbol{\psi}}^r_{\_abcde} = \underline{\boldsymbol{L}}_r \, \underline{\boldsymbol{i}}^r_{\_abcde} + \underline{\boldsymbol{L}}_{rs} \, \underline{\boldsymbol{i}}^s_{\_abcde} \qquad (7\text{-}2)$$

前面两式中的相电压、相电流及相磁链矩阵见下列定义式：

$$\boldsymbol{v}^s_{\_abcde} = \begin{bmatrix} v_{as} & v_{bs} & v_{cs} & v_{ds} & v_{es} \end{bmatrix}^T$$

$$\boldsymbol{i}^s_{\_abcde} = \begin{bmatrix} i_{as} & i_{bs} & i_{cs} & i_{ds} & i_{es} \end{bmatrix}^T$$

$$\underline{\boldsymbol{\psi}}^s_{\_abcde} = \begin{bmatrix} \psi_{as} & \psi_{bs} & \psi_{cs} & \psi_{ds} & \psi_{es} \end{bmatrix}^T$$

$$\boldsymbol{v}^r_{\_abcde} = \begin{bmatrix} v_{ar} & v_{br} & v_{cr} & v_{dr} & v_{er} \end{bmatrix}^T$$

$$\boldsymbol{i}^r_{\_abcde} = \begin{bmatrix} i_{ar} & i_{br} & i_{cr} & i_{dr} & i_{er} \end{bmatrix}^T$$

$$\underline{\boldsymbol{\psi}}^r_{\_abcde} = \begin{bmatrix} \psi_{ar} & \psi_{br} & \psi_{cr} & \psi_{dr} & \psi_{er} \end{bmatrix}^T \qquad (7\text{-}3)$$

定子与转子电感矩阵如下（$\alpha = 2\pi/5$）：

$$\underline{\boldsymbol{L}}_s = \begin{bmatrix} L_{aas} & L_{abs} & L_{acs} & L_{ads} & L_{aes} \\ L_{abs} & L_{bbs} & L_{bcs} & L_{bds} & L_{bes} \\ L_{acs} & L_{bcs} & L_{ccs} & L_{cds} & L_{ces} \\ L_{ads} & L_{bds} & L_{cds} & L_{dds} & L_{des} \\ L_{aes} & L_{bes} & L_{ces} & L_{des} & L_{ees} \end{bmatrix}$$

$$\underline{\boldsymbol{L}}_s = \begin{bmatrix} L_{ls}+M & M\cos\alpha & M\cos2\alpha & M\cos2\alpha & M\cos\alpha \\ M\cos\alpha & L_{ls}+M & M\cos\alpha & M\cos2\alpha & M\cos2\alpha \\ M\cos2\alpha & M\cos\alpha & L_{ls}+M & M\cos\alpha & M\cos2\alpha \\ M\cos2\alpha & M\cos2\alpha & M\cos\alpha & L_{ls}+M & M\cos\alpha \\ M\cos\alpha & M\cos2\alpha & M\cos2\alpha & M\cos\alpha & L_{ls}+M \end{bmatrix} \tag{7-4}$$

$$\underline{\boldsymbol{L}}_r = \begin{bmatrix} L_{aar} & L_{abr} & L_{acr} & L_{adr} & L_{aer} \\ L_{abr} & L_{bbr} & L_{bcr} & L_{bdr} & L_{ber} \\ L_{acr} & L_{bcr} & L_{ccr} & L_{cdr} & L_{cer} \\ L_{adr} & L_{bdr} & L_{cdr} & L_{ddr} & L_{der} \\ L_{aer} & L_{ber} & L_{cer} & L_{der} & L_{eer} \end{bmatrix}$$

$$\underline{\boldsymbol{L}}_r = \begin{bmatrix} L_{lr}+M & M\cos\alpha & M\cos2\alpha & M\cos2\alpha & M\cos\alpha \\ M\cos\alpha & L_{lr}+M & M\cos\alpha & M\cos2\alpha & M\cos2\alpha \\ M\cos2\alpha & M\cos\alpha & L_{lr}+M & M\cos\alpha & M\cos2\alpha \\ M\cos2\alpha & M\cos2\alpha & M\cos\alpha & L_{lr}+M & M\cos\alpha \\ M\cos\alpha & M\cos2\alpha & M\cos2\alpha & M\cos\alpha & L_{lr}+M \end{bmatrix} \tag{7-5}$$

定子与转子绕组间的互感矩阵为

$$\underline{\boldsymbol{L}}_{sr} = M \begin{bmatrix} \cos\theta & \cos(\theta+\alpha) & \cos(\theta+2\alpha) & \cos(\theta-2\alpha) & \cos(\theta-\alpha) \\ \cos(\theta-\alpha) & \cos\theta & \cos(\theta+\alpha) & \cos(\theta+2\alpha) & \cos(\theta-2\alpha) \\ \cos(\theta-2\alpha) & \cos(\theta-\alpha) & \cos\theta & \cos(\theta+\alpha) & \cos(\theta+2\alpha) \\ \cos(\theta+2\alpha) & \cos(\theta-2\alpha) & \cos(\theta-\alpha) & \cos\theta & \cos(\theta+\alpha) \\ \cos(\theta+\alpha) & \cos(\theta+2\alpha) & \cos(\theta-2\alpha) & \cos(\theta-\alpha) & \cos\theta \end{bmatrix}$$

$$\underline{\boldsymbol{L}}_{rs} = \boldsymbol{L}_{sr}^{\mathrm{T}} \tag{7-6}$$

角度 θ 是转子绕组 a 相磁场轴线相对于定子绕组 a 相磁场轴线的瞬时位置，即是转子相对定子的瞬时角位置。

定子与转子绕组的电阻矩阵是 5×5 的对角矩阵：

$$\underline{\boldsymbol{R}}_s = diag(R_s \quad R_s \quad R_s \quad R_s \quad R_s)$$
$$\underline{\boldsymbol{R}}_r = diag(R_r \quad R_r \quad R_r \quad R_r \quad R_r) \tag{7-7}$$

电机转矩公式可以用相变量表示如下：

$$T_e = \frac{P}{2} \underline{\boldsymbol{i}}^{\mathrm{T}} \frac{\mathrm{d}\underline{\boldsymbol{L}}_{abcde}}{\mathrm{d}\theta} \underline{\boldsymbol{i}} = \frac{P}{2} \begin{bmatrix} \underline{\boldsymbol{i}}_{abcde}^{\mathrm{sT}} & \underline{\boldsymbol{i}}_{abcde}^{\mathrm{rT}} \end{bmatrix} \frac{\mathrm{d}\underline{\boldsymbol{L}}_{abcde}}{\mathrm{d}\theta} \begin{bmatrix} \underline{\boldsymbol{i}}_{abcde}^{\mathrm{s}} \\ \underline{\boldsymbol{i}}_{abcde}^{\mathrm{r}} \end{bmatrix} \tag{7-8a}$$

$$T_e = P \underline{\boldsymbol{i}}_{abcde}^{\mathrm{sT}} \frac{\mathrm{d}\underline{\boldsymbol{L}}_{sr}}{\mathrm{d}\theta} \underline{\boldsymbol{i}}_{abcde}^{\mathrm{r}} \tag{7-8b}$$

将式（7-2）、式（7-3）中的定、转子电流及式（7-6）代入式（7-8b），

可以得到转矩方程的展开式为

$$
T_e = - PM \left\{ \begin{array}{l} (i_{as}i_{ar} + i_{bs}i_{br} + i_{cs}i_{cr} + i_{ds}i_{dr} + i_{es}i_{er})\sin\theta + (i_{es}i_{ar} + i_{as}i_{br} + i_{bs}i_{cr} + \\ i_{cs}i_{dr} + i_{ds}i_{er})\sin(\theta + \alpha) + (i_{ds}i_{ar} + i_{es}i_{br} + i_{as}i_{cr} + i_{bs}i_{dr} + i_{cs}i_{er}) \\ \sin(\theta + 2\alpha) + (i_{cs}i_{ar} + i_{ds}i_{br} + i_{es}i_{cr} + i_{as}i_{dr} + i_{bs}i_{er})\sin(\theta - 2\alpha) + \\ (i_{bs}i_{ar} + i_{cs}i_{br} + i_{ds}i_{cr} + i_{es}i_{dr} + i_{as}i_{er})\sin(\theta - \alpha) \end{array} \right\}
$$

$$(7-9)$$

2. 模型变换

为了简化电机模型，有必要使用坐标系的变换，这将会消去前面式中的时变电感，坐标变换采用功率守恒形式，下列变换矩阵适用于定子的五相绕组。

$$
\underline{A}_s = \sqrt{\frac{2}{5}} \begin{bmatrix} \cos\theta_s & \cos(\theta_s - \alpha) & \cos(\theta_s - 2\alpha) & \cos(\theta_s + 2\alpha) & \cos(\theta_s + \alpha) \\ -\sin\theta_s & -\sin(\theta_s - \alpha) & -\sin(\theta_s - 2\alpha) & -\sin(\theta_s + 2\alpha) & -\sin(\theta_s + \alpha) \\ 1 & \cos(2\alpha) & \cos(4\alpha) & \cos(4\alpha) & \cos(2\alpha) \\ 0 & \sin(2\alpha) & \sin(4\alpha) & -\sin(4\alpha) & -\sin(2\alpha) \\ \frac{1}{\sqrt{2}} & \frac{1}{\sqrt{2}} & \frac{1}{\sqrt{2}} & \frac{1}{\sqrt{2}} & \frac{1}{\sqrt{2}} \end{bmatrix}
$$

$$(7-10)$$

转子绕组变量可以采用相同的变换矩阵进行坐标变换，不过式中的角度需要替换为 β，$\beta = \theta_s - \theta$，其中 θ_s 是公共坐标系 d 轴相对于 a 相定子绕组磁场轴线的瞬时角位置；β 是公共坐标系 d 轴相对于 a 相转子绕组磁场轴线的瞬时角位置，因此转子变量变换矩阵为

$$
\underline{A}_r = \sqrt{\frac{2}{5}} \begin{bmatrix} \cos\beta & \cos(\beta - \alpha) & \cos(\beta - 2\alpha) & \cos(\beta + 2\alpha) & \cos(\beta + \alpha) \\ -\sin\beta & -\sin(\beta - \alpha) & -\sin(\beta - 2\alpha) & -\sin(\beta + 2\alpha) & -\sin(\beta + \alpha) \\ 1 & \cos(2\alpha) & \cos(4\alpha) & \cos(4\alpha) & \cos(2\alpha) \\ 0 & \sin(2\alpha) & \sin(4\alpha) & -\sin(4\alpha) & -\sin(2\alpha) \\ \frac{1}{\sqrt{2}} & \frac{1}{\sqrt{2}} & \frac{1}{\sqrt{2}} & \frac{1}{\sqrt{2}} & \frac{1}{\sqrt{2}} \end{bmatrix}
$$

$$(7-11)$$

定子变量变换式与转子变量变换式中的角度均与所选的任意速度公共坐标系的速度有关，如下：

$$
\theta_s = \int \omega_a \mathrm{d}t
$$

$$
\beta = \theta_s - \theta = \int (\omega_a - \omega)\mathrm{d}t \tag{7-12}
$$

其中 ω 是转子旋转的瞬时电角速度。

3. 在任意公共坐标系中的电机模型

原始相变量与变换后的新变量之间的关系由下列变换式决定:

$$\boldsymbol{v}^{\mathrm{s}}_{\mathrm{dq}} = \underline{\boldsymbol{A}}_{\mathrm{s}}\, \boldsymbol{v}^{\mathrm{s}}_{\mathrm{abcde}} \qquad \boldsymbol{i}^{\mathrm{s}}_{\mathrm{dq}} = \underline{\boldsymbol{A}}_{\mathrm{s}}\, \boldsymbol{i}^{\mathrm{s}}_{\mathrm{abcde}} \qquad \boldsymbol{\psi}^{\mathrm{s}}_{\mathrm{dq}} = \underline{\boldsymbol{A}}_{\mathrm{s}}\, \boldsymbol{\psi}^{\mathrm{s}}_{\mathrm{abcde}}$$

$$\boldsymbol{v}^{\mathrm{r}}_{\mathrm{dq}} = \underline{\boldsymbol{A}}_{\mathrm{r}}\, \boldsymbol{v}^{\mathrm{r}}_{\mathrm{abcde}} \qquad \boldsymbol{i}^{\mathrm{r}}_{\mathrm{dq}} = \underline{\boldsymbol{A}}_{\mathrm{r}}\, \boldsymbol{i}^{\mathrm{r}}_{\mathrm{abcde}} \qquad \boldsymbol{\psi}^{\mathrm{r}}_{\mathrm{dq}} = \underline{\boldsymbol{A}}_{\mathrm{r}}\, \boldsymbol{\psi}^{\mathrm{r}}_{\mathrm{abcde}} \qquad (7\text{-}13)$$

将式 (7-1)、式 (7-2) 带入到式 (7-13), 再应用式 (7-10) 与式 (7-11), 可以得出在公共坐标系中的电机电压方程式 (其中 $p = \dfrac{\mathrm{d}}{\mathrm{d}t}$):

$$
\begin{aligned}
v_{\mathrm{ds}} &= R_{\mathrm{s}}i_{\mathrm{ds}} - \omega_{\mathrm{a}}\psi_{\mathrm{qs}} + p\psi_{\mathrm{ds}} &\qquad v_{\mathrm{dr}} &= R_{\mathrm{r}}i_{\mathrm{dr}} - (\omega_{\mathrm{a}} - \omega)\psi_{\mathrm{qr}} + p\psi_{\mathrm{dr}} \\
v_{\mathrm{qs}} &= R_{\mathrm{s}}i_{\mathrm{qs}} + \omega_{\mathrm{a}}\psi_{\mathrm{ds}} + p\psi_{\mathrm{qs}} &\qquad v_{\mathrm{qr}} &= R_{\mathrm{r}}i_{\mathrm{qr}} + (\omega_{\mathrm{a}} - \omega)\psi_{\mathrm{dr}} + p\psi_{\mathrm{qr}} \\
v_{\mathrm{xs}} &= R_{\mathrm{s}}i_{\mathrm{xs}} + p\psi_{\mathrm{xs}} &\qquad v_{\mathrm{xr}} &= R_{\mathrm{r}}i_{\mathrm{xr}} + p\psi_{\mathrm{xr}} \\
v_{\mathrm{ys}} &= R_{\mathrm{s}}i_{\mathrm{ys}} + p\psi_{\mathrm{ys}} &\qquad v_{\mathrm{yr}} &= R_{\mathrm{r}}i_{\mathrm{yr}} + p\psi_{\mathrm{yr}} \\
v_{\mathrm{0s}} &= R_{\mathrm{s}}i_{\mathrm{0s}} + p\psi_{\mathrm{0s}} &\qquad v_{\mathrm{0r}} &= R_{\mathrm{r}}i_{\mathrm{0r}} + p\psi_{\mathrm{0r}} \qquad (7\text{-}14)
\end{aligned}
$$

将式 (7-1)、式 (7-2) 磁链方程进行变换, 可以得到:

$$
\begin{aligned}
\psi_{\mathrm{ds}} &= (L_{\mathrm{ls}} + 2.5M)i_{\mathrm{ds}} + 2.5Mi_{\mathrm{dr}} &\qquad \psi_{\mathrm{dr}} &= (L_{\mathrm{lr}} + 2.5M)i_{\mathrm{dr}} + 2.5Mi_{\mathrm{ds}} \\
\psi_{\mathrm{qs}} &= (L_{\mathrm{ls}} + 2.5M)i_{\mathrm{qs}} + 2.5Mi_{\mathrm{qr}} &\qquad \psi_{\mathrm{qr}} &= (L_{\mathrm{lr}} + 2.5M)i_{\mathrm{qr}} + 2.5Mi_{\mathrm{qs}} \\
\psi_{\mathrm{xs}} &= L_{\mathrm{ls}}i_{\mathrm{xs}} &\qquad \psi_{\mathrm{xr}} &= L_{\mathrm{lr}}i_{\mathrm{xr}} \\
\psi_{\mathrm{ys}} &= L_{\mathrm{ls}}i_{\mathrm{ys}} &\qquad \psi_{\mathrm{yr}} &= L_{\mathrm{lr}}i_{\mathrm{yr}} \\
\psi_{\mathrm{0s}} &= L_{\mathrm{ls}}i_{\mathrm{0s}} &\qquad \psi_{\mathrm{0r}} &= L_{\mathrm{lr}}i_{\mathrm{0r}} \qquad (7\text{-}15)
\end{aligned}
$$

引入励磁电感 $L_{\mathrm{m}} = 2.5M$, 式 (7-15) 可以改写为

$$
\begin{aligned}
\psi_{\mathrm{ds}} &= (L_{\mathrm{ls}} + L_{\mathrm{m}})i_{\mathrm{ds}} + L_{\mathrm{m}}i_{\mathrm{dr}} &\qquad \psi_{\mathrm{dr}} &= (L_{\mathrm{lr}} + L_{\mathrm{m}})i_{\mathrm{dr}} + L_{\mathrm{m}}i_{\mathrm{ds}} \\
\psi_{\mathrm{qs}} &= (L_{\mathrm{ls}} + L_{\mathrm{m}})i_{\mathrm{qs}} + L_{\mathrm{m}}i_{\mathrm{qr}} &\qquad \psi_{\mathrm{qr}} &= (L_{\mathrm{lr}} + L_{\mathrm{m}})i_{\mathrm{qr}} + L_{\mathrm{m}}i_{\mathrm{qs}} \\
\psi_{\mathrm{xs}} &= L_{\mathrm{ls}}i_{\mathrm{xs}} &\qquad \psi_{\mathrm{xr}} &= L_{\mathrm{lr}}i_{\mathrm{xr}} \\
\psi_{\mathrm{ys}} &= L_{\mathrm{ls}}i_{\mathrm{ys}} &\qquad \psi_{\mathrm{yr}} &= L_{\mathrm{lr}}i_{\mathrm{yr}} \\
\psi_{\mathrm{0s}} &= L_{\mathrm{ls}}i_{\mathrm{0s}} &\qquad \psi_{\mathrm{0r}} &= L_{\mathrm{lr}}i_{\mathrm{0r}} \qquad (7\text{-}16)
\end{aligned}
$$

最后, 原始的转矩方程式 (7-8b) 可以变换为

$$T_{\mathrm{e}} = \frac{5P}{2}M\left[i_{\mathrm{dr}}i_{\mathrm{qs}} - i_{\mathrm{ds}}i_{\mathrm{qr}}\right]$$

$$T_{\mathrm{e}} = PL_{\mathrm{m}}\left[i_{\mathrm{dr}}i_{\mathrm{qs}} - i_{\mathrm{ds}}i_{\mathrm{qr}}\right] \qquad (7\text{-}17)$$

转子机械运动方程式在引入坐标变换后仍保持不变, 为

$$T_{\mathrm{e}} - T_{L} = \frac{J}{P}\frac{\mathrm{d}\omega}{\mathrm{d}t} \qquad (7\text{-}18)$$

其中 J 是转动惯量, P 是电机极对数。三相电机模型与五相电机模型的区别仅仅在于五相电机中额外的 $x - y$ 分量。但是, 这两个额外的分量既不产生磁场, 也不产生转矩。它们只是增加了电机的额外损耗。把数学模型中的 $\mathrm{d}/\mathrm{d}t$ 项替换成 $\mathrm{j}\omega_{\mathrm{e}}$, ω_{e} 是电机的基波工作频率, 就可以得到五相异步电机的稳态等效电路, 如

图 7-1 所示。

在五相异步电机中，$x-y$ 变量与 $d-q$ 坐标变量解耦，同时 $x-y$ 与转子电路也无耦合。这对具有正弦分布 MMF 的 n 相交流电机都成立，仅有一对变量，即 $d-q$ 坐标变量产生转矩，其他坐标量仅仅只是增加电机损耗。不同次数的定子电压/电流谐波分别映射到 $d-q$ 或 $x-y$ 平面中，具体映射关系与谐波次数有关，见表 7-1，这是多相系统的共同特点。这将导致多相电机的控制出现显著不同。因

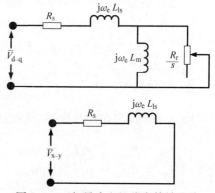

图 7-1 五相异步电机稳态等效电路

此，基波、9 次、11 次等谐波由 $d-q$ 分量产生，3 次、7 次、13 次等谐波由 $x-y$ 分量产生，5 次整数倍谐波则由零序分量产生。

表 7-1 五相异步电机谐波映射关系

分量	五相系统
$d-q$	$10j \pm 1$ （$j=0, 1, 2, \cdots$）
$x-y$	$10j \pm 3$ （$j=0, 1, 2, \cdots$）
零序	$10j + 5$ （$j=0, 1, 2, \cdots$）

4. 电网供电五相异步电机传动系统的 MATLAB 模型

图 7-2 给出了由五相理想正弦电压供电的一台五相异步电机的 MATLAB 仿真模型。五相正弦波是 Simulink 信号源库（source）中的 sine wave 来产生的，所有五相电源均由同一个模块产生，通过设置适当的 72°间隔的相位移，即 $\left[\, 0 \quad \dfrac{2\pi}{5} \quad \dfrac{4\pi}{5} \quad -\dfrac{4\pi}{5} \quad -\dfrac{2\pi}{5} \,\right]$，仿真模型可以用在相变量形式的方程(7-1) ~ (7-9)中，也可以用在变换后的方程中 (7-14) ~ (7-18)，这里采用了后者。五相电源电压变换到 $d-q-x-y$ 坐标，并提供给电机模型。电机模型的输出为电流、速度、转矩和转子磁链，子模块内部结构在图 7-2b 和图 7-2c 中给出。

五相正弦电源分别在空载和负载等情况下给五相感应电机供电，仿真得出的波形如图 7-3 ~ 图 7-11 所示。

5. 空载条件

空载条件下五相异步电机的响应如图 7-3 ~ 图 7-7 所示，幅值为 $220\sqrt{2}$，频率为 50Hz 的额定电压提供给五相异步电机的定子，从而使异步电机可以加速至 1500r/min 的额定速度，图 7-3 给出了两个周期的供电电压波形，异步电机响应与三相异步电机非常类似。

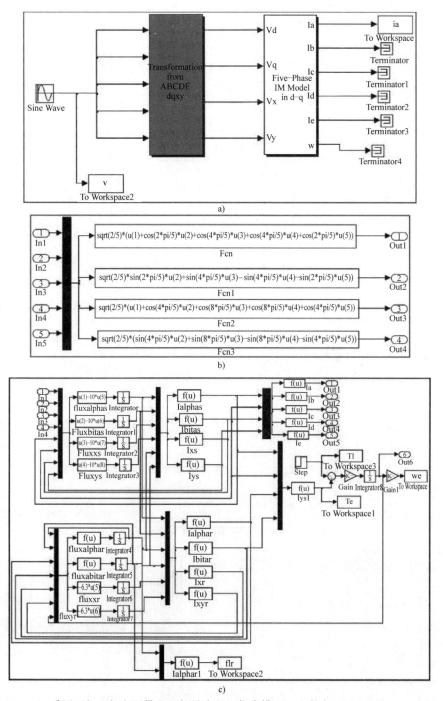

a)

b)

c)

图 7-2 a) 采用理想五相电源供电五相异步电机仿真模型 (文件名: *Ideal_ 5_ Motor. mdl*)
b) 从五相到 4 个正交坐标轴的变换子系统 c) 五相异步电机仿真模型

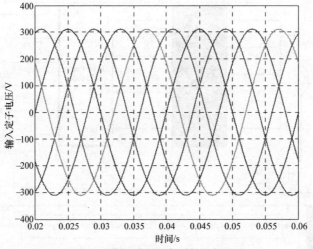

图 7-3 输入到电机定子的五相电压

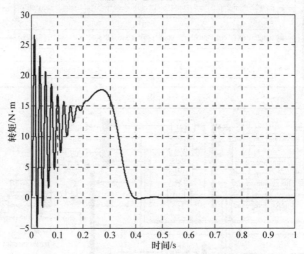

图 7-4 五相异步电机在空载下的转矩响应

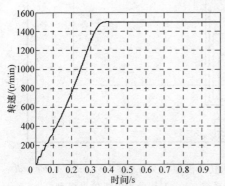

图 7-5 五相异步电机在空载下的速度响应 图 7-6 五相异步电机在空载下的 a 相定子电流

6. 额定负载条件

为了观察在额定负载条件下电机的响应，8.33Nm 的额定负载在仿真时间 1s 时加到电机轴端。在经历过励磁与加速暂态后，电机到达稳定状态时就施加负载。所得仿真波形如图 7-8 ~ 图 7-11 所示，很显然，图 7-8 中电机可以很好地带载运行，显然图 7-9 中速度响应出现了跌落，然后逐渐稳定在 1428r/min 的新速度上。因为传动系统并没有进行速度调整的动作，所以电机就持续工作在较额定速度稍低的速度上。通常情况下，可以使用 PI 控制器实现可校正速度偏差

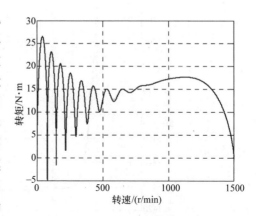

图 7-7　五相异步电机在空载下的转矩对速度响应

的闭环运行。但是在这里先不采用，图 7-11 给出了整个仿真过程中的转子磁链，可以看出电机带载后的磁链有稍许减弱。因此可以说，五相 IM 的特性与三相 IM 特性是非常相似的。

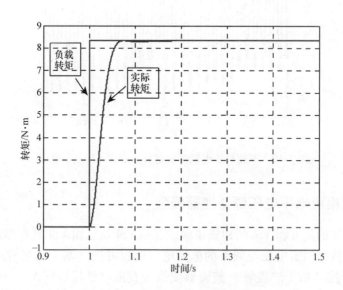

图 7-8　五相异步电机在额定负载下的转矩响应

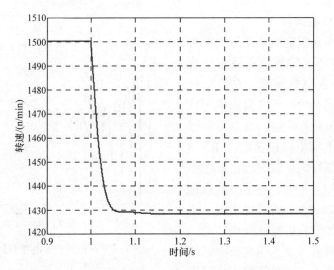

图 7-9   五相异步电机在额定负载下的速度响应

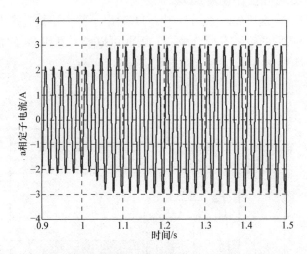

图 7-10   五相异步电机在额定负载下的 a 相定子电流

7.3.2   五相两电平电压源逆变器模型

本节描述的是五相 VSI 的建模步骤，五相 VSI 与三相 VSI 具有相似的前级功率变换器结构，固定电压与频率的电网电压通过可控（基于晶闸管或功率晶体管）或不可控（基于二极管）整流器变换为直流。整流器（AC – DC 变换器）的输出经滤波器滤除输出电压中的纹波。整流与滤波后的直流电压提供给逆变器模块（DC – AC），逆变器输出五相变压变频电源向电机传动系统或其他用电设施供电，与三相 VSI 相比，五相 VSI 有两个额外的桥臂。图 7-12 给出了这种系统结构的方框图，图中的逆变器向一台五相 IM 供电。整流器、滤波器及五相 VSI 一同构成了由三相恒压、恒频到五相变压变频的供电系统。直流环节（即前级）的部分在此不做进一步讨论，下面将详细讨论五相逆变器模块。

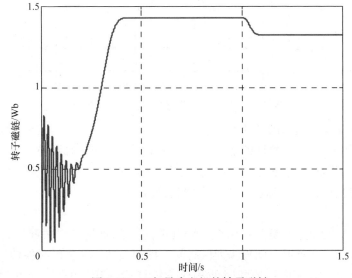

图 7-11　五相异步电机的转子磁链

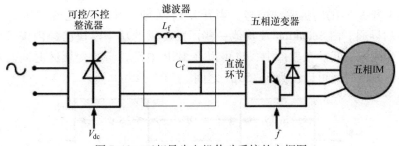

图 7-12　五相异步电机传动系统的方框图

　　一台五相 VSI 的功率电路拓扑如图 7-13 所示，它由文献［1］首次提出，电路中的每个开关都包含了反并联的两个功率半导体器件，一个是全控型半导体器件，如双极型晶体管、MOSFET 或 IGBT；另一个是二极管。逆变器的输入是一个直流电压，可视为恒定值。逆变器的输出（在图 7-13 中作了标注）采用小写字母（a、b、c、d、e），逆变器输出与逆变器桥臂的连接点标注了大写字母符号（A、B、C、D、E），连接点的电压称为极电压或桥臂电压。逆变器输出端与负载中性点之间的电压称为相电压。负载中性点与直流连接中点之间的电压称为共模电压，负载两个端子之间的电压称为线电压。但是，在五相系统中，存在两种不同的线电压，分别被称为不相邻线电压与相邻线电压。这与仅仅存在一种线电压的三相系统是完全不同的。下一节将对此进一步讨论。

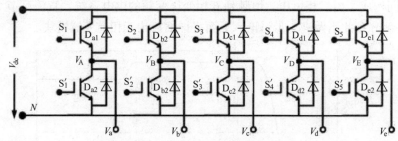

图 7-13 五相电压源逆变器的主电路拓扑

假定器件具有理想的换流时间，且正向导通压降均为 0，五相 VSI 的基本工作原理如下所述。同一桥臂的上、下两只功率开关工作状态互补，即如果上面开关"导通"，下面开关必须"关断"，反之亦然。这是为了避免直流侧电源的短路。开关的互补运行可以通过在上下两只开关的门极驱动信号中加入 180°的相移来实现。

但很重要的一点，是要在两个互补开关的"开通"与"关断"之间加入一个延迟时间。这个延迟时间称为死区时间，即两只功率开关同时保持一小段时间"关断"。因此，与相应的关断时间相比，每只功率开关的导通时间均少一些，如图 7-14 所示。上面的曲线显示的是上开关 S_1 的门极驱动信号，下面的曲线显示的是下开关 S_1' 的门极驱动信号。当开关 S_1 关断，开关 S_1' 延迟时间 τ_d（死区时间）后导通。由 Semikron 及其他一些厂商提供的功率模块已经内嵌了硬件电路以产生死区时间。在软件中，也可以在 DSP 中设置与改变死区时间。在实际系统中，死区时间可以设为 $5 \sim 50\mu s$ 之间。

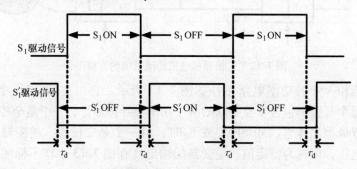

图 7-14 死区示意图

为了在 MATLAB 中，对逆变器桥臂开关的死区时间进行仿真，可以采用图 7-15 的模型。模型的输入为门极驱动信号，第一个信号直接向后传递；第二个信号经过"Discrete Edge Detector"（来自于 Simpowersystem 的 extra library 中的 discrete control blocks 模块集）处理，然后乘以 -1（采用 Gain 模块）以产生互补信号。图 7-15 模型的输出具有期望死区时间的两个互补的门极驱动信号。其中 Discrete Edge Detector 模块用来产生期望的死区时间，当逆变器采用"Simpowersystem block sets"模块集的实际器件进行建模时就可以采用该模块。

仿真模型中包含了死区时间后，输出波形就会受到影响，在下节的一个仿真举例中将会给出相关波形。

极电压与开关信号之间的关系为

$$V_k = S_k V_{dc}; \quad k \in A、B、C、D、E \tag{7-19}$$

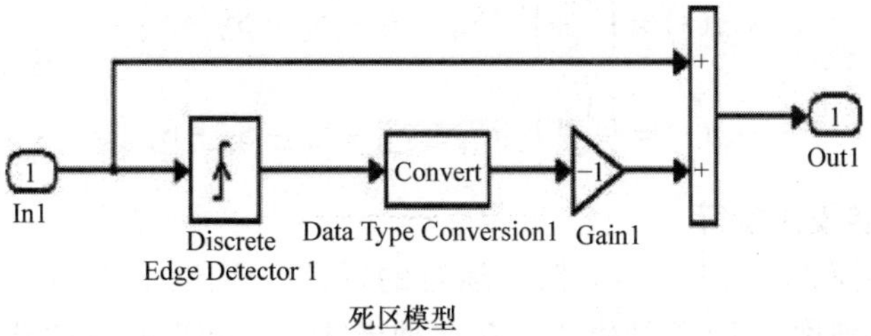

死区模型

图 7-15 产生死区的 Simulink 仿真模型

其中当上开关导通时，$S_k = 1$，下开关导通时 $S_k = 0$，如果负载是星型联结的五相负载时，那么负载电压相对于中性点的和极电压之间的关系可以表示为

$$V_A(t) = v_a(t) + v_{nN}(t)$$
$$V_B(t) = v_b(t) + v_{nN}(t)$$
$$V_C(t) = v_c(t) + v_{nN}(t)$$
$$V_D(t) = v_d(t) + v_{nN}(t)$$
$$V_E(t) = v_e(t) + v_{nN}(t) \tag{7-20}$$

式中，v_{nN} 是负载中性点 n 与直流母线负端 N 之间的电位差，被称为共模电压，这个共模电压或中性点电压会产生轴承泄漏电流和相应一系列问题（参考 [50~53]），PWM 技术会考虑到共模电压的最小化或消除共模电压。

将式（7-20）的各式相加，将相对中性点的电压之和设置为 0（假定是一个平衡的五相电压，其瞬时值之差总是 0），则可以得到

$$v_{nN}(t) = (1/5)(V_A(t) + V_B(t) + V_C(t) + V_D(t) + V_E(t)) \tag{7-21}$$

将式（7-21）带入到式（7-20），可以得到下列的负载相电压（相对于中性点）：

$$v_a(t) = (4/5)V_A(t) - (1/5)(V_B(t) + V_C(t) + V_D(t) + V_E(t))$$
$$v_b(t) = (4/5)V_B(t) - (1/5)(V_A(t) + V_C(t) + V_D(t) + V_E(t))$$
$$v_c(t) = (4/5)V_C(t) - (1/5)(V_B(t) + V_A(t) + V_D(t) + V_E(t))$$

$$v_d(t) = (4/5)V_D(t) - (1/5)(V_B(t) + V_C(t) + V_A(t) + V_E(t))$$

$$v_e(t) = (4/5)V_E(t) - (1/5)(V_B(t) + V_C(t) + V_D(t) + V_A(t)) \quad (7\text{-}22)$$

考虑到式（7-19）中开关函数的定义，式（7-22）可以写成如下形式：

$$v_a(t) = \left(\frac{V_{dc}}{5}\right)\left[4S_A - S_B - S_C - S_D - S_E\right]$$

$$v_b(t) = \left(\frac{V_{dc}}{5}\right)\left[4S_B - S_A - S_C - S_D - S_E\right]$$

$$v_c(t) = \left(\frac{V_{dc}}{5}\right)\left[4S_C - S_B - S_A - S_D - S_E\right]$$

$$v_d(t) = \left(\frac{V_{dc}}{5}\right)\left[4S_D - S_B - S_C - S_A - S_E\right]$$

$$v_e(t) = \left(\frac{V_{dc}}{5}\right)\left[4S_E - S_B - S_C - S_D - S_A\right] \quad (7\text{-}23)$$

1. 10 阶梯模式运行

这种运行模式是三相 VSI 6 阶梯运行的延伸。输出的相电压会有 10 种不同电压值，因此被称为 10 阶梯模式。在这种模式中，功率开关的开关频率等于输出基波电压频率。每只功率开关工作半个基波周期，因此被称为 180°导通模式。因此，在一个完整的基波周期内，每只功率开关仅仅导通和关断各一次。这种模式下的输出电压最大，开关损耗最小。但是这种模式下的输出电压中包含了大量的低次谐波，降低了负载的工作性能。上开关导通时，当负载电流为正时（电流从逆变器流入负载），极电压为正；当负载电流为负时，上开关中的反并联二极管导通，极电压仍为正。下开关导通时，若负载电流为正，极电压为 0 或负值（取决于直流连接点的选择，即是 $+V_{dc}$ 和 0，或 $+0.5V_{dc}$ 和 $-0.5V_{dc}$）；对于负的负载电流，下侧的反并联二极管会导通，如图 7-16 所示。在五相 VSI 的方波运行中，可能的极电压和相应导通的开关见表 7-2。图 7-17 给出了 10 阶梯模式运行中的开关信号。在相邻两相之间的开关延迟为 $360°/5 = 72°$ 或 $\frac{\pi}{5}$，图中还显示了互补的门极驱动信号，这里暂未考虑死区时间。

为了确定 10 阶梯模式中相电压（相对于中性点）的大小，可以将表 7-2 中的桥臂电压代入式（7-3）。表 7-3 列出了星型联结负载时的相电压（相对于中性点），图 7-18 给出了对应的相电压波形。显然，相对于中性点的电压呈现出 4 种不同值，在一个基波周期中共有 10 个阶梯。

现在讨论一下星型联结负载时的线电压。在五相系统中，共有两种不同的线电压，分别称为"相邻线电压"与"不相邻线电压"，如图 7-19 所示。相电压表示为（V_a、V_b、V_c、V_d、V_e），相邻线电压标注为（V_{ab}、V_{bc}、V_{cd}、V_{de}、V_{ea}），

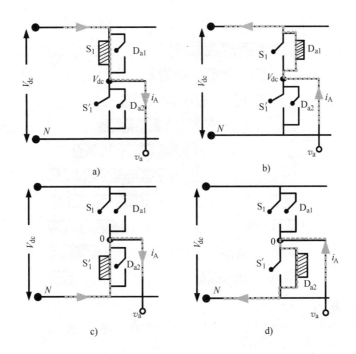

图 7-16 五相 VSI 中桥臂 A 的开关状态：a）和 c）中 $i_A > 0$；b）和 d）中 $i_A < 0$

表 7-2 五相 VSI 运行在方波模式下的输出极电压

开关模式	导通开关	极电压 V_A	极电压 V_B	极电压 V_C	极电压 V_D	极电压 V_E
1	S_1、S_2、S_3'、S_4'、S_5	V_{dc}	V_{dc}	0	0	V_{dc}
2	S_1、S_2、S_3'、S_4'、S_5'	V_{dc}	V_{dc}	0	0	0
3	S_1、S_2、S_3、S_4'、S_5'	V_{dc}	V_{dc}	V_{dc}	0	0
4	S_1'、S_2、S_3、S_4'、S_5'	0	V_{dc}	V_{dc}	0	0
5	S_1'、S_2、S_3、S_4、S_5'	0	V_{dc}	V_{dc}	V_{dc}	0
6	S_1'、S_2'、S_3、S_4、S_5'	0	0	V_{dc}	V_{dc}	0
7	S_1'、S_2'、S_3、S_4、S_5	0	0	V_{dc}	V_{dc}	V_{dc}
8	S_1'、S_2'、S_3'、S_4、S_5	0	0	0	V_{dc}	V_{dc}
9	S_1、S_2'、S_3'、S_4、S_5	V_{dc}	0	0	V_{dc}	V_{dc}
10	S_1、S_2'、S_3'、S_4'、S_5	V_{dc}	0	0	0	V_{dc}

不相邻线电压为（V_{ac}、V_{bd}、V_{ce}、V_{da}、V_{eb}），相邻、不相邻及相电压之间的关系通过一个数值分析实例进行阐述。

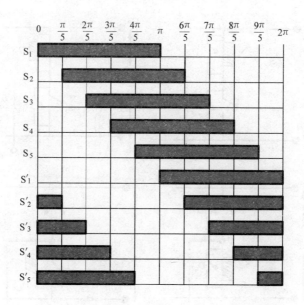

图 7-17　10 阶梯模式运行时的门极驱动信号

　　相邻线电压从表 7-3 中的相电压值计算，结果见表 7-4，同理可得不相邻线电压，列于表 7-5 中。

表 7-3　五相 VSI 供电下星型联结负载的相对中性点电压

开关模式	导通开关	极电压 V_a	极电压 V_b	极电压 V_c	极电压 V_d	极电压 V_e
1	S_1、S_2、S_3'、S_4'、S_5	$2/5V_{dc}$	$2/5V_{dc}$	$-3/5V_{dc}$	$-3/5V_{dc}$	$2/5V_{dc}$
2	S_1、S_2、S_3'、S_4'、S_5'	$3/5V_{dc}$	$3/5V_{dc}$	$-2/5V_{dc}$	$-2/5V_{dc}$	$-2/5V_{dc}$
3	S_1、S_2、S_3、S_4'、S_5'	$2/5V_{dc}$	$2/5V_{dc}$	$2/5V_{dc}$	$-3/5V_{dc}$	$-3/5V_{dc}$
4	S_1'、S_2、S_3、S_4'、S_5'	$-2/5V_{dc}$	$3/5V_{dc}$	$3/5V_{dc}$	$-2/5V_{dc}$	$-2/5V_{dc}$
5	S_1'、S_2、S_3、S_4、S_5'	$-3/5V_{dc}$	$2/5V_{dc}$	$2/5V_{dc}$	$2/5V_{dc}$	$-3/5V_{dc}$
6	S_1'、S_2'、S_3、S_4、S_5'	$-2/5V_{dc}$	$-2/5V_{dc}$	$3/5V_{dc}$	$3/5V_{dc}$	$-2/5V_{dc}$
7	S_1'、S_2'、S_3、S_4、S_5	$-3/5V_{dc}$	$-3/5V_{dc}$	$2/5V_{dc}$	$2/5V_{dc}$	$2/5V_{dc}$
8	S_1'、S_2'、S_3'、S_4、S_5	$-2/5V_{dc}$	$-2/5V_{dc}$	$-2/5V_{dc}$	$3/5V_{dc}$	$3/5V_{dc}$
9	S_1、S_2'、S_3'、S_4、S_5	$2/5V_{dc}$	$-3/5V_{dc}$	$-3/5V_{dc}$	$2/5V_{dc}$	$2/5V_{dc}$
10	S_1、S_2'、S_3'、S_4'、S_5	$3/5V_{dc}$	$-2/5V_{dc}$	$-2/5V_{dc}$	$-2/5V_{dc}$	$3/5V_{dc}$

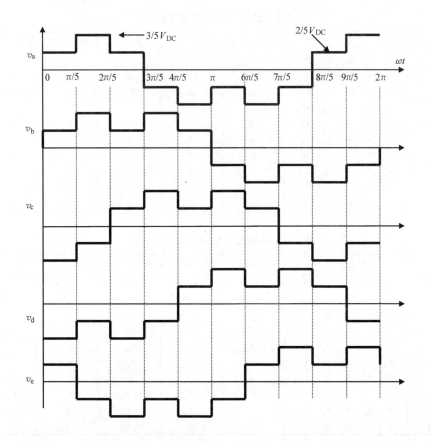

图 7-18　五相 VSI 在 10 阶梯模式下的相对中性点电压

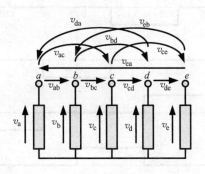

图 7-19　五相系统的相电压和线电压

相邻线电压和不相邻线电压的波形分别如图 7-20、图 7-21 所示。

表 7-4   五相 VSI 中的相邻线电压

开关模式	导通开关	极电压 V_{ab}	极电压 V_{bc}	极电压 V_{cd}	极电压 V_{de}	极电压 V_{ea}
1	S_1、S_2、S_3'、S_4'、S_5	0	V_{dc}	0	$-V_{dc}$	0
2	S_1、S_2、S_3'、S_4'、S_5'	0	V_{dc}	0	0	$-V_{dc}$
3	S_1、S_2、S_3、S_4'、S_5'	0	0	V_{dc}	0	$-V_{dc}$
4	S_1'、S_2、S_3、S_4'、S_5'	$-V_{dc}$	0	V_{dc}	0	0
5	S_1'、S_2、S_3、S_4、S_5'	$-V_{dc}$	0	0	V_{dc}	0
6	S_1'、S_2'、S_3、S_4、S_5'	0	$-V_{dc}$	0	V_{dc}	0
7	S_1'、S_2'、S_3、S_4、S_5	0	$-V_{dc}$	0	0	V_{dc}
8	S_1'、S_2'、S_3'、S_4、S_5	0	0	$-V_{dc}$	0	V_{dc}
9	S_1、S_2'、S_3'、S_4、S_5	V_{dc}	0	$-V_{dc}$	0	0
10	S_1、S_2'、S_3'、S_4'、S_5	V_{dc}	0	0	$-V_{dc}$	0

表 7-5   五相 VSI 中的非相邻线电压

开关模式	导通开关	极电压 V_{ac}	极电压 V_{bd}	极电压 V_{ce}	极电压 V_{da}	极电压 V_{eb}
1	S_1、S_2、S_3'、S_4'、S_5	V_{dc}	V_{dc}	$-V_{dc}$	$-V_{dc}$	0
2	S_1、S_2、S_3'、S_4'、S_5'	V_{dc}	V_{dc}	0	$-V_{dc}$	$-V_{dc}$
3	S_1、S_2、S_3、S_4'、S_5'	0	V_{dc}	V_{dc}	$-V_{dc}$	$-V_{dc}$
4	S_1'、S_2、S_3、S_4'、S_5'	$-V_{dc}$	V_{dc}	V_{dc}	0	$-V_{dc}$
5	S_1'、S_2、S_3、S_4、S_5'	$-V_{dc}$	0	V_{dc}	V_{dc}	$-V_{dc}$
6	S_1'、S_2'、S_3、S_4、S_5'	$-V_{dc}$	$-V_{dc}$	V_{dc}	V_{dc}	0
7	S_1'、S_2'、S_3、S_4、S_5	$-V_{dc}$	$-V_{dc}$	0	V_{dc}	V_{dc}
8	S_1'、S_2'、S_3'、S_4、S_5	0	$-V_{dc}$	$-V_{dc}$	V_{dc}	V_{dc}
9	S_1、S_2'、S_3'、S_4、S_5	V_{dc}	$-V_{dc}$	$-V_{dc}$	0	V_{dc}
10	S_1、S_2'、S_3'、S_4'、S_5	V_{dc}	0	$-V_{dc}$	$-V_{dc}$	V_{dc}

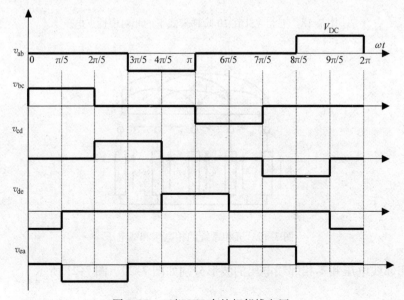

图 7-20   五相 VSI 中的相邻线电压

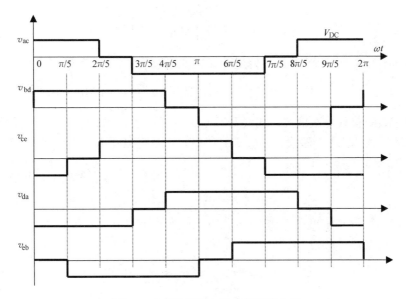

图 7-21　五相 VSI 中的非相邻线电压

2. 五相逆变器输出电压的傅里叶分析

为了找出逆变器输入直流环节电压与输出相电压及线电压之间的关系，针对电压波形进行傅立叶分析。对前述两种类型的线电压，这里仅仅对不相邻线电压进行分析，因为与相邻线电压相比，它们具有更高的基波电压值。

对于一个周期性波形的傅里叶级数定义为

$$v(t) = V_o + \sum_{k=1}^{\infty} (A_k \cos k\omega t + B_k \sin k\omega t) \qquad (7\text{-}24)$$

其中傅里叶级数的系数为

$$V_o = \frac{1}{T} \int_0^T v(t)\,\mathrm{d}t = \frac{1}{2\pi} \int_0^{2\pi} v(\theta)\,\mathrm{d}\theta$$

$$A_k = \frac{2}{T} \int_0^T v(t)\cos k\omega t\,\mathrm{d}t = \frac{1}{\pi} \int_0^{2\pi} v(\theta)\cos k\theta\,\mathrm{d}\theta$$

$$B_k = \frac{2}{T} \int_0^T v(t)\sin k\omega t\,\mathrm{d}t = \frac{1}{\pi} \int_0^{2\pi} v(\theta)\sin k\theta\,\mathrm{d}\theta \qquad (7\text{-}25)$$

可以看出线电压波形呈 1/4 周期对称，并且可以很方便地作为奇函数处理，因此可以用下式表示相电压和线电压：

$$v(t) = \sum_{k=0}^{\infty} B_{2k+1}\sin(2k+1)\omega t = \sqrt{2}\sum_{k=0}^{\infty} V_{2k+1}\sin(2k+1)\omega t$$

$$B_{2k+1} = \sqrt{2}V_{2k+1} = \frac{1}{\pi}4\int_{0}^{\pi/2}v(\theta)\sin(2k+1)\theta d\theta \tag{7-26}$$

在相电压 v_b 中如图 7-18 所示，傅里叶级数的系数为

$$B_{2k+1} = \frac{1}{\pi}\frac{4}{5}V_{DC}\frac{1}{2k+1}\Big[2 + \cos(2k+1)\frac{\pi}{5} - \cos(2k+1)\frac{2\pi}{5}\Big] \tag{7-27}$$

对于 5 的整数倍次谐波，式（7-27）方括号中表达式的值为 0，对其他次谐波，该表达式为 2.5。因此，相电压的傅里叶级数可以写为

$$v(t) = \frac{2}{\pi}V_{DC}\Big[\sin\omega t + \frac{1}{3}\sin3\omega t + \frac{1}{7}\sin7\omega t + \frac{1}{9}\sin9\omega t + \frac{1}{11}\sin11\omega t + \frac{1}{13}\sin13\omega t + \cdots\Big]$$
$$\tag{7-28}$$

从式（7-28）中可以得出，10 阶梯运行模式下，五相逆变器输出相电压基波分量的均方根（rms）值为

$$V_1 = \frac{\sqrt{2}}{\pi}V_{DC} = 0.45V_{DC} \tag{7-29}$$

可以看出，五相 VSI 输出基波电压和三相 VSI 输出的基波电压是相同的。

同理，对不相邻线电压进行傅立叶分析，傅里叶级数仍为式（7-25）的形式。

以图 7-20 中第 2 个电压波形为例，将过零点时刻向左移动 π/10 弧度，可以得到下列傅里叶级数的系数：

$$B_{2k+1} = \frac{1}{\pi}4\int_{\pi/10}^{\pi/2}V_{DC}\sin(2k+1)\theta d\theta = \frac{1}{\pi}4V_{DC}\frac{1}{2k+1}\cos(2k+1)\frac{\pi}{10}$$
$$\tag{7-30}$$

因此，不相邻线电压的傅里叶级数为

$$v(t) = \frac{4}{\pi}V_{DC}\Big[0.95\sin\omega t + \frac{0.59}{3}\sin3\omega t - \frac{0.59}{7}\sin7\omega t - \frac{0.95}{9}\sin9\omega t - \frac{0.95}{11}\sin11\omega t - \cdots\Big]$$
$$\tag{7-31}$$

不相邻线电压基波分量的 rms 值为

$$V_{1L} = \frac{2\sqrt{2}}{\pi}V_{DC}\cos\frac{\pi}{10} = 0.856V_{DC} = 1.902V_1 \tag{7-32}$$

3. 10 阶梯运行模式的 MATLAB 建模

MATLAB/Simulink 模型如图 7-22 所示，它包含了一个门极驱动信号发生器和五相逆变器的功率电路部分。图 7-22a 中显示了门极驱动信号发生器模型，它采用了 Simulink 中的一个"Repeating"模块，如图 7-22b 所示。逆变器主电路如图 7-22c 所示，采用了式（7-5）建模，主电路也可以采用 Simulink 的"simpowersystem"模块集的实际 IGBT 开关模型建模。Repeating 模块输出的是具有

50Hz 基波的方波门极驱动信号，其频率可以通过改变时间轴的数值进行修改。逆变器方程式采用 Simulink 的"function Block"实现。图 7-22c 中的逆变器主电路需要直流环节的电压值，可以在 MATLAB 命令窗口或模型的初始化中获取，R – L负载采用一阶 LPF 建模，如图 7-22d 所示，完整的 MATLAB 模型可以从本书的 CD – ROM 中获取。

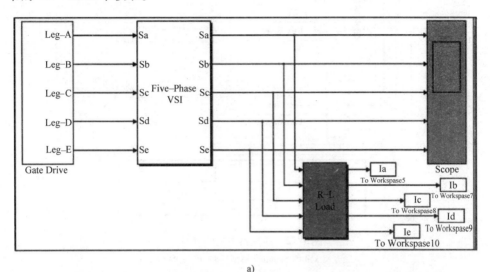

a)

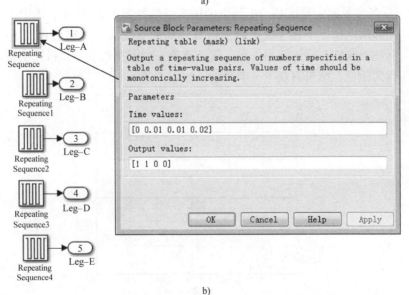

b)

图 7-22　逆变器主电路

a）五相电压源逆变器在 10 阶梯模式下运行的 MATLAB/Simulink 模型（文件名：*Ten_ step_ mode. mdl*）

b）10 阶梯模式运行时的门极信号的发生模型

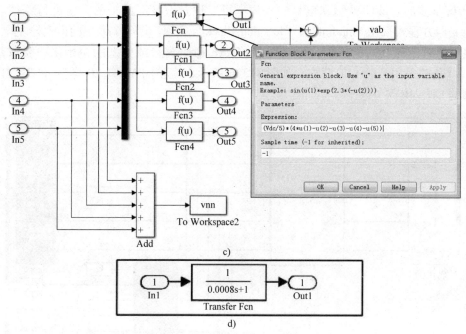

c)

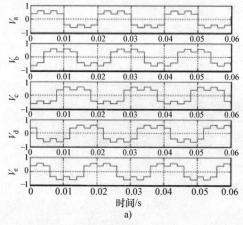

d)

图 7-22　逆变器主电路（续）

c）五相 VSI 的 Simulink 模型　d）R - L 负载模型

50Hz 基波及额定直流环节电压下的仿真结果如图 7-23 所示。图中给出了相电压、相邻线电压、不相邻线电压及仿真得到的电流波形。输出相电压呈现 10 阶梯，其他曲线均与理论波形一致，这一点由一台五相逆变器样机在实验控制中进一步得到验证，结果将在下一节显示。

图 7-23　50Hz 基波及额定直流环节电压下的仿真结果

a）五相 VSI 在 10 阶梯模式下输出的相对中性点电压

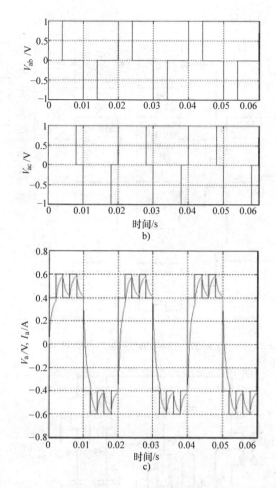

图 7-23 50Hz 基波及额定直流环节电压下的仿真结果（续）

b）五相 VSI 在 10 阶梯模式下输出的线电压

c）五相 VSI 在 10 阶梯模式下带 R – L 负载时输出的 a 相电压与 a 相电流

4. 一台五相 VSI 样机的 10 阶梯模式运行

逆变器的控制逻辑可以由模拟电路实现，其完整的方框图如图 7-24 所示，其他方法采用的是先进的微处理器、微控制器和 DSP 实现控制方案。在图 7-24 中，装置的电源取自于工频单相电源，采用一个小变压器输出 9 ~ 0 ~ 9V，然后向相移电路供电，如图 7-25 所示，从而在不同导通角下都能获得合适的相移。移相信号提供给反相/非反相施密特触发电路和波形整形电路如图 7-26、图 7-27，处理后的信号送到图 7-28 中的隔离与驱动电路，最后提供给 IGBT 的门极，逆变器上、下桥臂采用了两种不同的隔离电路。

主电路可以采用 IGBT 构成，采用电阻和电容的串联组合构成缓冲电路，且电阻两端并联一个二极管。

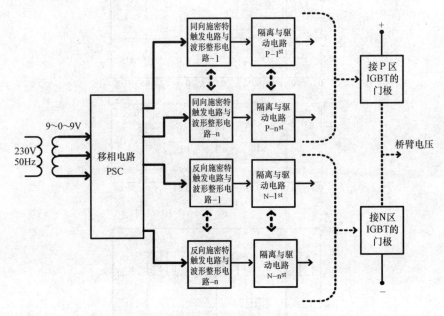

图 7-24 完整的逆变器的方框图

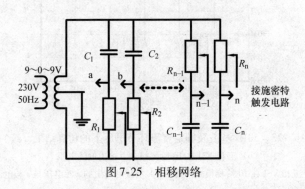

图 7-25 相移网络

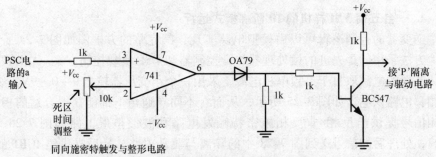

图 7-26 同相施密特触发器和波形整形电路

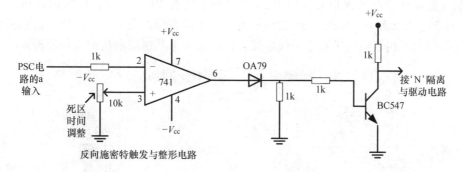

图 7-27　反相施密特触发器和波形整形电路

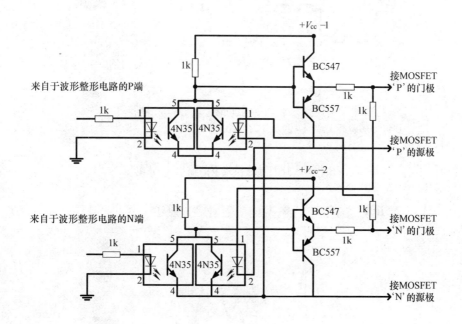

图 7-28　门极驱动电路

5. 10 阶梯模式下的实验结果

本节给出了一台五相 VSI 工作在阶梯模式下的实验结果。VSI 是 180°导通方式，在星型联结负载上产生了 10 阶梯波形的输出电压，通过移相网络提供给控制电路一个单极性信号。通过适当的调节相移电路（PSC），PSC 的输出可以提供所需的五相输出电压，然后对这五相电压信号进一步处理可以产生五相的门极驱动信号。

门极驱动信号施加在 IGBT，于是就可以产生对应的相电压。如图 7-29 所示，直流环节电压保持在 60V 可以看出相电压有 10 个阶梯，且输出电压值为 $\pm 0.2V_{dc}$ 和 $\pm 0.4V_{dc}$。图 7-30 给出了另一个实验波形，图中显示的是一台五相感应电机的不相邻线电压及定子线电流，该电流波形是感应电机的典型波形。

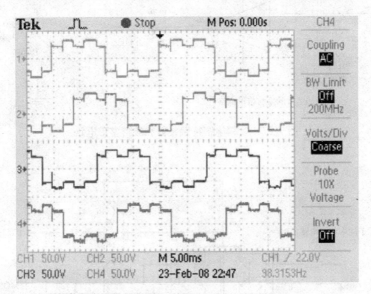

图 7-29　180°导通模式下的输出 a – d 电压

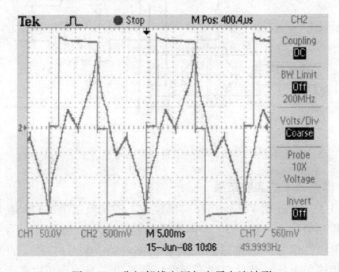

图 7-30　非相邻线电压与定子电流波形

例题 7.1

假定在一个平衡的五相系统中，相电压 rms 为 120V，确定相邻与不相邻线电压并推导它们之间的关系。

解：五相电压可以表示为

$$v_a = 120\sqrt{2}\sin(\omega t)$$

$$v_b = 120\sqrt{2}\sin\left(\omega t - 2\frac{\pi}{5}\right)$$

$$v_c = 120\sqrt{2}\sin\left(\omega t - 4\frac{\pi}{5}\right)$$

$$v_d = 120\sqrt{2}\sin\left(\omega t + 4\frac{\pi}{5}\right)$$

$$v_e = 120\sqrt{2}\sin\left(\omega t + 2\frac{\pi}{5}\right) \tag{7-33}$$

相邻线电压为

$$v_{ab} = v_a - v_b = 120\sqrt{2}\sin(\omega t) - 120\sqrt{2}\sin\left(\omega t - 2\frac{\pi}{5}\right) \tag{7-34}$$

相邻线电压可以写为极坐标形式：

$$v_{ab} = 120\sqrt{2} < 0 - 120\sqrt{2} < -72 = 120\sqrt{2} + j0.0 - 120\sqrt{2}\{\cos(-72) + j\sin(-72)\}$$

$$v_{ab} = 120\sqrt{2} + j0.0 - 120\sqrt{2}\{0.309 - j0.9511\}$$

$$v_{ab} = 82.92\sqrt{2} + j114.132\sqrt{2} = 199.5086 < 54$$

同理，可以确定其他的相邻线电压为

$$v_{bc} = v_b - v_c = 199.5086 < -18$$

$$v_{cd} = v_c - v_d = 199.5086 < -90$$

$$v_{de} = v_d - v_e = 199.5086 < -162$$

$$v_{ea} = v_e - v_a = 199.5086 < 126$$

通过图形处理技巧，也可以得出该结果，如图 7-31、图 7-32 所示。

相电压与相邻线电压的关系可以写为（假定是平衡电压）：

$$|v_{ab}| = \sqrt{|v_a|^2 + |v_b|^2 + |v_a| * |v_b|\cos\left(3\frac{\pi}{5}\right)}$$

$$V_{adj-L} = 1.1756V_{phase}$$

$$|v_{ab}| = V_{adj-L}; \quad |v_a| = |v_b| = V_{phase} \tag{7-35}$$

相电压与不相邻线电压的关系可以写为（假定是平衡系统）：

$$|v_{ac}| = \sqrt{|v_a|^2 + |v_c|^2 + |v_a| * |v_c|\cos\left(\frac{\pi}{5}\right)}$$

$$V_{non-adj-L} = 1.9025V_{phase}$$

$$|v_{ac}| = V_{non-adj-L}; \quad |v_a| = |v_c| = V_{phase} \tag{7-36}$$

例题 7.2

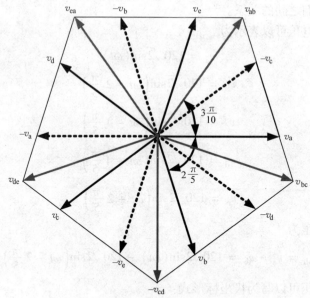

图 7-31　相电压与相邻线电压概念图（一）

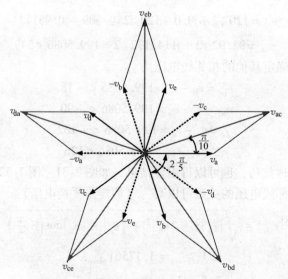

图 7-32　相电压与相邻线电压概念图（二）

确定三相系统的线电压与五相系统的线电压之间的关系，假定两个系统中的相电压都是 V_{phase}，且负载都是星型联结。

解：三相系统的线电压可以表示为

$$V_{\text{line}} = \sqrt{3}V_{\text{phase}} = 1.7321V_{\text{phase}} \tag{7-37}$$

$$V_{\text{adj-L}} = \sqrt{1.382}V_{\text{phase}} = 1.1756V_{\text{phase}} \tag{7-38}$$

$$V_{\text{non}-\text{adj}-\text{L}} = 1.9025 V_{\text{phase}} \tag{7-39}$$

例题 7.3

当五相星型联结负载获取最高线电压，且该电压与标准三相系统线电压相同，请确定五相系统的相电压（提示：一个标准的三相系统的线电压为 400V），再确定三相与五相系统的相电压之比。

解：设定五相系统具有最高线电压为 400V，即 $V_{\text{non}-\text{adj}-\text{L}} = 400\text{V}$，

$$V_{\text{non}-\text{adj}-\text{L}} = 1.9025 V_{\text{phase}} = 400$$

$$V_{\text{phase}-5} = \frac{400}{1.9025} = 210.25\text{V}$$

因此五相负载的相电压为 210.25V，三相系统的相电压

$$V_{\text{phase}-3} = \frac{400}{\sqrt{3}} = 230.94\text{V}$$

$$\frac{V_{\text{phase}-3}}{V_{\text{phase}-5}} = \frac{230.94}{210.25} = 1.0984\text{V}$$

例题 7.4

试给出一台五相 VSI 工作在 10 阶梯模式中，产生的共模电压波形，假定 $V_{\text{dc}} = 5\text{V}$，

解：共模电压为

$$v_{\text{nN}}(t) = (1/5)(V_{\text{A}}(t) + V_{\text{B}}(t) + V_{\text{C}}(t) + V_{\text{D}}(t) + V_{\text{E}}(t)) \tag{7-40}$$

图 7-23 给出了 10 阶梯运行模式下的桥臂电压，电压幅值为 V_{dc}。为求共模电压，5 个桥臂电压的瞬时值叠加在一起。结果波形如图 7-33 所示。

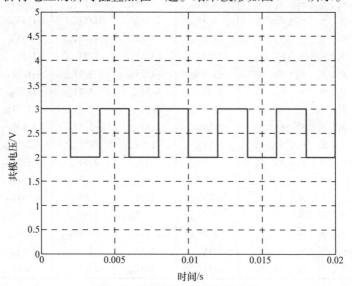

图 7-33　例题 7.4 中的共模电压

6. 五相 VSI 的 PWM 运行模式

如果 1 台五相 VSI 工作在 PWM 模式下，除了前述的 10 种状态，还另有 22 种开关状态。这是因为逆变器有 5 个桥臂，每个桥臂可以有 2 种状态，因为本书讨论的内容限定于两电平逆变器。在多电平 VSI 中，开关状态的个数将继续增加，可能的开关状态个数等于 2^n，其中 n 是逆变器桥臂数量（即输出相数），这种关系对任何两电平 VSI 均成立。对于 1 台多电平 VSI，m 是电平个数，n 是输出相数，可能的开关状态个数为 m^n。

22 种可能的开关状态包含 3 种可能的情形：逆变器的 4 个上桥臂（或下桥臂）与 1 个下桥臂（或上桥臂）开关导通的所有 10 种状态（状态 11 ~ 20），5 个上桥臂（或下桥臂）开通的 2 种状态（状态 31 和 32），3 个上桥臂（或下桥臂）与 2 个下桥臂（或上桥臂）开通的其余状态（状态 21 ~ 30）。当所有上桥臂（或下桥臂）开关导通时，会产生零输出电压，称为"零状态"，类似于三相 VSI（第 3 章中），其他开关状态的组合都称为"有效状态"，因为它们产生正的或负的输出电压。

这 22 种开关状态的相电压见表 7-6。

表 7-6　五相 VSI 在 PWM 模式运行下的相对中性点电压

开关模式	导通开关	极电压 V_a	极电压 V_b	极电压 V_c	极电压 V_d	极电压 V_e
11	S_1、S_4'、S_2'、S_3'、S_5'	$4/5V_{DC}$	$-1/5V_{DC}$	$-1/5V_{DC}$	$-1/5V_{DC}$	$-1/5V_{DC}$
12	S_1、S_4'、S_2、S_3、S_5	$1/5V_{DC}$	$1/5V_{DC}$	$1/5V_{DC}$	$-4/5V_{DC}$	$1/5V_{DC}$
13	S_4'、S_2、S_5'、S_1'、S_3'	$-1/5V_{DC}$	$4/5V_{DC}$	$-1/5V_{DC}$	$-1/5V_{DC}$	$-1/5V_{DC}$
14	S_1、S_2、S_5'、S_3、S_4	$1/5V_{DC}$	$1/5V_{DC}$	$1/5V_{DC}$	$1/5V_{DC}$	$-4/5V_{DC}$
15	S_4'、S_5'、S_3、S_1'、S_2'	$-1/5V_{DC}$	$-1/5V_{DC}$	$4/5V_{DC}$	$-1/5V_{DC}$	$-1/5V_{DC}$
16	S_2、S_3、S_1'、S_4、S_5	$-4/5V_{DC}$	$1/5V_{DC}$	$1/5V_{DC}$	$1/5V_{DC}$	$1/5V_{DC}$
17	S_5'、S_1'、S_4、S_2'、S_3'	$-1/5V_{DC}$	$-1/5V_{DC}$	$-1/5V_{DC}$	$4/5V_{DC}$	$-1/5V_{DC}$
18	S_1、S_3、S_4、S_2'、S_5	$1/5V_{DC}$	$-4/5V_{DC}$	$1/5V_{DC}$	$1/5V_{DC}$	$1/5V_{DC}$
19	S_4'、S_1'、S_2'、S_5、S_3'	$-1/5V_{DC}$	$-1/5V_{DC}$	$-1/5V_{DC}$	$-1/5V_{DC}$	$4/5V_{DC}$
20	S_1、S_2、S_4、S_5、S_3'	$1/5V_{DC}$	$1/5V_{DC}$	$-4/5V_{DC}$	$1/5V_{DC}$	$1/5V_{DC}$
21	S_4'、S_2、S_1'、S_3'、S_3'	$-2/5V_{DC}$	$3/5V_{DC}$	$-2/5V_{DC}$	$-2/5V_{DC}$	$3/5V_{DC}$
22	S_1、S_2、S_5'、S_4、S_5'	$2/5V_{DC}$	$2/5V_{DC}$	$-3/5V_{DC}$	$2/5V_{DC}$	$-3/5V_{DC}$
23	S_1、S_2'、S_3、S_4'、S_5	$3/5V_{DC}$	$-2/5V_{DC}$	$3/5V_{DC}$	$-2/5V_{DC}$	$-2/5V_{DC}$
24	S_1'、S_2、S_3、S_4'、S_5	$-3/5V_{DC}$	$2/5V_{DC}$	$2/5V_{DC}$	$-3/5V_{DC}$	$2/5V_{DC}$
25	S_1'、S_2、S_3'、S_4、S_5'	$-2/5V_{DC}$	$3/5V_{DC}$	$-2/5V_{DC}$	$3/5V_{DC}$	$-2/5V_{DC}$
26	S_1、S_2'、S_3、S_4、S_5'	$2/5V_{DC}$	$-3/5V_{DC}$	$2/5V_{DC}$	$2/5V_{DC}$	$-3/5V_{DC}$
27	S_1'、S_2'、S_3、S_4'、S_5	$-2/5V_{DC}$	$-2/5V_{DC}$	$3/5V_{DC}$	$-2/5V_{DC}$	$3/5V_{DC}$
28	S_1'、S_2、S_3'、S_4、S_5	$-3/5V_{DC}$	$2/5V_{DC}$	$-3/5V_{DC}$	$2/5V_{DC}$	$2/5V_{DC}$
29	S_1、S_2'、S_3'、S_4、S_5'	$3/5V_{DC}$	$-2/5V_{DC}$	$-2/5V_{DC}$	$3/5V_{DC}$	$-2/5V_{DC}$
30	S_1、S_2'、S_3、S_4'、S_5	$2/5V_{DC}$	$-3/5V_{DC}$	$2/5V_{DC}$	$-3/5V_{DC}$	$2/5V_{DC}$

为了引入五相 VSI 输出电压的空间矢量表达式，先考虑一台理想的正弦五相电源，设五相平衡理想正弦电源的相电压为下式：

$$v_a = \sqrt{2}V\cos(\omega t)$$
$$v_b = \sqrt{2}V\cos(\omega t - 2\pi/5)$$
$$v_c = \sqrt{2}V\cos(\omega t - 4\pi/5)$$
$$v_d = \sqrt{2}V\cos(\omega t + 4\pi/5)$$
$$v_e = \sqrt{2}V\cos(\omega t + 2\pi/5)$$

(7-41)

既然考虑的是五相系统，需要在五维空间来分析矢量。解耦变换的结果是得到了两维正交平面，即 d - q、x - y 与一个零序分量。两个正交平面内的空间矢量定义为

$$\underline{v}_{\alpha-\beta} = \frac{2}{5}(v_a + \underline{a}v_b + \underline{a}^2 v_b + \underline{a}^3 v_d + \underline{a}^4 v_e)$$

$$\underline{v}_{xy} = \frac{2}{5}(v_a + \underline{a}^2 v_b + \underline{a}^4 v_b + \underline{a}^6 v_d + \underline{a}^8 v_e)$$

(7-42)

其中 $\underline{a} = \exp(j2\pi/5)$，$\underline{a}^2 = \exp(j4\pi/5)$，$\underline{a}^n = \exp(j2n\pi/5)$。

空间矢量是一个复数量，它用一个复数变量表示五相平衡电源，将式(7-42)代入式(7-41)可以得到理想正弦电源的空间矢量为

$$\underline{v} = V\exp(j\omega t)$$

(7-43)

一个五相 VSI 的空间矢量模型可以将相电压代入式 (7-42) 求得，从而可以得到 $\alpha - \beta$ 与 $x - y$ 平面内的相应空间矢量，见表7-7。

表7-7 五相 VSI 相电压的空间矢量表格

开关模式序号	开关状态	$\alpha - \beta$ 平面内的空间矢量	$x - y$ 平面内的空间矢量
0	00000	0	0
1	00001	$2/5V_{DC}\exp(j8\pi/5)$	$2/5V_{DC}\exp(j6\pi/5)$
2	00010	$2/5V_{DC}\exp(j6\pi/5)$	$2/5V_{DC}\exp(j2\pi/5)$
3	00011	$2/5V_{DC}2\cos(\pi/5)\exp(j7\pi/5)$	$2/5V_{DC}2\cos(2\pi/5)\exp(j4\pi/5)$
4	00100	$2/5V_{DC}\exp(j4\pi/5)$	$2/5V_{DC}\exp(j8\pi/5)$
5	00101	$2/5V_{DC}2\cos(2\pi/5)\exp(j6\pi/5)$	$2/5V_{DC}2\cos(\pi/5)\exp(j7\pi/5)$
6	00110	$2/5V_{DC}2\cos(\pi/5)\exp(j\pi)$	$2/5V_{DC}2\cos(2\pi/5)\exp(0)$
7	00111	$2/5V_{DC}2\cos(\pi/5)\exp(j6\pi/5)$	$2/5V_{DC}2\cos(2\pi/5)\exp(j7\pi/5)$
8	01000	$2/5V_{DC}\exp(j2\pi/5)$	$2/5V_{DC}\exp(j4\pi/5)$
9	01001	$2/5V_{DC}2\cos(2\pi/5)\exp(0)$	$2/5V_{DC}2\cos(\pi/5)\exp(j\pi)$
10	01010	$2/5V_{DC}2\cos(2\pi/5)\exp(j4\pi/5)$	$2/5V_{DC}2\cos(\pi/5)\exp(j3\pi/5)$
11	01011	$2/5V_{DC}2\cos(2\pi/5)\exp(j7\pi/5)$	$2/5V_{DC}2\cos(\pi/5)\exp(j4\pi/5)$
12	01100	$2/5V_{DC}2\cos(\pi/5)\exp(j3\pi/5)$	$2/5V_{DC}2\cos(2\pi/5)\exp(j6\pi/5)$
13	01101	$2/5V_{DC}2\cos(\pi/5)\exp(j3\pi/5)$	$2/5V_{DC}2\cos(\pi/5)\exp(j6\pi/5)$

(续)

开关模式序号	开关状态	$\alpha-\beta$ 平面内的空间矢量	$x-y$ 平面内的空间矢量
14	0 1 1 1 0	$2/5V_{DC}2\cos(\pi/5)\exp(j4\pi/5)$	$2/5V_{DC}2\cos(2\pi/5)\exp(j3\pi/5)$
15	0 1 1 1 1	$2/5V_{DC}\exp(j\pi)$	$2/5V_{DC}\exp(j\pi)$
16	1 0 0 0 0	$2/5V_{DC}\exp(j0)$	$2/5V_{DC}\exp(j0)$
17	1 0 0 0 1	$2/5V_{DC}2\cos(\pi/5)\exp(j9\pi/5)$	$2/5V_{DC}2\cos(2\pi/5)\exp(j8\pi/5)$
18	1 0 0 1 0	$2/5V_{DC}2\cos(2\pi/5)\exp(j8\pi/5)$	$2/5V_{DC}2\cos(\pi/5)\exp(j\pi/5)$
19	1 0 0 1 1	$2/5V_{DC}2\cos(\pi/5)\exp(j7\pi/5)$	$2/5V_{DC}2\cos(2\pi/5)\exp(j\pi/5)$
20	1 0 1 0 0	$2/5V_{DC}2\cos(2\pi/5)\exp(j2\pi/5)$	$2/5V_{DC}2\cos(\pi/5)\exp(j9\pi/5)$
21	1 0 1 0 1	$2/5V_{DC}2\cos(\pi/5)\exp(j9\pi/5)$	$2/5V_{DC}2\cos(2\pi/5)\exp(j7\pi/5)$
22	1 0 1 1 0	$2/5V_{DC}2\cos(2\pi/5)\exp(j\pi)$	$2/5V_{DC}2\cos(\pi/5)\exp(j0)$
23	1 0 1 1 1	$2/5V_{DC}\exp(j7\pi/5)$	$2/5V_{DC}\exp(j9\pi/5)$
24	1 1 0 0 0	$2/5V_{DC}2\cos(\pi/5)\exp(j\pi/5)$	$2/5V_{DC}2\cos(2\pi/5)\exp(j2\pi/5)$
25	1 1 0 0 1	$2/5V_{DC}2\cos(\pi/5)\exp(j0)$	$2/5V_{DC}2\cos(2\pi/5)\exp(j\pi)$
26	1 1 0 1 0	$2/5V_{DC}2\cos(2\pi/5)\exp(j\pi/5)$	$2/5V_{DC}2\cos(\pi/5)\exp(j2\pi/5)$
27	1 1 0 1 1	$2/5V_{DC}\exp(j9\pi/5)$	$2/5V_{DC}\exp(j3\pi/5)$
28	1 1 1 0 0	$2/5V_{DC}2\cos(\pi/5)\exp(j2\pi/5)$	$2/5V_{DC}2\cos(2\pi/5)\exp(j9\pi/5)$
29	1 1 1 0 1	$2/5V_{DC}\exp(j\pi/5)$	$2/5V_{DC}\exp(j7\pi/5)$
30	1 1 1 1 0	$2/5V_{DC}\exp(j3\pi/5)$	$2/5V_{DC}\exp(j\pi/5)$
31	1 1 1 1 1	0	0

因此，可以看出在 PWM 运行中可以获得的共 32 个空间矢量，根据输出相电压的幅值，可以分为幅值明显不同的四类：三种有效长度矢量和一个零矢量。相电压空间矢量总结见表 7-7。相电压空间矢量的幅值，从最小到最大的比例为 $1:1.618:1.618^2$，所有这些矢量构成了大小为 36° 的 10 个扇区及 1 个 10 边形。$\alpha-\beta$ 平面内矢量到 $x-y$ 平面内的映射时，$\alpha-\beta$ 平面内的最大长度矢量会变成 $x-y$ 平面内的最小长度矢量，反之亦然。两

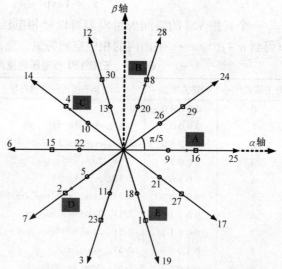

图 7-34 $\alpha-\beta$ 平面内的相电压空间矢量

个平面内的中等长度矢量保持不变。而且 $x-y$ 平面的矢量是基波的 3 次谐波，如图 7-34、图 7-35 所示。如果它们仍存在的话，这些 $x-y$ 矢量就会在系统中产

生损耗。因此，在开发 PWM 技术时，有必要减少或完全消除 $x-y$ 分量以产生正弦输出电压。

7.3.3 五相 VSI 的 PWM 技术

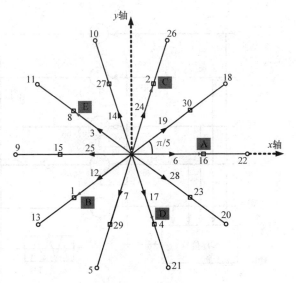

图 7-35 $x-y$ 平面内的相电压空间矢量

本节描述的是用于五相 VSI 的 PWM 方案。PWM 技术是在功率变换器的能量处理中使用的最基本方法，其目的是在逆变器的输出侧获得可变幅值、可变频率的电压或电流。基本思想是对脉冲宽度进行调制以改变电压或电流的平均值。文献［6~16］中已经提出了五相 VSI 的几种 PWM 方案。然而，本章仅围绕基于三相 PWM 延伸出的简单 PWM 方法。受欢迎且简单的 PWM 方案在下一小节中详细阐述并给出了 MATLAB 仿真模型。

1. 基于载波的正弦 PWM 方案

基于载波的正弦 PWM 是最受欢迎和广泛使用的 PWM 技术，因为无论是模拟电路还是数字电路实现都很简单方便。与三相 VSI 相同的基于载波的 PWM 原理也适用于多相 VSI。PWM 信号可以通过比较正弦调制信号和 1 个三角波（双边沿）或锯齿波（单边沿）载波信号产生。

载波信号的频率通常要比调制信号高很多（10~20 倍），基于载波的 PWM 调制器的运行如图 7-36 所示，产生的 PWM 波形如图 7-37 所示。参考电压信号或调制信号（调制波是五相基波正弦信号，它们在时间上的相位移是 $\alpha = 2\pi/5$），与高频载波比较，在两种波形的交叉点处形成了一个个脉冲。这些调制信号与一个高频载波信号（锯齿波或三角波）比较就可以直接获得逆变器所有五相桥臂的开关函数。一般说来，调制信号可以表示为

$$v_i(t) = v_i^*(t) + v_{nN}(t) \tag{7-44}$$

式中，v_{nN} 表示零序信号，v_i^* 是基波正弦信号。零序信号代表了一种自由度，它存在于基于载波的调制器中，被用来调节调制信号的波形，因此可以获得不同的调制方案。只要调制信号的峰值不超过载波的幅值，就工作在连续 PWM 方式下。

如果调制信号的峰值超出了载波信号的高度，就称为"载波跌落模式"，此

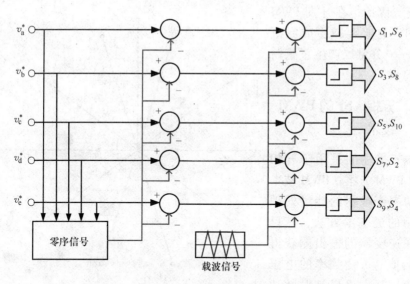

图 7-36　五相 VSI 中基于载波 PWM 技术的原理图

时会工作在过调制方式下。

在图 7-37 中存在下述关系：

$$t_n^+ - t_n^- = 2v_n t_s \qquad (7\text{-}45a)$$

式中，

$$t_n^+ = \left(\frac{1}{2} + v_n\right)t_s \qquad (7\text{-}45b)$$

$$t_n^- = \left(\frac{1}{2} - v_n\right)t_s \qquad (7\text{-}45c)$$

式中，t_n^+、t_n^- 分别是第 n 个采样间隔内的正脉宽与负脉宽的宽度。v_n 是归一化的调制信号，归一化的处理中采用了

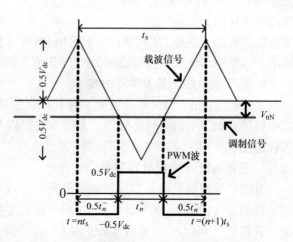

图 7-37　基于正弦载波方法的 PWM 波形产生过程

V_{dc} 电压基值。式 7-45 被称为伏秒积平衡原理，就像三相逆变器中的一样。三角载波归一化后的峰值在线性区域运行时为 ±0.5。工作在线性区中的调制增益为 1，逆变器输出基波电压的峰值等于基波正弦信号的峰值。因此，五相 VSI 的最大输出相电压限制在 0.5p.u.。所以，在采用基于载波 PWM 技术时，三相 VSI 与五相 VSI 具有相同的相电压输出。

2. 基于载波 SPWM 的 MATLAB 仿真

假定采用理想的直流母线与逆变器模型，那么 Simulink 建模是很简单的，可以完全按照图 7-36 建模，结果也与图 7-37 完全吻合。逆变器的模型可以采用 simpowersystem 模块集中的实际 IGBT 开关或式（7-23）。完整的 Simulink 模型如图 7-38 所示，图中采用了式（7-23）对逆变器建模。五相正弦波形从 source 子库的 sine wave 模块产生，五相之间的相移需要在 phase/rad 对话框中设置合适的相位差。三角载波信号是使用 source 子库中 repetitive 模块产生的，开关频率保持为 5kHz。直流环节电压假定为 1，基波输出频率为 50Hz，仿真结果波形如图 7-39、图 7-40 所示。输出电压幅值限制为 0.5pu.（这与三相 VSI 的输出电压限值是同一个值），这在图 7-40 的频谱图中是显而易见的。滤波后的输出电压显示在图中，从中可以看出其正弦特性。

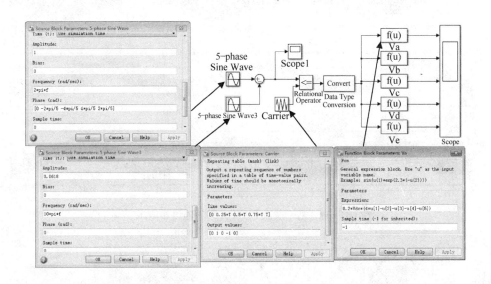

图 7-38　实现基于载波 PWM 的 Simulink 仿真模型（文件名：*Carrier_PWM_5_phase_VSI. mdl*）

3. 基于 5 次谐波注入的 PWM 方案

在信号中加入反极性谐波降低了信号的峰值。在此采用这种方法的目的是将参考（或调制）信号的幅值尽可能拉低，以便可以使参考波的最大值与载波相等，从而提高输出电压，具有更好的直流母线电压利用率。基于这种原理，三相 VSI 中使用了 3 次谐波注入的 PWM 方案，结果使基波电压输出提升到 $0.575V_{dc}$，这些内容在第 3 章中已经讨论过，3 次谐波电压并不会出现在输出相电压中，而仅仅是被限制在逆变器的桥臂电压中。

根据此原理，5 次谐波注入的 PWM 方案可以用于五相 VSI 中提高调制系数，此时逆变器桥臂参考电压或调制信号可以表示为

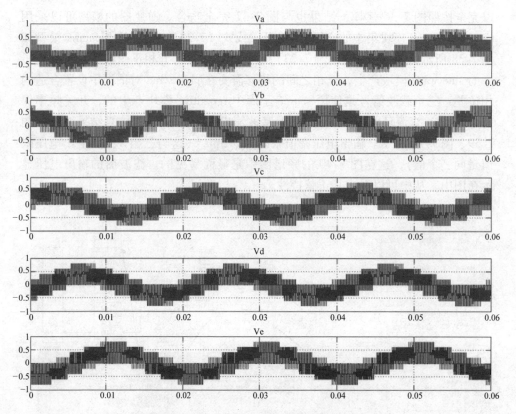

图 7-39 基于载波 PWM 方案的输出相电压

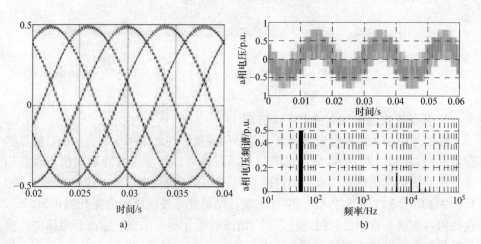

图 7-40 基于载波 PWM 方案的仿真结果

a）滤波后的输出电压 b）a 相电压谐波频谱

$$V_{ao}^* = 0.5M_1 V_{dc}\cos(\omega t) + 0.5M_5 V_{dc}\cos(5\omega t)$$

$$V_{bo}^* = 0.5M_1 V_{dc}\cos(\omega t - 2\pi/5) + 0.5M_5 V_{dc}\cos(5\omega t)$$

$$V_{co}^* = 0.5M_1 V_{dc}\cos(\omega t - 4\pi/5) + 0.5M_5 V_{dc}\cos(5\omega t) \qquad (7\text{-}46)$$

$$V_{do}^* = 0.5M_1 V_{dc}\cos(\omega t + 4\pi/5) + 0.5M_5 V_{dc}\cos(5\omega t)$$

$$V_{eo}^* = 0.5M_1 V_{dc}\cos(\omega t + 2\pi/5) + 0.5M_5 V_{dc}\cos(5\omega t)$$

这里，M_1 与 M_5 分别是基波与 5 次谐波的峰值。值得注意的是，对所有的奇数 k，5 次谐波对参考波形电压值并无影响。因为 $\cos(5(2k+1)\pi/10) = 0$（当 $\omega t = (2k+1)\pi/10$ 时）。

因此 M_5 的选取应使参考信号（式 7-46）的峰值出现在 5 次谐波为 0 处。这可以保证基波电压为最大的可能取值，在参考电压达到最大时，存在

$$\frac{\mathrm{d}V_{ao}^*}{\mathrm{d}\omega t} = -0.5M_1 V_{dc}\sin\omega t - 0.5 \cdot 5M_5 V_{dc}\sin 5\omega t = 0 \qquad (7\text{-}47)$$

由此得出

$$M_5 = -M_1\frac{\sin(\pi/10)}{5}; \quad 当\ \omega t = \pi/10 \qquad (7\text{-}48)$$

因此，可以得出最大的调制系数为

$$|V_{ao}^*| = \left| 0.5M_1 V_{dc}\cos(\omega t) - 0.5\frac{\sin(\pi/10)}{5}M_1 V_{dc}\cos(5\omega t) \right| = 0.5V_{dc} \qquad (7\text{-}49)$$

利用上式可以求出

$$M_1 = \frac{1}{\cos(\pi/10)}; \quad 当\ \omega t = \pi/10 \qquad (7\text{-}50)$$

因此，与简单的基于载波 PWM 技术获得的基波电压相比，输出的基波电压可以增加 5.15%。现在输出电压可以达到 $0.5257V_{dc}$，通过将 6.18% 的 5 次谐波注入基波电压中，5 次谐波的相位与对应基波相位是相反的。在正弦参考波形中加入 5 次谐波的影响在图 7-41 中绘出。当 5 次谐波（6.18% * 基波电压）注入正弦参考波形中，修正后的信号峰值减

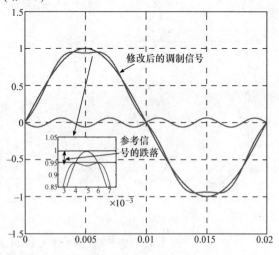

图 7-41　5 次谐波注入 PWM

少了，波形的形状也发生了变化如图 7-41 所示，从而为提高参考信号腾出了空间，随之，增加了逆变器的输出电压。

4. 5 次谐波注入 PWM 的 MATLAB 仿真

这种 PWM 方案的 Simulink 模型与载波 PWM 相似，除了调制信号的产生过程不同。在五相参考信号中减去标幺值为 0.0618pu. 的 5 次谐波，从而形成了新的调制或参考信号。然后，修正后的调制信号与高频载波信号相比较，从而产生了门极驱动脉冲，这些信号再送给逆变器模型。完整的 Simulink 模型如图 7-42 所示。与载波 PWM 在相同的仿真条件下，输出的 PWM 电压波形看起来与图 7-39 相似，所以不在这里给出。对于 1.0515pu. 的参考信号，经过滤波的逆变器输出电压波形及 "a" 相电压的频谱如图 7-43 所示。现在，输出电压增加到 0.5257V_{dc}，并且没有进入脉冲丢失模式。

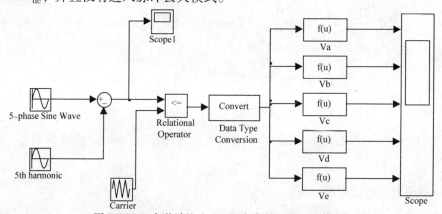

图 7-42　5 次谐波注入 PWM 方案的 Simulink 模型

（文件名：*Carrier_PWM_5^{th}_harmonic_5_phase_vsi. mdl*）

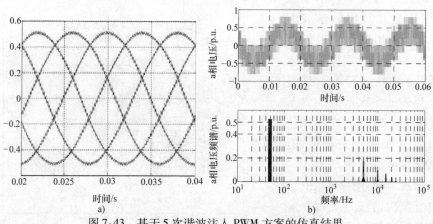

图 7-43　基于 5 次谐波注入 PWM 方案的仿真结果

a）滤波后的输出电压　b）a 相电压谐波频谱

5. 基于加入偏置电压的 PWM 方案

提高调制系数的另一种方式是在参考信号中加入偏置电压信号。为了有效地加入偏置电压信号，在三相 VSI 中应加入 $3n$（$n=1$、2、$\cdots$）次谐波；在五相 VSI 中，则应加入 $5n$（$n=1$、2、$\cdots$）次谐波。同前一种方法类似，这种方法可以有效提高调制系数，偏置电压公式如下：

$$V_{\text{offest}} = -\frac{V_{\max} + V_{\min}}{2} \tag{7-51}$$

式中，$V_{\max} = \max(v_a、v_b、v_c、v_d、v_e)$，$V_{\min} = \min(v_a、v_b、v_c、v_d、v_e)$，注意到，这与三相 VSI 的直流偏置电压公式是相同的。在五相 VSI 中，偏置电压可以设置成幅值为基波参考信号 9.55%、频率为 5 倍频的三角波。该幅值电压可以通过仿真方法进行验证。加入偏置的方法仅仅需要进行加法运算，因而非常适于实际系统的物理实现。

更为一般化的偏置电压公式如下，它将与基波电压一同注入五相 VSI 中，

$$V_{\text{no}} = -0.5528(V_{\max} - V_{\min}) + 3/5(1 - 2\mu)V_{\text{DC}}/2 - 3/5(1 - 2\mu)(V_{\max} - V_{\min}) \tag{7-52}$$

式中，$V_{\max}$ 是五相参考电压中的最大值，$V_{\min}$ 是五相参考电压中的最小值，系数 μ 决定了两个零电压矢量的比例。如果 μ 是 0.5，那么两个零矢量将被均匀放置，这对应了对称零矢量和传统的 SVPWM。是否加入偏置信号的调制信号和偏置信号如图 7-44 所示，修正后的调制信号幅值的减少是显而易见的，这样调制信号可以进一步增加，从而使 VSI 产生更高的电压输出。

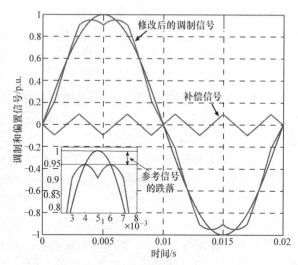

图 7-44　基于添加偏置的 PWM 方案

Simulink 模型如图 7-45 所示，加入偏置方法的仿真结果并没有给出，除了在改善开关谐波方面有些不同，其本质与 5 次谐波注入方法是相同的。

6. SVPWM 方案

SVPWM 已经成为最受欢迎的 PWM 技术之一，因为与基于载波 SPWM 相比之下，它易于数字化实现，具有更好的直流电压利用率。SVPWM 的原理在于逆

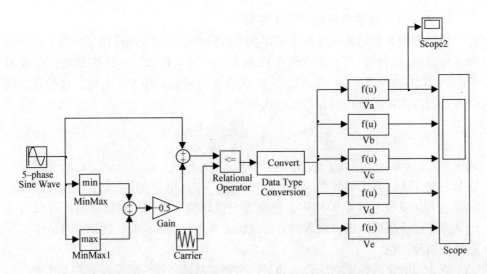

图 7-45 基于加入偏置 PWM 的 Simulink 模型（文件名：*Carrier_PWM_offset_5_phase_VSI. mdl*）

变器以一种特殊的方式进行开关，以便在一个特定的时间内，可以施加一系列空间矢量，正如前面章节所述，五相 VSI 在 360°范围内可以输出 32 个空间矢量。从而形成了一个 10 边形和 10 个 36°的扇区，参考电压通过邻近矢量的开关切换来合成，从而维持 V_s 的平衡。正如第 3 章，两个邻近的有效矢量可以用来实现 SVPWM。因此将这种思路拓展到五相 VSI 中，仍可以采用两个邻近的有效空间矢量。下一节将会论述 SVPWM 的简单延伸会导致输出电压的畸变。作为一个总的原则，$n-1$（n 为相数）个有效空间矢量用来在多相 VSI 的输出侧产生正弦输出。

因此，在多相 VSI 中，有多种方法实现 SVPWM，然而五相 VSI 的理想 SVPWM应满足一些条件。首先，为保持开关频率恒定，在一个开关周期内，每个开关可以两次改变开关状态（一次从 on（开通）到 off（关断），一次从 off（关断）到 on（开通），或者反过来）。其次，输出基波相电压的 rms 值必须与参考矢量的 rms 值相等。再次，SVPWM 方案必须充分利用直流电压，最后，既然逆变器的目的是向负载提供正弦电压，那么低次谐波分量需要降到最低（尤其是对 3 次、7 次谐波）。这些准则用来评估不同 SVPWM 的优缺点，将详细描述两种方法，一种是采用两个有效空间矢量，另一种是采用 4 个有效空间矢量。

在一种情况下，两个邻近的有效空间矢量与两个零空间矢量用在一个开关周期内，用来合成输出参考电压。五相 VSI 有 5 个桥臂，每个桥臂有两个工作在互补状态下的功率开关管，在一个开关周期中，每只功率开关会两次改变状态（从 off（关断）到 on（开通），然后从 on（开通）到 off（关断））。因此，在一个开关周期中存在 10 次开关动作，开关模式事先计算出来并且存储在查询表中。

开关切换过程：在第一个开关半个周期中，施加第一个零矢量；然后是两个有效状态的矢量，最后是第二个零状态矢量；第二个开关半个周期和第一个开关半个周期呈镜像对称，这种方式实现的是对称 SVPWM。这种方法是三相 VSI 中 SVPWM 最简单的延伸。每个有效矢量和零空间矢量的作用时间可以根据图 7-46 中简单的三角关系得出。

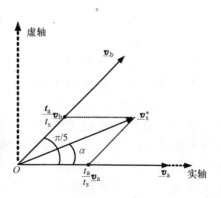

图 7-46 五相 VSI 的 SVPWM 原理

假定右手侧矢量的作用时间为 t_a，左手侧矢量的作用时间是 t_b，零矢量作用时间为 t_0，一个开关周期时间为 t_s，从图 7-46 中可以知道下式是成立的。

$$\underline{\boldsymbol{v}}_s^* t_s = \underline{\boldsymbol{v}}_a t_a + \underline{\boldsymbol{v}}_b t_b \qquad (7\text{-}53)$$

用极坐标的形式，将上述方程写为

$$|\underline{\boldsymbol{v}}_s^*|(\cos(\alpha) + j\sin(\alpha))t_s = |\underline{\boldsymbol{v}}_a|(\cos(0) + j\sin(0))t_a +$$

$$|\underline{\boldsymbol{v}}_b|\left(\cos\left(\frac{\pi}{5}\right) + j\sin\left(\frac{\pi}{5}\right)\right)t_b \qquad (7\text{-}54)$$

现在令方程式左右两侧的实部与虚部对应相等，可以得到下列关系式：

$$t_a = \frac{|\underline{\boldsymbol{v}}_s^*|\sin(k\pi/5 - \alpha)}{|\underline{\boldsymbol{v}}_l|\sin(\pi/5)}t_s \qquad (7\text{-}55a)$$

$$t_b = \frac{|\underline{\boldsymbol{v}}_s^*|\sin(\alpha - (k-1)\pi/5)}{|\underline{\boldsymbol{v}}_l|\sin(\pi/5)}t_s \qquad (7\text{-}55b)$$

$$t_o = t_s - t_a - t_b \qquad (7\text{-}55c)$$

这里的 k 是扇区编号，长矢量的长度为 $|\underline{v}_{al}| = |\underline{v}_{bl}| = |v_1| = \frac{2}{5}V_{DC}2\cos(\pi/5)$。中矢量的长度是 $|\underline{v}_{am}| = |\underline{v}_{bm}| = v_m = \frac{2}{5}V_{DC}$。符号 v_s^* 表示参考空间矢量，$|x|$ 为复数 x 的模。使用上述方案，可能得到的最大基波电压的幅值对应了 10 边形内部可以容纳最大圆的半径。该圆与连接有效空间矢量端点的线段在其中点处相切，如图 7-47 所示。当工作在过调制区域（此处不讨论）时，输出电压矢量的轨迹沿着最外部的外接圆。当工作在最大的线性调制区时，电压矢量的轨迹沿着内部的圆。当逆变器工作在 10 阶梯方式时，电压矢量的轨迹将沿着 10 边形。因此，输出最大基波电压的峰值为 V_{max}。在 10 阶梯模式下的最大峰值基波电压为 $V_{max} = |v_1|\cos(\pi/10)$，从式（7-29）可以得到。因此，SVPWM 最大可能输出

的基波电压与 10 阶梯模式下的
电压之比为

$$V_{\max}/V_{\max,10\text{step}} = 0.96689$$

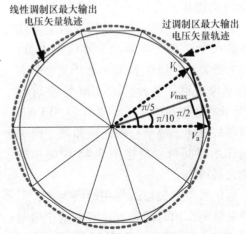

扇区 Ⅰ 与 Ⅱ 内矢量施加的
顺序及对应的开关模式如图
7-48 所示。其中，五相逆变器
桥臂状态为 – 1/2 和 1/2（把直
流电源中点作为参考地），图
7-48 中从上到下的五条轨迹分
别显示了 A、B、C、D、E 桥臂
电压。在奇数扇区，左手侧
（与参考电压相比）矢量先作
用，然后施加右手侧矢量；然

图 7-47   五相 VSI 在 SVPWM 中的最大可能输出

而在偶数扇区，右手侧电压矢量先施加，然后再施加左手侧矢量，为了实施这种
方案，这些开关模式可以存储在一个查询表格中。

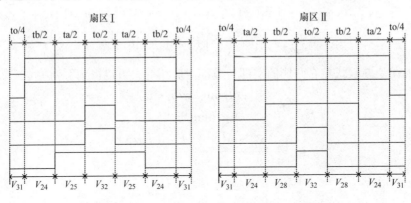

图 7-48   SVPWM 中仅使用两个有效矢量的开关模式

上述方法会导致在逆变器的输出相电压中含有不期望的低次谐波，将在下一
节中给出波形。其原因是 $x-y$ 分量的自由流动。在每一个开关周期内，采用两
个相邻的中矢量，连同两个长矢量，就可能保持 $x-y$ 分量的平均值为 0，从而
提供了正弦输出。在应用两个长矢量和两个中矢量时，它们在 $x-y$ 平面的映射
是可以相互抵消的，如图 7-49 所示的第 Ⅰ 扇区的情况，其余扇区也是如此。因
为矢量 16 与 25 是互反的，24 与 29 也是互反的，但它们的长度是不同的（长对
短的比例是 1.618）。因此，如果短矢量的作用时间按照同等比例增加了，那么
它们就会有相等的 V_s 积，因而会相互抵消，消去了 $x-y$ 分量从而产生了正弦
输出。

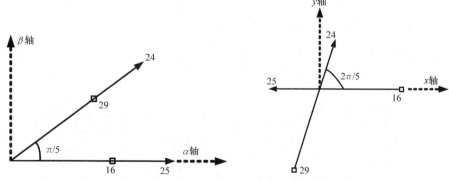

图 7-49　SVPWM 中使用 4 个有效矢量的原理图

在每个开关周期中，使用 4 个有效空间矢量需要计算 4 个作用时间，记为 t_{al}，t_{bl}，t_{am}，t_{bm}，计算不同电压矢量作用时间的表达式[11]为：

$$\boldsymbol{v}_s^* t_s = \boldsymbol{v}_{al} t_{al} + \boldsymbol{v}_{bl} t_{bl} + \boldsymbol{v}_{am} t_{am} + \boldsymbol{v}_{bm} t_{bm} \tag{7-56}$$

式中：

$$\left| \boldsymbol{v}_{al} \right| = \left| \boldsymbol{v}_{bl} \right| = \left| \boldsymbol{v}_1 \right| = \frac{2}{5} V_{DC} 2\cos(\pi/5) \tag{7-57a}$$

$$\left| \boldsymbol{v}_{am} \right| = \left| \boldsymbol{v}_{bm} \right| = \left| \boldsymbol{v}_m \right| = V_m = \frac{2}{5} V_{DC} \tag{7-57b}$$

$$\frac{t_{al}}{t_{am}} = \frac{t_{bl}}{t_{bm}} = \frac{\left| \boldsymbol{v}_1 \right|}{\left| \boldsymbol{v}_m \right|} = \tau = 1.618 \tag{7-57c}$$

将式（7-56）的实部与虚部分离开来，并且代入式（7-57），可以得到下式：

$$t_{al} = \frac{\left| v_s^* \right|}{V_m \sin(\pi/5)} \left(\frac{\tau}{1 + \tau^2} \right) t_s \sin\left(\frac{\pi}{5} k - \alpha \right) \tag{7-58a}$$

$$t_{bl} = \frac{\left| v_s^* \right|}{V_m \sin(\pi/5)} \left(\frac{\tau}{1 + \tau^2} \right) t_s \sin\left(\alpha - (k-1) \frac{\pi}{5} \right) \tag{7-58b}$$

$$t_{am} = \frac{\left| v_s^* \right|}{V_m \sin(\pi/5)} \left(\frac{1}{1 + \tau^2} \right) t_s \sin\left(\frac{\pi}{5} k - \alpha \right) \tag{7-58c}$$

$$t_{bm} = \frac{\left| v_s^* \right|}{V_m \sin(\pi/5)} \left(\frac{1}{1 + \tau^2} \right) t_s \sin\left(\alpha - (k-1) \frac{\pi}{5} \right) \tag{7-58d}$$

$$t_o = t_s - t_{al} - t_{bl} - t_{am} - t_{bm} \tag{7-58e}$$

式中，$t_a = t_{al} + t_{am}$，$t_b = t_{bm} + t_{bl}$。与中矢量相比，长空间矢量多分配了 61.8% 的作用时间，因此满足了 $x-y$ 平面内产生零平均电压的约束。每个矢量作用时间的约束是作用时间不可以小于 0，同时有关矢量与 0 矢量作用时间之和不能超出开关周期。在这些约束下，这种方法最大可能输出的电压为 $0.5257 V_{dc}$，它比前述方法减少了 16%。两个扇区内的开关模式如图 7-50 所示。开关模式是逆变器每个桥臂都有两次换流的对称 PWM，作用在奇数扇区内的空间矢量作用次序为 $[v_{31}, v_{al}, v_{bm}, v_{bl}, v_{32}, v_{am}, v_{bm}, v_{al}, v_{31}]$，偶数扇区内空间矢量的作用次序则为 $[v_{31}, v_{bl}, v_{am}, v_{32}, v_{al}, v_{bm}, v_{am}, v_{bl}, v_{31}]$。

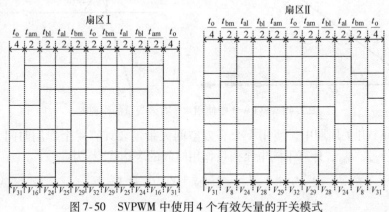

图 7-50 SVPWM 中使用 4 个有效矢量的开关模式

7. SVPWM 的 MATLAB 模型

在 Simulink 中，可以采用不同的方法对 SVPWM 进行仿真建模。这里的模型采用了 Simulink 和 MATLAB 函数模块，MATLAB 仿真模型如图 7-51 所示，五相参考电压由 "sine wave" 发生器产生，然后转换为 $\alpha - \beta$ 和 $x - y$ 分量。这样，参考电压矢量的幅值与相角就可以由 "reference voltage generator" 模块产生。

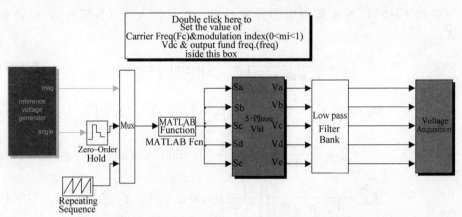

图 7-51 实现 SVPWM 的 MATLAB/Simulink 模型

（文件名：*Space*5. *mdl*、*Large*5. *m* 和 *SVM_ 5_ sine. m*）

幅值是恒定的，而相角则是从 0 变化到 pi，然后从 -pi 变化到 0 的一个锯齿波形。相角被保持一个采样周期，以便在计算矢量作用时间过程中，相角保持恒定不变。另一个重复信号（time $[0 \ T_s]$, amplitude $[0 \ T_s]$）用来与相角相比较，从而确定参考信号的位置。MATLAB 函数模块包含了开关表与扇区确定算法（提供在光盘文件中），MATLAB 函数模块输出开关函数，提供给五相逆变器模型。可以对 MATLAB 函数模块的内部算法进行修改以实现两矢量或四矢量的 SVPWM。逆变器产生 1 个 SV 调制的电压波形，该电压可以提供给五相负载。两种 SVPWM 技术的仿真结果分别如图 7-52（使用两个有效矢量）、图 7-53（使用 4 个有效矢量）所示。基波频率保持为 50Hz，开关频率选择为 5kHz，输出电压设定在最大值（两个有效矢量时设定为 $0.6115V_{dc}$，4 个有效矢量时设定为 $0.5257V_{dc}$）。直流环节电压 V_{dc} 设为标幺值 1。如果 SVPWM 中仅仅选用两个有效矢量，那么输出相电压会发生畸变，这是因为存在 $x-y$ 相平面矢量。如图 7-52b 所示，可以明显看出，当 SVPWM 算法中采用了 4 个有效矢量，那么相电压是完全正弦化的，这是因为 $x-y$ 分量完全消去了。

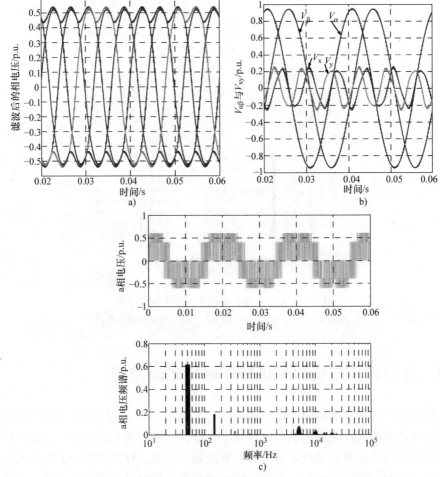

图 7-52　使用两个有效矢量的 SVPWM 仿真结果
a）相电压　b）$\alpha-\beta$ 和 $x-y$ 轴电压　c）a 相电压及其频谱图

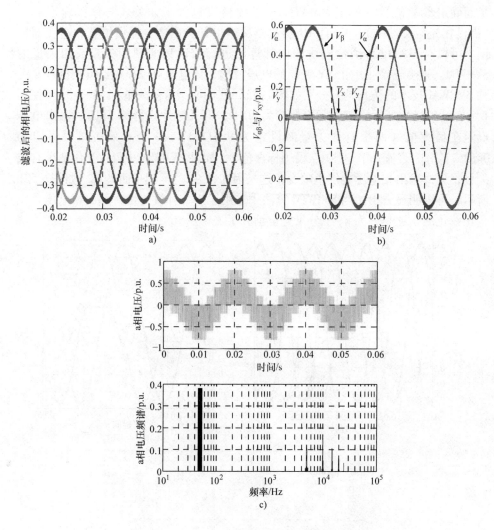

图 7-53 4 个有效矢量的 SVPWM 仿真结果

a) 相电压 b) $\alpha - \beta$ 和 $x - y$ 轴电压 c) a 相电压及其频谱图

7.4 五相异步电机的间接转子磁场定向控制

磁场定向控制是指将异步电机模拟成一台直流电机,对其进行控制的技术。产生转矩的电流与产生磁通的电流得到了解耦,并进行独立的控制,从而得到电机的快速响应。这种控制技术也称为矢量控制,因为这种方法对定子电流的空间矢量进行控制。磁场定向与矢量控制的原理在第 4 章中已经详细描述过。在此主要区分三相与五相异步电机矢量控制的差异。特别是不管电机的相数是几个，在异步电机中，仅需要两个电流分量来产生转矩。总之，在基速区域进行速度控制时，异步电机内与磁通对应的 d 轴电流保持恒定，在弱磁区域（额定速度以上）中，该电流要按合适的比例进行减少。当 d 轴电流保持恒定时（参见公式 7-17），q 轴电流分量控制电机的转矩。

　　因为矢量控制仅需要两个电流分量，多相（超过三相）电机的控制原理和三相电机是相同的。唯一的区别在于电流变换的不同，三相电机中从两相电流（$\alpha - \beta$）到三相电流（i_a、i_b、i_c）。五相电机中则是从两相电流（$\alpha - \beta$）到五相电流（i_a、i_b、i_c、i_d、i_e），如图 7-54 所示。图中给出了基速区域的速度控制。速度命令与实际速度（从速度传感器或无传感器模式中的速度观测器获得）相比较之后得到了速度差值。差值由一个 PI 控制器处理后得到了转矩命令，PI 控制器的输出（转矩命令）被限制在额定转矩，有时被限制在额定转矩的 2 倍（为了快速的加速）。转矩命令乘以常数 K_1 后得到 q 轴电流分量。该电流分量乘以常数 K_2 后得到转差速度，常数 K_1 与 K_2 的表达式分别为

$$K_1 = \frac{1}{P} \frac{L_r}{L_m} \frac{1}{\psi_r^*} = \frac{1}{P} \frac{L_r}{L_m^2} \frac{1}{i_{ds}^*} = 0.431 \quad K_2 = \omega_{sl}^* / i_{qs}^* = \frac{L_m}{T_r \psi_r^*} = \frac{1}{T_r i_{ds}^*} = 4.527$$

$$(7-59)$$

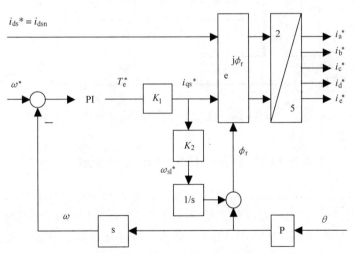

图 7-54　五相电机的矢量控制器

转差速度积分后得到了角位置，再加上转子位置后，得到了转子磁链位置 ϕ_r。图 7-54 中的字母 P 表示电机的极对数，θ 表示转子的机械角位置。机械角位置乘以电机的极对数后得到转子的电气角位置，矢量旋转模块 $e^{j\phi_r}$ 将 $d - q$ 轴电流变换到静止的 $\alpha - \beta$ 轴电流，最后又变换为五相电流。因此产生了五相电流的

参考值,可以通过电流控制的五相 PWM VSI 将电流输出给电机。电流的控制可以采用简单的滞环电流控制器或斜坡比较电流控制器。图 7-55 给出了五相异步电机间接转子磁场定向 FOC 的方块图。在方块图中,当电机工作在转矩运行模式中,转矩指令直接从外部输入。在速度运行模式中,转矩指令值则来自于 PI 控制器,其输入为速度差值信号。

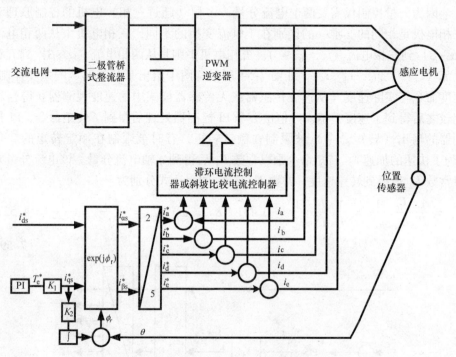

图 7-55　五相异步电机间接转子磁场定向控制的原理方框图

7.4.1　五相异步电机 FOC 的 MATLAB/Simulink 模型

图 7-56、图 7-57 给出了五相异步电机在间接磁场定向控制下的 MATLAB/Simulink 仿真模型,电机是工作在基速区域的速度运行模式下。矢量控制模型以速度指令、转子磁链指令与实际速度为输入。在基速区域,转子磁链保持恒定;在弱磁区域时,转子磁链开始减少。图中该模块仅以实际速度为输入,但是在模块内部提供了速度指令与转子磁链指令。矢量控制器产生了定子电流指令,该电流在比较模块中与实际定子电流相比较。然后电流误差提供给滞环模块用以产生五相 VSI 的门极信号。逆变器产生的相电压通过式(7-10)($\theta_s = 0$,因为电机模型是在静止坐标系中)变换成 $\alpha - \beta$ 和 $x - y$ 分量,作为五相感应电机模型的输入。

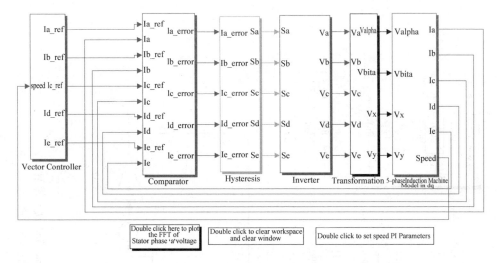

图 7-56　五相异步电机在间接磁场定向控制下的 MATLAB/Simulink 仿真模型一

（文件名：*Vector_control_5_phase_IM. mdl*）

五相异步电机矢量控制传动系统的仿真波形如图 7-58 所示。每相等效电路的参数是指 50Hz 下，五相异步电机参数为 $R_s = 10\Omega$，$R_r = 6.3\Omega$，$L_{ls} = L_{lr} = 0.04H$，$L_m = 0.42H$，转动惯量与电机极对数分别为 0.03 和 2，额定相电流、相对中点电压的相电压、每相转矩分别为 2.1A、220V、1.67N·m。额定转子磁链（rms）0.5683W_b。PI 速度控制器的参数采用了标准化的设计程序来获得。滞环宽度为额定相电流的 ±2.5%（即在 ±0.7425A），在所有情况下的转矩极限都设为额定转矩的两倍（即 16.67N·m）。直流环节电压等于 587V，在额定频率下可以提供约 10% 的余量。矢量控制器的常数 K_1 与 K_2 分别为 0.431 与 4.527。转子磁链参考值（即定子 d 轴电流参考值）从 $t = 0$ 到 $t = 0.01s$ 内以斜坡规律变化为额定值两倍。为获得强迫励磁，$t = 0.01s$ 到 $t = 0.05s$ 内 d 轴电流参考值保持为额定值两倍。然后从 $t = 0.05s$ 到 $t = 0.06s$ 内以线性方式从两倍额定值减少到额定值，并且在剩余的仿真时间内保持不变。1200r/min 的速度指令从 $t = 0.3s$ 开始以斜坡方式在 $t = 0.3s$ 到 $t = 0.35s$ 内增加完毕，然后保持不变。传动系统在空载下起动，然后加载，最后反转。图 7-58 给出了参考与实际的转子磁链、实际转矩、转速与定子 a 相电流参考值和实际值。经过起始的过渡阶段后，转子磁链稳定在参考值，并且不再变化，这表明了转矩与磁链实现了解耦控制（矢量控制）。加速过程中，转矩为最大允许值，电机相电流可以很好地跟随参考值，所以转矩响应也紧紧跟随其参考值。$T = 1s$ 时负载转矩的作用使转速不可避免出现了一点下降，本例中为 30r/min。电机转矩迅速跟随转矩指令，从而迅速补偿转速下降（在 100ms 以内）。在大约 100ms 内，电机转矩稳定在负载转矩值，在过

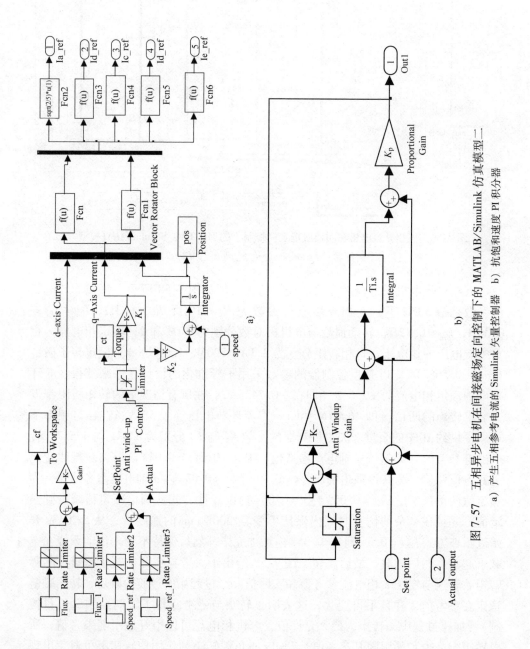

图 7-57 五相异步电机在间接场定向控制下的 MATLAB/Simulink 仿真模型二

a）产生五相参考电流的 Simulink 矢量控制器 b）抗饱和速度 PI 积分器

渡结束时，电机电流也变成了额定值。在 $t=1.3s$ 施加反转的速度指令，实际转矩紧紧跟随参考值并保持在极限内，从而使转速在尽可能短的时间间隔内（约为 350ms）反向。因此本例表明了五相异步电机传动系统实现了解耦的转矩与磁链控制。

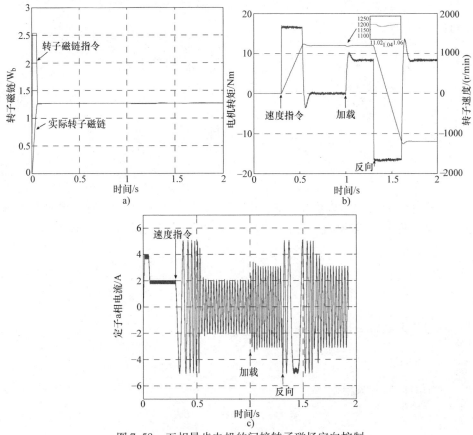

图 7-58　五相异步电机的间接转子磁场定向控制
a）转子磁链　b）速度与转矩　c）a 相电流

7.5　同步旋转坐标系电流控制的五相异步电机 FOC

电流控制可以针对相电流实施（见 7.4 节），也可以在同步坐标系中进行。电流指令由针对相电流控制的矢量控制器产生，当采用同步坐标系的电流控制时，于是产生了电压指令。7.2 节得到的五相异步电机的数学模型，可以按下述方式进行修改，实现同步坐标系中电流控制的矢量控制。

在转子磁链定向条件下，定子磁链由下式确定（$x-y$ 分量在此并不考虑，因为在正弦供电情况下，它们均为 0）：

$$\psi_{ds} = \frac{L_m}{L_r}\psi_r + \sigma L_s i_{ds}$$

$$\psi_{qs} = \frac{L_m}{L_r}\psi_r + \sigma L_s i_{qs} \tag{7-60}$$

式中，σ 是总漏磁系数，将式（7-60）带入到定子电压方程式（7-14），可以得到：

$$v_{ds} = R_s i_{ds} + \sigma L_s \frac{di_{ds}}{dt} + \frac{L_m}{L_r}\frac{d\psi_r}{dt} - \omega_r \sigma L_s i_{qs}$$

$$v_{qs} = R_s i_{qs} + \sigma L_s \frac{di_{qs}}{dt} + \frac{L_m}{L_r}\frac{d\psi_r}{dt} + \omega_r \sigma L_s i_{ds} \tag{7-61}$$

$$i_{ds} + \frac{\sigma L_s}{R_s}\frac{di_{qs}}{dt} = \frac{1}{R_s}v_{ds} - \frac{L_m}{L_r R_s}\frac{d\psi_r}{dt} + \frac{\omega_r \sigma L_s}{R_s}i_{qs}$$

$$i_{qs} + \frac{\sigma L_s}{R_s}\frac{di_{ds}}{dt} = \frac{1}{R_s}v_{qs} - \frac{L_m}{L_r R_s}\frac{d\psi_r}{dt} - \frac{\omega_r \sigma L_s}{R_s}i_{ds} \tag{7-62}$$

从式（7-62）中可以看出，两个定子电流分量没有解耦，因此需要引入解耦电路来实现 $d-q$ 轴电流的真正的解耦。如果电流控制器的输出变量定义为

$$v_{ds}^1 = R_s\left(i_{ds} + \frac{\sigma L_s}{R_s}\frac{di_{ds}}{dt}\right)$$

$$v_{qs}^1 = R_s\left(i_{qs} + \frac{\sigma L_s}{R_s}\frac{di_{qs}}{dt}\right) \tag{7-63}$$

那么所需的 dq 轴电压指令为

$$v_{ds}^* = v_{ds}^1 + e_d$$

$$v_{qs}^* = v_{qs}^1 + e_q \tag{7-64}$$

式中的辅助变量定义为

$$e_d = R_s\left(\frac{L_m}{L_r R_s}\frac{d\psi_r}{dt} - \omega_r \frac{\sigma L_s}{R_s}i_{qs}\right)$$

$$e_q = R_s\left(\frac{L_m}{L_r R_s}\frac{d\psi_r}{dt} + \omega_r \frac{\sigma L_s}{R_s}i_{ds}\right) \tag{7-65}$$

式（7-65）描述了在电压型 VSI 供电的、转子磁链定向控制五相异步电机传动系统中使用的解耦电路，通常情况下，为简化起见，转子磁链的微分项可以忽略，并不会影响电机的动态性能。矢量控制器的结构如图 7-59 所示。

图 7-59a 中的常数为 $\omega_{sl}^* = K_1 i_{qs}^* \rightarrow K_1 = \omega_s^*/i_{qs}^* = \dfrac{L_m}{T_r \psi_r^*} = \dfrac{1}{T_r i_{ds}^*}$。因为考虑的是基速区域的速度控制，$d$ 轴电流始终等于额定值。q 轴电流指令值由处理速度差值的 PI 控制器产生。d 轴、q 轴电流的误差在 PI 控制器中进一步处理，在其输出中减去相应的辅助变量，从而得到旋转坐标系中所需的电压指令。然后将

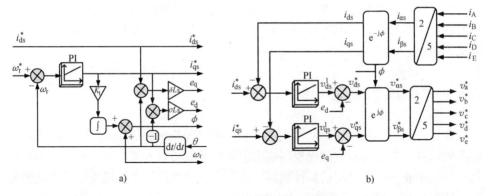

a)　　　　　　　　　　　　　　b)

图 7-59　五相异步电机的矢量控制

a）参考电流的产生　b）参考电压的产生

这些电压变换到静止坐标系中，再变换为五相电压指令。这五相电压指令提供给 PWM 模块。PWM 模块产生合适的开关信号给 PWM VSI。最终，逆变器产生所需的电压施加在五相异步电机的定子绕组上。用来控制 VSI 产生所需电压的 PWM 可以是基于载波的 SPWM 或 SVPWM 方法。

文献［59］给出了在同步坐标系中带有电流控制的间接转子磁链定向矢量控制的仿真结果。从该文献的结果中明显看出：定子电流的 $x-y$ 分量仍然存在，不管采用哪种 PWM 方法。尽管宣称它可以完全消除 $x-y$ 分量。$x-y$ 电流分量的存在是逆变器 IGBT 开关信号中死区存在的结果。为了完全消除 $x-y$ 电流分量，及其产生的定子电流中的畸变，需要在图 7-59 中的矢量控制器中额外加入两个电流控制器，从而可以得到图 7-60 中改进后的矢量控制方案。在改进的电流控制方案中，引入了两个额外的电流控制器，它们同 d、q 轴电流分量控制器工作在同一个参考系中，且具有相同的增益。$x-y$ 电流指令值设为 0。$d-q$ 轴电流参数与前例（图 7-59）中完全相同，

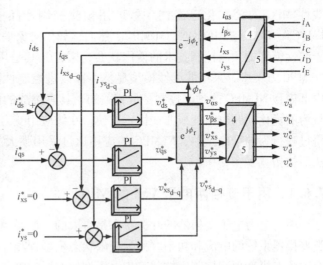

图 7-60　在同步旋转坐标系带有 4 个电流控制器的五相异步电机矢量控制方案

转子磁链位置计算也仍然相同。改进的电流控制方案的仿真结果在文献 [59] 中有提供。观察此时的电流波形，$x - y$ 电流分量完全消除了，定子电流的畸变降低到最小。

7.6 模型预测控制（MPC）

在过去的 20 年中，模型预测控制（Model Predictive Control，MPC）获得了广泛的认可，并在实际的过程控制应用中取得了成功。主要应用于发电厂及石油精炼加工企业中。随着现代微控制器、数字信号处理器和现场可编程门阵列的发展，MPC 的应用已经拓宽到广泛的领域中，如化工、食品加工、汽车与航空应用、电力电子及电气传动[60~65]。

MPC 算法使用显化的处理模型来预测一个过程或对象的未来响应，采用一个成本函数表示系统的期望行为。这样就形成了一个优化问题，通过最小化成本函数可以获得一系列未来激励。先应用该序列的第一个元素，在每个采样间隔内执行所有运算。因此，过程模型对控制器起决定作用，所选模型必须能够捕获过程的动态行为，从而可以精确预测未来的输出，并且易于实现和理解。线性模型被广泛使用，因为它们可以通过系统辨识技术易于获得，或者通过第一类非线性模型的线性化处理获得。因此，成本函数是二次型的，各种约束是以线性不等式描述的，对这种二次型编程问题（Quadratic Programming，QP），有源集合方法（Active Set，AS）与内点方法（Interior Point，IP）可以提供最好的求解性能。线性 MPC 的公式化已经在一些商用预测控制产品中很好地实现，如 DMC、FMPCT、PFC 与 HIECON、3DMPC。然而，如果对象呈现严重的非线性，那么基于线性模型的预测控制技术的使用就会受限，尤其是用来改变对象的工作点时。在 MPC 方案中，采用非线性模型显然可以改进控制性能。事实上，带有非线性内部模型 NLMPC 的预测控制是最相关的、具有挑战的问题之一。因为寻找控制行为的优化问题也已变成非线性，这使得在线应用变得极为困难。然而，为了获得过程行为的精确预测，NLMPC 的应用通过采用强大的微控制器和高效优化算法而被拓宽了[67~69]。

7.6.1 用于五相两电平 VSI 的 MPC

因为电力电子变换器的开关状态是有限的，模型预测控制可以有效地控制此类变换器系统的电流和功率，称为有限状态模型预测控制。本节将详细阐述使用有限状态模型预测控制去控制五相电压型逆变器的电流。

本书提出的电流控制策略的基本方框图如图 7-61 所示。图中预测模型的离散化的负载模型用来预测下一采样间隔内的负载电流。然后，该预测电流值连同

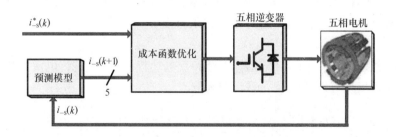

图 7-61　五相传动系统的模型预测电流控制器

参考电流值（来自于外环）一起送给优化单元，优化单元计算出逆变器在所有可能的开关组合下的成本函数。这样，优化单元就可以得出在每个采样间隔内，与全局最小成本函数对应的最优开关状态，并将它传递给逆变器的门极驱动电路。这就是系统最优解的获取方式。这种概念完全不同于传统的 PWM 技术，后者产生的是对称式开关模式，并且保证每个桥臂在一个开关周期中至少开关两次，从而使其具有不变的开关频率（及对应电压频谱），相比之下，MPC 不能保证每个桥臂的两次开关，因此开关频率是可变的。然而，MPC 方波是非常有效的，因为这种控制方式很简单并且直观。通过简单修改成本函数，可以使 MPC 控制器具有许多期望的特性。由于一台五相逆变器可以产生大量的空间矢量（30 个有效矢量和两个零矢量），存在许多可能的方法去实现 MPC，这些将在后面章节中讨论。而在本节中，只详细分析少数的几种方法，还存在许多方法值得探索与研究。

　　成本函数的选取是 MPC 最重要的一个环节，明智的选取成本函数会得到控制目标的最优解。因此，成本函数在施加的限制条件内，应该包含所有待优化的参数。

　　在电流控制中，最重要的变量是电流跟踪误差。因此，最简单且直接的选择就是选取电流误差的绝对值。其他的选择应该有电流误差的平方、电流误差的积分或误差的变化率等。特别是在五相传动系统中，存在两个正交的子空间，即 $\alpha - \beta$ 和 $x - y$，因此针对一个五相传动系统的情况，在设计一个成本函数时，两个平面内的电流误差都必须进行考虑。

　　一般情况下，对于电流误差的平方，成本函数表示如下：

$$\hat{g}_{\alpha\beta} = \mid i_\alpha^*(k) - \hat{i}_\alpha(k+1) \mid + \mid i_\beta^*(k) - i_\beta(k+1) \mid$$

$$\hat{g}_{xy} = \mid i_x^*(k) - \hat{i}_x(k+1) \mid + \mid i_y^*(k) - \hat{i}_y(k+1) \mid \qquad (7\text{-}66)$$

最后的成本函数可以表示为

$$J_{\alpha\beta xy} = \parallel \hat{g}_{\alpha\beta} \parallel^2 + \gamma \parallel \hat{g}_{xy} \parallel^2 \qquad (7\text{-}67)$$

其中，$\|\cdot\|$ 表示取模值，γ 是可调节参数，它提供了强调 $\alpha - \beta$ 或 $x - y$ 空间分量的自由度，可以进行相关的对比研究来重点分析参数的选取对控制器性能的影响。

负载假定为五相 RLE（电阻、电感和反电动势），适合进行电流预测的负载的离散事件模型可以从文献 [63] 中获取。

$$\hat{\underline{i}}(k+1) = \frac{T_s}{L}(\underline{v}(k) - \hat{\underline{e}}(k)) + \underline{i}(k)\left(1 - \frac{RT_s}{L}\right) \tag{7-68}$$

其中，R 与 L 是负载的电阻和电感，T_s 是采样时间间隔，$\underline{i}$ 是负载电流空间矢量，$\underline{v}$ 是逆变器的电压空间矢量，这里作为决策变量；$\hat{\underline{e}}$ 是文献 [63] 中提供的反电动势的估计值，

$$\underline{i} = \begin{bmatrix} i_a & i_b & i_c & i_d & i_e \end{bmatrix}^t, \quad \underline{v} = \begin{bmatrix} v_a & v_b & v_c & v_d & v_e \end{bmatrix}^t \tag{7-69}$$

$$\hat{\underline{e}}(k) = \underline{v}(k) + \frac{L}{T_s}\underline{i}(k-1) - \underline{i}(k)\left(R + \frac{L}{T_s}\right) \tag{7-70}$$

其中，$\hat{\underline{e}}(k)$ 是 $\underline{e}(k)$ 的估计值，然而为了仿真的需要，反电动势的幅值和频率都假定为常数。

7.6.2 五相 VSI 的 MPC 的 MATLAB/Simulink 建模

图 7-62 给出了一台五相 VSI 的电流控制的 MATLAB/Simulink 模型，VSI 的负载是五相 RL 负载，电流控制方法是有限集合 MPC，五相参考电流作为电流

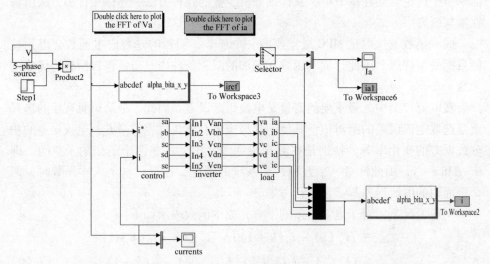

图 7-62　五相 VSI 的有限集合 MPC（文件名：*MPC_5_phase. mdl* 与
control_5_phase_Large. m）

指令值，通过五相 RL 负载的实际五相电流值被保存下来，并与指令值进行比较。

仿真中首先采用了图 7-34 中的外围大矢量与一个零矢量——即总共采用了 11 个矢量，仿真的成本函数仅仅在 $\alpha - \beta$ 平面内将电流跟踪误差最小化。然后，采用了另一种成本函数——它同时考虑 $\alpha - \beta$ 和 $x - y$ 平面内的电流跟踪误差，并将其最小化。采样时间 T_s 保持为 $50\mu s$，正弦波参考电流的基波频率选取为 50Hz，其他参数为 $R = 10\Omega$，$L = 10mH$，$V_{dc} = 200V$，五相参考电流幅值最初保持为 4A，然后在第二个基波周期的前 1/4 内阶跃增加为 8A，采用了 MATLAB 中的 s 函数来实现前述的优化算法。

7.6.3　使用 $\gamma = 0$ 的 11 个矢量

仅仅采用 10 个外围大矢量与一个零矢量的仿真波形如图 7-63 所示。仅仅使 $\alpha - \beta$ 平面内的电流跟踪误差强迫为零。显然，图 7-63 中的 $\alpha - \beta$ 电流分量是正弦的，同时还产生了额外的 $x - y$ 电流分量，这是因为存在 $x - y$ 平面电压矢量的缘故——它们与 $\alpha - \beta$ 平面电压矢量是密切联系在一起的。

进一步而言，优化单元没有涉及第二个平面内的电流跟踪误差，图 7-63 中给出了两个不同平面内的电流轨迹，$\alpha - \beta$ 平面内呈现了圆形的电流轨迹，而 $x - y$ 平面内则是不规则的，但是与圆接近。为了进一步研究电流控制器的性能与逆变器电压的频谱，将它们画在了图 7-63f 中，THD 的计算中均包含了电压与电流波形中的 500 次以内的谐波。电流波形中的 THD 达到了 19.67%，最高的低次谐波是 3 次谐波，它达到了基波的 19.55%（7.5A）。电压频谱表明其 THD 为 42.36%，最高的低次谐波仍为 3 次谐波，且其幅值为基波的 25.82%（82.7V）。开关谐波是分布的，平均的开关频率估计在 7 ~ 8kHz 附近。

7.6.4　使用 $\gamma = 1$ 的 11 个矢量

为了消除 $x - y$ 电流分量，需要进一步做仿真分析。因为在交流电机（分布式）绕组中，它们会产生额外的损耗，故而是不期望的，因此在成本函数中包含了 $x - y$ 电流跟踪误差，得到的波形如图 7-64 所示。图中的波形表明了 $x - y$ 电流分量被有效地去除了，从而使逆变器输出了正弦的电压和电流。因此，通过仅仅使用外围的 11 个大电压矢量集合就可以获得正弦的输出电压与电流，这在 SVPWM 技术中是不可能实现的。

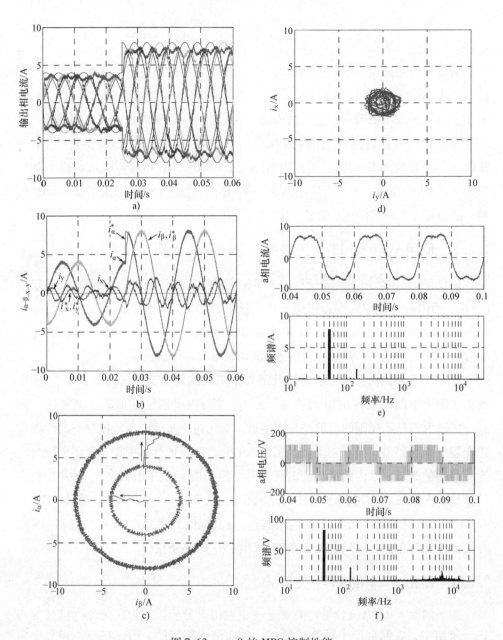

图 7-63 γ=0 的 MPC 控制性能

a）五相电流的实际值和参考值　b）变换后的电流

c）α 轴电流轨迹　d）x 轴电流轨迹

e）电流的频谱　f）电压的频谱

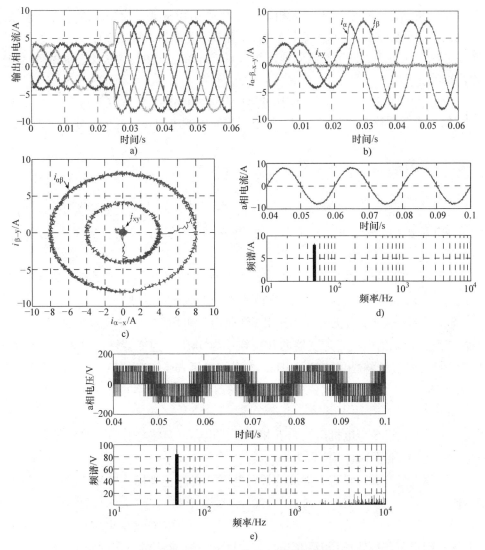

图 7-64　γ = 1 的 MPC 控制性能

a）五相电流的实际值和参考值　b）变换后的电流

c）α - β 和 x - y 轴电流分量的轨迹　d）电流的频谱　e）相电压的频谱

7.7　总结

本章讨论了五相传动系统的结构与它的控制特性，详述了五相异步电机传动系统的优点和一些限制，明确了五相传动系统的潜在应用领域，对五相电压源逆变器在方波及 PWM 模式的运行进行了仿真，给出了五相 VSI 工作在方波模式下的 FFT 分析结果。接着给出了五相异步电机的相变量数学模型。然后将该模型变换到两个正交平面,即 $d-q$ 与 $x-y$ 平面内,并得到了转矩方程。展示了五相异步电机传动系统的矢量控制原理,并强调了三相与五相传动系统矢量控制原理的差别。

为了支持理论分析部分,采用 MATLAB/Simulink 软件进行了仿真建模。像 MPC 的现代控制技术及其在五相 VSI 电流控制中的应用,文章也进行了讨论。

7.8 练习题

1. 对于工作在 10 阶梯模式下的五相 VSI,当其输出基波频率为 100Hz 时,计算 VSI 输出相电压、相邻线电压、非相邻线电压的 rms 值与直流环节电压 V_{dc} 的关系。

2. 一台五相 VSI 向五相负载供电,并工作在 10 阶梯模式下,输出基波频率假定为 25Hz,计算逆变器每只功率开关管的导通时间是多少?

3. 一台五相异步电机由一台五相 VSI 供电,采用 SVPWM 技术控制五相 VSI 输出正弦交流电给电机,逆变器的开关频率为 5kHz,逆变器输入侧直流母线电压为 300V,逆变器输出频率为 50Hz,参考相电压 rms 值为 100V。当时间分别为 1ms、5ms 和 10.5ms 时,试分析分别采用哪些电压矢量,各电压矢量的作用时间分别是多少。

4. 一台五相异步电机由一台五相 VSI 供电,并且工作在方波模式下,导通角为 144°,直流环节电压假定为 1p. u. 。

a) 写下各开关的状态、对应的桥臂电压及在静止坐标系中的桥臂电压空间矢量。

b) 计算相 – 中性点电压,确定 $d-q$、$x-y$ 平面内的对应电压空间矢量。

c) 确定可能的线电压及相应的 $d-q$ 与 $x-y$ 平面内的电压空间矢量。

5. 确定死区时间对五相 VSI 输出相 – 中性点电压的影响,逆变器工作在 10 阶梯模式下,死区分别为 $20\mu s$ 与 $50\mu s$(提示:利用 Simulink 模型求解本题)。

解答参见文件 vsi_ten_step_20_micro_delay. mdl。

6. 一台五相异步电机(相邻线电压额定电压为 200V)由一台五相 PWM 电压型逆变器供电,逆变器开关频率为 5kHz,采用简单的基于载波的 SPWM 策略。异步电机采用恒 v/f 控制,额定电压对应工作频率为 50Hz,为了提高 VSI 的输出电压,采用了 5 次谐波注入 PWM 方案,当异步电机分别工作在 50Hz、25Hz 和 10Hz 时,确定注入的 5 次谐波分量的幅值与频率分别是多少?

7. 一台五相异步电机由一台五相 VSI 供电，VSI 采用正弦输出的 SVPWM 调制技术，五相异步电机工作在恒 v/f 模式下，VSI 开关频率为 2kHz，逆变器输入直流母线电压为 600V。

a）确定在这种 PWM 模式下，逆变器输出相 – 中性点电压基波电压 rms 的最大值。此电压作为异步电机额定电压，异步电机额定频率设为 60Hz。

b）当输出频率为 25Hz，当时间分别为 1.5ms、4ms 和 8ms 时，确定逆变器的输出电压空间矢量及各电压矢量的作用时间。

c）五相异步电机采用 120Hz 供电时，当时间分别为 2ms、10ms、15ms 时，计算新的参考电压矢量，确定 SVPWM 技术中作用的电压空间矢量及它们各自的作用时间。

8. 建立一个完整的五相异步电机传动系统的 MATLAB/Simulink 仿真模型，电机极数为 4，相电压的 rms 值为 220V，采用开环恒 v/F 控制策略。五相 VSI 可以采用 "Simpowersystems" 模块集中的 IGBT 模型来建模。逆变器死区可以设置为 50μs，逆变器开关频率设置为 5kHz。在 TMS320F2812 DSP 开发系统中建立实时的控制模型，对应于额定速度的电压信号是 3.3V，参考速度应以电压信号的方式提供给控制模块，50Hz 的五相异步电机的每相等值电路参数为：$R_s = 10\Omega$，$R_r = 6.3\Omega$，$L_{ls} = L_{lr} = 0.04H$，$L_m = 0.42H$，转动惯量与异步电机的极对数分别为 0.03 和 2，异步电机的每相额定电流、相 – 中性点电压及每相转矩分别为 2.1A、220V、1.67Nm。

9. 针对静止坐标系中的下述相电压，确定 $\alpha - \beta$ 与 $x - y$ 平面内的电压分量。采用变换矩阵（假定负载为丫型联结，$\alpha = 72°$）。可以使用 MATLAB/Simulink 仿真，并在两个正交平面内对电压进行绘图（假定 $V_3 = 0.5V_1$，$V_5 = 0.25V_1$）。

参 考 文 献

1. Ward, E. E. and Harer, H. (1969) Preliminary investigation of an inverter-fed 5-phase induction motor. *Proc. Int. Elect. Eng.*, **116**(6), 980–984.
2. Klingshirn, E. A. (1983) High phase order induction motors (part I and II). *IEEE Trans. Power App. Sys.*, **PAS_102**(1), 47–59.
3. Pavithran, K. N., Parimelalagan, R., and Krishnamurthy, M. R. (1988) Studies on inverter-fed five-phase induction motor drive. *IEEE Trans. On Power Elect.*, **3**(2), 224–233.
4. Xu, H., Toliyat, H. A., and Petersen, L. J. (2009) Five-phase induction motor drives with DSP-based control system. *Proc. IEEE Int. Elec. Mach. And Drives Conf. IEMDC2001*, Cambridge, MA, pp. 304–309.
5. Xu, H., Toliyat, H. A., and Petersen, L. J. (2001) Rotor field oriented control of a five-phase induction motor with the combined fundamental and third harmonic injection. *Proc. IEEE Applied Power Elec. Conf. APEC*, Anaheim, CA, pp. 608–614.
6. Iqbal, A. and Levi, E. (2005) Space vector modulation scheme for a five-phase voltage source inverter. *Proc. Europ. Power Elect. Appl. Conf., EPE*, Dresden, CD-ROM, paper 0006.

7. Ojo, O., Dong, G., and Wu, Z. (2006) Pulse width modulation for five-phase converters based on device turn-on times. *Proc. IEEE Ind. Appl. Soc. Ann. Mtg IAS*, Tampa, FL, CD-ROM, paper IAS15, p. 7.

8. Ryu, H. M., Kim, J. H., and Sul, S. K. (2005) Analysis of multi-phase space vector pulse width modulation based on multiple d-q space concept. *IEEE Trans. Power Elect.*, **20**(6), 1364–1371.

9. de Silva, P. S. N., Fletcher, J. E., and Williams, B. W. (2004) Development of space vector modulation strategies for five-phase voltage source inverters. *Proc. IEE Power Elect., Mach. Drives Conf., PEMD*, Edinburgh, pp. 650–655.

10. Dujic, D., Jones, M., and Levi, E. (2009) Generalised space vector PWM for sinusoidal output voltage generation with multiphase voltage source inverters. *Int. J. Ind. Elect. Drives*, **1**(1), 1–13.

11. de Silva, P. S. N., Fletcher, J. E., and Williams, B. W. (2004) Development of space vector Modulation strategies for five-phase voltage source inverters. *Proc. IEE Power Elect. Mach. Drives PEMD Conf.*, Edinburgh, pp. 650–655.

12. Iqbal, A. and Levi, E. (2006) Space vector PWM techniques for sinusoidal output voltage generation with a five-phase voltage source inverter. *Elect. Power Comp. Syst.*

13. Duran, M. J., Toral, S., Barrero, F., and Levi, E. (2007) Real time implementation of multi-dimensional five-phase space vector pulse width modulation. *Elect. Lett.* **43**(17), 949–950.

14. Ryu, H. M., Kim, J. H., and Sul, S. K. (2005) Analysis of multiphase space vector pulse-width modulation based on multiple *d-q* spaces concept. *IEEE Trans. Power Elec.*, **20**(6), 1364–1371.

15. Zheng, L., Fletcher, J., Williams, B., and He, X. (2010) A novel direct torque control scheme for a sensorless five-phase induction motor drive. *IEEE Trans. Ind. Elect.* Issue 99 (on-line version available).

16. Liliang, G. and Fletcher, J. E. (2010) A space vector switching strategy for a 3-level five-phase inverter drives. *IEEE Trans. Ind. Elect.* (On-line version available).

17. Singh, G. K. (2002) Multi-phase induction machine drive research: A survey. *Elect. Power Syst. Res.*, **61**, 139–147.

18. Jones, M. and E. Levi, E. (2002) A literature survey of state-of-the-art in multiphase AC drives, *Proc. 37th Int. Univ. Power Eng. Conf. UPEC*, Stafford, UK, pp. 505–510.

19. Levi, E., Bojoi, R., Profumo, F., Toliyat, H. A., and Williamson, S. (2007) Multi-phase induction motor drives: A technology status review. *IET Elect. Power Appl.*, **1**(4), 489–516.

20. Levi, E. (2008) Guest editorial. *IEEE Trans. Ind. Elect.*, **55**(5), 1891–1892.

21. Levi, E. (2008) Multi-phase machines for variable speed applications. *IEEE Trans. Ind. Elect.*, **55**(5), 1893–1909.

22. Toliyat, H. A., Rahimian, M. M., and Lipo, T. A. (1991) dq modeling of five-phase synchronous reluctance machines including third harmonic air-gap mmf. *Proc. IEEE Ind. Appl. Soc. Ann. Mtg*, pp. 231–237.

23. Toliyat, H. A., Rahmania, M. M., and Lipo, T. A. (1992) A five phase reluctance motor with high specific torque. *IEEE Trans. Ind. Appl.*, **28**(3), 659–667.

24. Xu, H., Toliyat, H. A., and Petersen, L. J. (2001) Rotor field oriented control of a five-phase induction motor with the combined fundamental and third harmonic injection. *Conf. Rec. IEEE Appl. Power Elect. Conf. APEC*, Anaheim, CA, pp. 608–614.

25. Duran, M. J., Salas, F., and Arahal, M. R. (2008) Bifurcation Analysis of five-phase induction motor drives with third-harmonic injection. *IEEE Trans. Ind. Elect.*, **55**(5), 2006–2014.

26. Shi, R., Toliyat, H. A., and El-Antably, A. (2001) Field oriented control of five-phase synchronous reluctance motor drive with flexible 3rd harmonic current injection for high specific torque. *Proc. 36th IEEE Ind. Appl. Conf*, pp. 2097–2103.

27. Williamson, S. and Smith, S. (2003) Pulsating torques and losses in multiphase induction machines. *IEEE Trans. Ind. App.* **39**(4), 986–993.

28. Green, S., Atkinson, D. J., Jack, A. G., Mecrow, B. C., and King, A. (2003) Sensorless operation of a fault tolerant PM drive. *IEE Proc. Elect. Power Appl.*, **150**(2), 117–125.

29. Wang, J. B., Atallah, K., and Howe, D. (2003) Optimal torque control of fault-tolerant permanent

magnet brushless machines. *IEEE Trans. Magn.*, **39**(5), 2962–2964.

30. Fu, J. R. and Lipo, T. A. (1994) Disturbance-free operation of a multiphase current-regulated motor drive with an opened phase. *IEEE Trans. Ind. Appl.*, **30**(5), 1267–1274.

31. Suman, D. and Parsa, L. (2008) Optimal current waveforms for five-phase permanent magnet motor drives under open-circuit fault. *Proc. IEEE Power Ener. Soc. Gen. Mtg: Conv. Del. Elect. Ener. 21st Cent.*, pp. 1–5.

32. Parsa, L. and Toliyat, H. A. (2004) Sensorless direct torque control of five-phase interior permanent magnet motor drives. *Proc. IEEE Ind. Appl. Soc. Mtg, IAS*, **2**, 992–999.

33. Chiricozzi, E. and Villani, M. (2008) Analysis of fault-tolerant five-phase IPM synchronous motor. *Proc. IEEE Int. Symp. Ind. Elect.*, pp. 759–763.

34. Toliyat, H. A. (1998) Analysis and simulation of five-phase variable speed induction motor drives under asymmetrical connections. *IEEE Trans. Power Elect.*, **13**(4), 748–756.

35. Husain, T., Ahmed, S. K. M., Iqbal, A., and Khan, M. R. (2008) Five-phase induction motor behaviour under faulted conditions. *Proc. INDICON*, pp. 509–513.

36. Casadei, D., Mengoni, M., Serra, G., Tani, A., and Zarri, L. (2008) Optimal fault-tolerant control strategy for multi-phase motor drives under an open circuit phase fault condition. *Proc. 18th Int. Conf. Elect. Mach., ICEM*, pp. 1–6.

37. Bianchi, N., Bologani, S., and Pre, M. D. (2007) Strategies for fault-to-lerant current control of a five-phase permanent magnet motor. *IEEE Trans. Ind. Appl.*, **43**(4), 960–970.

38. Jacobina, C. B., Freitas, I. S., Oloveira, T. M., da Silva, E. R. C., and Lima, A. M. N. (2004) Fault tolerant control of five-phase AC motor drive. *35th IEEE Power Elect. Spec. Conf.*, pp. 3486–3492.

39. Heising, C., Oettmeier, M., Bartlet, R., Fang, J., Staudt, V., and Steimel, A. (2009) Simulation of asymmetric faults of a five-phase induction machine used in naval applications. *Proc. 35th IEEE Ind. Elect. Conf. IECON*, pp. 1298–1303.

40. Parsa, L. and Toliyat, H. A. (2005) Five-phase permanent magnet motor drives for ship propulsion applications. *Proc. IEEE Electric Ship Technologies Symposium*, pp. 371–378.

41. Golubev, A. N. and Ignatenko, S. V. (2000) Influence of number of stator-winding phases on the noise characteristics of an asynchronous motor. *Russ. Elect. Eng.*, **71**(6), 41–46.

42. McCleer, P. J., Lawler, J. S., and Banerjee, B. (1993) Torque notch minimization for five-phase quasi square wave back emf PMSM with voltage source drives. *Proc. IEEE Int. Symp. Ind. Elect.*, pp. 25–32.

43. Zhang, X., Zhnag, C., Qiao, M., and Yu, F. (2008) Analysis and experiment of multi-phase induction motor drives for electrical propulsion. *Proc. Int. Conf. Elect. Mach., ICEM*, pp. 1251–1254.

44. Sadehgi, S. and Parsa, L. (2010) Design and dynamic simulation of five-phase IPM machine for series hybrid electric vehicles. *Proc. Green Tech. Conf.*, pp. 1–6.

45. Chan, C. C., Jiang, J. Z., Chen, G. H., Wang, X. Y., and Chau, K. T. (1994) A novel polyphase multipole square wave PM motor drive for electric vehicles. *IEEE Trans. Ind. Appl.*, **30**(5).

46. Jayasundara, J. and Munindradasa, D. (2006) Design of multi-phase in-wheel axial flux PM motor for electric vehicles. *Proc. Int. Conf. Ind. Info. Syst.*, pp. 510–512.

47. Abolhassani, M. T. (2005) A novel multiphase fault tolarent high torque density PM motor drive for traction application. *Proc. IEEE Int. Conf. Elect. Mach.*, pp. 728–734.

48. Scuiller, F., Charpentier, J., Semail, E., and Clenet, S. (2007) Comparison of two 5-phase PM machine winding configurations, Application on naval propulsion specification. *Proc. Elect. Mach. Drives Conf. IEMDC*, pp. 34–39.

49. Jones, M. (2005) A novel concept of series-connected multi-phase multi-motor drive systems. PhD Thesis, School of Engineering, Liverpool John Moores University, Liverpool, UK.

50. Chen, S., Lipo, T. A., and Fitzgerald, D. (1996) Sources of induction motor gearing currents caused by PWM inverters. *IEEE Trans. Ener. Conv.*, **11**, 25–32.

51. Wang, F. (2000) Motor shaft voltages and bearing currents and their reduction in multi-level

medium voltage PWM voltage source inverter drive applications. *IEEE Trans. Ind. Appl.*, **36**, 1645–1653.

52. Rodriguez, J., Moran, L., Pontt, J., Osorio, R., and Kouro, S. (2003) Modeling and analysis of common-mode voltages generated in medium voltage PWM-CSI drives. *IEEE Trans. Power Elect.*, **18**(3), 873–879.

53. Leonhard, W. (1985) *Control of Electrical Drives*. Springer-Verlag.

54. Grahame, D. and Lipo, T. A. (2003) *Pulse Width modulation for power converters*. IEEE Power Engineering Series by Wiley Inter-Science.

55. Kazmierkowski, M. P., Krishnan, R., and Blaabjerg, F. (2002) *Control in Power Electronics-Selected problems*. Academic Press, New York.

56. Iqbal, A. and Moinuddin, S. (2009) Comprehensive relationship between carrier-based PWM and space vector PWM in a five-phase VSI. *IEEE Trans. Power Elect.*, **24**(10), 2379–2390.

57. Iqbal, A., Levi, E., Jones, M., and Vukosavic, S. N. (2006) Generalised Sinusoidal PWM with harmonic injection for multi-phase VSIs. *IEEE 37th Power Elect. Spec. Conf. (PESC)*, Jeju, Korea, 18–22 June, CD_ROM, paper no. ThB2-3, pp. 2871–2877.

58. Ojo, O. and Dong, G. (2005) Generalized discontinuous carrier-based PWM modulation scheme for multi-phase converter machine systems. *Proc. IEEE Ind. Appl. Soc. Ann. Mtg, IAS*, Hong Kong, CD-ROM, paper IAS 38, p 3.

59. Jones, M., Dujic, D., Levi, E., and Vukosavic, S. N. (2009) Dead-time effects in voltage source inverter fed multi-phase AC motor drives and their compensation. *Proc. 13th Int. Power Elect. Conf. EPE'09*, Barcelona, 5–8 September, pp. 1–10.

60. Rchalet, J. (1993) Industrial applications of model based predictive control. *Automatica*, **29**(5), 1251–1274.

61. Qin, S. J. and Badgwell, T. A. (2003) A survey of industrial model predictive control technology'. *Cont. Eng. Pract.*, **11**, 733–764.

62. Linder, A. and Kennel, R. (2005) Model Predictive control for electric Drives. *Proc. 36th An. IEEE PESC*, Recife, Brazil, pp. 1793–1799.

63. Kouro, S., Cortes, P., Vargas, R., Ammann, U., and Rodriguez, J. (2009) Model Predictive Control: A simple and powerful method to control power converters. *IEEE Trans Ind. Elect.*, **56**(6), 1826–1839.

64. Cortes, P., Kazmierkowski, P., Kennel, R. M., Quevedo, D. E., and Rodriguez, J. (2008) Predictive control in power electronics and drives. *IEEE Trans. Ind. Elect.*, **55**(12), 4312–4321.

65. Barrero, F., Arahal, M. R., Gregor, R., Toral, S., and Duran, M. J. (2009) A proof of concept study of predictive current control for VSI driven asymmetrical dual three-phase AC machines. *IEEE Tran. Ind. Elect.*, **56**(6), 1937–1954.

66. Arahal, M. R., Barrero, F., Toral, S., Duran, M., and Gregor, R. (2009) Multi-phase current control using finite state model predictive control. *Cont. Eng. Prac.*, **17**, 579–587.

67. Maciejowski, J. M. (2002) *'Predictive control with constraints'*, Prentice Hall.

68. Mayne, D. Q., Rawlings, J. B., Rao, C. V., and P.O.M. Scokaert, P. O. M. (2000) Constrained model predictive control: Stability and optimality. *Automation*, **36**(6), 789–814.

69. Lazar, M., Heemels, W., Bemporad, A., and Weiland, S. (2007) Discrete-time non-smooth NMPC: Stability and robustness. *Assess. Fut. Direc. NMPC*, LNCIS, **358**, 93–103. Springer, Heidelberg.

70. Magni, L. and Scattolini, R. (2007) Robustness and robust design of MPC for non-linear discrete time systems. *Assess. Fut. Dir. NMPC*. LNCIS, **358**, 239–254.

71. Franklin, G. F., Powell, J. D., and Emami-Naeini, A. (1994) *Feedback Control of Dynamics Systems*. 3rd edn. Addison-Wesley.

72. Bemporad, A., Morari, M., Dua, V., and Pistikopoulos, E. N. (2002) The explicit linear quadratic regulator for constrained systems. *Automatica*, **38**(1), 3–20.

第8章 交流电机无速度传感器的控制

8.1 概述

在很宽的调速范围内,感应电机无速度传感器控制已经成为一项成熟的技术[1~3]。在不影响控制性能的前提下,减少转子速度传感器的使用是高性能传动控制系统的一个主要趋势[1]。无速度传感器的交流电机控制技术可以降低硬件的复杂性,减少成本,减少传感器的连线,有更好的抗噪能力、更强的稳定性、可在轴的两侧使用,更低的维护要求、更强的鲁棒性等优势。编码器昂贵并且故障率较高,特殊的电机轴延伸部分增加了电机的成本,编码器的使用影响了驱动系统的可靠性,尤其是在恶劣的环境中。通常在有爆炸性、腐蚀性或者化学侵蚀性的工作环境中,要求所用电机为无传感器控制。

在近 20 年中出现了一系列的交流电机无速度传感器控制的不同方法。它们的优点和局限在许多文章中有所总结[1~60]。

许多无速度传感器的控制方法已被广泛使用,例如模型参考自适应系统(Model Reference Adaptive System,MRAS)、卡尔曼滤波器、自适应非线性磁通检测、滑模检测和其他的改进方法[7~14]。

8.2 异步电机无传感器控制

无速度传感器的控制应用了两个基本方法,第一个方法包括利用定子方程建立异步电机模型的方法[1]。假设在气隙中存在着正弦分布的磁场,模型或是应用于开环结构中,例如定子模型[1,11],或是应用于闭环结构中,例如自适应检测模型[5,17]。自适应磁通检测技术正广受关注,许多观测器凭借其高精度和对电机参数偏差的强鲁棒性获得了新的解决方法[1,10]。

在很低的定子频率下,开环模型,其至是自适应观测器,都有稳定性范围的问题。在这样的情况运行中,转子感应电压接近于 0,这就使得异步电机成为一个不可检测系统。

无速度传感器的基本问题是在极低转速情况下,定子电流、电压的采集通道的直流偏置元件问题[1]。在极低转速下,PWM 逆变器造成的电压失真十分严重。

第二种方法应用于低转速情况下的无速度传感器控制中，重点是信号注入技术[1]。载波注入方法应用于无传感器控制中是十分复杂的，并且设计方案必须与电机的属性相符[1,4,8,41]。使得这种方法在实际应用中不可行，故本书不予讨论。

省去传动系统的速度传感器要求对状态变量有良好的估计，例如利用定子变量计算电机转速和磁通。本章将讨论交流电机几种简单的无传感器的控制方法。

8.2.1　使用开环模型与转差计算的速度观测

在矢量控制方法中通过计算同步速度和转差速度之差得到转子速度，根据下式：

$$\hat{\omega} = \frac{\psi_{s\alpha}\psi_{s\beta(k)} - \psi_{s\beta}\psi_{s\alpha}}{\psi_s^2} - \hat{\omega}_{2r} \tag{8-1}$$

其中 T_s 为采样周期且

$$\omega_{si} = \frac{R_r(\psi_{s\alpha}i_{s\beta} - \psi_{s\beta}i_{s\alpha})}{\psi_s^2} \tag{8-2}$$

定子磁通分量（或转子磁通定向系统中的磁通）可以根据开环模型计算得到，如前几章所述，或者利用闭环检测系统计算。这些检测量可以用于计算除磁通分量外的转速，这将在下面几节中讨论。

8.2.2　闭环观测器

开环模型的精度随转速减少而降低[1]。模型的控制性能取决于电机的参数是如何测定的。这些参数对系统的低速运行有很大影响。采用闭环观测器可以显著改善电机参数偏差对鲁棒性的影响。

1. 观测器 1

观测器 1 基于异步电机的 $\boldsymbol{\psi}_s$、$\boldsymbol{\psi}_r$ 电压模型，同时考虑定子与转子磁通和定子电流之间的关系[62]

$$\tau'_s \frac{\mathrm{d}\boldsymbol{\psi}_s}{\mathrm{d}\tau} + \boldsymbol{\psi}_s = k_r\boldsymbol{\psi}_r + \boldsymbol{u}_s \tag{8-3}$$

为了避免电压漂移问题并补偿误差，低通滤波器代替了原有的纯积分环节。定子磁通观测值的极限值被调整到定子磁通的额定值。另外，额外的补偿部分也加入到该系统中，见文献[61]。

根据方程式（8-9）~式（8-11），转子磁通观测器 1 的方程式为[62]：

$$\frac{\mathrm{d}\hat{\boldsymbol{\psi}}_{s\alpha}}{\mathrm{d}\tau} = \frac{-\hat{\boldsymbol{\psi}}_{s\alpha} + k_r\hat{\boldsymbol{\psi}}_{r\alpha} + \hat{\boldsymbol{u}}_{s\alpha}}{\tau'_s} - k_{ab}(\boldsymbol{i}_1 - \hat{\boldsymbol{i}}_1) \tag{8-4}$$

$$\hat{\boldsymbol{\psi}}_r = \frac{1}{k_r}(\hat{\boldsymbol{\psi}}_s - \sigma L_s \boldsymbol{i}_s) \tag{8-5}$$

其中 k 为观测器增益。

式（8-5）中电流 $\boldsymbol{i}_s$ 的估计值为

$$\hat{\boldsymbol{i}}_s = \frac{\hat{\boldsymbol{\psi}}_s - k_r \hat{\boldsymbol{\psi}}_r}{\sigma L_s} \tag{8-6}$$

转子磁通观测器 1 的结构如图 8-1 所示。

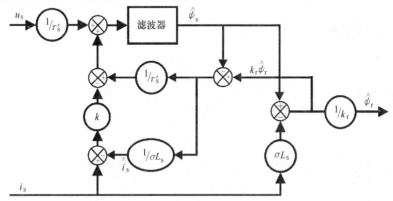

图 8-1　磁通观测器 1 的系统结构

　　转子磁通计算模块接收到定子磁通分量的观测值和定子电流分量的检测值（均是在 α-β 静止坐标系中）。这些输入信息需要有较高的精度——可以通过引入公式（2-4）中的校正误差信号来保证，该信号可由定子电流检测值与估计值之间的偏差导出。式（2-6）中定子电流计算模块接收到定子磁通和转子磁通的估计值，所有存在的误差会通过将电流误差作为负反馈信号的定子磁通观测计算中被进一步消除。在负反馈磁通观测模块中的定子电流误差信号（$\boldsymbol{i}_s - \hat{\boldsymbol{I}}_s$）乘以增益 k 来增强系统鲁棒性和稳定性，同时也有助于消除由直流漂移和计算及测量误差带来的额外干扰。

　　通常，观测器增益矩阵 k 可以通过实验整定为常实数值。整定试验需要在较宽的调速范围和不同负载情况下进行。最后，应该选定一组表现性能最优的常数矩阵 k。在计算结果部分可以看出，尽管整定过程较简单，所描述的观测器可以正常工作，即使在电机低频低压控制中也表现良好。

　　接下来是计算转子磁通矢量角，在矢量控制器中，该角度将静止坐标系中的变量转换为旋转坐标系中的变量，也可以用于变量的反变换中。磁通矢量位置计算模块接收到静止坐标系中定子磁通 α 轴与 β 轴方向分量。位置角的导数可以计算出转子磁通的旋转速度 $\omega_{\psi r}$。

　　根据估算的转子磁通分量，转子磁通大小和位置角为

$$|\hat{\boldsymbol{\psi}}_r| = \sqrt{\hat{\psi}_{r\alpha}^2 + \hat{\psi}_{r\beta}^2} \tag{8-7}$$

$$\hat{\rho}_{\psi r} = \mathrm{arctg}\,\frac{\hat{\psi}_{r\beta}}{\hat{\psi}_{r\alpha}} \tag{8-8}$$

若传动系统的主要目标是控制转矩，则传动系统不需要转子速度信号。但是在进行速度的闭环控制时需要转子速度值。在上述估计方法中，电机机械速度信号由转子磁链旋转速度与转差速度之差计算：

$$\hat{\omega}_r = \hat{\omega}_{\psi r} - \hat{\omega}_2 \tag{8-9}$$

其中转子磁链速度为

$$\hat{\omega}_{\psi r} = \frac{\mathrm{d}\hat{\rho}_{\psi r}}{\mathrm{d}\tau} \tag{8-10}$$

转差速度为

$$\hat{\omega}_2 = \frac{(\hat{\psi}_{r\alpha}\hat{i}_{s\beta} - \hat{\psi}_{r\beta}\hat{i}_{s\alpha})}{|\hat{\boldsymbol{\psi}}_r|^2} \tag{8-11}$$

转子磁链幅值、位置和机械速度估计的系统结构如图8-2所示。

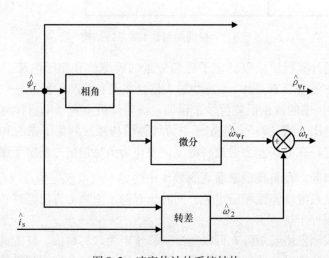

图8-2　速度估计的系统结构

式（8-4）~式（8-6）中观测器 1 系统不包含转子速度的信息，因此不需要计算和了解电机的转轴位置。转速的计算在一个独立模块中进行，见式（8-9）~式（8-11），计算结果不影响上述观测器的精度。这样有助于消除计算过程或信号测量过程带来的额外误差，特别是在极低转速运行的情况下。系统是鲁棒的，因为它不需要额外的技巧调整参数或消除直流漂移。

　　观测器中，定子与转子磁链的估计公式为

$$\frac{\mathrm{d}\hat{\psi}_{\mathrm{sx}}}{\mathrm{d}\tau} = \frac{1}{\tau'_{\mathrm{s}}}(-\hat{\psi}_{\mathrm{sx}} + k_{\mathrm{r}}\hat{\psi}_{\mathrm{rx}} + u_{\mathrm{sx}}) - k(i_{\mathrm{sx}} - \hat{i}_{\mathrm{sx}}) \qquad (8-12)$$

$$\frac{\mathrm{d}\hat{\psi}_{\mathrm{sy}}}{\mathrm{d}\tau} = \frac{1}{\tau'_{\mathrm{s}}}(-\hat{\psi}_{\mathrm{sy}} + k_{\mathrm{r}}\hat{\psi}_{\mathrm{ry}} + u_{\mathrm{sy}}) - k(i_{\mathrm{sy}} - \hat{i}_{\mathrm{sy}}) \qquad (8-13)$$

$$\hat{\psi}_{\mathrm{rx}} = \frac{\hat{\psi}_{\mathrm{sx}} - \sigma L_{\mathrm{s}}\hat{i}_{\mathrm{sx}}}{k_{\mathrm{r}}} \qquad (8-14)$$

$$\hat{\psi}_{\mathrm{ry}} = \frac{\hat{\psi}_{\mathrm{sy}} - \sigma L_{\mathrm{s}}\hat{i}_{\mathrm{sy}}}{k_{\mathrm{r}}} \qquad (8-15)$$

上面 4 个公式的模型如图 8-3 所示。

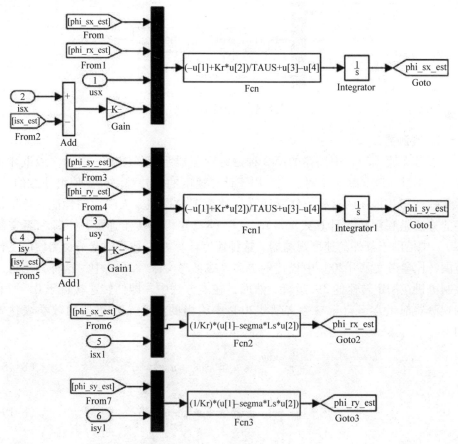

图 8-3　定子和转子磁链观测系统（观测器 1）

定子电流分量可以用下式计算：

$$\hat{i}_{\mathrm{sx}} = \frac{\hat{\psi}_{\mathrm{sx}} - k_{\mathrm{r}}\hat{\psi}_{\mathrm{rx}}}{\sigma L_{\mathrm{s}}} \qquad (8-16)$$

$$\hat{i}_{sy} = \frac{\hat{\psi}_{sy} - k_r\hat{\psi}_{ry}}{\sigma L_s} \tag{8-17}$$

上述方程的建模如图8-4所示。

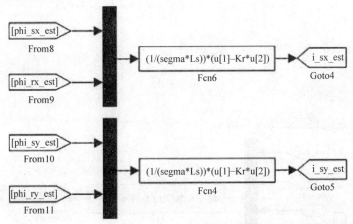

图 8-4 定子电流检测

2. 观测器 2

参考文献［20］中描述的第 2 种磁链观测器系统如图 8-5 所示，最近才被发表。不过，该文献还使用了一个用于计算速度的额外观测器。值得注意的是，像文献［20］描述的这种方法无法在低速范围内得到令人满意的性能。这里描述的方法是利用转差计算式（8-1）、式（8-2）得到转子速度，不像参考文献［20］中借助于额外的速度观测器。这种速度计算方法显著拓宽了观测器的工作范围，比参考文献［20］中描述的更多。在参考文献［20］中，这种方法可以控制电机在额定转速的3%运行。然而，在本方法中，即便转速接近于0，所有的观测器都正常运行。参考文献［20］中给出的第 3 个观测器的数学表达式如下。

$$\tau'_s\frac{d\hat{\psi}_s}{dt} + \hat{\psi}_s = k_r\hat{\psi}_r + u_s \tag{8-18}$$

$$\tau'_s\frac{d\hat{\psi}'_s}{dt} + \hat{\psi}'_s = k_r\hat{\psi}'_r + u_s \tag{8-19}$$

$$\frac{d\hat{\psi}''_s}{dt} = u_s - R_s i_s - k\Delta u_s \tag{8-20}$$

$$\hat{\psi}_r = \frac{1}{k_r}(\hat{\psi}''_s - L_\sigma i_s) \tag{8-21}$$

$$\hat{\psi}''_\sigma = L_\sigma i_s \tag{8-22}$$

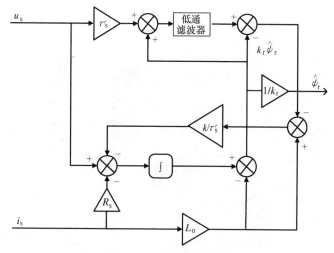

图 8-5 第 2 种观测系统

$$\hat{\psi}'_{\sigma} = \hat{\psi}'_s - k_r\hat{\psi}_{\sigma} \tag{8-23}$$

$$\Delta\psi_{\sigma} = \hat{\psi}''_{\sigma} - \hat{\psi}'_{\sigma} \tag{8-24}$$

$$\Delta u_s = \frac{1}{\tau_s}\Delta\hat{\psi}_{\sigma} \tag{8-25}$$

其中

$$\Delta u_s = R_s\Delta i_s \tag{8-26}$$

转子速度和磁链位置的计算过程与前述方法一致（见式（8-1）~式（8-8））。

观测器增益在实验中整定，在下面几节中将会给出。尽管在我们的验证中采用了一个常数增益，在接近零速运行时，控制系统对参数的变化仍有足够的鲁棒性。设定的增益对系统控制精度和动态性能的影响将在本书的实验章节中说明。

3. 观测器 3

参考文献［68、69］所描述的一类观测器是基于伦伯格观测器的速度观测器如图 8-6 所示，可用于估计转子磁链及速度。它历经了近 20 年的发展与讨论，其速度观测器的微分方程为

$$\frac{\mathrm{d}\hat{i}_{sx}}{\mathrm{d}t} = a_1\hat{i}_{sx} + a_2\hat{\psi}_{rx} + a_3\omega_r\hat{\psi}_{ry} + a_4 u_{sx} + k_i(i_{sx} - \hat{i}_{sx}) \tag{8-27}$$

$$\frac{\mathrm{d}\hat{i}_{sy}}{\mathrm{d}t} = a_1\hat{i}_{sy} + a_2\hat{\psi}_{ry} - a_3\omega_r\hat{\psi}_{rx} + a_4 u_{sy} + k_i(i_{sy} - \hat{i}_{sy}) \tag{8-28}$$

$$\frac{\mathrm{d}\hat{\psi}_{rx}}{\mathrm{d}\tau} = a_5\hat{i}_{sx} + a_6\hat{\psi}_{rx} - \zeta_y - k_2(\hat{\omega}_r\hat{\psi}_{ry} - \zeta_y) \tag{8-29}$$

$$\frac{\mathrm{d}\hat{\psi}_{ry}}{\mathrm{d}\tau} = a_5\hat{i}_{sy} + a_6\hat{\psi}_{ry} + \zeta_x + k_2(\hat{\omega}_r\hat{\psi}_{rx} - \zeta_x) \tag{8-30}$$

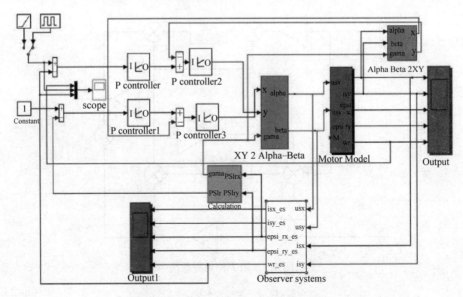

图 8-6　带速度观测器系统的异步电机模型控制（观测器 3）

$$\frac{\mathrm{d}\zeta_\mathrm{x}}{\mathrm{d}\tau} = k_1 (i_\mathrm{sy} - \hat{i}_\mathrm{sy}) \tag{8-31}$$

$$\frac{\mathrm{d}\zeta_\mathrm{y}}{\mathrm{d}\tau} = - k_1 (i_\mathrm{sx} - \hat{i}_\mathrm{sx}) \tag{8-32}$$

$$\hat{\omega}_\mathrm{r} = S \left(\sqrt{\frac{\zeta_\mathrm{x}^2 + \zeta_\mathrm{y}^2}{\hat{\psi}_\mathrm{rx}^2 + \hat{\psi}_\mathrm{ry}^2}} + k_4 (V - V_\mathrm{f}) \right) \tag{8-33}$$

其中带^上标的变量为估计变量；k_1、k_2、k_3 为观测器增益；S 为速度的正负极性符号如图 8-7 和图 8-8 所示；ζ_x，ζ_y 为干扰矢量的分量；V 为经实验测定的控制信号；V_f 为 V 滤波后的变量。经实验确定，观测器增益 $k_1 \sim k_4$ 数值均较小。系数值取决于系统的工作点，例如转矩、转速等。k_2 取决于转子的速度为

$$k_2 = a + b \cdot |\hat{\omega}_\mathrm{rf}| \tag{8-34}$$

其中 a 和 b 为常数，$\hat{\omega}_\mathrm{rf}$ 为估计并经滤波后的转子速度。

定义控制信号为

$$V = \hat{\psi}_\mathrm{rx} \zeta_\mathrm{y} - \hat{\psi}_\mathrm{ry} \zeta_\mathrm{x} \tag{8-35}$$

$$\frac{\mathrm{d}V_\mathrm{f}}{\mathrm{d}\tau} = \frac{1}{T_1} (V_1 - V_\mathrm{f}) \tag{8-36}$$

这个观测器适用于极低转速下的电机。

参考文献 [70] 采用 Simulink 对观测器进行仿真，带转速观测器系统的异步电机模型控制的 Simulink 软件文件名为 [*Observer_three*]。应首先执行电机的参

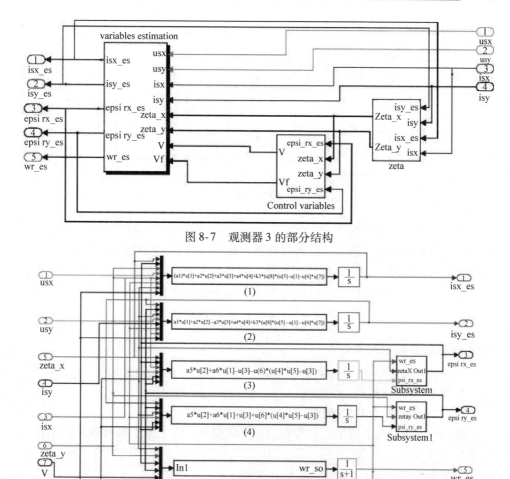

图 8-7　观测器 3 的部分结构

图 8-8　变量估计的仿真结构图

数文件[PAR_AC]。

8.2.3　MRAS（闭环）速度观测器

尽管有多种方案可供矢量控制传动系统无传感器工作使用，MRAS 仍因其简单性而广泛采用[1,2,25~36]。模型参考方案利用两个独立的电机模型估计相同的状态变量[36~45,47,49]。不包含转速计算的估计模块作为一个参考模型，另一个包含估计变量的模块作为一个可调模型如图 8-9 所示，两个计算模块输出变量的估计误差用于产生一个自动调节转速的控制机制。基于 MRAS 的速度估计方案的模块结构如图 8-9 所示。

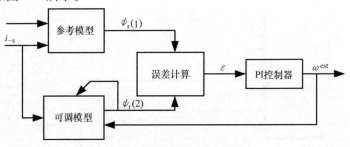

图 8-9　MRAS 模块结构图

在此方案中，参考模型和可调模型的输出为两个转子磁链矢量估计值 $\psi_{\mathrm{r}}^{(1)}$、$\psi_{\mathrm{r}}^{(2)}$，如图 8-9 所示。两个估计矢量的误差值送入到 PI 控制器（增益唯一），PI 控制器的输出信号可用于调整校正模型。调整信号驱动转子转速，最终使误差信号为零。MRAS 方案的自适应机制为单一增益或本例中为一个 PI 控制器算法：

$$\omega^{\mathrm{est}} = K_{\mathrm{p}}\varepsilon + K_{\mathrm{i}}\int\varepsilon\mathrm{d}t \tag{8-37}$$

其中 PI 控制器的输入为

$$\varepsilon = \psi_{\beta\mathrm{r}}^{(1)}\psi_{\alpha\mathrm{r}}^{(2)} - \psi_{\alpha\mathrm{r}}^{(1)}\psi_{\beta\mathrm{r}}^{(2)} \tag{8-38}$$

K_{p}、K_{i} 为 PI 控制器参数。

1. Simulink 的 MRAS 模型

MRAS 包含了两个模型，参考模型和可调模型，两个模型都可以采用下述方程来构造。

令参考速度 $\omega_{\mathrm{a}} = 0$，电机的基本方程为

$$\underline{v}_{\mathrm{s}} = R_{\mathrm{s}}\,\underline{i}_{\mathrm{s}} + \frac{\mathrm{d}\underline{\psi}_{\mathrm{s}}}{\mathrm{d}t} \tag{8-39}$$

$$0 = R_{\mathrm{r}}\,\underline{i}_{\mathrm{r}} + \frac{\mathrm{d}\underline{\psi}_{\mathrm{r}}}{\mathrm{d}t} - \mathrm{j}\omega_{\mathrm{r}}\underline{\psi}_{\mathrm{r}} \tag{8-40}$$

消去定子磁链矢量和转子电流矢量后，可由下式计算转子磁链矢量：

$$\frac{\mathrm{d}\underline{\psi}_{\mathrm{r}}}{\mathrm{d}t} = \frac{L_{\mathrm{r}}}{L_{\mathrm{m}}}\left[\underline{v}_{\mathrm{s}} - R_{\mathrm{s}}\underline{i}_{\mathrm{s}} - \sigma L_{\mathrm{s}}\frac{\mathrm{d}\underline{i}_{\mathrm{s}}}{\mathrm{d}t}\right] \tag{8-41}$$

$$\frac{\mathrm{d}\underline{\psi}_{\mathrm{r}}}{\mathrm{d}t} = \left[-\frac{1}{T_{\mathrm{r}}} + \mathrm{j}\omega_{\mathrm{r}}\right]\underline{\psi}_{\mathrm{r}} + \frac{L_{\mathrm{m}}}{T_{\mathrm{r}}}\underline{i}_{\mathrm{s}}$$

根据检测的定子电流和指令电压（或由 PWM 矢量计算出的电压），利用式（8-41）的第一式可以计算转子磁链矢量。式（8-41）的第一式与转子速度无关，因此它可以用作图 8-9 的参考模型。另一方面式（8-41）的第二式只需要

定子电流信号输入，且与转子速度有关，因此它可以代表图 8-9 中的校正模型（自适应模型）。

式（8-41）的矩阵形式：

$$p\begin{bmatrix} \psi_{\alpha r} \\ \psi_{\beta r} \end{bmatrix} = \frac{L_r}{L_m}\left[\begin{bmatrix} v_{\alpha s} \\ v_{\beta s} \end{bmatrix} - \begin{bmatrix} (R_s + \sigma L_s p) & 0 \\ 0 & (R_s + \sigma L_s p) \end{bmatrix} \begin{bmatrix} i_{\alpha s} \\ i_{\beta s} \end{bmatrix} \right]$$

$$p\begin{bmatrix} \psi_{\alpha r} \\ \psi_{\beta r} \end{bmatrix} = \begin{bmatrix} -1/T_r & -\omega_r \\ \omega_r & -1/T_r \end{bmatrix} \begin{bmatrix} \psi_{\alpha r} \\ \psi_{\beta r} \end{bmatrix} + \frac{L_m}{T_r}\begin{bmatrix} i_{\alpha s} \\ i_{\beta s} \end{bmatrix} \qquad (8\text{-}42)$$

其中 $\sigma = 1 - (L_m^2/L_s L_\tau)$，$p = \dfrac{\mathrm{d}}{\mathrm{d}t}$。

图 8-10 描述了用于转速估计的参考模型（上方）和自适应模型（下方）的 MRAS 的 Simulink 模型，电流（i_α、i_β）和电压（V_α、V_β）取自于电机的定子端部。

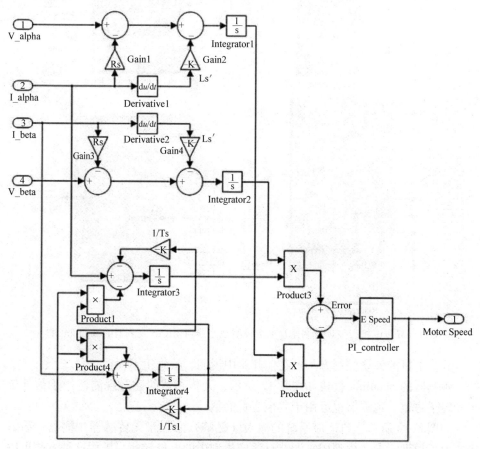

图 8-10　MRAS 估计模型 Simulink 结构图

事实上，MRAS 中的参考模型或自适应模型都可能采用不同的模型。下面的例子就是参考模型的另一个例子，其中使用了一个观测器作为参考模型。该系统是鲁棒的，且对电机参数不敏感，并且具有更好的性能，即使在极低频率下也如此。

2. 带有观测器 1 的 MRAS

本部分将描述一个带有观测器 1 和 MRAS 的异步电机完整模型和一些细节，异步电机模型、异步电机控制器、MRAS 估计器和观测器如图 8-11 所示。异步电机模型矢量控制的 Simulink 文件名为 [*IM_VC_sensor_less_observer*]。异步电机的参数在该文件模型属性中的初始化函数中进行了设置，参数会自动设定。

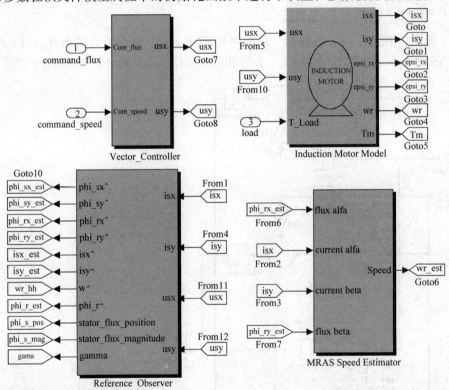

图 8-11　异步电机、矢量控制器、参考模型观测器和 MRAS 观测器的 Simulink 模型

异步电机的矢量控制方法已在前几章中说明，故这里不再重述。

观测器的 Simulink 模块如图 8-12 所示，无传感器的磁链观测器用于估计定子和转子磁链。观测器也可用于其他变量的估计。

如图 8-12 所示，自适应系统的输入（磁链）来自于无传感器观测器，后者用作参考模型。参考模型用来调节自适应模型中的电机转速。采用这种方法可以设计出一个鲁棒的系统方案，因为无传感器的磁链观测器对电机参数的偏差并不敏感。

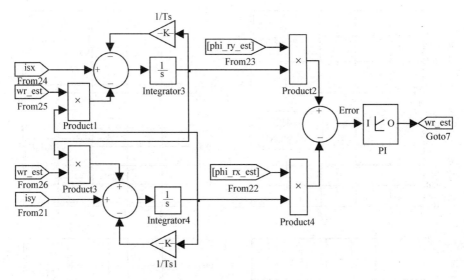

图 8-12　具有无传感器观测器输入的自适应系统的 Simulink 结构图

3. 仿真结果

仿真用电机参数如下：定子和转子电阻 $R_s = R_r = 0.045\text{pu.}$，定子和转子电感 $L_s = L_r = 1.927\text{pu.}$，电机励磁电感 $L_m = 1.85\text{pu.}$，电机转动惯量 $J = 5.9\text{pu.}$，负载转矩 $m_o = 0.7\text{pu.}$。

对矩形脉冲转速指令的仿真结果如图 8-13 所示。仿真总时长为 10s。在 0 时刻的阶跃速度指令设定值为 0.9pu.，在 5s 时刻速度指令又变为零。在 2s 时刻加入阶跃负载转矩，在 6s 时刻归零。转子磁链指令设定为 1pu.。相关的仿真结果，如电机转速 ω_r、电流 I_d 及 I_q、转子磁链、负载转矩和标幺值的定子电压等，均在图 8-13 中给出。没有设置控制变量的合理限幅。这在实际控制中应当考虑。

8.2.4　使用功率测量

瞬时有功功率、无功功率的使用简化了速度估计的处理过程[21、22]。

文献 [62] 给出了三相电路中的瞬时功率的新定义（p 与 q），该定义基于电流与电压的瞬时值。功率定义为

$$p = u_{sx}i_{sx} + u_{sy}i_{sy} \tag{8-43}$$

$$q = u_{sy}i_{sx} - u_{sx}i_{sy} \tag{8-44}$$

速度估计模块所使用的功率 P、Q 是上述方程计算的 p、q 经滤波处理后的值（经过一阶滤波器）。

转子角速度可以结合功率方程、多标量变量和电机模型（定子电流和转子磁链矢量分量的微分方程）来计算[21、22]。

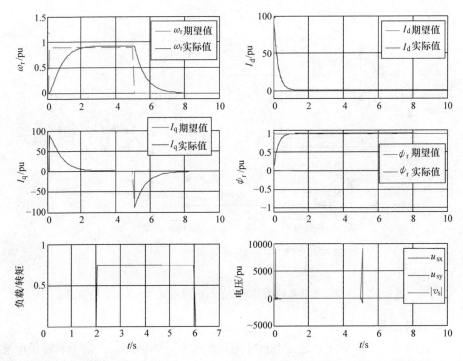

图 8-13　电机转速ω_r，电流I_d、I_q、转子磁链、负载转矩和定子电压标幺值仿真结果

　　为简化起见，在稳态时电机模型方程的左边等于零。因此，转子速度可以由另一种方式计算[21,22]：

$$\omega_r = \frac{a_1 I_s^2 + a_2 z_3 + a_4 P}{a_3 z_2} \qquad (8\text{-}45)$$

或

$$\omega_r = \frac{-a_2 z_2 - \omega_{si} I_s^2 + a_4 Q}{I_s^2 + a_3 z_3} \qquad (8\text{-}46)$$

其中

$$z_2 = \psi_{rx} i_{sy} - \psi_{ry} i_{sx} \qquad (8\text{-}47)$$

$$z_3 = \psi_{rx} i_{sx} + \psi_{ry} i_{sy} \qquad (8\text{-}48)$$

8.3　PMSM 的无传感器控制

　　转子速度和输出转矩可以用伦伯格反电动势观测器计算。假设机械系统的动态变化远慢于电气系统变量的动态变化，可以进一步假设电机反电动势在观测器的一个采样间隔内没有变化，因此

$$\frac{de_\alpha}{dt} = 0 \tag{8-49}$$

$$\frac{de_\beta}{dt} = 0 \tag{8-50}$$

在 α、β 静止坐标系中，观测 PMSM 反电动势的伦伯格观测器的模型方程为[63、64、67]：

$$\frac{d\hat{i}_\alpha}{dt} = \frac{1}{L_s}u_\alpha - \frac{R_s}{L_s}\hat{i}_\alpha + \frac{1}{L_s}\hat{e}_\alpha + K_{i\alpha}(i_\alpha - \hat{i}_\alpha) \tag{8-51}$$

$$\frac{d\hat{i}_\beta}{dt} = \frac{1}{L_s}u_\beta - \frac{R_s}{L_s}\hat{i}_\beta + \frac{1}{L_s}\hat{e}_\beta + K_{i\beta}(i_\beta - \hat{i}_\beta) \tag{8-52}$$

$$\frac{d\hat{e}_\alpha}{dt} = K_{e\alpha}(i_\alpha - \hat{i}_\alpha) \tag{8-53}$$

$$\frac{d\hat{e}_\beta}{dt} = K_{e\beta}(i_\beta - \hat{i}_\beta) \tag{8-54}$$

其中带^的变量为估计值；L_s 为定子电感，假设 $L_s = L_d$；$K_{i\alpha}$、$K_{i\beta}$、$K_{e\alpha}$、$K_{e\beta}$ 为观测器的增益（当电机为三相对称电机时，$K_{i\alpha} = K_{i\alpha} = K_i$，$K_{e\alpha} = K_{e\beta} = K_e$）。

观测器的状态变量 i_α、i_β 为定子电流；而反电动势 e_α、e_β 是扰动信号，必须由观测器辨识出。图 8-14 说明了该模块的功能。

图 8-14 反电动势观测器

转子角可以由下式计算：

$$\hat{\theta} = -\arctan\frac{\hat{e}_\alpha}{\hat{e}_\beta} \tag{8-55}$$

其中

$$\sin\hat{\theta} = -\frac{\hat{e}_\alpha}{|\hat{e}|} \tag{8-56}$$

$$\cos\hat{\theta} = \frac{\hat{e}_\beta}{|\hat{e}|} \tag{8-57}$$

$$|\hat{e}| = \sqrt{(\hat{e}_\alpha)^2 + (\hat{e}_\beta)^2} \tag{8-58}$$

转子角速度由转子角的微分获得

$$\hat{\omega}_r = \frac{\mathrm{d}\hat{\theta}}{\mathrm{d}t} \tag{8-59}$$

$$|\hat{\omega}_r| = \frac{|\hat{e}|}{k_e} \tag{8-60}$$

在本例中，转速的极性符号需要另外确定，例如确认转子角的微分符号。

电机的电磁转矩由下式计算：

$$\hat{t}_e = \frac{\hat{i}_\alpha \hat{e}_\alpha + \hat{i}_\beta \hat{e}_\beta}{\hat{\omega}_r} \tag{8-61}$$

反电动势观测器系统的原理如图 8-15 所示[67]。

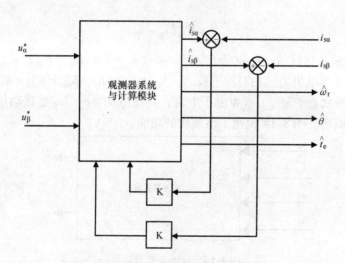

图 8-15　反电动势观测器系统的原理图

8.3.1　PMSM 的控制系统

图 8-16 给出了 PMSM 无传感器传动系统示意图。

电机转矩由下式计算：

$$\hat{t}_e = \psi_f \hat{i}_q + (L_d - L_q)\hat{i}_d \hat{i}_q \tag{8-62}$$

8.3.2　自适应反步观测器

在 dq 旋转坐标系的电机模型为[65,67]：

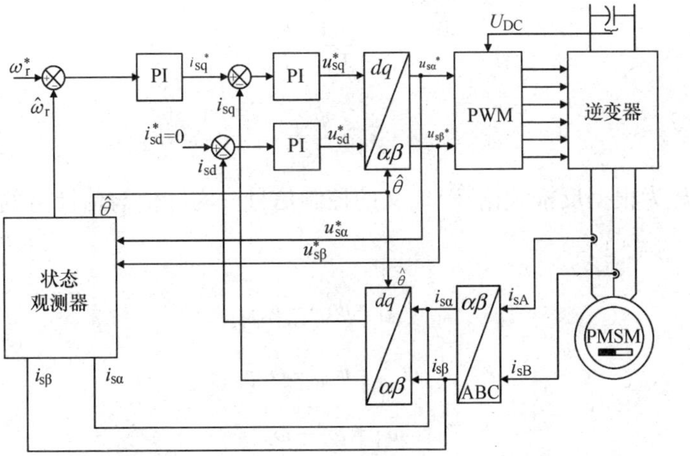

图 8-16 PMSM 的无传感器传动系统示意图

$$u_d = R_s i_d + \frac{d\psi_{sd}}{dt} - \omega_{\psi r}\psi_{sq} \tag{8-63}$$

$$u_q = R_s i_q + \frac{d\psi_{sq}}{dt} + \omega_{\psi r}\psi_{sd} \tag{8-64}$$

$$\psi_{sd} = L_d i_d + \psi_f \tag{8-65}$$

$$\psi_{sq} = L_q i_q \tag{8-66}$$

可以得到[65,67]：

$$\frac{d\psi_{sd}}{dt} = u_d - R_s i_d + \omega_{\psi r}\psi_{sq} = u_d - R_s\left(\frac{\psi_{sd} - \psi_f}{L_d}\right) + \omega_{\psi r}\psi_{sq} = -\frac{R_s}{L_d}\psi_{sd} + \omega_{\psi r}\psi_{sq} + \frac{R_s}{L_d}\psi_f + u_d \tag{8-67}$$

$$\frac{d\psi_{sq}}{dt} = u_q - R_s i_q - \omega_{\psi r}\psi_{sd} = u_q - R_s\frac{\psi_{sq}}{L_q} - \omega_{\psi r}\psi_{sd} = -\frac{R_s}{L_q}\psi_{sq} - \omega_{\psi r}\psi_{sd} + u_q \tag{8-68}$$

$$i_d = \frac{\psi_{sd}}{L_d} - \frac{\psi_f}{L_d} \tag{8-69}$$

$$i_q = \frac{\psi_{sq}}{L_q} \tag{8-70}$$

因此，观测器方程[65,67]可以表示为

$$\frac{d\hat{\psi}_{sd}}{dt} = -\frac{\hat{R}_s}{L_d}\hat{\psi}_{sd} + \hat{\omega}_{\psi r}\hat{\psi}_{sq} + \frac{\hat{R}_s}{L_d}\psi_f + u_d + k_d \tag{8-71}$$

$$\frac{d\hat{\psi}_{sq}}{dt} = -\frac{\hat{R}_s}{L_q}\hat{\psi}_{sq} - \hat{\omega}_{\psi r}\hat{\psi}_{sd} + u_q + k_q \tag{8-72}$$

$$i_d = \frac{\hat{\psi}_{sd}}{L_d} - \frac{\psi_f}{L_d} \tag{8-73}$$

$$i_q = \frac{\hat{\psi}_{sq}}{L_q} \tag{8-74}$$

其中 k_d 和 k_q 为根据反推理论[65] 定义的控制信号。实际值与估计值的误差可以表示为

$$\tilde{\psi}_{sd} = \psi_{sd} - \hat{\psi}_{sd} \tag{8-75}$$

$$\tilde{\psi}_{sq} = \psi_{sq} - \hat{\psi}_{sq} \tag{8-76}$$

$$\tilde{\omega}_r = \omega_r - \hat{\omega}_r \tag{8-77}$$

$$\tilde{R}_s = R_s - \hat{R}_s \tag{8-78}$$

然后误差信号的影响[65,67] 可以表示为

$$\frac{d\tilde{\psi}_{sd}}{dt} = -\frac{\tilde{R}_s}{L_d}\tilde{\psi}_{sd} + \hat{\omega}_{\psi r}\tilde{\psi}_{sq} + \frac{\tilde{R}_s}{L_d}\psi_f + u_d + k_d \tag{8-79}$$

$$\frac{d\tilde{\psi}_{sq}}{dt} = -\frac{\tilde{R}_s}{L_q}\tilde{\psi}_{sq} - \tilde{\omega}_{\psi r}\tilde{\psi}_{sd} + u_q + k_q \tag{8-80}$$

$$i_d = \frac{\tilde{\psi}_{sd}}{L_d} - \frac{\psi_f}{L_d} \tag{8-81}$$

$$i_q = \frac{\tilde{\psi}_{sq}}{L_q} \tag{8-82}$$

8.3.3　PMSM 的模型参考自适应系统

近期，永磁同步电动机的无传感器控制因其众多的工业应用受到了广泛关注。已经涌现了多种技术用来估计电机的速度，包括开环速度估计、闭环速度估计、基于反电动势的速度估计、高频信号注入法及其他很多方法等。尽管在矢量控制 PMSM 传动系统中可以采用多种无传感器控制方案，最受欢迎的方案之一还是 MRAS，因为它易于实现[37~39]。在输入变量的不同组合基础上，模型参考方法利用了两种具有不同结构的、相互独立的电机模型估计出相同的状态变量，例如反电动势、转子磁链、无功功率等。使用前述策略的两种估计方法输出变量的误差用于产生一种自适应的结构来辨识出可调模型中的电机转速。PMSM 的 MRAS 方法方框图如图 8-17 所示。

静止坐标系中的 PMSM 定子电压方程可以作为参考模型：

$$v_{\underline{\alpha}s} = R_s i_{\underline{\alpha}s} + L_s \frac{\mathrm{d}i_{\underline{\alpha}s}}{\mathrm{d}t} + e_{\alpha s} \tag{8-83}$$

$$v_{\underline{\beta}s} = R_s i_{\underline{\beta}s} + L_s \frac{\mathrm{d}i_{\underline{\beta}s}}{\mathrm{d}t} + e_{\beta s} \tag{8-84}$$

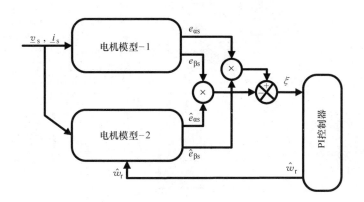

图 8-17　PMSM 的 MRAS 估计方法的方框图

其中 R_s 与 L_s 分别是每一相定子绕组的电阻与电感，e_s 是电机的反电动势。

　　根据图 8-12，自适应系统包含了以自适应方式来辨识的电机速度。在图示方案中，电机模型 1 与电机模型 2 的输出是电机反电动势的两个观测值。

　　速度调节信号用于调节转子速度，从而使误差信号收敛于零。基于 MRAS 的速度观测方法的自适应机制是下面的 PI 控制器算法：

$$\hat{\omega}_r = K_p \xi + K_i \int \xi \mathrm{d}t \tag{8-85}$$

其中 PI 控制器的输入为

$$\xi = e_{\alpha s} \hat{e}_{\beta s} - e_{\beta s} \hat{e}_{\alpha s} \tag{8-86}$$

K_p 和 K_i 是控制器增益，ξ 是误差信号。

　　图 8-18 给出了用于 PMSM 控制的 MRAS 模块的完整 Simulink 结构图。MRAS 模块从电机端部获取电压与电流信号，MRAS 模块的内部结构在图 8-19 中给出。PMSM 矢量控制的 Simulink 模型文件是［*PMSM_FOC_alfa_beta*］，电机参数包含在文件［*PMSM_param*］中，且该参数文件应该首先被执行。

8.3.4　仿真结果

　　图 8-20 和图 8-21 给出了 MRAS 无传感器传动系统的部分仿真结果。

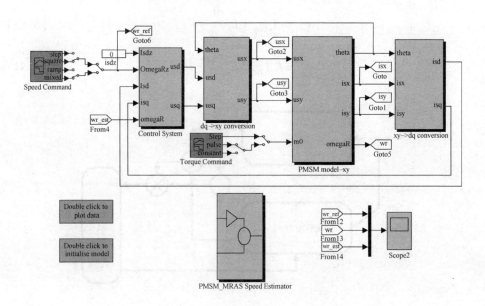

图 8-18　基于 MRAS 控制的 PMSM 完整的仿真结构图

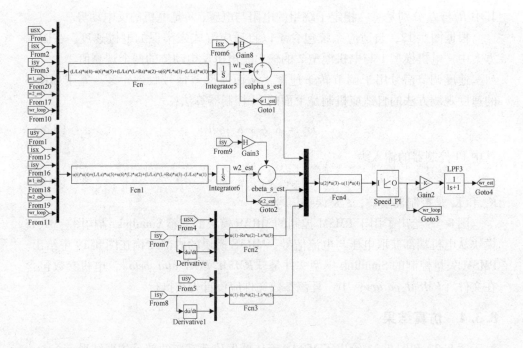

图 8-19　PMSM 的 MRAS 估计方法的 Simulink 结构图

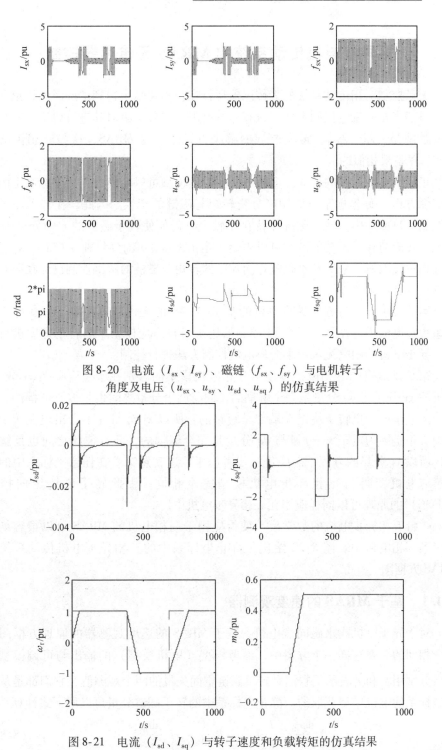

图 8-20　电流（I_{sx}、I_{sy}）、磁链（f_{sx}、f_{sy}）与电机转子
角度及电压（u_{sx}、u_{sy}、u_{sd}、u_{sq}）的仿真结果

图 8-21　电流（I_{sd}、I_{sq}）与转子速度和负载转矩的仿真结果

8.4 五相异步电机传动系统的 MRAS 无传感器控制

矢量控制三相传动系统的无传感器运行在众多文献中得到了广泛的讨论。然而，对于多相交流电机则不然。只有非常有限的出版文献对其进行讨论，例如参考文献 [25、27、29]。最受欢迎的解决方案之一是 MRAS，这与三相传动系统[29~36]是很相似的。

正如第 6 章描述的那样，多相电机的数学模型可以变换为正交坐标系中的一组解耦方程。dq 坐标系可以用来分析转矩与磁链的产生。因此，在转子磁场定向控制（FOC）中，转子磁链保持在 d 轴上，以便使转子磁链的 q 轴分量为 0。因此，转矩与转子磁链的产生可以由定子电流的 d、q 轴分量独立控制。对于一台五相感应电机，采用转子磁链定向控制的转矩与磁链的解耦控制已经在第 6 章中进行了解释。

本节聚焦于一台五相异步电机的基于 MRAS 的无传感器控制，并在静止坐标系中对电流进行控制。一个 PI 控制器用来对自适应模型中的转子速度进行补偿。异步电机的相电流采用了滞环电流控制方法进行控制。

第 6 章给出的五相电机模型与三相电机模型的区别在于是否存在 xy 分量。电机的 xy 分量与 dq 分量是完全解耦的，同时两个分量之间也是彼此解耦的。因为笼型异步电动机转子绕组在端部是短路的，所以 xy 分量并不会出现在转子绕组中。正是因为定子 xy 分量与 dq 分量是完全解耦的，并且彼此之间也是解耦的，所以 xy 分量的方程不需要进一步考虑了。这就意味着在任意坐标系中的五相感应电机变得与三相异步电机模型完全相同。因此转子磁链定向控制（RFOC）的原理可以同样应用在五相异步电机中。

一台五相异步电机的数学模型使得应用于三相电机的 MRAS 可以很容易地扩展到多相电机中。图 8-22 给出了静止坐标系中的五相异步电机传动系统的 MRAS 方框图。

8.4.1 基于 MRAS 的速度观测器

对于异步电机或永磁同步电机，基于 MRAS 的速度观测器的原理方框图是完全相同的。在这样一个方案中，参考模型（电机模型）的输出与可调模型的输出分别用 ψ_r 和 $\hat{\psi}_r$ 表示，它们是转子磁链空间矢量的两个观测值，它们都是从静止坐标系的电机模型获取的。静止坐标系中的转子磁链分量可以用下式计算：

$$\frac{\mathrm{d}\psi_{\mathrm{dr}}}{\mathrm{d}t} = \frac{L_{\mathrm{r}}}{L_{\mathrm{m}}}(v_{\mathrm{ds}} - R_{\mathrm{s}}i_{\mathrm{ds}} - \sigma L_{\mathrm{s}}\frac{\mathrm{d}i_{\mathrm{ds}}}{\mathrm{d}t}) \tag{8-87}$$

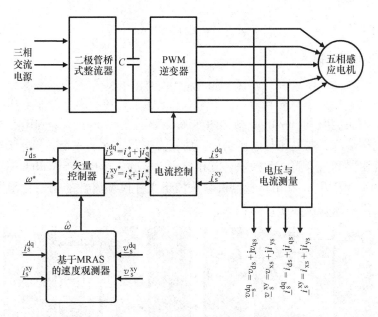

图 8-22　五相异步电机传动系统的 MRAS 方框图

$$\frac{\mathrm{d}\psi_{qr}}{\mathrm{d}t} = \frac{L_r}{L_m}(v_{qs} - R_s i_{qs} - \sigma L_s \frac{\mathrm{d}i_{qs}}{\mathrm{d}t}) \tag{8-88}$$

$$\frac{\mathrm{d}i_{xs}}{\mathrm{d}t} = \frac{1}{L_{ls}}(v_{xs} - R_s i_{xs}) \tag{8-89}$$

$$\frac{\mathrm{d}i_{ys}}{\mathrm{d}t} = \frac{1}{L_{ls}}(v_{ys} - R_s i_{ys}) \tag{8-90}$$

自适应模型是基于著名的转子方程的（电流模型）：

$$T_r \frac{\mathrm{d}\psi_{dr}}{\mathrm{d}t} = L_m i_{ds} - \psi_{dr} - \omega_r T_r \psi_{qr} \tag{8-91}$$

$$T_r \frac{\mathrm{d}\psi_{qr}}{\mathrm{d}t} = L_m i_{qs} - \psi_{qr} + \omega_r T_r \psi_{dr} \tag{8-92}$$

$$\frac{\mathrm{d}\psi_{xr}}{\mathrm{d}t} = -\frac{R_{xr}}{L_{lr}} \cdot \psi_{xr} \tag{8-93}$$

$$\frac{\mathrm{d}\psi_{yr}}{\mathrm{d}t} = -\frac{R_{yr}}{L_{lr}} \cdot \psi_{yr} \tag{8-94}$$

MRAS 模型使用了基于式（8-87）~ 式（8-90）的参考模型方程与基于式（8-91）~ 式（8-94）的自适应模型的方程作为转子磁链观测的两个模型。两个转子磁链的角度差值作为速度调节信号（即误差信号），MRAS 的自适应机制是通过一个简单的 PI 控制器来实现的：

$$\hat{\omega}_r = K_p \xi + K_i \int \xi dt \tag{8-95}$$

其中 PI 控制器的输入为

$$\xi = \psi_{ds} \hat{\psi}_{qs} - \psi_{qs} \hat{\psi}_{ds} \tag{8-96}$$

PI 控制器中的参数是任意的正常数，ξ 是误差信号。用于控制五相异步电机的 MRAS 模块完整的 Simulink 结构图如图 8-23、图 8-24 所示。MRAS 模块从五相异步电机端部获取电流与电压信号。仿真方框图包含了一个五相异步电机、一个矢量控制器和一个 MRAS 模块。五相异步电机的矢量控制 Simulink 模型文件是 [Five_phase_MRAS]，五相异步电机参数位于文件模型属性的初始化函数中，五相异步电机参数会被程序自动执行。

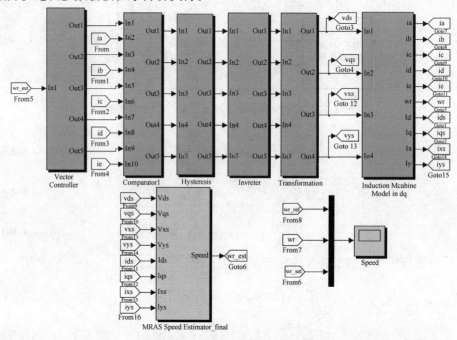

图 8-23　带有 MRAS 速度观测器的五相异步电机矢量控制的 Simulink 模块结构图

8.4.2　仿真结果

仿真中五相异步电机的参数为 $R_s = 10\Omega$，$R_r = 6.3\Omega$，$L_{ls} = L_{lr} = 0.04\mathrm{H}$，$L_m = 0.42\mathrm{H}$。

五相异步电机的转动惯量和极对数分别为 $0.03\mathrm{kg} \cdot \mathrm{m}^2$ 和 $2\mathrm{kg} \cdot \mathrm{m}^2$。五相异步电机相电流、相电压与每相转矩的额定值分别为 2.1A、220V 和 1.67N·m。额定的转子磁链（rms）为 0.5683Wb。传动系统运行在速度控制模式中，使用

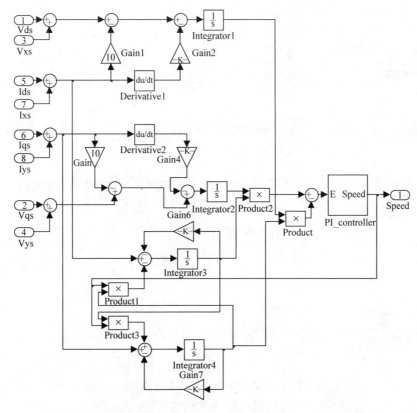

图 8-24　五相异步电机的 MRAS 速度观测器的 Simulink 模块结构图

MRAS 观测器提供的电机速度作为反馈信号。

图 8-25 ~ 图 8-28 给出了不同运行条件下的仿真结果。

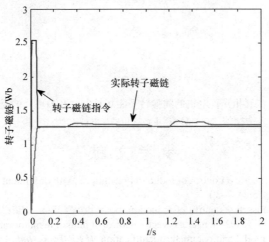

图 8-25　五相异步电机的转子磁链的实际值与指令值

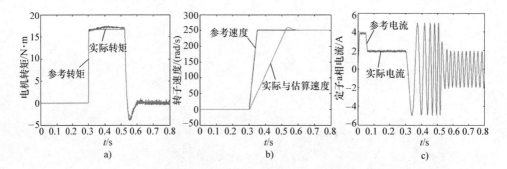

图 8-26 五相异步电机的间接转子磁场控制（IRFOC）的励磁暂态与加速暂态
a）五相异步电机转矩 b）五相异步电机速度 c）相电流

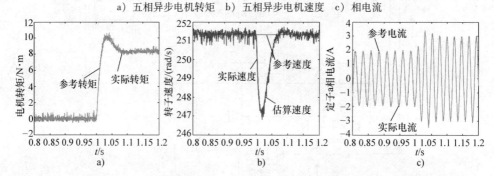

图 8-27 五相异步电机的间接转子磁场控制（IRFOC）的抗干扰性能
a）五相异步电机转矩 b）五相异步电机速度 c）相电流

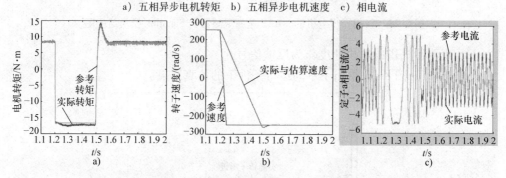

图 8-28 五相异步电机的间接转子磁场控制（IRFOC）的反转暂态
a）五相异步电机转矩 b）五相异步电机速度 c）相电流

参 考 文 献

1. Holtz, J. (2006) Sensorless control of induction machines: With or without signal injection? *IEEE Trans. Ind. Elect.*, **53**(1), 7–30.

2. Holtz, J. (2002) Sensorless control of induction motor drives. *Proc. IEEE*, **90**(8), 1359–1394.

3. Holtz, J. and Quan, J. (2002) Sensorless vector control of induction motors at very low speed using a nonlinear inverter model and parameter identification. *IEEE Trans. Ind. Appl.*, **38**(4), 1087–1095.

4. Lascu, C., Boldea, I., and Blaabjerg, F. (2005) Very-low speed variable-structure control of sensorless induction machine drives without signal injection. *IEEE Trans. Ind. Appl.*, **41**(2), 591–598.

5. Kubota, H. (2003) Closure to discussion of regenerating-mode low-speed operation of sensorless induction motor drive with adaptive observer. *IEEE Trans. Ind. Appl.*, **39**(1).

6. Depenbrock, M., Foerth, C., and Koch, S. (1999) Speed sensorless control of induction motors at very low stator frequencies. *8th Europ. Power Elect. Conf. (EPE)*, Lausanne.

7. Schauder, C. (1992) Adaptive speed identification for vector control of induction motors without rotational transducers. *IEEE Trans. Ind. Appl.*, **28**, 1054–1061.

8. Abu-Rub, H., Guzinski, J., Krzeminski, Z., and Toliyat, H. (2004) Advanced control of induction motor based on load angle estimation. *IEEE Trans. Ind. Elect.*, **51**(1), 5–14.

9. Yan, Z., Jin, C., and Utkin, V. I. (2000) Sensorless sliding-mode control of induction motors. *IEEE Trans. Ind. Elect.*, **47**(6), 1286–1297.

10. Ohyama, K., Asher, G. M., and Sumner, M. (2006) Comparative analysis of experimental performance and stability of sensorless induction motor drives. *IEEE Trans. Ind. Elect.*, **53**(1), 178–186.

11. Armstrong, G. J. and Atkinson, D. J. (1997) A comparison of model reference adaptive system and extended Kalman filter estimators for sensorless vector drives. *Proc. Int. Conf. Power Elect. Appl. (EPE)*, Trondheim, Norway, pp. 1.424–1.429.

12. Salvatore, N., Cascella, G. L., Stasi, S., and Cascella, D. (2007) Stator flux oriented sliding mode control of sensorless induction motor drives by Kalman filter. *33rd Ann. Conf. IEEE Ind. Elect. Soc. (IECON)*, pp. 956–961.

13. Kim, Y-R., Sul, S. K., and Park, M. H. (1994) Speed sensorless vector control of induction motor using extended Kalman filter. *IEEE Trans. Ind. Appl.*, **30**(5), 1225–1233.

14. Boldea, I. (2008) Control issues in adjustable-speed drives. *IEEE Ind. Elect. Mag.*, **September 8**, 32–50.

15. Hinkkanen, M. and Luomi, J. (2004) Stabilization of regenerating-mode operation in sensorless induction motor drives by full-order flux observer design. *IEEE Trans. Ind. Elect.*, **51**(6), 1318–1328.

16. Guzinski, J., Abu-Rub, H., and Toliyat, H. (2003) An advanced low-cost sensorless induction motor drive. *IEEE Trans. Ind. Appl.*, **39**(6), 1757–1764.

17. Abu-Rub, H, Guzinski, J., Krzeminski, K., and Toliyat, H. (2003) Speed observer system for advanced sensorless control of induction motor. *IEEE Trans. Ener. Conv.*, **18**(2), 219–224.

18. Briz, F., Degner, M. W., Diez, A., and Lorenz, R. D. (2001) Measuring, modeling, and decoupling of saturation-induced saliencies in carrier-signal injection-based sensorless AC drives. *IEEE Trans. Ind. Appl.*, **37**, 1356–1364.

19. Briz, F., Degner, M. W., Guerrero, J. M., and Diez, A. (2001) Improving the dynamic performance of carrier signal injection based sensorless AC drives. *Proc. 9th Eur. Conf. Power Elect. Appl. (EPE-2001)* Graz, 27–29 August, CD-ROM.

20. Abu-Rub, H. and Oikonomou, N. (2008) Sensorless observer system for induction motor control. *39th IEEE Power Elect. Spec. Conf. (PESC08)* Rhodes.

21. Abu-Rub, H. and Hashlamoun, W. (2001) A comprehensive analysis and comparative study of several sensorless control system of asynchronous motor. *ETEP J (Europ. Trans. Elect. Power)*, **11**(3), 203–210.

22. Abu-Rub, H. and Titi, J. (2005) Comparative Analysis of fuzzy and Pi sensorless control systems of induction motor using power measurement. *4th Int. Workshop CPE 2005 Compatibility in Power Electronics, Gdynia, Poland* (in English).

23. Hori, Y., Ta, C., and Uchida, T. (1998) MRAS-based speed sensorless control for induction motor drives using instantaneous reactive power. IECON, Nov./Dec. 1991, pp. 1417–1422.

24. Vas, P. (1998) *Sensorless Vector and Direct Torque Control*. Oxford, Oxford University Press.

25. Rajashekara, K., Kawamura, A., and Matsuse, K. (1996) *Sensorless Control of AC Motors*. IEEE Press, Piscataway, NJ.

26. Elbulk, M. E., Tong, L., and Husain, I. (2002) Neural network based model reference adaptive systems for high performance motor drives and motion controls. *IEEE Trans. Ind. Appl.* Vol. **38**, May/June.

27. Abu-Rub, H., Khan, M. R., Iqbal, A., and Ahmed, S. M. (2010) MRAS-based sensorless control of a five-phase induction motor drive with a predictive adaptive model. *Ind. Elect.(ISIE), 2010 IEEE Int. Symp. Ind. Elect.* pp. 3089–3094.

28. Khan, M. R., Iqbal, I., and Mukhtar, A. (2008) MRAS-based sensorless control of a vector controlled five-phase induction motor drive. *Elect. Power Syst. Res.*, **78**(8), 1311–1321.

29. Khan, M. R. and Iqbal, I. (2008) MRAS-based sensorless control of series-connected five-phase two-motor drive system. *Korian J. Elect. Eng. Tec.*, **3**(2), 224–234.

30. Luo, Y-C. and Lin, C-C. (2010) Fuzzy MRAS based speed estimation for sensorless stator field oriented controlled induction motor drive. *Int. Symp. Comp.Comm. Cont. Auto. (3CA)*, **2**, 152–155.

31. Li, Z., Cheng, S., and Cai, K. (2008) The simulation study of sensorless control for induction motor drives based on MRAS. *Asia Simul. Conf.: 7th Inter. Conf. Syst. Simul. Sci. Comp., ICSC 2008* pp. 235–239.

32. Rashed, M., Stronach, F., and Vas, P. (2003) A new stable MRAS-based speed and stator resistance estimators for sensorless vector control induction motor drive at low speeds. *Ind. Appl. Conf., 38th IAS Ann. Mtg*, **2**, 1181–1188.

33. Sayouti, Y., Abbou, A., Akherraz, M., and Mahmoudi, H. (2009) MRAS-ANN based sensorless speed control for direct torque controlled induction motor drive. *Int. Conf. Power Eng., Ener. Elect. Drives. POWERENG '09*, pp. 623–628.

34. Ta, C-M., Uchida, T., and Hori, Y. (2001) MRAS-based speed sensorless control for induction motor drives using instantaneous reactive power. *Ind. Elect. Soc., IECON '01. 27th Ann. Conf. IEEE*, **2**, 1417–1422.

35. Yushui, H. and Dan, L. (2008) Realization of sensorless vector control system based on MRAS with DSP. *Cont. Conf., CCC 2008*, pp. 691–694.

36. Gao, L., Guan, B., Zhou, Y., and Xu, L. (2010) Model reference adaptive system observer based sensorless control of doubly-fed induction machine. *Int. Conf. Elect. Mach. Syst. (ICEMS)*, pp. 931–936.

37. Xiao, J., Li, B., Gong, X., Sheng, Y., and Chai, J. (2010) Improved performance of motor drive using RBFNN-based hybrid reactive power MRAS speed estimator. *IEEE Inter. Conf. Info. Auto. (ICIA)*, pp. 588–593.

38. Kim, Y. S., Kim, S. K., and Kwon, Y. A. (2003) MRAS based sensorless control of Permanent magnet synchronous motor. *SICE Ann. Conf. Fukui*, 4–6 August, Fukui University, Japan, pp. 1632–1637.

39. Shahgholian, G., Rezaei, M. H., Etesami, A., and Yousefi, M. R. (2010) Simulation of speed sensor less control of PMSM based on DTC method with MRAS. *IPEC, Conf. Proc.*, pp. 40–45.

40. Xu, H. and Xie, J. (2009) A Vector-Control System Based on the Improved MRAS for PMSM. *Inter. Works. Intell. Syst. Appl., ISA 2009*, pp. 1–5.

41. Bingyi, Z., Xiangjun, C., Guanggui, S., and Guihong, F. (2005) A Position sensorless vector-control system based on MRAS for LOW SPEED AND HIGH TOrque PMSM drive. *Proc. 8th Int.l Conf. Elect. Mach. Syst. ICEMS*, Vol. 2.

42. Zhao, G., Liu, J., and Feng, J. (2010) The research of speed sensorless control of PMSM based on MRAS and high frequency signal injection method. *Int. Conf. Comp. Mech., Cont. Elect. Eng. (CMCE)*, **4**, 175–178.

43. Xingming, Z., Xuhui, W., Feng, Z., Xinhua, G., and Peng, Z. (2010) Wide-speed-range sensorless control of Interior PMSM based on MRAS. *Int. Conf. Elect. Mach. Syst. (ICEMS)*, pp. 804–808.

44. Liu, Y., Wan, J., Li, G., Yuan, C., and Shen, H. (2009) MRAS speed identification for PMSM based on fuzzy PI control. *4th IEEE Conf. Ind. Elect. Appl., ICIEA*, pp. 1995–1998.

45. Yan, W., Lin, H., Li, H., and Lu, J. (2009) A MRAS based speed identification scheme for a PM synchronous motor drive using the sliding mode technique. *Int. Conf. Mech. Auto. ICMA*, pp. 3656–3661.

46. Zhou, F., Yang, J., and Li, B. (2008) a novel speed observer based on parameter-optimized MRAS for PMSMs. *IEEE Int. Conf. Network., Sens. Cont., ICNSC 2008.*

47. Yaojing, F. and Kai, Y. (2010) Research of sensorless control for permanent magnet synchronous motor systems. *Int. Conf. Elect. Mach. Syst. (ICEMS)*, pp. 1282–1286.

48. Kojabadi, H. M. and Ghribi, M. (2006) MRAS-based adaptive speed estimator in PMSM drives. *9th IEEE Int. Works. Adv. Mot. Cont.*, pp. 569–572.

49. Baohua, L., Jianhua, Y., and Weiguo, L. (2009) Study on speed sensorless SVM-DTC system of PMSM. *9th Int. Conf. Elect. Meas. Instr., ICEMI '09*, pp. 2914–2919.

50. Kang, J., Zeng, X., Wu, Y., and Hu, D. (2009) Study of position sensorless control of PMSM based on MRAS. *IEEE Int, Conf. Ind. Tech., ICIT 2009*, pp. 1–4.

51. Finch, J. W. and Giaouris, D. (2008) Controlled AC electrical drives. *IEEE Ind. Elect.*, **55**(2), 481–491.

52. Vas, P. (1998) *Sensorless Vector and Direct Torque Control*. Oxford, Oxford University Press.

53. Acarnley, P. P. and Watson, J. F. (2006) Review of position-sensorless operation of brushless permanent-magnet machines. *IEEE Trans. Ind. Elect.*, **53**(2), 352–362.

54. Tae-Hyung, K., Hyung-Woo, L., and Mehrdad, E. (2004) Advanced sensorless drive technique for multi-phase BLDC motors. *Proc. IECON 2004*, 2–6 November, Busan, South Korea, CD-ROM.

55. Hwang, T. S. and Seok, J-K. (2007) Observer-based ripple force compensation for linear hybrid stepping motor drives. *IEEE Trans. Ind. Elect.*, **54**(5), 2417–2424.

56. White, D. C. and Woodson, H. H. (1959) *Electromechanical Energy Conversion*. New York, John Wiley & Sons.

57. Nahid-Mobarakeh, B., Meibody-Tabar, F., and Sargos, F-M. (2007) Back emf estimation-based sensorless control of PMSM: Robustness with respect to measurement errors and inverter irregularities. *IEEE Trans. Ind. Appl.*, **43**(2), 485–494.

58. García, P., Briz, F., Raca, D., and Lorenz, R. D. (2007) Saliency-tracking-based sensorless control of AC machines using structured neural networks. *IEEE Trans. Ind. Appl.*, **43**(1), 77–86.

59. Elloumi, M., Ben-Brahim, L., and Al-Hamadi, M. (1998) Survey of speed sensorless controls for IM drives. *Proc. IEEE IECON'98*, **2**, 1018–1023.

60. Ben-Brahim, L., Tadakuma, S., and Akdag, A. (1999) Speed control of induction motor without rotational transducers. *IEEE Trans. Ind. Appl.*, **35**(4), 844–850.

61. Parsa, L. and Toliyat, H. (2004) Sensorless direct torque control of five-phase interior permanent magnet motor drives. *IEEE Ind. Appl. Conf., IEEE-IAS 2004, Ann. Mtg*, Oct 3–7.

62. Abu-Rub, H., Guziński, J., Rodriguez, J., Kennel, R., and Cortés P. (2010) Predictive current controller for sensorless induction motor drive. *Proc. IEEE-ICIT 2010 Int. Conf. Ind. Tech.*, 14–17 March, Viña del Mar, Chile.

63. Akagi, H., Kanazawa, Y., and Nabae, A. (1983) *Generalised Theory of the Instantaneous Reactive Power in Three-Phase Circuits*. IPEC, Tokyo.

64. Parasiliti, F., Petrella, R., and Tursini: M. (2002) *Speed Sensorless Control of an Interior PM Synchronous Motor*. IEEE.

65. Pajchrowski, T. and Zawirski, K. (2005) Robust speed control of servodrive based on ANN. *IEEE ISIE* 20–23 June, Dubrovnik, Croatia.

66. Foo, G. and Rahman, M. F. (2008) A novel speed sensorless direct torque and flux controlled interior permanent magnet synchronous motor drive. *39th IEEE Power Elect. Spec. Conf. (PESC 2008)*, 15–19 June, Rhodes.

67. Zawirski, K. (2005) *Control of Permanent Magnet Synchronous M*otors (in Polish), Poznan, Poland.

68. Krzemiński, Z. (1999) A new speed observer for control system of induction motor. *Proc. IEEE Int. Conf. Power Elect. Drive Syst., PESC '99*, Hong Kong, pp. 555–560.

69. Krzeminski, Z. (2008) Observer of induction motor speed based on exact disturbance model. *Int. Conf. EPE-PEMC' 2008*, Poznan, Poland.

70. Batran, A., Abu-Rub, H., and Guziński, J. (2005) Wide range sensorless control of induction motor using power measurement and speed observer. *11th IEEE Int. Conf. Meth. Models Auto. Robot, MMAR '05*, Miedzyzdroje, Poland.

第9章 采用电压型逆变器和输出滤波器的异步电机传动系统的几个问题

9.1 传动系统与滤波器的概述

在现代工业系统中，异步电机和电压型逆变器的传动装置广泛地应用于可调速传动系统（Adjustable Speed Drive，ASD）[1]。

逆变器由绝缘栅双极性晶体管（Insulated Gate Bipolar Transistor，IGBT）组成的，其动态参数非常高，也就是说开通时间与关断时间非常短。功率器件快速的开通与关断导致了在逆变器输出电压波形的上升沿和下降沿有很大的 $\mathrm{d}v/\mathrm{d}t$。

在现代逆变器中，很大的 $\mathrm{d}v/\mathrm{d}t$ 是传动系统各种不利影响的源头[2,3]。电机轴承的快速老化，电机端电压的过电压，由于局部放电造成电机线圈绝缘层的破坏或老化，电机损耗的增加，以及更高水平的电磁干扰等，这些是高 $\mathrm{d}v/\mathrm{d}t$ 带来的主要负面影响。其他的负面影响是由连接逆变器和电机的长电缆引起的。

如果在传动系统中添加了合适的无源或有源滤波器，那么预防或限制 $\mathrm{d}v/\mathrm{d}t$ 带来的负面影响是可能的。尤其是无源滤波器在工业应用更是备受欢迎如图 9-1 所示。

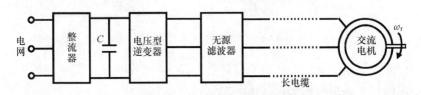

图 9-1 带有逆变器输出滤波器的异步电机传动系统

用在异步电机传动系统中的无源滤波器被称为逆变器输出滤波器或异步电机滤波器。根据滤波器的结构和参数，可分为三类滤波器[4,5]：

- 差模滤波器（DM）；
- 共模滤波器（CM）；
- $\mathrm{d}v/\mathrm{d}t$ 滤波器。

逆变器的输出电压（滤波器的输入电压）是由一系列短的矩形脉冲组成，如图 9-2 所示。运用差模滤波器后的电压波形与之不同，异步电机的供电电压被平滑成一个近似的正弦电压。差模滤波器又称为正弦滤波器或 *LC* 滤波器。

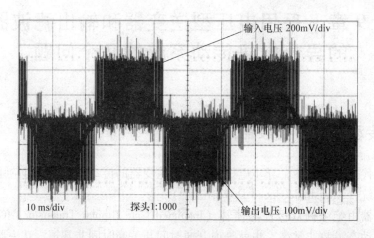

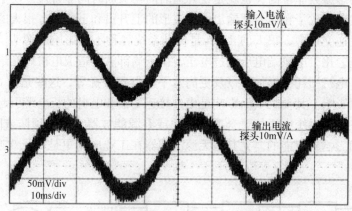

图 9-2　使用差模滤波器的结果

共模滤波器主要是用于限制流过寄生电容的电机漏电流。漏电流的流向主要是通过电机轴承流到电机机壳并流向大地。

d*v*/d*t* 滤波器的目的是消除在长电缆中的波反射效应，以避免电机端电压的过电压，同时防止电机线圈绝缘层的破坏。波反射是由于电缆和电机之间波阻抗的不匹配。在极端情况下，电机端部过电压的峰值可以达到逆变器提供电压值的两倍。

本章提出了关于电气传动和逆变器输出滤波器的基本问题。首先给出了基本的数学变换、共模电压描述和滤波器的结构。其次，阐述了滤波器的模型和设计步骤。本章的重点是对使用了差模滤波器的传动系统中得原始估算方法和控制算法的改进。同时也给出了用于带有滤波器的传动系统中几个故障的诊断解决方案。

本章的内容得到仿真和实验的共同验证。对仿真模型进行了讨论，便于更好的理解和分析。

9.2　三相－两相变换

为了更深入的分析电气传动系统的滤波器，就需要了解滤波器的模型。

三相系统的原始坐标系是互差 120°的 3 个轴构成的坐标系，但为了更好地分析系统，一个正交的坐标系更为有用，而且更容易理解。因此，接下来的分析中，提出了合适的坐标变换。在三相和两相的坐标变换中，最常用的是两种变换，一种是恒矢量幅值变换，另一种是恒功率变换。

使用恒矢量幅值的三相 ABC 坐标系到两相 $\alpha\beta0$ 坐标系的变换矩阵可描述为

$$A_W = \begin{bmatrix} \dfrac{1}{3} & \dfrac{1}{3} & \dfrac{1}{3} \\[2mm] \dfrac{2}{3} & -\dfrac{1}{3} & -\dfrac{1}{3} \\[2mm] 0 & \dfrac{1}{\sqrt{3}} & -\dfrac{1}{\sqrt{3}} \end{bmatrix} \tag{9-1}$$

而保持系统恒功率对应的变换矩阵为

$$A_P = \begin{bmatrix} \dfrac{1}{\sqrt{3}} & \dfrac{1}{\sqrt{3}} & \dfrac{1}{\sqrt{3}} \\[2mm] \dfrac{\sqrt{2}}{\sqrt{3}} & -\dfrac{1}{\sqrt{6}} & -\dfrac{1}{\sqrt{6}} \\[2mm] 0 & \dfrac{1}{\sqrt{2}} & -\dfrac{1}{\sqrt{2}} \end{bmatrix} \tag{9-2}$$

使用公式（9-1）或式（9-2），每个模型变量 x 都可以从 ABC 坐标系变换到两相 $\alpha\beta0$ 坐标系，根据

$$\begin{bmatrix} x_0 \\ x_\alpha \\ x_\beta \end{bmatrix} = A_W \begin{bmatrix} x_A \\ x_B \\ x_C \end{bmatrix} \tag{9-3}$$

此处每个坐标系的变量都保持相同的幅值。

当两个系统保持恒功率时，需要使用下述变换：

$$\begin{bmatrix} x_0 \\ x_\alpha \\ x_\beta \end{bmatrix} = A_P \begin{bmatrix} x_A \\ x_B \\ x_C \end{bmatrix} \tag{9-4}$$

系统建模时需要对参数进行变换，所以电阻矩阵为

$$R_{ABC}^{W} = R_{ABC}^{P} = \begin{bmatrix} R & 0 & 0 \\ 0 & R & 0 \\ 0 & 0 & R \end{bmatrix} \tag{9-5}$$

在环形磁心上具有对称线圈的三相扼流圈的电感参数为

$$M_{ABC}^{W} = M_{ABC}^{P} = \begin{bmatrix} 3M & 0 & 0 \\ 0 & 0 & 0 \\ 0 & 0 & 0 \end{bmatrix} \tag{9-6}$$

对于一个 E 型磁心的三相扼流圈的电感值为

$$M_{ABC}^{W} = M_{ABC}^{P} = \begin{bmatrix} 0 & 0 & 0 \\ 0 & \dfrac{3}{2}M & 0 \\ 0 & 0 & \dfrac{3}{2}M \end{bmatrix} \tag{9-7}$$

在公式（9-6）中，很明显看出环形磁心上的三相对称扼流圈仅有共模电路参数，而在公式（9-7）中 E 型磁心上的扼流圈只存在差模电路参数。在滤波器设计过程中，这样的结论对于选择正确的扼流圈磁心类型很重要。

9.3　电压和电流的共模分量

正如本章开始提到的那样，在电压型逆变器的传动系统中会出现不期望的轴承电流。出现这种现象的原因是由于采用传统 PWM 方法的电压型逆变器是一个共模电压源，它驱动着轴承电流的流动。

为了阐述共模电压的影响，就要分析如图 9-3 所示的电压型逆变器的结构。

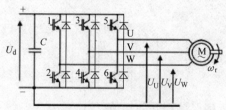

图 9-3　标有输出电压的电压型逆变器的结构

在电压型逆变器中，晶体管 8 种开关状态的组合中，只能选取其中一个。根据图 9-3 中的电压标识，8 种状态对应的逆变器输出电压见表 9-1。

表 9-1　各种开关组合下电压型逆变器的输出电压

	晶体管开关组合的二进制标记							
	100	110	010	011	001	101	000	111
u_U	U_d	U_d	0	0	0	U_d	0	U_d
u_V	0	U_d	U_d	U_d	0	0	0	U_d
u_W	0	0	0	U_d	U_d	U_d	0	U_d
u_0	$\dfrac{U_d}{\sqrt{3}}$	$\dfrac{2U_d}{\sqrt{3}}$	$\dfrac{U_d}{\sqrt{3}}$	$\dfrac{2U_d}{\sqrt{3}}$	$\dfrac{U_d}{\sqrt{3}}$	$\dfrac{2U_d}{\sqrt{3}}$	0	$\sqrt{3}U_d$
u_α	$\dfrac{\sqrt{2}U_d}{\sqrt{3}}$	$\dfrac{U_d}{\sqrt{6}}$	$-\dfrac{U_d}{\sqrt{6}}$	$-\dfrac{\sqrt{2}U_d}{\sqrt{3}}$	$-\dfrac{U_d}{\sqrt{6}}$	$\dfrac{U_d}{\sqrt{6}}$	0	0
u_β	0	$\dfrac{U_d}{\sqrt{2}}$	$\dfrac{U_d}{\sqrt{2}}$	0	$-\dfrac{U_d}{\sqrt{2}}$	$-\dfrac{U_d}{\sqrt{2}}$	0	0

可以看出，晶体管开关状态组合的变化导致零序电压分量的变化。u_0 电压的峰值很大且等于逆变器直流环节电压 U_0。u_0 的频率等于逆变器 PWM 的开关频率。典型的 u_0 电压波形如图 9-4 所示。

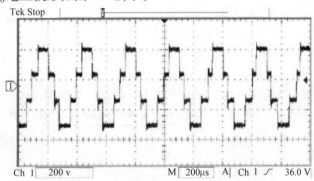

图 9-4　电压型逆变器中的共模电压波形

9.3.1　带有 PWM 逆变器与共模电压的异步电机传动系统的 MAT-LAB/Simulink 模型

异步电机传动系统的 MATLAB/Simulink 模型 Symulator. mdl 如图 9-5 所示。

Symulator. mdl 模型由使用空间矢量 PWM 算法（PWM_SFUN）的三相逆变器和异步电机模型（MOTOR_SFUN）组成。这两个模块都是用 C 代码编写的 Simulink S 函数实现的。C 代码文件如下：

- declaration. h – 预先设定值列表；
- pwm. h – PWM 逆变器模型全局变量声明的头文件；
- pwm. c – PWM 逆变器模型的源文件；

- motor. h – 异步电机模型全局变量声明的头文件；
- motor. c – 异步电机模型的源文件。

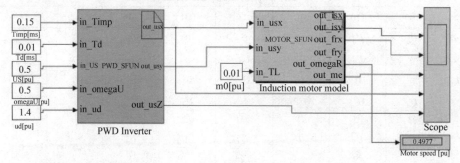

图 9-5   包含 PWM 逆变器和共模电压的异步电机传动系统的

MATLAB/Simulink 模型（Symulator. mdl）

给定值如下：
- T_{imp} – 逆变器开关周期（ms）；
- T_{d} – 逆变器死区时间（ms）；
- U_{S} – 给定逆变器输出电压的模值；
- omega$U$ – 逆变器输出电压的波动量；
- u_{d} – 逆变器直流链提供的电压；
- m_0 – 电机负载转矩。

所有变量和参数都是在标幺化的系统下，基波的基准值见表 9-2。

表 9-2   用在 MATLAB/Simulink 模型中标幺化系统的基值

定义	变量描述
$U_{\mathrm{b}} = \sqrt{3}\,U_{\mathrm{n}}$	电压基值
$I_{\mathrm{b}} = \sqrt{3}\,I_{\mathrm{n}}$	电流基值
$Z_{\mathrm{b}} = U_{\mathrm{b}}/I_{\mathrm{b}}$	阻抗基值
$m_{\mathrm{b}} = (U_{\mathrm{b}} I_{\mathrm{b}} p)/\omega_0$	转矩基值
$\Psi_{\mathrm{b}} = U_{\mathrm{b}}/\omega_0$	磁链基值
$\omega_{\mathrm{b}} = \omega_0/P$	机械速度基值
$L_{\mathrm{b}} = \Psi_{\mathrm{b}}/I_{\mathrm{b}}$	电感基值
$J_{\mathrm{b}} = m_{\mathrm{b}}/(\omega_{\mathrm{b}}\omega_0)$	惯量基值
$\tau = \omega_0 t$	相对时间

这里 $\omega_0 = 2\pi f_{\mathrm{N}}$ 是额定的电网角频率。

仿真的传动系统是在压频比 V/f 恒定情况下进行的。由于定子电压的变化中没有加入斜坡函数进行处理，所以当仿真开始之后，电机直接就起动了。

此处使用的感应电机极对数是 4，额定功率为 $P_N = 1.5\mathrm{kW}$，额定线电压为 $U_N = 380\mathrm{V}$。电机参数都在 pwm. h 里面。仿真是在电机给定频率 $\omega_n = 0.5\mathrm{pu.}$（即 25Hz）和直流环节电压 $u_d = 1.4\mathrm{pu.}$（即 540V）下进行的，其结果如图9-6、图9-7 所示。电机在完整的仿真时间的起动过程如图9-6 所示。逆变器输出电压的 α，β 分量以及共模电压的局部放大如图9-7 所示。共模电压是以逆变器直流侧的负端作为参考的。

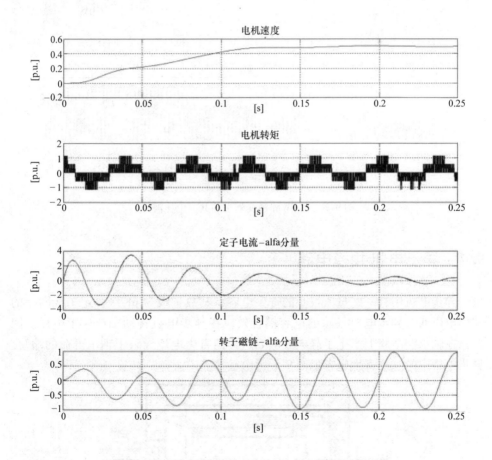

图9-6　电机起动时的仿真结果

完整的 MATLAB/Simulink 模型可以在本书提供的 CD－ROM 中找到。

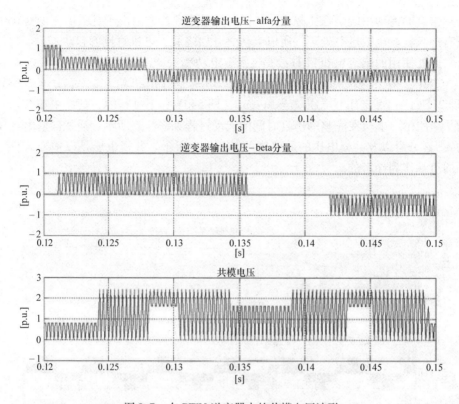

图 9-7　在 PWM 逆变器中的共模电压波形

9.4　异步电机共模电路

异步电机中有一些量值很小的寄生电容，其数量级为 pF 级。定子线圈上的共模电压通过异步电机气隙的电容耦合效应在异步电机转动轴产生了电压。因此，在轴承润滑膜上产生了静电放电。这样的寄生电流导致了轴承寿命的缩短。异步电机中的主要寄生电容如图 9-8 所示。

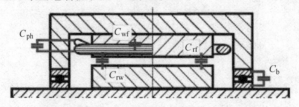

图 9-8　异步电机中的寄生电容

在图 9-8 中，异步电机的各类寄生电容标记如下：

- C_{wf}——定子线圈和定子框架之间的寄生电容；
- C_{wr}——定子线圈和转子线圈之间的寄生电容；
- C_{rf}——转子和机壳之间的寄生电容；
- C_b——异步电机轴承的等效电容；
- C_{ph}——定子线圈之间的寄生电容。

除了 C_{ph}，所有的寄生电容都对共模电压产生明显影响。因此，在下面的阐述中，忽略了相绕组之间的电容 C_{ph}。

C_{wf} 的电容值依赖于异步电机的机械尺寸，根据经验有如下关系[6]：

$$C_{wf} = 0.00024 \cdot H^2 - 0.039 \cdot H + 2.2 \tag{9-8}$$

式中 C_{wf} 的单位为 nF，而异步电机机械尺寸 H 的单位为 mm。

轴承电容和轴承的尺寸与机械特性有关。C_b 的值是 pF 级的，与 C_{wr} 的值差不多。在实际中，可认为 $C_b \approx C_{wr}$。定子线圈和转子之间的异步电机寄生电容 C_{wr} 与异步电机尺寸、线圈类型和异步电机磁路有关。C_{wr} 的计算是很复杂的，需要很多数据，而这些数据只能来自电机制造商。C_{rf} 的计算与 C_{wr} 一样也是很复杂的。更深入的阐述详见文献 [6]。

尽管这些电容的值都很小，然而寄生电流却可以达到很大的数值，因为现代逆变器的开关频率很高。寄生电流一部分在电机内部流动，而有一些会流向电机机壳和地面。对地的电流流通路径如图 9-9 所示。

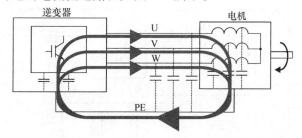

图 9-9　在使用电压型逆变器的电气传动系统中共模电流的流通路径

流过异步电机和馈电电缆的共模电流的等效电路模型如图 9-10 所示。

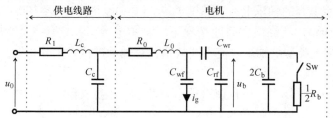

图 9-10　流过异步电机和馈电电缆的共模电流的等效电路[7]

在图 9-10 中，异步电机共模电路的组成部分为：

- 馈电电缆参数：
  R_1——电缆电阻；
  L_c——电缆电感；
  C_c——电缆电容。
- 电机参数：
  R_o——定子线圈铜导线电阻；
  L_o——定子线圈电感；
  R_b——电机轴承的等效电阻；
  S_w——开关，闭合时表示轴承润滑膜的损坏。

9.5 轴承电流的类型与减少方法

电机的轴承电流有好几种类型。轴承电流的 4 种类别如图 9-11 所示。

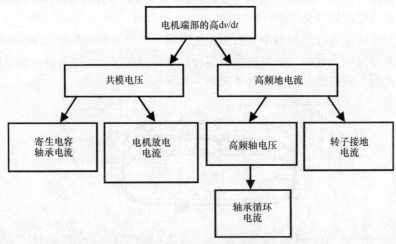

图 9-11 轴承电流的分类

流过寄生电容的轴承电流在温度 $T_b \approx 25℃$ 和电机转速 $n \approx 100r/min$ 时，其值较小约为 510mA。在高温和高速情况下，轴承电流会随之增长但增加不会超过 200mA。与其他类型的轴承电流不同的是，对轴承进行老化分析时，该电流可以忽略不计。

当轴承油膜损坏时，电机就有放电电流了。根据文献，该放电电流的峰值可以达到 3A[6]。

轴承环流 i_{bcir} 是由电机转动轴电压 u_{sh} 感应产生的。u_{sh} 是由寄生电机磁链 ψ_{cir} 产生。在文献 [6] 中，实际条件下的 i_{bcir} 可由下式计算：

$$i_{\text{bcir(max)}} \leqslant 0.4 \cdot i_{\text{g(max)}} \tag{9-9}$$

这里 $i_{\text{g(max)}}$ 是所测对地电流的最大值。

对特殊轴承电流的计算和测量的深入分析可详见文献 [6]。

当转子和大地之间有电气连接时,转子接地电流就出现了,也就是说这个电流是通过电机转动轴的耦合由负载电机引起的。

在文献 [6] 中,轴承电流的类型与电机机械尺寸 H 相互关联,且有如下关系:

- 如果 $H < 100$mm,电机放电电流 i_{bEDM} 是最主要的。
- 如果 100mm $< H < 280$mm,电机放电电流 i_{bEDM} 和轴承循环电流 i_{bcir} 是最主要的。
- 如果 $H > 280$mm,轴承循环电流 i_{bcir} 是最主要的。

为了阻碍轴承电流的流动,常见的方法见表 9-3。

表 9-3 预防轴承电流的方法[6]

减小放电电流 i_{bEDM}	减小轴承环流 i_{bcir}	减小转子接地电流 i_{gr}
陶瓷轴承	共模扼流圈	共模扼流圈
共模无源滤波器	轴承中使用导电润滑油	共模电压的有源补偿系统
共模电压的有源补偿系统	共模电压的有源补偿系统	降低逆变器开关频率
降低逆变器开关频率	降低逆变器开关频率	使用一个或两个绝缘轴承
使用刷子对电机转轴接地	使用一个或两个绝缘轴承	使用一个或两个陶瓷轴承

除了使用无源共模滤波器,有源方法目前也有使用,例如级联有源滤波器如图 9-12 所示,或通过改变 PWM 的算法。

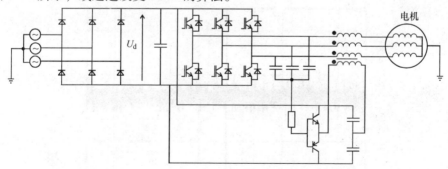

图 9-12 在电压型逆变器中使用有源共模滤波器的传动系统[10]

在中压传动系统中,很少使用有源滤波器,因为此类滤波器的工作频率相当高,所以从减少损耗的角度考虑,不推荐使用该电路。在本书中,没有讨论有源共模有源滤波器,只是通过改进 PWM 算法削弱共模电流。

9.5.1 共模扼流圈

在诸多的削弱轴承电流的方法中，三相共模扼流圈因为是小型电子电路而应用最为普遍，如图 9-13 所示。

共模扼流圈是三相对称线圈绕在环形的铁心上制成的。在正交的 $\alpha\beta$ 分量中，扼流圈的差模电感是可以忽略的，然而对于共模电流的路径，却有一个较大的电感 L_{10}。

$$L_{10} = 3M_1 \tag{9-10}$$

式中，M_1 是每相共模扼流圈的电感值。

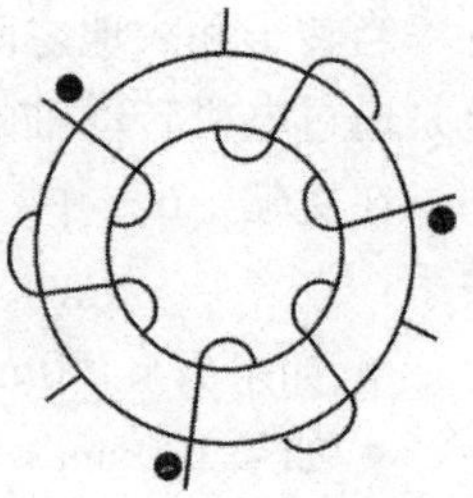

在 1.5kW 的异步电机工业传动系统中，可在图 9-14 和图 9-15 中看出使用共模扼流圈的结果。

图 9-13　三相系统中共模扼流圈的结构

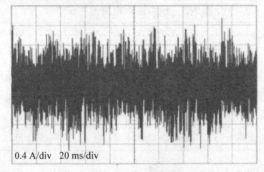

0.4 A/div　20 ms/div

图 9-14　在 1.5kW 工业传动系统中不使用共模扼流圈时异步电机接地线中电流测量的波形

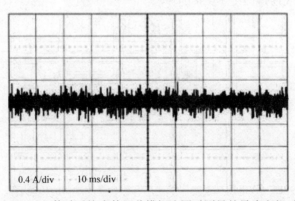

0.4 A/div　　10 ms/div

图 9-15　在 1.5kW 工业传动系统中使用共模扼流圈时测量的异步电机对地电流的波形

在图 9-14 和图 9-15 中，都对流过异步电机接地线的电流进行了测量。图 9-14 中共模扼流圈通路的电流峰值达到 1A。当共模扼流圈的电感值 $M_1 = 14$mH，电流的峰值在很大程度上被限制住了。

为了实现对共模电流最大程度的限制，需要一个最大的扼流圈电感值。共模扼流圈在制作中，在选定的环形磁心上绕制最大的匝数。对于共模扼流圈来说，所有的线圈都完全相同从而确保较低的漏电感是很重要的。仅仅对于差模电路而言，共模扼流圈的漏电感才会出现。

对于大功率的电机来说，很难找到共模扼流圈所需的大尺寸环形磁心，因此为了削弱共模电流可以将一些共模扼流圈串联在一起使用。

9.5.2　共模变压器

使用共模变压器可以减小共模电压。共模扼流圈和共模变压器的不同之处在于后者多了一个用电阻器短路的额外绕组，如图 9-16 所示。

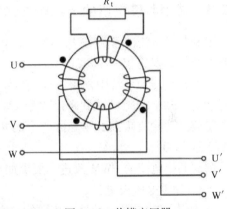

在共模变压器中，附加的第四线圈的绕制匝数与扼流圈每相线圈的匝数是一样的。使用共模变压器可以使电机的共模电流减小到原来的 25%，而且相比较于共模扼流圈，共模变压器使用铁心的体积更小。

如果采用共模变压器，那么共模电路由附加电感 L_t 和电阻 R_t 组成。共模变压器的等效电路如图 9-17 所示。

图 9-16　共模变压器

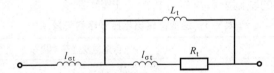

图 9-17　共模变压器等效电路（$L_{\sigma t}$ – 共模变压器的漏电感）

共模变压器、逆变器、馈电电缆和电机的等效电路如图 9-18 所示。

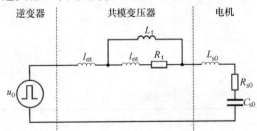

图 9-18　共模变压器、逆变器、馈电电缆和电机的等效电路

在图 9-17 和图 9-18 中，R_t 在谐振电路中作为一个阻尼电阻使用。如果忽略共模变压器的漏电感，共模电流的电路见文献 [9]。

$$I_0(s) = \frac{sL_tC_{s0} + R_tU_d}{s^3L_tL_{s0}C_{s0} + s^2(L_t + L_{s0})C_{s0}R_t + sL_t + R_t}$$ (9-11)

通过对方程式（9-11）的分析，计算了限制了共模电流的最大值和有效值的 R_t 的值。根据文献 [9]，R_t 的合理选择范围为

$$2Z_{00} \leqslant R_t \leqslant \frac{1}{2}Z_{0\infty}$$ (9-12)

这里 Z_{00} 和 $Z_{0\infty}$ 是图 9-18 电路的波阻抗，分别对应了 $R_t = 0$ 和 $R_t = \infty$。

9.5.3 减少共模电压的 PWM 技术改进

限制共模电流的常见方法，诸如采用不同结构的共模扼流圈或对共模电压的有源补偿等，都是相当昂贵的解决方案，同时也需要额外的硬件设备。

然而，在传动系统中采用一种不需要重新构造逆变器的途径来限制共模电流是可能的。共模电流可以只通过改变 PWM 算法就得到限制。PWM 算法改进的目的是应当消除或减小由逆变器产生的共模电压。PWM 算法的不同改进方法可详见文献 [10]。

削弱共模电流的 PWM 改进的要求如下：

- 清除零电压矢量；
- 使用有效矢量，且具有相同的零序电压 u_0。

在表 9-4 内容的基础上就可以分析此类 PWM 算法。

表 9-4　逆变器输出电压零序列矢量

矢量类型	三相电压型逆变器开关状态							
	有效矢量						零矢量	
矢量标记	U_{w4}	U_{w6}	U_{w2}	U_{w3}	U_{w1}	U_{w5}	U_{w0}	U_{w7}
矢量二进制标记	100	110	010	011	001	101	000	111
矢量十进制标记	4	6	2	3	1	5	0	7
矢量序号	1	2	3	4	5	6	0	7
u_{N0}	$\frac{1}{3}U_d$	$\frac{2}{3}U_d$	$\frac{1}{3}U_d$	$\frac{2}{3}U_d$	$\frac{1}{3}U_d$	$\frac{2}{3}U_d$	0	U_d
u_0（αβ 坐标系）	$\frac{U_d}{\sqrt{3}}$	$\frac{2U_d}{\sqrt{3}}$	$\frac{U_d}{\sqrt{3}}$	$\frac{2U_d}{\sqrt{3}}$	$\frac{U_d}{\sqrt{3}}$	$\frac{2U_d}{\sqrt{3}}$	0	$\sqrt{3}U_d$
记号	**NP**	**P**	**NP**	**P**	**NP**	**P**	**Z**	**Z**

[1] 矢量：**NP**——偶矢量、**P**——奇矢量、**Z**——零矢量。

在表 9-4 中，有效矢量被命名为奇矢量或偶矢量。每个奇矢量或偶矢量都具有相同的零序分量 u_0。

对于传统的 PWM 方法，电压 u_{N0} 的波形示例如图 9-19 所示。

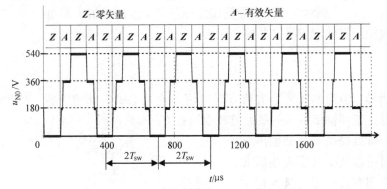

图 9-19　使用传统空间矢量 PWM 算法的 u_{N0} 波形示例（逆变器直流侧输入电压 $U_d = 540\text{V}$）

u_{N0} 是星型联结负载的中性点和逆变器输入端负端之间的电压。

从图 9-19 可以明显看出，u_{N0} 电压的最大变化量出现在零矢量变换的时候。同时也可以看出消除这些零矢量可以很大程度上限制共模电流。如果只用到与 u_0 等效的有效矢量，共模电流将会减小。例如，文献［11］中提出了一种无零矢量的 PWM 算法。如果仅采用这种算法，则输出电压是由这些奇、偶电压矢量构成的。

仅仅基于奇偶有效矢量的 PWM 算法的弊端是没有过调制，逆变器输出电压将会变小。这可以通过 3 个有效奇矢量算法（3NPAV）得到解释，如图 9-20 所示。

在图 9-21 中，逆变器输出电压矢量 $u_{\text{out}}^{\text{com}}$ 是通过 3 个奇矢量 U_{w4}、U_{w2}、U_{w1} 产生的：

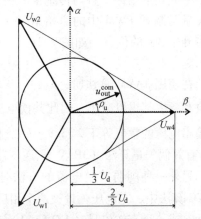

$$\boldsymbol{u}_{\text{out}}^{\text{com}} \cdot T_{\text{imp}} = \boldsymbol{U}_{w4} t_4 + \boldsymbol{U}_{w4} t_2 + \boldsymbol{U}_{w4} t_1 \tag{9-13}$$

图 9-20　3NPAV 调制策略下的输出电压矢量

这些矢量对应的作用时间 t_4，t_2 和 t_1 文献［12］为

$$t_4 = \frac{1}{3}\left\{ 1 + \frac{2U_{\text{out}}^{\text{com}}}{U_d}\left[\cos\left(\frac{\pi}{3} + \rho_u \right) + \sin\left(\frac{\pi}{6} + \rho_u \right) \right] \right\} \tag{9-14}$$

$$t_2 = \frac{1}{3}\left[1 - \frac{2U_{\text{out}}^{\text{com}}}{U_d}\cos\left(\frac{\pi}{3} + \rho_u \right) \right] \tag{9-15}$$

$$t_1 = \frac{1}{3}\left[1 - \frac{2U_{\text{out}}^{\text{com}}}{U_d}\sin\left(\frac{\pi}{6} + \rho_u \right) \right] \tag{9-16}$$

$$T_{\text{imp}} = t_4 + t_2 + t_1 \tag{9-17}$$

式中 $U_{\text{out}}^{\text{com}}$ 和 ρ_0 分别对应于逆变器输出电压矢量 $u_{\text{out}}^{\text{com}}$ 的幅值和相角。

通过使用有效奇矢量，共模电压为

$$u_0 = \frac{U_d}{\sqrt{3}} \tag{9-18}$$

很明显，恒定的 u_0 不会允许零序电流 i_0 流过电机内部的电容。3NPAV 算法的弊端是逆变器输出电压的最大值被限制在 $U_d/3$。

一种可以提高逆变器输出电压且同时可以减少共模电流的方法为只选用有效电压矢量进行调制。这种方法与传统 PWM 很相近，它在文献［12］中被提出，文中给出了一种采用 3 个有效矢量的调制算法（3AVM）。在 3AVM 方法中，电压矢量的位置被划分成 6 个扇区，且与传统空间矢量调制 SVPWM 中的原始扇区错开了 30°的位置，如图 9-21 所示。

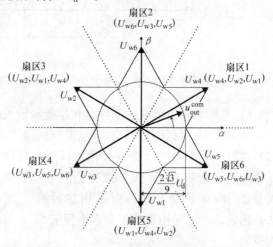

图 9-21　3AVM 调制策略下的输出电压矢量

在使用 3AVM 算法时，u_0 的幅值和频率都得以减小，因此共模电流得到了很大程度的限制。与此同时，逆变器输出电压的幅值等于 $2\sqrt{3}/9 \cdot U_d$。相比较于 3 个有效奇矢量算法（3NPV）和 3 个有效偶矢量算法（3PAV），逆变器输出电压利用率提高了 15.5%。

另外一种削弱共模电流的方法是有效零矢量控制方法（AZVC）[12,13]。在 AZVC 算法中，零电压矢量被两个相反的有效矢量（AZVC – 2）替换，如图9-22 所示，或一个有效矢量（AZVC – 1）替换如图9-23 所示。

如图 9-22 和图 9-23 所示的电压矢量位置，AZVC – 1 和 AZVC – 2 的代数关系如下：

$$\boldsymbol{u}_{\text{out}}^{\text{com}} \cdot T_{\text{imp}} = \boldsymbol{U}_{\text{w4}} t_4 + \boldsymbol{U}_{\text{w6}} t_6 + \boldsymbol{U}_{\text{w2}} t_2 + \boldsymbol{U}_{\text{w5}} t_5 \quad \text{对于 AZVC – 2} \tag{9-19}$$

$$\boldsymbol{u}_{\text{out}}^{\text{com}} \cdot T_{\text{imp}} = \boldsymbol{U}_{\text{w4}} t_4 + \boldsymbol{U}_{\text{w6}} t_6 + \boldsymbol{U}_{\text{w3}} t_3 + \boldsymbol{U}_{\text{w4}} t_4^* \quad \text{对于 AZVC – 1} \tag{9-20}$$

$$t_4 = T_{\text{imp}} \cdot \frac{U_{\text{out}\alpha}^{\text{com}} \cdot U_{\text{w6}\beta} - U_{\text{out}\beta}^{\text{com}} \cdot U_{\text{w6}\alpha}}{U_d \cdot w_t} \tag{9-21}$$

$$t_6 = T_{\text{imp}} \cdot \frac{-U_{\text{out}\alpha}^{\text{com}} \cdot U_{\text{w4}\beta} + U_{\text{out}\beta}^{\text{com}} \cdot U_{\text{w4}\alpha}}{U_d \cdot w_t} \tag{9-22}$$

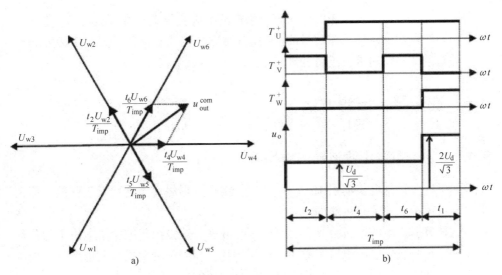

图 9-22　AZVC – 2 调制

a）矢量图　b）时序图

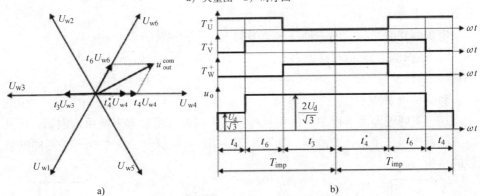

图 9-23　AZVC – 1 调制

a）矢量图　b）时序图

$$t_2 = t_5 = \frac{1}{2}(T_{\text{imp}} - t_4 - t_6) \quad \text{对于 AZVC – 2} \tag{9-23}$$

$$t_3 = t_4^* = \frac{1}{2}(T_{\text{imp}} - t_4 - t_6) \quad \text{对于 AZVC – 1} \tag{9-24}$$

这里

$$w_t = U_{\text{w4}\alpha} U_{\text{w6}\beta} - U_{\text{w4}\beta} U_{\text{w6}\alpha} \tag{9-25}$$

在两种 AZVC 方法下，都可以获得相同的逆变器输出电压的最大值，同时该最大值也与传统的 SVPWM 算法是相同的。

改进的 PWM 方法的局限是需要对逆变器输出电流进行正确的测量。在传统的 SVPWM 中，电流的测量与 SVPWM 的运行是同步的，而且是在零电压矢量作用时进行的。在零矢量作用的中间时刻采样的电流值与逆变器输出电流的基波分量是相同的。如果使用无零矢量的 PWM 调制方法，就非常有必要使用额外的滤波元件对逆变器输出电流进行处理。

9.6 逆变器输出滤波器

9.6.1 逆变器输出滤波器的结构选型

如果逆变器供电传动系统中，电机定子电压波形尽可能地接近正弦波，那么交流电机运行的改善是可能的。

这种波形供电的电机会具有更高的工作效率，这是由于减少了电机中的各种损耗。非正弦波供电的电机有更大的涡流损耗。在开关频率很高的情况下，相比较于铜耗和磁滞损耗，涡流损耗是电机中最主要的损耗[14~16]。

在逆变器供电的传动系统中，电压型逆变器输出滤波器的使用减少了电流和电压波形中的干扰量。

电机侧滤波器分为的三种基本类型如下：

1）正弦滤波器 – LC 滤波器；

2）共模滤波器；

3）du/dt 滤波器。

这三类滤波器既可以单独使用也可以按不同方式组合起来使用，例如，用共模滤波器连接一个正弦滤波器。如图 9-24 ~ 图 9-30 所示，本章分析了不同滤波器的结构。

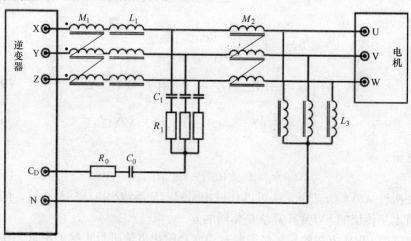

图 9-24 逆变器输出滤波器 – 结构 1

　　如图 9-24 所示的滤波器是正弦滤波器和共模滤波器的组合。这两种滤波器的连接使得在滤波器输出端可获得正弦电压和电流，同时也限制了共模电流。在这种情况下，在滤波器和电机之间是可以使用长电缆的。电缆的长度只受到电缆上允许电压降的限制。

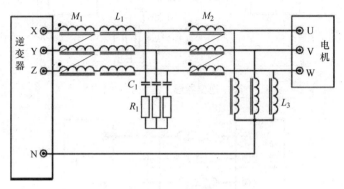

图 9-25　逆变器输出滤波器 – 结构 2

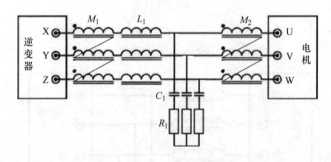

图 9-26　逆变器输出滤波器 – 结构 3

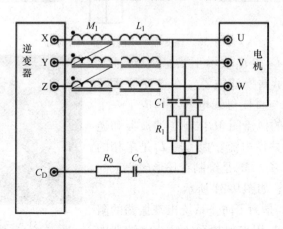

图 9-27　逆变器输出滤波器 – 结构 4

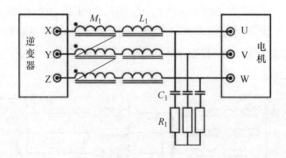

图 9-28 逆变器输出滤波器 – 结构 5

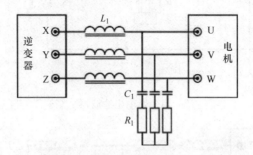

图 9-29 逆变器输出滤波器 – 结构 6

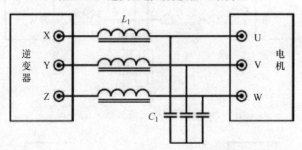

图 9-30 逆变器输出滤波器 – 结构 7

元器件 L_1、C_1 和 R_1 表示正弦滤波器，M_1、M_2、R_0 和 C_0 表示共模滤波器。在逆变器运行中，这些滤波器与直流母线电容器构成了一个闭合回路。耦合的扼流圈 M_2 限制了滤波器和逆变器外部电路的共模电流。扼流圈 L_1 是单相的电感，而扼流圈 M_1、M_2 是绕制在环形磁心上的三相共模扼流圈，如图 9-31 所示。

电阻 R_1 和 R_0 是为了防止系统出现振荡的阻尼元件。扼流圈 L_3 用来保护系统防止滤波器的

图 9-31 三相共模扼流圈

电容器上出现不受控的电压增长。这种危险的电压增长可能会发生在逆变器输出某一相出现不对称的情况中。在这种情况下会出现直流电压分量，该分量会导致直流环节电容器上电压的升高，后者的作用相当于一个积分器。

滤波器输入输出端分别用 X、Y、Z 和 U、V、W 表示。C_D 端应当保持与直流环节电压连接在一起。在大多数情况下，用户可以将它与直流母线电池的正端连接在一起，该端子与外部制动电阻器是相连的。扼流圈 L_3 的星型联结点与中性导线 N 相连。

带有滤波器（见图 9-24）的逆变器供电的传动系统的电压和电流波形如图 9-32 所示。

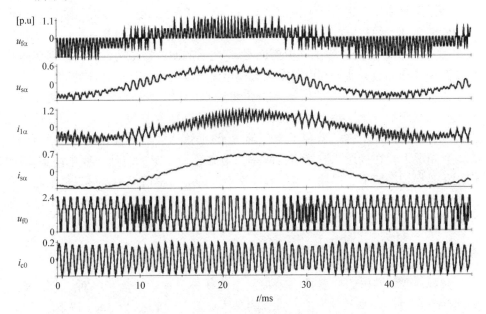

图 9-32　带有图 9-24 滤波器的逆变器传动系统中的电压和电流波形

在图 9-32 中，可以明显看出电机电流和电压的波形比较平滑一些。电压和电流的平滑程度依赖于滤波器的参数和电机负载。为了选择适当的滤波器参数，设定电机的额定负载以确保电压和电流的 THD 最小，同时也确保滤波器上的电压降最小，这些是很重要的。

在图 9-25 所示的滤波器中，去掉了包含有参数 R_0 和 C_0 的支路，相比较于图 9-24 所示的方案，此种做法增加了电机的共模电流。然而，这种方案不再使用功率和尺寸都相对较大的功率电阻 R_0。由于晶体管的开关频率较高，这使得有很大的电流流过 R_0 和 C_0，于是迫使该方案必须使用大功率的电阻器 R_0 和特殊的电容器 C_0。

在结构 3 的滤波器中，不再使用扼流圈 L_3。这种扼流圈的使用场合限制在逆变器输出电压具有高度不对称和控制精度差的系统中，这种问题可以是晶体管控制的高度不对称引起的。扼流圈 L_3 的使用对特定系统却是至关重要的[17]。如果不用 L_3，通过矢量方法或正弦 PWM 方法可以避免直流环节电压过多的上升。如果将扼流圈 L_3 的星型联结点与保护接地导线 PE 相连，那么使用扼流圈 L_3 对限制电机共模电流是很有帮助的。然而不巧，这种方案排除了在变频器中使用剩余电流器件进行触电保护的可能性，因为这种连接方式迫使共模电流流入保护接地导线 PE[18]。

图 9-27 所示的滤波器在文献 [4，5] 中有阐述。该滤波器是图 9-24 所示方案的一个简化模型，它去除了扼流圈 L_3 和 M_2。去除了元件 R_0 和 C_0 之后就得到了如图 9-28 所示的结构。

图 9-29 所示的是去除了共模扼流圈 M_2 之后的滤波器结构，因为根据实验验证，在滤波器和逆变器外部电路中的共模电流可以忽略不计。这样的结构是只包含了阻尼电阻器 R_1 的正弦滤波器。正弦滤波器是电气传动系统中实际增加系统控制复杂性的唯一滤波器。在逆变器输出电压控制精度差和对死区时间补偿不充分及未补偿的情况下，带有阻尼电阻器 R_1 的正弦滤波器的使用是至关重要的。在这种情况下，在接近滤波器谐振频率的地方存在一定的电压，而电阻器 R_1 的作用正是保护系统不受损坏。如果较高次谐波的电压幅值很小，可以从电路中去除电阻器 R_1 从而得到了一个更简单更廉价的正弦滤波器，其结构如图 9-30 所示。

9.6.2 逆变器输出滤波器的设计

选择逆变器输出滤波器是一项很复杂的任务。本章给出了一种选择，如图 9-24 所示的滤波器参数的方法，选择的具体步骤详见文献 [5、8、17]。

本章讨论的滤波器选择方法也同样适用于图 9-25 ~ 图 9-30 的结构。

图 9-24 所示的组合滤波器结构会使滤波器参数的选择变得复杂。然而，如果假设 $M_1 \gg L_1$ 并且 $C_0 \ll C_1$，这就使得可以独立选择滤波器元件的 $\alpha\beta$ 分量和共模参数。

在选择滤波器的参数时，将三相系统变换成一个相互正交的系统会方便很多，变换过程中需要保持系统的功率不变。为方便起见，可将耦合扼流圈 M_1 和 M_2 的漏电感以及包含扼流圈 L_3 的电路分支忽略掉。注意到 L_3 是基于电机的功率进行选择的。

如图 9-24 所示的滤波器结构在正交系统 $\alpha\beta0$ 中的各分量如图 9-33 所示。

电阻 R_{L1}、R_{M1}、R_{M2} 是扼流圈 L_1、M_1 和 M_2 各自对应的电阻。滤波器各分立元件的选择考虑将在接下来的章节中阐述。

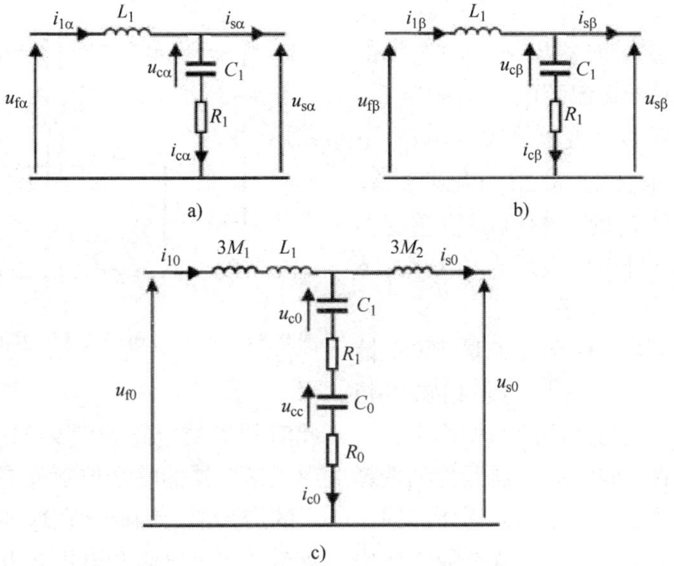

图 9-33　滤波器各分量的等效电路

a）α 分量　b）β 分量　c）零序分量

1. 差模（常模）滤波器参数的选择

首先是对正弦滤波器元件的选择。正弦滤波器的选择决定了：

- 输出电压的畸变在设定的可以接受的范围内；
- 滤波器上允许的最大电压降；
- 功率开关的开关频率。

滤波器元件的选择需要对电压波形的总谐波畸变率（THD）、滤波器的重量、尺寸与成本，以及逆变器的电流参数进行具体的综合考虑。对不间断电源（UPS）中正弦滤波器的选择，THD 不是滤波器参数中一个具有决定因素的值。在 UPS 系统中，满载情况下 THD 不超过 5%。在传动系统中，可以允许的 THD 值更大，甚至达到 20% 以上。这是因为使用滤波器的唯一目的就是为了减小THD。定子电压的 THD 值主要影响电机的效率。由于在传动系统中使用滤波器的另一个原因是为了避免在电机端产生电压波反射，所以超过 5% 的 THD 的滤波器可以满足这些设定任务的要求同时经济上又可以被接受。值得注意的是晶体管开关频率对滤波器中电感值和电容值有着巨大的影响。传动系统中的开关频率要比 UPS 系统小得多。

为进一步分析滤波器参数的选择，可以假定脉冲频率是两个相邻无效矢量和 4 个有效矢量在一个周期 $z_1 - n_1 - n_2 - z_2 - n_2 - n_1 - z_1$ 内持续时间的倒数。这也与正弦 PWM 的采样周期相对应。

　　滤波器元件中第一个选择的是扼流圈 L_1。正弦滤波器中扼流圈选择的一个方法是基于扼流圈电抗 X_1 确定 L_1，而电抗 X_1 是根据逆变器开关频率 f_{imp} 下假定的交流电流分量 ΔI_s 得到的[5]。包含正弦滤波器的三相电压型逆变器和笼型感应电机可以表示为频率 f_{imp} 下的图 9-34 的等效电路。

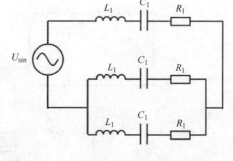

图 9-34　逆变器和正弦滤波器的等效电路

　　在正弦 PWM 和空间矢量 PWM 情况下，直流环节的一极与一相输出相连，而另外一级与并联的两相输出相连，此时的等效电路如图 9-34 所示。如下假设是合适的：假定滤波器元件的选择适用于逆变器的整个控制范围内；在不采用过调制技术下，这是逆变器所能输出电压的最大值。因此，在这种逆变器控制下，可以忽略零矢量。在这个原理图中，忽略了定子电阻和电机漏电感，因为它们的值相比较于高脉冲频率下的滤波器参数而言太小了。图 9-34 的原理图可以简化为如图 9-35 所示的电路图。

　　在图 9-34 和图 9-35 中，逆变器被正弦电压源 U_{sin} 取代了。在没有过调制的情况下，电压 U_{sin} 的有效值的最大值为

$$U_{sin} = \frac{U_d}{\sqrt{2}} \qquad (9-26)$$

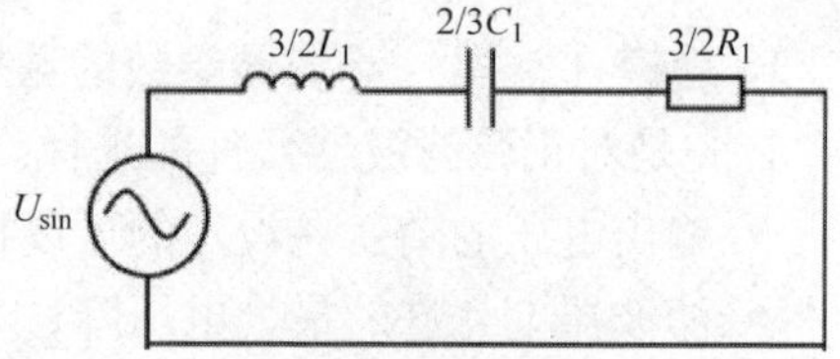

图 9-35　逆变器和正弦滤波器的简化等效电路

这里 U_d 是直流母线电压的平均值。

　　在三相电网经过二极管整流之后供给逆变器的电压 U_d 等于：

$$U_d = \sqrt{2} U_n \frac{6}{\pi} \sin \frac{\pi}{6} \qquad (9-27)$$

这里 U_n 是整流端的线电压的有效值。因此

$$U_{sin} = U_n \frac{6}{\pi} \sin \frac{\pi}{6} \approx 0.95 U_n \qquad (9-28)$$

　　在图 9-35 中，平滑电流的元器件主要是扼流圈 L_1。在给定的开关频率下，这个扼流圈的电抗值远比电容的电抗值大很多，因此可以写为

$$2 \cdot \pi \cdot f_{imp} \cdot \frac{3L_1}{2} \cdot \Delta I_s = \frac{U_d}{\sqrt{2}} \qquad (9-29)$$

这里 ΔI_s 是电感上的开关纹波电流。纹波频率等于晶体管的开关频率。

　　假定 ΔI_s 小于额定电流的 20%。

变换方程式（9-29）可得扼流圈 L_1 的电感值为

$$L_1 = 2 \frac{U_d}{\sqrt{2} \cdot 2 \cdot \pi \cdot f_{imp} \cdot 3 \cdot \Delta I_s} \tag{9-30}$$

根据方程式（9-30）算出 L_1 的电感值比电机漏电感的值要大很多[5]。

考虑到尺寸、重量以及成本等因素，滤波器 L_1 的电感值应当尽可能的小。L_1 越小表明滤波器上的电压降越小，传动系统的损耗也越小。

另一种确定 L_1 电感值的方法是，基于滤波器上的假定电压降 ΔU_1 和已知的输出电压基波分量的最大值 U_{out1h} 计算出 L_1。在传动系统中，假定滤波器在基波频率 f_{out1h} 下的电压降小于电机在满载电流 I_n 下额定电压的 5%[8]。在这种假设下，电感 L_1 可以用下面的公式计算：

$$L_1 = \frac{\Delta U_1}{2\pi f_{out\,1h} I_n} \tag{9-31}$$

在确定 L_1 的值之后，下一个选择的参数是 C_1。C_1 的值可以从滤波器系统的谐振频率关系式中得出：

$$f_{res} = \frac{1}{2\pi \sqrt{L_1 C_1}} \tag{9-32}$$

因此

$$C_1 = \frac{1}{4\pi^2 f_{res}^2 L_1} \tag{9-33}$$

这里 f_{res} 是滤波器的谐振频率。

为了保证滤波器具有良好的滤波能力，谐振频率应当低于晶体管的开关频率 f_{imp}。与此同时，为了避免谐振现象的发生，电容值 C_1 应当比逆变器输出电压基波频率最大值 $f_{wy\,1h}$ 要大。安全范围[8]是：

$$10 \cdot f_{out\,1h} < f_{res} < \frac{1}{2} \cdot f_{imp} \tag{9-34}$$

电容值 C_1 的上限由传动系统在额定工作条件下流过该电容的最大电流值决定。该电流的基波分量不能超过电机额定电流的 10%。

当传动系统工作在过调制区域时，在正弦滤波器上就有可能发生谐振。在这种情况下，流过 C_1 支路的电流含有基波整数倍的谐波分量，当然也有基波分量。

滤波器的阻尼电阻应当这样选择，在发生谐振时，流过电容器的电流不应该超过逆变器额定电流的 20%。因此，为了计算 R_1，有必要知道滤波器谐振频率附近处的电压分量。这些关系详见文献 [19]。实际上，考虑到解析方法的复杂性，谐振频率的谐波分量可以在仿真中确定。

另外一种选择阻尼电阻器 R_1 的方法，使滤波器阻尼电阻器上总的附加损耗保持在逆变器额定功率的 0.1% 的可以接受的范围内[5]。如果这样选择电阻 R_1，那么滤波器的品质因数可通过下式确定：

$$Q = \frac{Z_0}{R_1} \tag{9-35}$$

这里 Z_0 是滤波器的自然频率：

$$Z_0 = \sqrt{\frac{L_1}{C_1}} \tag{9-36}$$

为了确保足够的衰减性能，滤波器应当具有最小的功率损耗，且品质因数在 5~8 的范围内[5]。

知道了正弦滤波器 C_1、R_1 的横向支路的参数，假定滤波器输出电压波形是正弦的，那么滤波器输出电流和电压的基波分量对应的元器件 R_1 的功率可用如下公式计算：

$$P_{R1\ 1har} = \frac{U_{s\ ph}^2}{R_1} \tag{9-37}$$

这里 U_{sp} 是滤波器输出的相电压。

在选择电阻 R_1 的功率时，认识到滤波器输出电压中包含有与晶体管开关频率相同的频率分量是十分重要的。如果滤波器参数设计合理，这个分量会很小。然而，因为这个频率比较高，所以 C_1 和 R_1 横向支路的阻抗在此频率下很小。这会使得该支路具有一个高频的较大电流在流动。与调制频率的电压分量相对应的 R_1 的功率为

$$P_{R1\ imp} = \frac{U_{s\ imp}^2}{R_1} \tag{9-38}$$

式中，U_{simp} 是滤波器输出电压中 PWM 频率处的分量。

U_{simp} 的值与滤波器设计过程中假定的电压 THD 值是相对应的。

对于已选择好元器件参数的正弦滤波器而言，图 9-36 给出了二端口网络的等效电路，基于已知滤波器的传递函数可以找到其频率特性曲线。

元器件 L_f、C_f 和 R_f 分别对应于 3/2L_1、2/3C_1、3/2R_1，简化的滤波器结构如图 9-35 所示。由两个阻抗 Z_1 和 Z_2 组成的二端口网络的正弦滤波器如图 9-37 所示。

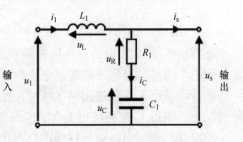

图 9-36 滤波器 α 分量的等效电路

阻抗 Z_1 和 Z_2 的计算公式如下：

$$Z_1(j\omega) = j\omega L_f \tag{9-39}$$

$$Z_2(j\omega) = R_f + \frac{1}{j\omega C_f} \quad (9\text{-}40)$$

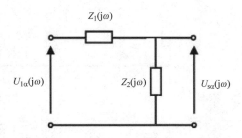

图 9-37　二端口网络等效电路——正弦滤波器的 α 分量

其传递函数形式如下：

$$Z_1(s) = sL_f \quad (9\text{-}41)$$

$$Z_2(s) = R_f + \frac{1}{sC_f} \quad (9\text{-}42)$$

滤波器的电压传递函数表达式如下：

$$G_{fu}(s) = \frac{U_{s\alpha}}{U_{1\alpha}} = \frac{Z_{wy}(s)}{Z_{we}(s)}$$

$$= \frac{Z_2(s)}{Z_1(s) + Z_2(s)} = \frac{R_f + \dfrac{1}{sC_f}}{sL_f + R_f + \dfrac{1}{sC_f}} \quad (9\text{-}43)$$

即

$$G_{fu}(s) = \frac{U_{s\alpha}}{U_{1\alpha}} = \frac{sR_fC_f + 1}{s^2L_fC_f + sR_fC_1 + 1} \quad (9\text{-}44)$$

滤波器的截止频率可根据下式得

$$f_{3dB} = \frac{1}{2\pi} \frac{1}{\sqrt{L_fC_f}} \quad (9\text{-}45)$$

其中阻尼系数为

$$\xi = \frac{R_f}{2\sqrt{L_f/C_f}} = \frac{1}{2Q} \quad (9\text{-}46)$$

滤波器的品质因数 Q 为

$$Q = \frac{\sqrt{L_f/C_f}}{R_f} \quad (9\text{-}47)$$

正弦滤波器的相频和幅频特性曲线举例如图 9-38 所示。

在传动系统中，知道滤波器的参数和参数特性对正确地使用这些滤波器是很重要的。

5.5kW 的笼型异步电动机在额定负载下，图 9-24 所示滤波器的工作波形如图 9-39 和图 9-40 所示。

对于满载的笼型异步电动机，电压和电流的波形都存在明显的滤波平滑现象，滤波器上有很小的电压降，滤波器前后的电压、电流波形存在很小的相移。

2. 零序滤波元器件的选择

共模滤波器元器件的选择是从共模扼流圈 M_1 和 M_2 开始的。在如图 9-24 所示的集成滤波器结构里，两个扼流圈假定是完全相同的。共模扼流圈的电感值应

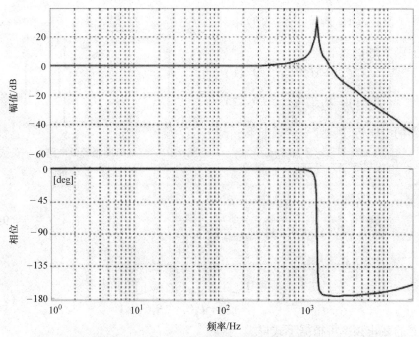

图 9-38 正弦滤波器相频特性和幅频特性波特图（1.5kW 电机对应的
滤波器，$L_f = 4\text{mH}$，$C_f = 3\mu\text{F}$，$R_f = 1\Omega$）

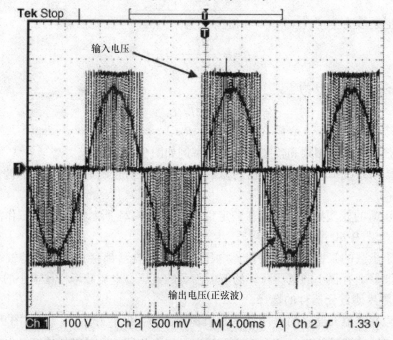

图 9-39 逆变器输出电压频率为 40Hz 时正弦滤波器输入端与输出端的电压波形

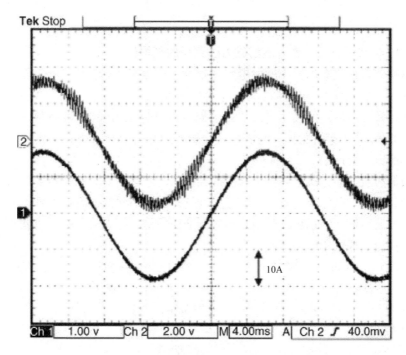

图 9-40　逆变器输出电压频率为 40Hz 时正弦滤波器之前
（Ch1）和之后（Ch2）的电流波形

该是一样的。在选择滤波元器件的过程中，认为 $M_1 \gg L_1$。然而选择 M_1 和 M_2 时，应对它们实际制作中存在的问题给以特别的关注。这些问题是所采用的环形铁心的参数造成的。在实际解决方案中，通过对共模电压 u_{cm} 的测量描述扼流圈铁心的磁链[5]：

$$\psi_{cm} = \frac{1}{N_{cm}} \int u_{cm} dt \tag{9-48}$$

式中，N_{cm} 是共模扼流圈一相的匝数。

扼流圈的磁通密度为

$$B_{cm} = \frac{\psi_{cm}}{S_{cm}} = \frac{1}{S_{cm} N_{cm}} \int u_{cm} dt \tag{9-49}$$

式中，S_{cm} 是共模扼流圈的横截面面积。

计算出来的磁通密度 B_{cm} 应当比 B_{sat} 小，后者是所设计的共模扼流圈铁心磁通密度的饱和值。铁磁材料的制造商目前提供的共模扼流圈铁心磁密的饱和值 $B_{sat} = 1 \cdots 1.2T$。

已知几何尺寸时，共模扼流圈的电感值计算如下：

$$L_{cm} = \frac{\mu S_{cm} N_{cm}^2}{l_{cm}} \tag{9-50}$$

式中，l_{cm}是共模扼流圈铁心磁场磁力线路径的平均长度。

忽略共模扼流圈的很小的漏电感，则可以认为 $M_1 = M_2 = L_{cm}$。

在 $S_{cm} N_{cm}$ 的乘积一定的情况下，共模电流的峰值 I_{cmmax} 与 l_{cm}/N_{cm} 比率成正比。通过减小扼流圈的尺寸（减小磁通路径的长度 l_{cm}）和增加匝数 N_{cm} 对于限制电流峰值 I_{cmmax} 很有帮助。与此同时，应当注意到设计的线圈匝数可以绕制在所选择的铁心窗口中。

根据所叙述的方法来寻找最理想的共模扼流圈是很复杂的，需要进行多次的迭代计算，并且需要使用对 u_{cn} 和 I_{cmmax} 进行测定的一些特殊测量工具。因此，为了简化滤波器设计的过程，铁磁材料的制造商通常依据电机功率针对铁心和整套的共模扼流圈提供专门的解决方案。

电容 C_0 是通过已知的 M_1 和 M_2 的电感值以及谐振频率 f_{rez} 来确定的：

$$C_0 = \frac{1}{4\pi^2 f_{rez}^2 L_{cm}} \tag{9-51}$$

而电阻 R_0 为

$$R_0 = \frac{\sqrt{L_{cm}/C_{cm}}}{Q_0} \tag{9-52}$$

这里，假定共模滤波器的品质因素 Q_0 是在范围 5 ~ 8 之间。

电阻 R_0 消耗的功率为

$$P_{R0} = \frac{U_{cm}^2}{R_0} \tag{9-53}$$

式中，U_{cm}是共模电压的有效值，它满足：

$$U_{cm} \leqslant \frac{U_d}{\sqrt{2}} \tag{9-54}$$

在这些滤波器中，使用扼流圈 L_3 是非常重要的，并且假定流过扼流圈 L_1 的电流接近于电机额定电流的 10%，则 L_3 的计算公式如下：

$$L_3 \approx \frac{1}{2\pi f_n} \frac{U_n}{0.1 \cdot I_n} \tag{9-55}$$

式中，U_n、I_n 和 f_n 分别是逆变器的电压、电流和额定频率。

共模滤波器的运行结果如图 9-41 和图 9-42 所示（共模滤波器的结构如图 9-24 所示）。

与没有滤波器的传动系统相比较如图 9-41 所示，在 5.5kW 的笼型异步电动机中屏蔽导线 PE 的共模电流在使用共模滤波器之后受到了限制如图 9-42 所示。

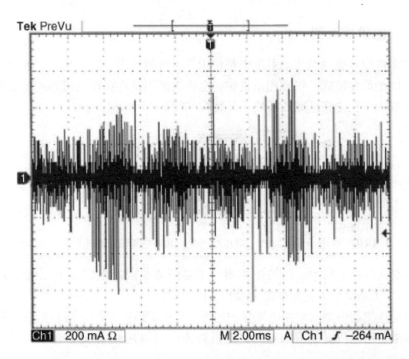

图 9-41　在无输出滤波器的逆变器驱动 5.5kW 笼型异步电动机下屏蔽导体 PE 的电流波形

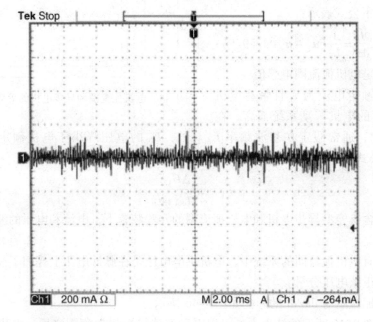

图 9-42　在有输出滤波器的逆变器驱动 5.5kW 笼型异步电动机下屏蔽导体 PE 的电流波形

9.6.3 电机扼流圈

许多逆变器驱动的传动系统中都使用了电机扼流圈。它们代表了逆变器输出滤波器的最简化形式。在三相系统中，电机扼流圈是连接在电机和逆变器端之间的三相或 3 个独立相组成的模块，其结构如图 9-43 所示。

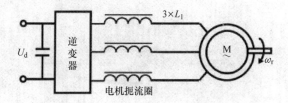

图 9-43　包含异步电机、电压型逆变器和电机扼流圈的电气传动图

在交流传动系统中，电机扼流圈的主要任务是限制电机端电压的上升速度（$\mathrm{d}v/\mathrm{d}t$），于是降低了它对电机绝缘损害的危险。

启动逆变器内部的短路电流保护之前，电机扼流圈也用于限制短路电流。

如果忽略电机扼流圈的电阻，电机扼流圈可以用一个线性电感表示，如图 9-44 所示。

根据图 9-44 所示，电机扼流圈可以用如下公式表示：

$$\frac{\mathrm{d}\boldsymbol{i}_\mathrm{s}}{\mathrm{d}\tau}=\frac{1}{L_1}(\boldsymbol{u}_1-\boldsymbol{u}_\mathrm{s}) \qquad (9\text{-}56)$$

式中，L_1 是电机扼流圈电感值。

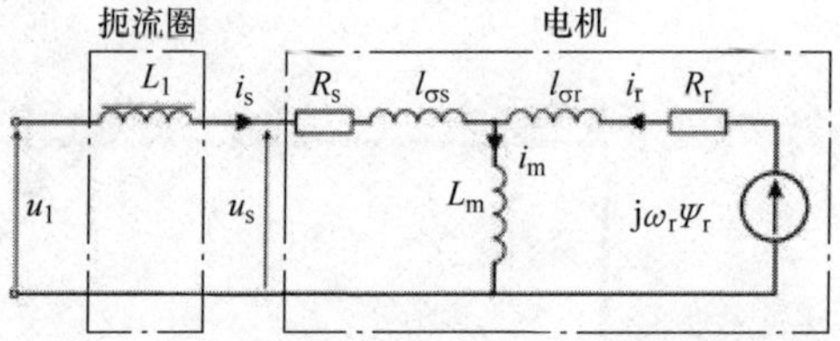

对于额定电流为 I_n 且带有电机扼流圈 L_1 的电机传动系统而言，在

图 9-44　电机扼流圈和异步电机的等效电路

选取 L_1 时，通常假定在基波频率 $f_\mathrm{out\,1h}$ 处，L_1 的电压降小于电机额定电压的 5%，其公式如下：

$$L_1=\frac{\Delta U_1}{2\pi f_\mathrm{out\,1h}I_\mathrm{n}} \qquad (9\text{-}57)$$

在包含有笼型异步电机和电机扼流圈的实验装置下，电流和电压的波形如图 9-45 所示。

在含有电机扼流圈的系统中，电机供电电压是在脉冲电压上叠加了一个额外的很小的正弦电压分量。

电机扼流圈对 $\mathrm{d}u/\mathrm{d}t$ 的影响如图 9-46 所示。

在如图 9-46 所示的波形中，可以看到在连接电机扼流圈之后，电机电压变化率 $\mathrm{d}v/\mathrm{d}t$ 有明显的限制。

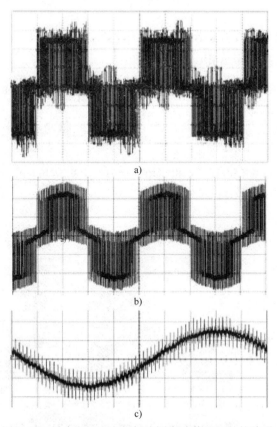

图 9-45　异步电机和电机扼流圈实验装置记录的波形
a）逆变器输出电压　b）电机端电压　c）电机电流（a、b－200V/div，5ms/div；c－5A/div，2ms/div，
电机 1.5kW 300V，扼流圈 $L_1 = 11$mH，电机带上额定负载－所示波形并不是同步记录的）

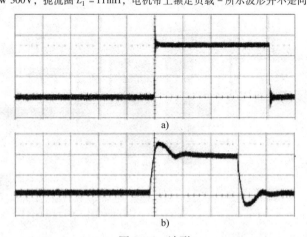

图 9-46　波形
a）逆变器输出电压　b）带有电机扼流圈的传动系统的电机电压波形
（比例为 10μs/div，200V/div——所示波形并不是同步记录的）

9.6.4 带有 PWM 逆变器与差模 *LC* 滤波器的异步电机传动系统的 MATLAB/Simulink 模型

包含逆变器和 *LC* 滤波器的异步电机传动系统的 MATLAB/Simulink 的模型 sys_ LC_ filter. mdl 如图 9-47 所示。

所仿真的系统在单个模型文件 sys_ LC_ filter. mdl 中。其模型包含如下的模块（子系统）：

- 包含空间矢量 PWM 算法的三相逆变器（PWM&Inverter）；
- *LC* 滤波器模型（Filter model）；

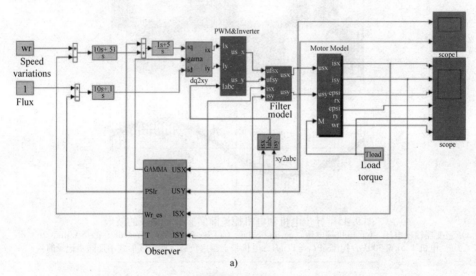

a)

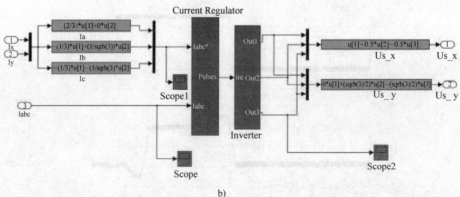

b)

图 9-47 包含 PWM 逆变器和 *LC* 滤波器的异步电机传动系统的
MATLAB/Simulink 模型 – sys_ LC_ filter. mdl
a）整体结构 b）逆变器和 PWM 子系统

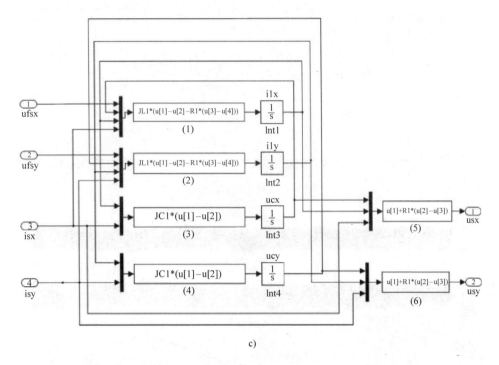

c)

图 9-47　包含 PWM 逆变器和 *LC* 滤波器的异步电机传动系统的

MATLAB/Simulink 模型 – sys_ LC_ filter. mdl（续）

c）*LC* 滤波器子系统

- 异步电机模型（Motor model）；
- 参考坐标系的变换（dq2xy，xy2abc）；
- 磁链和转速观测器（Observer）；
- PI 控制器，指令信号和示波器。

给定值是速度和磁链。电机的控制算法是传统的 FOC。控制系统和观测器都采用传统的方案且没有任何针对使用 *LC* 滤波器的修改。为了保证系统运行正确，传动系统的动态性能受到了限制，因为仿真的目的仅仅只是为了展示 *LC* 滤波器的作用。

异步电机模型是 4 极，$P_N = 1.5\text{kW}$，$U_N = 300\text{V}$。系统的所有参数（包括滤波器和电机参数）都放在预先加载的函数中（File – Model properties – Callbacks）。

在仿真测试中，电机的磁链保持不变，而给定转速发生了变化。由于转速的变化，供给电机的电压一直在变化。*LC* 滤波器确保了电机电压和电流都是正弦形状的。电机电压和电流波形如图 9-48 和图 9-49 所示。

完整的 MATLAB/Simulink 的模型在本书中的 CD – ROM 中提供。

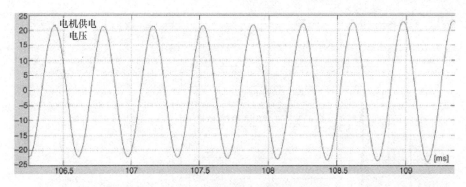

图 9-48　供给电机的电压

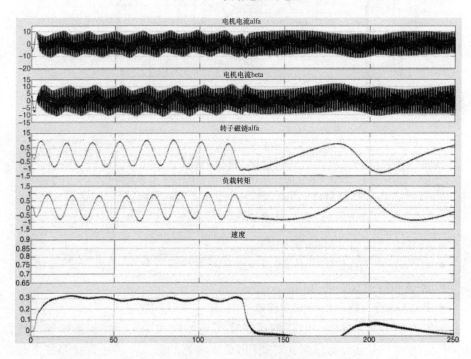

图 9-49　传动系统在起动和转速变化时的仿真波形

9.7　带有滤波器的传动系统观测问题

9.7.1　介绍

　　出于电机闭环控制的需要，实际控制的状态变量都是必须要知道的。在大多数控制系统中，控制变量是机械角速度、磁链和电机转矩。转速很容易测量，然而测量其他变量并不简单。尽管在现代传动系统中转速的测量是很容易的，但是对无速度传感器的需求也是存在的。为了解决这些问题，会使用大量的估算方法对变量进行在线计算。于是，只需要安装在逆变器内部的电流传感器和电压传感器。为了抑制噪声，所有的传感器应当放置在变流器箱的内部。仅仅包含这些传感器的传动系统称为无传感器传动系统。无传感器交流传动系统的总体结构如图9-50所示。

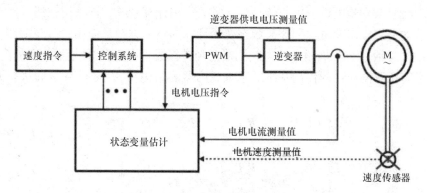

图9-50 无传感器交流传动系统的整体结构

各种文献提出了大量的无传感器的解决方案。对这些方案的综合评述详见文献［20］。但是所提出的大多数解决方案都应用在对不使用电机滤波器的传动系统中。

如果使用了电机滤波器，估算过程将变得更为复杂。有些方案提出，在变流器外面安装电压传感器和电流传感器直接对电机电流和电压进行测量[20、22]。然而，正如之前提到的那样，这种方案不是一个可以应用的方案。更为有用的方案是在估算算法中加入滤波器模型，这样，传感器的使用方式就与没有使用滤波器的传动系统保持一致。含有 LC 滤波器的无传感器传动系统的总体结构如图9-51所示。

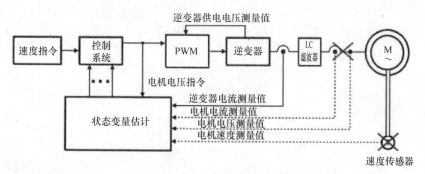

图9-51 包含电机 LC 滤波器的无传感器交流传动系统的整体结构

仅仅只有差模滤波器对电机控制和估算算法产生影响。

只有很少的文献提到包含滤波器的传动系统的估算方案，此类方案详见文献 [23~25]。最常见的估算方法是将滤波器模型的影响加入到已知的观测器的结构中，并且改变观测器的校正部分。一些可能的解决方案见下面的章节。

9.7.2 带有干扰模型的速度观测器

现代复杂异步电机的电气传动运行需要使用计算系统，该系统在线计算出控制系统的所有状态变量。如今，状态变量计算的常见方案是使用状态观测器。在本章中，文献 [26] 展示的状态观测器已经转换成含有正弦滤波器的系统了。

没有正弦滤波器的传动系统的基本观测器的结构在 $\alpha\beta$ 坐标系中的状态方程如下：

$$\frac{\mathrm{d}\hat{i}_{s\alpha}}{\mathrm{d}\tau} = -\frac{R_s L_r^2 + R_r L_m^2}{L_r w_\delta}\hat{i}_{s\alpha} + \frac{R_r L_m}{L_r w_\delta}\hat{\psi}_{r\alpha} + \frac{L_m}{w_\delta}\xi_\beta + \frac{L_r}{w_\delta}u_{s\alpha}^{com} + k_3(i_{s\alpha} - \hat{i}_{s\alpha}) \quad (9\text{-}58)$$

$$\frac{\mathrm{d}\hat{i}_{s\beta}}{\mathrm{d}\tau} = -\frac{R_s L_r^2 + R_r L_m^2}{L_r w_\delta}\hat{i}_{s\beta} + \frac{R_r L_m}{L_r w_\delta}\hat{\psi}_{r\beta} - \frac{L_m}{w_\delta}\xi_\alpha + \frac{L_r}{w_\delta}u_{s\beta}^{com} + k_3(i_{s\beta} - \hat{i}_{s\beta}) \quad (9\text{-}59)$$

$$\frac{\mathrm{d}\hat{\psi}_{r\alpha}}{\mathrm{d}\tau} = -\frac{R_r}{L_r}\hat{\psi}_{r\alpha} - \xi_\beta + R_r\frac{L_m}{L_r}\hat{i}_{s\alpha} - k_2 S_b\hat{\psi}_{r\alpha} - S k_2 k_3\hat{\psi}_{r\beta}(S_b - S_{bF})$$
$$+ S k_5[(S_x - S_{xF})\hat{\psi}_{r\alpha} - (S_b - S_{bF})\psi_{r\beta}] \quad (9\text{-}60)$$

$$\frac{\mathrm{d}\hat{\psi}_{r\beta}}{\mathrm{d}\tau} = -\frac{R_r}{L_r}\hat{\psi}_{r\beta} + \xi_\alpha + R_r\frac{L_m}{L_r}\hat{i}_{s\beta} - k_2 S_b\hat{\psi}_{r\beta} - S k_2 k_3\hat{\psi}_{r\alpha}(S_b - S_{bF})$$
$$+ S k_5[-(S_x - S_{xF})\hat{\psi}_{r\beta} - (S_b - S_{bF})\hat{\psi}_{r\alpha}] \quad (9\text{-}61)$$

$$\frac{\mathrm{d}\hat{\xi}_\alpha}{\mathrm{d}\tau} = -\hat{\omega}_{\psi r}\hat{\xi}_\beta - k_1(i_{s\beta} - \hat{i}_{s\beta}) \quad (9\text{-}62)$$

$$\frac{\mathrm{d}\hat{\xi}_\beta}{\mathrm{d}\tau} = \hat{\omega}_{\psi r}\hat{\xi}_\alpha + k_1(i_{s\alpha} - \hat{i}_{s\alpha}) \quad (9\text{-}63)$$

$$\frac{\mathrm{d}S_{bF}}{\mathrm{d}\tau} = \frac{1}{T_{Sb}}(S_b - S_{bF}) \quad (9\text{-}64)$$

$$\frac{\mathrm{d}\hat{\omega}_{rF}}{\mathrm{d}\tau} = \frac{1}{T_{KT}}(\hat{\omega}_r - \hat{\omega}_{rF}) \quad (9\text{-}65)$$

$$\frac{\mathrm{d}S_{xF}}{\mathrm{d}\tau} = \frac{1}{T_{Sx}}(S_x - S_{xF}) \quad (9\text{-}66)$$

$$S = \begin{cases} 1 & \text{当 } \hat{\omega}_{\psi r} > 0 \\ -1 & \text{当 } \hat{\omega}_{\psi r} \le 0 \end{cases} \quad (9\text{-}67)$$

$$S_x = \hat{\xi}_\alpha \hat{\psi}_{r\alpha} + \hat{\xi}_\beta \hat{\psi}_{r\beta} \tag{9-68}$$

$$S_b = \hat{\xi}_\alpha \hat{\psi}_{r\beta} - \hat{\xi}_\beta \hat{\psi}_{r\alpha} \tag{9-69}$$

$$\hat{\omega}_{\psi r} = \hat{\omega}_{rF} + R_r \frac{L_m}{L_r} \left(\frac{\hat{\psi}_{r\alpha} \hat{i}_{s\beta} + \hat{\psi}_{r\beta} \hat{i}_{s\alpha}}{\hat{\psi}_{r\alpha}^2 + \hat{\psi}_{r\beta}^2} \right) \tag{9-70}$$

$$\hat{\omega}_r = \frac{\hat{\zeta}_\alpha \hat{\psi}_{r\alpha} + \hat{\zeta}_\beta \hat{\psi}_{r\beta}}{\hat{\psi}_{r\alpha}^2 + \hat{\psi}_{r\beta}^2} \tag{9-71}$$

这里 ξ_α、ξ_β 是电机电动势的分量；$\omega_{\psi r}$ 是电机磁链矢量的角速度；k_1、k_2、k_3、k_4、k_5 是观测器的增益；S_x、S_{xF}、S_b、S_{bF} 是用来稳定观测器工作的额外变量；T_{Sb}、T_{KT} 和 T_{Sx} 是滤波器的时间常数；S 是转子磁链速度的符号。

文献［27］提出，为了确保电气传动的正常运行，需要修改状态观测器的方程［式 (9-58)～式 (9-71)］。

对于含有正弦滤波器的系统，需要对式 (9-58)～式 (9-71) 的状态观测器方程进行扩展，以便包含 LC 滤波器的模型方程。

如图 9-52 所示的 LC 滤波器的电路可用下列方程描述：

$$\frac{\mathrm{d}u_{c\alpha}}{\mathrm{d}\tau} = \frac{i_{c\alpha}}{C_1} \tag{9-72}$$

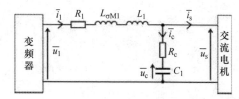

$$\frac{\mathrm{d}i_{1\alpha}}{\mathrm{d}\tau} = \frac{u_{1\alpha} - R_1 i_{1\alpha} - R_c i_{c\alpha} - u_{c\alpha}}{(L_1 + L_{\sigma M1})} \tag{9-73}$$

图 9-52　逆变器输出 LC 滤波器的差模等效电路

$$i_{c\alpha} = i_{1\alpha} - i_{s\alpha} \tag{9-74}$$

$$u_{s\alpha} = R_c (i_{1\alpha} - i_{s\alpha}) + u_{c\alpha} \tag{9-75}$$

$$\frac{\mathrm{d}u_{c\beta}}{\mathrm{d}\tau} = \frac{i_{c\beta}}{C_1} \tag{9-76}$$

$$\frac{\mathrm{d}i_{1\beta}}{\mathrm{d}\tau} = \frac{u_{1\beta} - R_1 i_{1\beta} - R_c i_{c\beta} - u_{c\beta}}{(L_1 + L_{\sigma M1})} \tag{9-77}$$

$$i_{c\beta} = i_{1\beta} - i_{s\beta} \tag{9-78}$$

$$u_{s\beta} = R_c (i_{1\beta} - i_{s\beta}) + u_{c\beta} \tag{9-79}$$

方程式 (9-58) 和方程式 (9-59) 的修正部分修改为逆变器输出电流测量值和计算值的差值。不像式 (9-58) 和式 (9-59) 使用了电机电压指令，式 (9-80) 和 (9-81) 式使用了逆变器输出电压指令。在 LC 滤波器模型方程式 (9-86) 和式 (9-87) 中，加入了新的修正项。

包含逆变器输出滤波器传动系统的改进状态观测器的方程如下：

$$\frac{\mathrm{d}\hat{i}_{s\alpha}}{\mathrm{d}t} = -\frac{R_s L_r^2 + R_r L_m^2}{L_r w_\delta}\hat{i}_{s\alpha} + \frac{R_r L_m}{L_r w_\delta}\hat{\psi}_{r\alpha} + \frac{L_m}{w_\delta}\xi_\beta + \frac{L_r}{w_\delta}\hat{u}_{s\alpha} + k_3(i_{1\alpha} - \hat{i}_{1\alpha}) \quad (9\text{-}80)$$

$$\frac{\mathrm{d}\hat{i}_{s\beta}}{\mathrm{d}t} = -\frac{R_s L_r^2 + R_r L_m^2}{L_r w_\delta}\hat{i}_{s\beta} + \frac{R_r L_m}{L_r w_\delta}\hat{\psi}_{r\beta} - \frac{L_m}{w_\delta}\xi_\alpha + \frac{L_r}{w_\delta}\hat{u}_{s\beta} + k_3(i_{1\beta} - \hat{i}_{1\beta}) \quad (9\text{-}81)$$

$$\frac{\mathrm{d}\hat{\psi}_{r\alpha}}{\mathrm{d}t} = -\frac{R_r}{L_r}\hat{\psi}_{r\alpha} - \xi_\beta + R_r \frac{L_m}{L_r}\hat{i}_{s\alpha} - k_2 S_b \hat{\psi}_{r\alpha} - Sk_2 k_3 \hat{\psi}_{r\beta}(S_b - S_{bF})$$
$$+ Sk_5((S_x - S_{xF})\hat{\psi}_{r\alpha} - (S_b - S_{bF})\hat{\psi}_{r\beta}) \quad (9\text{-}82)$$

$$\frac{\mathrm{d}\hat{\psi}_{r\beta}}{\mathrm{d}t} = -\frac{R_r}{L_t}\hat{\psi}_{r\beta} + \xi_\alpha + R_r \frac{L_m}{L_r}\hat{i}_{s\beta} - k_2 S_b \hat{\psi}_{r\beta} - Sk_2 k_3 \hat{\psi}_{r\alpha}(S_b - S_{bF})$$
$$+ Sk_5[-(S_x - S_{xF})\hat{\psi}_{r\beta} - (S_b - S_{bF})\hat{\psi}_{r\alpha}] \quad (9\text{-}83)$$

$$\frac{\mathrm{d}\hat{\xi}_\alpha}{\mathrm{d}\tau} = -\hat{\omega}_{\psi r}\hat{\xi}_\beta - k_1(i_{1\beta} - \hat{i}_{1\beta}) \quad (9\text{-}84)$$

$$\frac{\mathrm{d}\hat{\xi}_\beta}{\mathrm{d}\tau} = \hat{\omega}_{\psi r}\hat{\xi}_\alpha + k_1(i_{1\alpha} - \hat{i}_{1\alpha}) \quad (9\text{-}85)$$

$$\frac{\mathrm{d}\hat{u}_{c\alpha}}{\mathrm{d}\tau} = \frac{i_{1\alpha} - \hat{i}_{s\alpha}}{C_1} \quad (9\text{-}86)$$

$$\frac{\mathrm{d}\hat{u}_{c\beta}}{\mathrm{d}\tau} = \frac{i_{1\beta} - \hat{i}_{s\beta}}{C_1} \quad (9\text{-}87)$$

$$\frac{\mathrm{d}\hat{i}_{1\alpha}}{\mathrm{d}\tau} = \frac{u_{1\alpha}^{com} - \hat{u}_{s\alpha}}{L_1} + k_A(i_{1\alpha} - \hat{i}_{1\alpha}) - k_B(i_{1\beta} - \hat{i}_{1\beta}) \quad (9\text{-}88)$$

$$\frac{\mathrm{d}\hat{i}_{1\beta}}{\mathrm{d}\tau} = \frac{u_{1\beta}^{com} - \hat{u}_{s\beta}}{L_1} + k_A(i_{1\beta} - \hat{i}_{1\beta}) + k_B(i_{1\alpha} - \hat{i}_{1\alpha}) \quad (9\text{-}89)$$

$$\hat{u}_{s\alpha} = \hat{u}_{c\alpha} + (i_{1\alpha} - \hat{i}_{s\alpha})R_c \quad (9\text{-}90)$$

$$\hat{u}_{s\beta} = \hat{u}_{c\beta} + (i_{1\beta} - \hat{i}_{s\beta})R_c \quad (9\text{-}91)$$

$$\frac{\mathrm{d}S_{bF}}{\mathrm{d}\tau} = \frac{1}{T_{Sb}}(S_b - S_{bF}) \quad (9\text{-}92)$$

$$\frac{\mathrm{d}\hat{\omega}_{rF}}{\mathrm{d}\tau} = \frac{1}{T_{KT}}(\hat{\omega}_r - \hat{\omega}_{rF}) \quad (9\text{-}93)$$

$$\frac{\mathrm{d}S_{xF}}{\mathrm{d}\tau} = \frac{1}{T_{Sx}}(S_x - S_{xF}) \quad (9\text{-}94)$$

$$S = \begin{cases} 1 & \text{当 } \hat{\omega}_{\psi r} > 0 \\ -1 & \text{当 } \hat{\omega}_{\psi r} \leqslant 0 \end{cases} \tag{9-95}$$

$$S_x = \hat{\xi}_\alpha \hat{\psi}_{r\alpha} + \hat{\xi}_\beta \hat{\psi}_{r\beta} \tag{9-96}$$

$$S_b = \hat{\xi}_\alpha \hat{\psi}_{r\beta} - \hat{\xi}_\beta \hat{\psi}_{r\alpha} \tag{9-97}$$

$$\hat{\omega}_{\psi r} = \hat{\omega}_{rF} + R_r \frac{L_m}{L_r} \left(\frac{\hat{\psi}_{r\alpha} \hat{i}_{s\beta} + \hat{\psi}_{r\beta} \hat{i}_{s\alpha}}{\hat{\psi}_{r\alpha}^2 + \hat{\psi}_{r\beta}^2} \right) \tag{9-98}$$

$$\hat{\omega}_r = \frac{\hat{\zeta}_\alpha \hat{\psi}_{r\alpha} + \hat{\zeta}_\beta \hat{\psi}_{r\beta}}{\hat{\psi}_{r\alpha}^2 + \hat{\psi}_{r\beta}^2} \tag{9-99}$$

式中，k_A 和 k_B 是附加观测器的增益。

在改进的观测器中略去了小电阻 R_1 和漏电感 $L_{\sigma M1}$。

9.7.3　基于电机定子模型的简单观测器

一些估算算法是基于电机定子电路模型的。这些方法在实现时很简单，但是却伴随着电压漂移的问题[28]。文献 [29、30] 提出了一些对基于电机定子估算方法改进的建议。例如，在文献 [30] 中，观测器是在结合了转子磁链、定子磁链和定子电流关系的异步电机电压模型的基础上建立的：

$$\tau'_s \frac{\mathrm{d}\boldsymbol{\psi}_{s\alpha}}{\mathrm{d}\tau} + \boldsymbol{\psi}_{s\alpha} = k_r \boldsymbol{\psi}_r + \boldsymbol{u}_s \tag{9-100}$$

式中，$\hat{\boldsymbol{\psi}}_s = \begin{bmatrix} \hat{\psi}_{s\alpha} & \hat{\psi}_{s\beta} \end{bmatrix}^T$ 是定子磁链矢量；$\hat{\boldsymbol{\psi}}_r = \begin{bmatrix} \hat{\psi}_{r\alpha} & \hat{\psi}_{r\beta} \end{bmatrix}^T$ 是转子磁链矢量 $\boldsymbol{u}_s = \begin{bmatrix} u_{s\alpha} & u_{s\beta} \end{bmatrix}^T$ 是定子电压矢量；$\tau'_s = \sigma L_s / R_s$ 是时间常数；$k_r = L_m / L_r$ 是转子耦合因子。

为了解决电压漂移和误差偏移带来的问题，使用低通滤波器（LPFs）取代纯积分器。定子磁链估算值的限值设置为定子磁链额定值。除此之外，加入了额外的补偿部分，详见文献 [30]。

下面给出文献 [30] 中提出的观测器系统，它已被修正过（考虑滤波器的模型后，扩展了观测器的结构[30]），从而可以充分地满足带有 LC 滤波器的传动系统的需求。对于含有 LC 滤波器的传动系统，使用了额外的滤波器模拟器。在滤波器动态模拟器模块中，电机电流和电压的估算值记为 $\hat{\boldsymbol{i}}_s$ 和 $\hat{\boldsymbol{u}}_s$。这些估算的变量是在逆变器电压给定值 u_1^{com} 和逆变器输出电流测量值 i_1 的基础上计算出来的。模拟器的计算是以开环的方式进行的（根据滤波器的模型方程，从式 (9-18) ~式 (9-23)），如下所示：

$$\frac{\mathrm{d}\hat{\boldsymbol{u}}_s}{\mathrm{d}\tau} = \frac{\boldsymbol{i}_1 - \hat{\boldsymbol{i}}_s}{C_1} \tag{9-101}$$

$$\frac{\mathrm{d}\hat{\boldsymbol{i}}_1}{\mathrm{d}\tau} = \frac{\boldsymbol{u}_1 - \hat{\boldsymbol{u}}_s}{L_1} \tag{9-102}$$

式中，$\boldsymbol{i}_1 = [i_{1\alpha} \quad i_{1\beta}]^T$，$\hat{\boldsymbol{i}}_1 = [\hat{i}_{1\alpha} \quad \hat{i}_{1\beta}]^T$，$\hat{\boldsymbol{i}}_s = [\hat{i}_{s\alpha} \quad \hat{i}_{s\beta}]^T$，$\boldsymbol{u}_1 = [u_{1\alpha} \quad u_{1\beta}]^T$，$\hat{\boldsymbol{u}}_s = [\hat{u}_{s\alpha} \quad \hat{u}_{s\beta}]^T$

转子磁链和定子磁链观测器方程计算如下：

$$\frac{\mathrm{d}\hat{\boldsymbol{\psi}}_{s\alpha}}{\mathrm{d}\tau} = \frac{-\hat{\boldsymbol{\psi}}_{s\alpha} + k_r\hat{\boldsymbol{\psi}}_{r\alpha} + \hat{\boldsymbol{u}}_{s\alpha}}{\tau'_s} - k_{ab}(\boldsymbol{i}_1 - \hat{\boldsymbol{i}}_1) \tag{9-103}$$

$$\boldsymbol{\psi}_r = \frac{\hat{\boldsymbol{\psi}}_s - \sigma L_s \hat{\boldsymbol{i}}_s}{k_r} \tag{9-104}$$

这里 $k_{AB} = \begin{bmatrix} k_A & -k_B \\ k_B & k_A \end{bmatrix}$ 是观测器增益矩阵。

转子磁链幅值和相角如下：

$$|\hat{\boldsymbol{\psi}}_r| = \sqrt{\hat{\psi}_{r\alpha}^2 + \hat{\psi}_{r\beta}^2} \tag{9-105}$$

$$\hat{\rho}_{\psi r} = \mathrm{arc\ tg} \frac{\hat{\psi}_{r\beta}}{\hat{\psi}_{r\alpha}} \tag{9-106}$$

方程（9-101）中估算的电流 $\hat{\boldsymbol{i}}_s$ 为

$$\hat{\boldsymbol{i}}_s = \frac{\hat{\boldsymbol{\psi}}_s - k_r\hat{\boldsymbol{\psi}}_r}{\sigma L_s} \tag{9-107}$$

转子磁链相角的微分为

$$\hat{\omega}_{\psi r} = \frac{\mathrm{d}\hat{\rho}_{\psi r}}{\mathrm{d}\tau} \tag{9-108}$$

由上可得转子转差角频率为

$$\hat{\omega}_2 = \frac{\hat{\psi}_{r\alpha}\hat{i}_{s\beta} - \hat{\psi}_{r\beta}\hat{i}_{s\alpha}}{|\hat{\boldsymbol{\psi}}_r|^2} \tag{9-109}$$

转子机械角速度是转子磁链的微分值和转差频率的差值为

$$\hat{\omega}_r = \hat{\omega}_{\psi r} - \hat{\omega}_2 \tag{9-110}$$

观测器的结构如图 9-53 所示。

图 9-53 所示的观测器是基于定子模型的，采用该闭环磁链观测器的可调速传动装置有很好的鲁棒性，其分析结果详见文献［30］。观测器不受定子电阻和其他电机参数失配的影响。甚至在没有精确的参数调节时，也可以极大地拓展稳定工作区域。

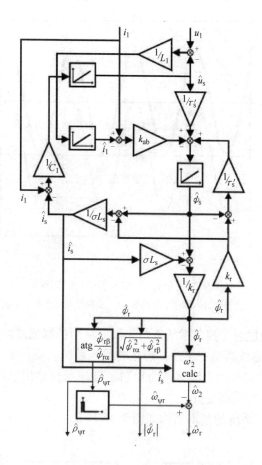

图 9-53　闭环观测器结构

9.8　带有滤波器传动系统的电机控制问题

9.8.1　简介

　　电机差模滤波器对电机的控制过程影响很大。这是因为每个滤波器都增加了电压降，同时在输入和输出端的电流和电压之间增加了相位移。例如，在额定负载和频率下，5.5kW 的电机中，一个典型的滤波器产生了 5% 的电压降和 5° 的相移。滤波器输入和输出的真实电压波形如图 9-54 所示。

　　因此，如果添加了滤波器，大多数复杂的无传感器传动系统不能正常运行。在控制过程中考虑滤波器的作用也是很有必要的。

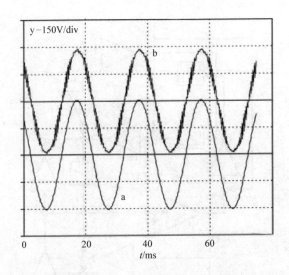

图 9-54　带有 LC 滤波器的传动系统
a—逆变器输出电压指令的波形　b—实际供给电机的电压波形

总的理念是通过对子控制系统进行拓展，从而控制滤波器状态变量。

一个差模 LC 滤波器是二维线性静止的受控系统。受控的状态变量是供给电机的电压 u_s 和逆变器输出电流 i_1，而控制量是逆变器输出电压 u_1。逆变器输出电流 i_1 作为滤波器的内部变量。

LC 滤波器控制系统的基本结构如图 9-55 所示。

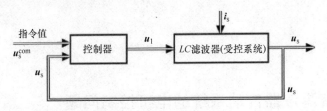

图 9-55　LC 滤波器控制系统结构（一）

在图 9-55 所示的控制结构中，指令信号是供给电机的电压 u_s^{com}。指令信号与实际供给电机电压 u_s 相比较，然后由合适的控制器估算出期望的逆变器输出电压 u_1，并将这个值直接送入到受控系统（即 LC 滤波器）中。在这个控制过程中，电机电流 i_s 是扰动量。如果在控制算法中考虑了这个扰动量，那么此扰动量对控制过程的影响是存在的。这个扰动量必须要补偿，如图 9-56 所示。

在图 9-55 和图 9-56 所示的控制系统中，逆变器输出电流 i_1 不能控，由于缺乏逆变器电流保护，因此不宜使用这两种方案。为了控制逆变器电流和电机电

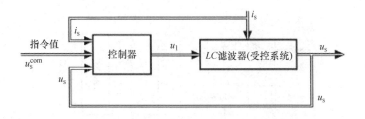

图 9-56　*LC* 滤波器控制系统结构（二）

压，可以使用文献［22］提出的多闭环控制系统，如图 9-57 所示。

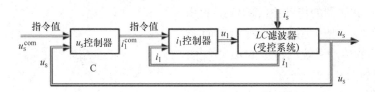

图 9-57　多闭环 *LC* 滤波器控制系统结构

如图 9-57 所示的控制系统需要实际的 i_1 和 u_s 信号的信息。电流 i_1 很容易测量，但是 u_s 需要逆变器外部的传感器，不建议使用该方案。因此，使用对 $\hat{u}_s$ 估算的过程来取代对 u_s 的测量。相应的控制系统结构如图 9-58 所示。

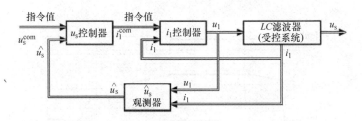

图 9-58　包含电机电压估算的多闭环 *LC* 滤波器控制系统结构

LC 滤波器的多闭环控制结构可以应用在很多的电机控制算法中。一些算法将在接下来的章节中阐述。

9.8.2　磁场定向控制

在异步电机闭环传动系统中，最受欢迎的是磁场定向控制（FOC）系统。FOC 的控制原理详见文献［31］和本书的前几章。此处 FOC 使用在包含滤波器的传动系统中，在此仅仅给出必要的信息。

基本的 FOC 结构如图 9-59 所示，矢量之间的关系如图 9-60 所示。

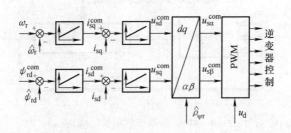

图 9-59 传统的磁场定向控制（FOC）方案

无 LC 滤波器的传动系统的传统 FOC 系统的运行工况如图 9-61 所示。而有 LC 滤波器的传动系统的传统 FOC 系统的运行工况如图 9-62 所示。

在两种情况下，控制器的设置和控制结构都保持一致。因为所有控制变量都被认为是在线测量，所以排除了观测器的影响。对比图 9-61 和图 9-62，可以看出，加入 LC 滤波器后，系统的性能下

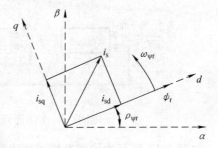

图 9-60 FOC 系统中矢量之间的关系

降了。尤其是电机转矩的波形中出现了高频振荡，这是由于控制对象的结构变化造成的。

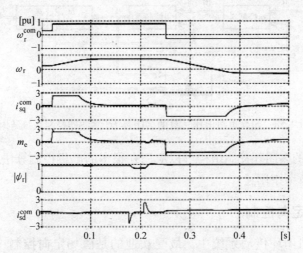

图 9-61 无 LC 滤波器的传动系统的传统 FOC 系统的运行工况 – 系统无观测器

如果采用多闭环滤波器控制原理，对 FOC 控制结构进行改进，那么这种不

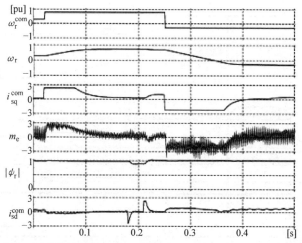

图 9-62　有 LC 滤波器的传动系统的传统 FOC 系统的运行工况 – 系统无观测器

利现象可以得到改善。额外增加的控制变量（电容电压 $u_{c\alpha}$、$u_{c\beta}$ 和逆变器电流 $i_{1\alpha}$、$i_{1\beta}$）受到额外模块的控制。

假定 $u_{s\alpha} \approx u_{c\alpha}$ 和 $u_{s\beta} \approx u_{c\beta}$，那么 LC 滤波器的模型在 dq 坐标系中表示如下：

$$\frac{\mathrm{d}u_{sd}}{\mathrm{d}\tau} = \frac{i_{cd}}{C_1} \tag{9-111}$$

$$\frac{\mathrm{d}i_{1d}}{\mathrm{d}\tau} = \frac{u_{1d} - u_{sd}}{L_1} \tag{9-112}$$

$$\frac{\mathrm{d}u_{sq}}{\mathrm{d}\tau} = \frac{i_{cq}}{C_1} \tag{9-113}$$

$$\frac{\mathrm{d}i_{1q}}{\mathrm{d}\tau} = \frac{u_{1q} - u_{sq}}{L_1} \tag{9-114}$$

$$i_{cd} = i_{1d} - i_{sd} \tag{9-115}$$

$$i_{cq} = i_{1q} - i_{sq} \tag{9-116}$$

在多闭环系统中，构造出的 u_{sd}、u_{sq} 和 i_{1d}、i_{1q} 是受到适当的 PI 控制器控制的。

改进的 FOC 结构如图 9-63 所示。

控制系统的运行结果如图 9-64 所示，控制系统结构如图 9-63 所示。

改进后的 FOC 结构特点（见图 9-63）与传统的 FOC 很相似（见图

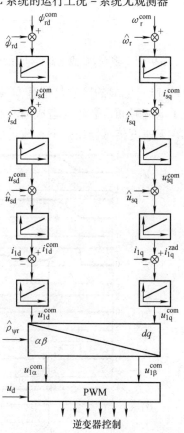

图 9-63　使用 LC 滤波器后改进的 FOC 结构

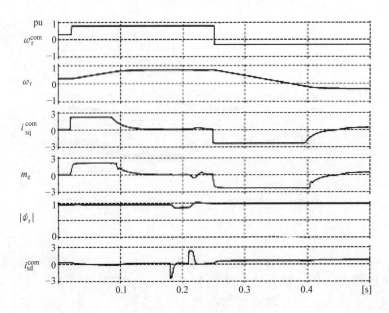

图 9-64　带有 *LC* 滤波器传动系统采用改进的 FOC 的运行工况 – 系统无观测器

9-59）。唯一明显的区别是带有 *LC* 滤波器的传动系统的动态性能有所下降，这是定子电流时间常数较大造成的。然而，这种差别影响不大。

在无速度传感器模式下，改进后 FOC 的运行结果如图 9-65 ~ 图 9-67 所示。

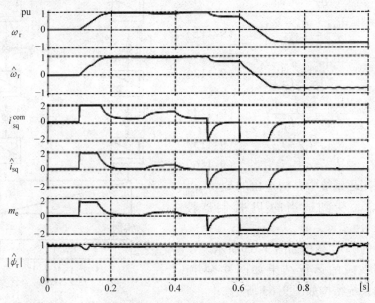

图 9-65　在无传感器模式下带有 *LC* 滤波器传动系统采用改进的
FOC 的运行工况 – 系统包含变量估算

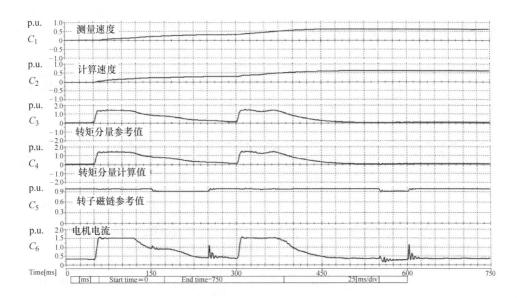

图 9-66　在无传感器模式下带有 *LC* 滤波器传动系统采用改进的 FOC 的运行工况 – 系统

包含变量估算 – 实验波形（$C_1 - \omega_r$、$C_2 - \hat{\omega}_r$、$C_3 - \hat{i}_{sq}^{com}$、$C_4 - \hat{i}_{sq}$、$C_5 - |\hat{\psi}_r|$、$C_6 - |i_s|$）

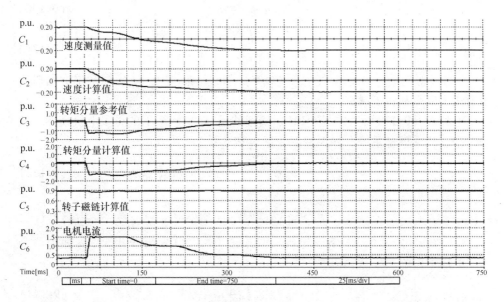

图 9-67　在无传感器模式下带有 *LC* 滤波器传动系统采用改进的 FOC 的运行工况 – 系统

含有变量估算 – 实验波形（$C_1 - \omega_r$、$C_2 - \hat{\omega}_r$、$C_3 - \hat{i}_{sq}^{com}$、$C_4 - \hat{i}_{sq}$、$C_5 - |\hat{\psi}_r|$、$C_6 - |i_s|$）

9.8.3 非线性磁场定向控制

最常见的工业感应电机控制是转子磁场定向控制（RFOC）[31]。在传统的 RFOC 中，存在着磁链和转矩的耦合。因此，为了改善 RFOC 的性能，经常使用解耦控制。最常见的解耦系统是在电机模型方程式（2-56）和式（2-57）中出现的旋转电动势补偿分量 $a_3\omega_r\psi_{ry}$ 和 $-a_3\omega_r\psi_{rx}$ 加到电机给定电压值 u_{sx}^{com} 和 u_{sy}^{com} 上。当然也存在其他的电机解耦方法。文献［32］提出这样一种方法，它控制电机的电磁转矩 t_e 从而替代对 q 轴电流分量的控制（在文献［32］中将控制变量 t_e 记为 x）：

$$t_e = i_{sq}\psi_{rd} \tag{9-117}$$

电机转矩 t_e 被视为附加的状态变量。在这样的假设下，式（2-56）~ 式（2-60）的电机模型方程在 dq 旋转坐标系下可以改写为

$$\frac{\mathrm{d}i_{sd}}{\mathrm{d}\tau} = a_1 i_{sd} + a_2\psi_{rd} + t_e\frac{\omega_{\psi r}}{\psi_{rd}} + a_4 u_{sd} \tag{9-118}$$

$$\frac{\mathrm{d}t_e}{\mathrm{d}\tau} = \left(a_5 - \frac{R_s L_r}{w_\sigma}\right)t_e + a_6 t_e\frac{i_{sd}}{\psi_{rd}} - \omega_{\psi r}\psi_{rd}(i_{sd} + a_3\psi_{rd}) + a_4\psi_{rd}u_{sq} \tag{9-119}$$

$$\frac{\mathrm{d}\psi_{rd}}{\mathrm{d}\tau} = a_5\psi_{rd} + a_6 i_{sd} \tag{9-120}$$

$$\frac{\mathrm{d}\omega_r}{\mathrm{d}\tau} = \frac{1}{J}\left(\frac{L_m}{L_r}t_e - t_L\right) \tag{9-121}$$

这里 $\omega_{\psi r} = a_6 i_{sq}/\psi_{rd} + \omega_r$、$i_{sd}$、$i_{sq}$、$u_{sd}$、$u_{sq}$、$\psi_{rd}$ 是在 dq 坐标系中的电机定子电流、电压和转子磁链。

方程式（9-118）~ 式（9-121）描述的是 dq 坐标系下的异步电机模型，这是一个非线性耦合系统。如果控制变量 v_1 和 v_2 设为

$$v_1 = a_6 t_e\frac{i_{sd}}{\psi_{rd}} - \omega_{\psi r}\psi_{rd}(i_{sd} + a_3\psi_{rd}) + a_4\psi_{rd}u_{sq} \tag{9-122}$$

$$v_2 = \omega_{\psi r}\frac{t_e}{\psi_{rd}} + a_2\psi_{rd} + a_4 u_{sd} \tag{9-123}$$

那么在 dq 坐标系下，异步电机模型方程（9-118）~ 式（9-121）变换为两个线性解耦子系统：

$$\frac{\mathrm{d}i_{sd}}{\mathrm{d}\tau} = a_1 i_{sd} + v_2 \tag{9-124}$$

$$\frac{\mathrm{d}\psi_{rd}}{\mathrm{d}\tau} = a_5\psi_{rd} + a_6 i_{sd} \tag{9-125}$$

$$\frac{\mathrm{d}t_e}{\mathrm{d}\tau} = (a_5 - R_s a_4)t_e + v_1 \tag{9-126}$$

$$\frac{\mathrm{d}\omega_\mathrm{r}}{\mathrm{d}\tau} = \frac{1}{J}\left(\frac{L_\mathrm{m}}{L_\mathrm{r}}t_\mathrm{e} - t_\mathrm{L}\right) \tag{9-127}$$

非线性 FOC 方法的基本结构如图 9-68 所示。

在图 9-68 中，相角 $\rho_{\psi\mathrm{r}}$ 表示了转子磁链矢量的角位置，u_d 是逆变器直流环节电压。标记为 $dq/\alpha\beta$ 的模块表示从 dq 旋转坐标系到 $\alpha\beta$ 静止坐标系的 Park 变换。$\alpha\beta$ 坐标系的电压分量刚好适用于 SVPWM 算法。

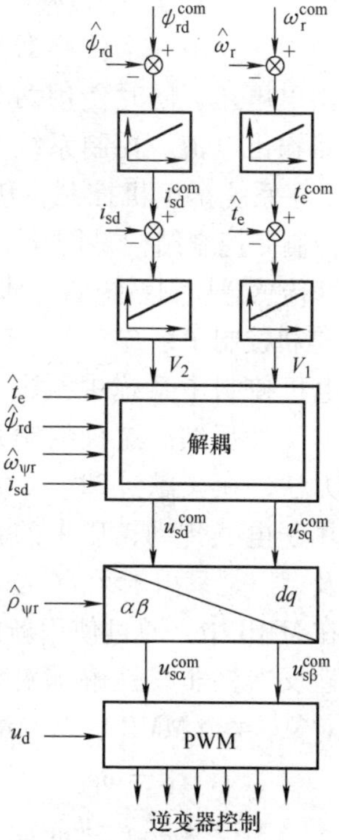

扩展的控制系统

为了保证带有 *LC* 滤波器的控制系统正常运转，前面章节所示的电机控制结构需要添加额外的控制器来进行扩展。

使用级联多闭环 PI 控制器来控制供给电机电压 u_sd、u_sq 和逆变器输出电流 i_1d、i_1q[21,22]。在滤波器控制子系统中，在定子电压控制器上使用了对扰动量的补偿。

为了消除 PI 单元中的相移，对滤波器状态变量的控制是在与转子磁链同步旋转的 dq 坐标系中完成的，这里的 dq 坐标系与基本的 RFOC 控制系统中使用的坐标系是同一个。

多闭环方案的弊端是需要知道电机电压和电流的信息。然而不幸的是，正如引言所述，真实的传感器在此方案下是不实用的。这些变量是在复杂观测器结构中在线计算的。

图 9-68 解耦的转子磁链定向
方法的基本控制系统

在本章节中，仅仅只在电机定子电压上使用了 PI 控制器来替代全部多闭环结构。包含异步电机、逆变器、*LC* 滤波器的传动系统的扩展控制系统的完整结构如图 9-69 所示。

在如图 9-69 所示的扩展控制系统中，存在两个附加的 PI 控制器。控制器直接控制电机定子电压。逆变器输出电流不是直接控制的。出现这一点是因为与电机电流不同，流过电容的电流很小。电机电流控制器出现在 FOC 结构中，因此逆变器输出电流是间接控制的。

逆变器给定电压分量 $u_\mathrm{1d}^\mathrm{com}$、$u_\mathrm{1q}^\mathrm{com}$ 变换成静止坐标系电压 $u_\mathrm{1\alpha}^\mathrm{com}$、$u_\mathrm{1\beta}^\mathrm{com}$，这两个分量作为 PWM 模块的输入。

9.8.4 非线性多标量控制

在这个章节中，展示的非线性多标量控制系统是为了配合 LC 滤波器的使用。在这种控制中，只用一个传感器来测量逆变器直流供电电压，同时使用两个传感器测量逆变器输出电流。控制系统分成了两个子系统，主系统是电机控制，从系统是 LC 滤波器控制。控制结构是图 9-70 所示的电机无速度传感器控制系统的一部分。

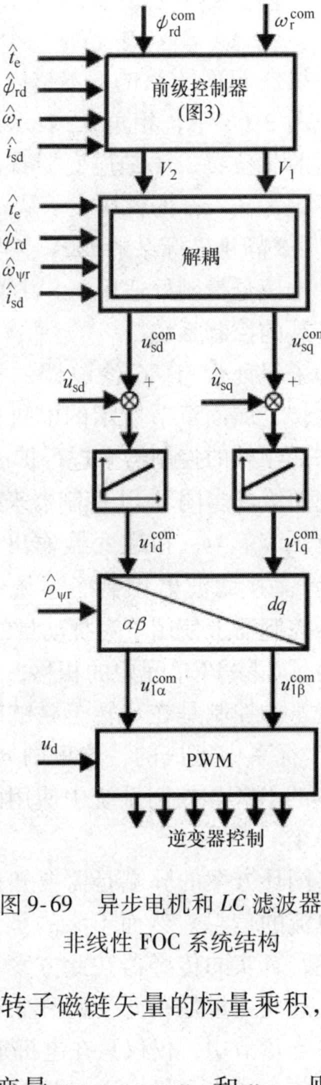

1. 电机控制子系统

在电机控制子系统中，非线性控制中使用了非线性反馈。这种控制是基于微分几何的方法，在文献 [32] （MMB）中，首次应用于电气传动，后来的其他文献中也有提及，但是只用于无 LC 滤波器的传动系统。在 MMB 中，通过使用新的状态变量和非线性反馈将非线性解耦对象转换成线性控制对象。4 个 MMB 状态变量是：

$$x_{11} = \omega_{r} \qquad (9\text{-}128)$$

$$x_{12} = \psi_{r\alpha} i_{s\beta} - \psi_{r\beta} i_{s\alpha} \qquad (9\text{-}129)$$

$$x_{21} = \psi_{r\alpha}^2 + \psi_{r\beta}^2 \qquad (9\text{-}130)$$

$$x_{22} = \psi_{r\alpha} i_{s\alpha} + \psi_{r\beta} i_{s\beta} \qquad (9\text{-}131)$$

式中，x_{11} 是转子角速度，x_{12} 与电机转矩成比例，x_{21} 是转子磁链的平方，x_{22} 是定子电流和转子磁链矢量的标量乘积，i_s 和 ψ_r 分别是定子电流的幅值和转子磁链的幅值。

使用方程（9-128）~式(9-131) 的多标量变量 x_{11}、x_{12}、x_{21} 和 x_{22}，则电机模型接下来可以写为

$$\frac{\mathrm{d}x_{11}}{\mathrm{d}\tau} = x_{12} \frac{L_m}{J L_r} - \frac{T_L}{J} \qquad (9\text{-}132)$$

$$\frac{\mathrm{d}x_{12}}{\mathrm{d}\tau} = -\frac{1}{T_v} x_{12} - x_{11} \left(x_{22} + x_{21} \frac{L_m}{w_\sigma} \right) + u_1 \frac{L_r}{w_\sigma} \qquad (9\text{-}133)$$

$$\frac{\mathrm{d}x_{21}}{\mathrm{d}\tau} = 2R_r \left(-\frac{1}{x_{21}} + x_{22} \frac{L_m}{L_r} \right) \qquad (9\text{-}134)$$

图 9-69　异步电机和 LC 滤波器的
非线性 FOC 系统结构

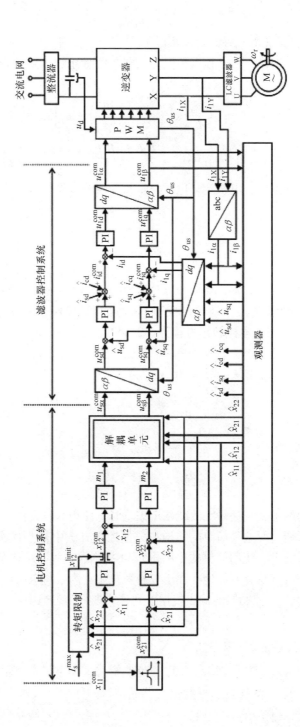

图 9-70　无速度传感器控制系统

$$\frac{\mathrm{d}x_{22}}{\mathrm{d}\tau} = -\frac{1}{T_{\mathrm{v}}}x_{22} + x_{11}x_{12} + x_{21}R_{\mathrm{r}}\frac{L_{\mathrm{m}}}{L_{\mathrm{r}}w_{\sigma}} + \frac{R_{\mathrm{r}}L_{\mathrm{m}}}{L_{\mathrm{r}}}\frac{(x_{12}^2 + x_{22}^2)}{x_{21}} + u_2\frac{L_{\mathrm{r}}}{w_{\sigma}} \quad (9\text{-}135)$$

式中，$T_{\mathrm{v}} = w_{\sigma}L_{\mathrm{r}} / (R_{\mathrm{r}}w_{\sigma} + R_{\mathrm{s}}L_{\mathrm{r}}^2 + R_{\mathrm{r}}L_{\mathrm{m}}^2)$。

对方程（9-132）～方程（9-135）的非线性补偿产生了新的驱动方程 m_1 和 m_2：

$$u_1 = \frac{w_{\sigma}}{L_{\mathrm{r}}}\left[x_{11}\left(x_{22} + x_{21}\frac{L_{\mathrm{m}}}{w_{\sigma}} \right) + m_1 \right] \quad (9\text{-}136)$$

$$u_2 = \frac{w_{\sigma}}{L_{\mathrm{r}}}\left(-x_{11}x_{12} - x_{21}\frac{R_{\mathrm{r}}L_{\mathrm{m}}}{L_{\mathrm{r}}w_{\sigma}} - \frac{R_{\mathrm{r}}L_{\mathrm{m}}}{L_{\mathrm{r}}}\frac{x_{12}^2 + x_{22}^2}{x_{21}} + m_2 \right) \quad (9\text{-}137)$$

在静止坐标系中，电机定子电压矢量指令值的分量为

$$u_{\mathrm{s}\alpha}^{\mathrm{com}} = \frac{\psi_{\mathrm{r}\alpha}u_2 - \psi_{\mathrm{r}\beta}u_1}{x_{21}} \quad (9\text{-}138)$$

$$u_{\mathrm{s}\beta}^{\mathrm{com}} = \frac{\psi_{\mathrm{r}\beta}u_2 - \psi_{\mathrm{r}\alpha}u_1}{x_{21}} \quad (9\text{-}139)$$

采用方程（9-128）～方程（9-131）和方程（9-136）～方程（9-139），异步电机模型得到解耦，并且转换成了两个独立的线性子系统，其机械方程为（9-140）、（9-141），电磁转矩方程为（9-142）和（9-143）：

$$\frac{\mathrm{d}x_{11}}{\mathrm{d}\tau} = x_{12}\frac{L_{\mathrm{m}}}{JL_{\mathrm{r}}} - \frac{T_{\mathrm{L}}}{J} \quad (9\text{-}140)$$

$$\frac{\mathrm{d}x_{12}}{\mathrm{d}\tau} = -\frac{1}{T_{\mathrm{v}}}x_{12} - m_1 \quad (9\text{-}141)$$

$$\frac{\mathrm{d}x_{21}}{\mathrm{d}\tau} = 2R_{\mathrm{r}}\left(-\frac{1}{x_{21}} + x_{22}\frac{L_{\mathrm{m}}}{L_{\mathrm{r}}} \right) \quad (9\text{-}142)$$

$$\frac{\mathrm{d}x_{22}}{\mathrm{d}\tau} = -\frac{1}{T_{\mathrm{v}}}x_{22} + m_2 \quad (9\text{-}143)$$

完全解耦的子系统使得在改变磁链矢量时，使用这种方法并且得到简单的系统结构成为可能，而这种简单的结构在矢量控制方法中是不易实现的。在解耦、线性控制子系统中，使用简单的比例积分 PI 控制器的级联结构是可能的。

电机定子电流没有明显地存在于控制系统中。为了将电机电流限制到最大允许 I_{smax} 范围内，x_{11} 控制器的输出根据下列公式进行动态地限制：

$$x_{12}^{\mathrm{limit}} = \sqrt{I_{\mathrm{s\ max}}^2 x_{21} - x_{22}^2} \quad (9\text{-}144)$$

2. LC 滤波器控制子系统

在没有 LC 滤波器的传动系统中，MMB 输出变量 $u_{\mathrm{s}\alpha}^{\mathrm{com}}$ 和 $u_{\mathrm{s}\beta}^{\mathrm{com}}$ 是送入 PWM 模块的电压给定值。PWM 技术控制逆变器晶体管的导通与关断，从而在逆变器的输出侧得到电压指令值。

　　使用了 *LC* 滤波器之后，逆变器输出电压与电机供电电压不再相同。所以在 MMB 控制环中就会出现误差。为了解决这个问题，可使用前面章节提到的多闭环控制器。

　　由于使用了恰当的观测器，所以滤波器输出侧的传感器就不需要再使用了。为了消除 PI 控制器的相移，滤波器变量的处理是在旋转参考系下进行的。此旋转参考系记为 *dq* 系，且 *d* 轴的位置是与逆变器期望输出电压矢量 $\boldsymbol{u}_s$ 的方向是一致的。

9.9　带有输出滤波器传动系统的预测电流控制

　　本章中，在采用 FOC 方法和负载角调节的异步电机无速度传感器系统中，使用了预测电流控制器（PCC）展示对添加了电机扼流圈的传动系统要如何进行控制上的改进。

9.9.1　控制系统

　　在不同的控制算法中，存在着 FOC 负载角控制方法[33]。负载角控制的结构看起来比 FOC 简单，因为此结构不需要 Park 变换。负载角 *δ* 是矢量 $\boldsymbol{\psi}_r$ 与 $\boldsymbol{i}_s$ 的夹角。通过对矢量幅值和相对位置的控制可以去控制电机的电磁转矩 T_e：

$$T_e = k \cdot Im(\boldsymbol{\psi}_r^* \boldsymbol{i}_s) = k|\boldsymbol{\psi}_r||\boldsymbol{i}_s|\sin\delta \tag{9-145}$$

式中，*k* 是比例常系数。

　　基于方程（9-145）的 FOC 负载角控制系统的基本结构如图 9-71 所示。

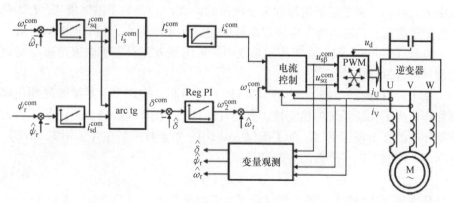

图 9-71　采用负载角控制的 FOC 算法的基本结构（^表示由估算模块估算的变量值）

　　在图 9-71 所示的控制系统中，被测变量是逆变器输出电流和逆变器直流环节的电压。电机电流和电机电压都没有测量。负载角是通过给定的电机转差频率 ω_2 来控制的。ω_2 与电机速度 ω_r 之和作为给定电流角频率 ω_i^{com}。电流控制器算法对信号 ω_i^{com} 和给定的定子电流幅值 i_s^{com} 同时进行控制。电流控制器与 PWM 相互配合工作。I_s 和 ω_i 的指令值是由速度和磁链模块控制器设定的，且输出信号为 I_s^{com} 和 δ^{com}：

$$I_s^{com} = \sqrt{(i_{sd}^{com})^2 + (i_{sq}^{com})^2} \tag{9-146}$$

$$\delta^{com} = \text{arc tg}\left(\frac{i_{sq}^{com}}{i_{sd}^{com}}\right) \tag{9-147}$$

矢量 $\boldsymbol{\psi}_r$ 与 $\boldsymbol{i}_s$ 的幅值保持恒定，电机转矩的控制是通过改变角度 δ 来实现的。然而，在暂态过程中，控制变量之间存在着耦合与相互作用，这是由于异步电机内部固有的非线性与耦合效应造成的。

为了防止传动系统中出现这些不利的情况，在文献［32］中使用了非线性控制原理[34]。

在图 9-71 所示的 FOC 系统中加入非线性控制原理。图 9-71 结构里的线性化和解耦处理过程是基于下列电流控制异步电机模型的几个相关联的方程：

$$\frac{di_s}{d\tau} = \frac{1}{T_i}(i_s - I_s^{com}) \tag{9-148}$$

$$\frac{d\delta}{d\tau} = -\frac{R_r L_m}{L_r}\frac{i_s}{\psi_r} + \omega_i - \omega_r \tag{9-149}$$

$$\frac{d\psi_r}{d\tau} = -\frac{R_r}{L_r}\psi_r + \frac{R_r L_m}{L_r}i_s\cos\delta \tag{9-150}$$

$$\frac{d\omega_r}{d\tau} = -\frac{1}{J_M}\left(\frac{L_m}{L_r}\psi_r i_s - t_L\right) \tag{9-151}$$

式中的 i_s 和 u_s 分别是定子电流和定子电压的模值；ψ_r 是转子磁链模值，I_s^{com} 是给定的定子电流，T_i 是出现在电流控制环中的惯性元件相关的 LPF 的时间常数。

方程（9-148）仅存在于控制系统中，采用该方程对定子电流角速度变化的物理过程进行建模。

基于对方程（9-149）、方程（9-150）的分析，实现了对系统的线性化和解耦处理。为了保证系统的稳定性，方程（9-150）中的 $\cos\delta$ 应当是正的，否则在控制环中就会出现正反馈。为了确保 $\cos\delta > 0$，角 δ 被限制在（$-\pi/2$，$\pi/2$）的范围内，同时引入一个新的控制变量 ψ_r^*：

$$\psi_r^* = L_m i_s \cos\delta \tag{9-152}$$

从方程（9-152）可得，给定定子电流的模值为

$$i_s^{com} = \frac{\psi_r^*}{L_m \cos\delta} \tag{9-153}$$

LPF 方程（9-148）替换成由转子磁链幅值决定的 LPF，见下式：

$$\frac{d\psi_{ri}^*}{dt} = \frac{1}{T_\psi}(\psi_{ri}^* - \psi_r^*) \tag{9-154}$$

式中，ψ_{ri}^* 是 LPF 的输出信号，T_ψ 是 LPF 的时间常数。

根据方程（9-154），方程（9-153）有如下形式：

$$i_s^{com} = \frac{\psi_{ri}^*}{L_m \cos \delta} \tag{9-155}$$

如果控制信号方程（9-152）代入到方程（9-149），那么负载角的动态过程变成如下的形式：

$$\frac{d\delta}{d\tau} = -\frac{R_r}{L_r} \frac{\psi_{ri}^*}{\psi_r \cos\delta} + \omega_i - \omega_r \tag{9-156}$$

而这个式子依然是非线性的。为了将方程（9-156）转变成线性形式，给定电机电流的角速度应当为

$$\omega_i^{com} = \omega_r + \frac{R_r}{L_r} \frac{\psi_r^*}{\psi_r \cos\delta} + \frac{1}{T_\delta}(\delta^* - \delta) \tag{9-157}$$

式中的 δ^* 和 T_δ 分别是期望的负载角和负载角动态系统的时间常数。

考虑到方程（9-152）和方程（9-157），负载角和转子磁链控制的动态系统表示为

$$\frac{d\delta}{d\tau} = \frac{1}{T_\delta}(\delta^* - \delta) \tag{9-158}$$

$$\frac{d\psi_r}{d\tau} = \frac{R_r}{L_r}(\psi_{ri}^* - \psi_r) \tag{9-159}$$

可以发现，动态系统方程（9-158）和方程（9-159）是线性和解耦的。含有负载角控制器的非线性 FOC 的结构如图 9-72 所示。

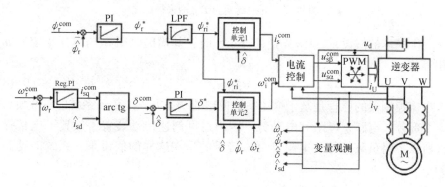

图 9-72　含有负载角控制器的非线性 FOC 的结构

在图 9-72 所示的系统中，负载角的给定值为

$$\delta^{com} = \arctan\left(\frac{i_{sq}^{com}}{\hat{i}_{sd}}\right) \tag{9-160}$$

给定定子电流的幅值是在控制模块 1 中基于方程（9-155）计算出来的，而

给定定子电流角速度是在控制模块 2 中基于方程（9-157）计算出来的。两个模块均如图 9-72 所示。

9.9.2 预测电流控制器

是 FOC 控制系统不可缺少的一部分异步电机定子电流控制器。各类文献中提到了很多不同的电流控制方法。这些方法的综合概况详见文献［35］。很好的电流控制的结果详见文献［36］，文中使用了大量的预测控制方法（PCM）。

滤波器极大地影响了系统的结构，因此一些预测控制器不能正常工作。逆变器输出滤波器的最简单形式就是电机扼流圈，电机扼流圈减小了与电机相连长电缆引起的反射波，也防止在电机和逆变器晶体管上出现过电压，同时也减小了射频干扰的水平。然而，在带有电机扼流圈的传动系统中，还应当修正预测控制器的算法。

在本节所提及的控制系统中，控制的是电机定子电流。控制器利用异步电机电动势 e（emf）的实际值对电流进行恰当地调节。在观测器系统中，电动势是由下一节描述的观测器系统计算得到的。

所提出的电流控制器的标注如图 9-73 所示。

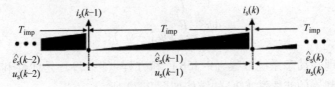

图 9-73　开关周期为 T_{imp} 的采样标注

一个基本的假设是，PWM 逆变器工作时，其输出电压 u_s 与电压给定值 u_s^{com} 是相等的：

$$u_s \approx u_s^{com} \tag{9-161}$$

电流控制器的原理是基于描述系统模型的动态方程。传动系统的等效模型包含 3 个部分，电感、电阻和电动势。因为在可调速传动装置中放置了电机扼流圈，所以忽略负载的等效电阻是可以接受的。在这样的假设下，系统的动态特性为

$$\frac{\mathrm{d}i_s}{\mathrm{d}\tau} = \frac{1}{L_1 + L_\sigma}(u_s^{com} - e) \tag{9-162}$$

式中的 u_s^{com} 是逆变器电压矢量的给定值，T_{imp} 是逆变器的开关周期。

如果 T_{imp} 较小，则方程（9-162）可进行如下近似：

$$\frac{i_s(k) - i_s(k-1)}{T_{imp}} = \frac{1}{L_1 + L_\sigma}\left[u_s^{com}(k-1) - e(k-1)\right] \tag{9-163}$$

如果考虑 $(k-1)\cdots(k)$ 是时间周期，则变量 $i_s(k)$ 和 $e(k-1)$ 都是未知的，它们应该在前面示例的基础上进行预测。

在所提及的传动系统中，电动势是在估算模块中进行在线计算的：

$$\hat{e} = \omega_r \hat{\psi}_r \tag{9-164}$$

电机电动势方程（9-74）是在9.9.3节给出的观测器结构的内部计算的。

观测器计算出来的采样值 $\hat{e}(k-2)$ 和 $\hat{e}(k-3)$ 被存储并用于预测 $\hat{e}(k-1)$ 的值：

$$\hat{e}^{\mathrm{pred}}(k-1) = C_{\mathrm{EMF}}\hat{e}(k-2) \tag{9-165}$$

式中

$$C_{\mathrm{EMF}} = \begin{bmatrix} \cos(\Delta\varphi_e) & \sin(\Delta\varphi_e) \\ -\sin(\Delta\varphi_e) & \cos(\Delta\varphi_e) \end{bmatrix} \tag{9-166}$$

$\Delta\varphi_e$ 是矢量 e 角位置的变化量：

$$\Delta\varphi_e = \mathrm{arc\ tg}\frac{\hat{e}_\alpha(k-3)\hat{e}_\beta(k-2) - \hat{e}_\alpha(k-2)\hat{e}_\beta(k-3)}{\hat{e}_\alpha(k-2)\hat{e}_\alpha(k-3) + \hat{e}_\beta(k-2)\hat{e}_\beta(k-3)} \tag{9-167}$$

计算出 $\hat{e}^{\mathrm{pred}}$ 的值之后，在 k 时刻的电流采样预测值为

$$i_s^{\mathrm{pred}}(k) = i_s(k-1) + \frac{T_{\mathrm{imp}}}{L_1 + L_\sigma}(u_s^{\mathrm{com}}(k-1) - \hat{e}^{\mathrm{pred}}(k-1)) \tag{9-168}$$

在 $k-1$ 和 k 时刻，电流调节误差的计算如下：

$$\Delta i_s(k-1) = i_s^{\mathrm{com}}(k-1) - i_s(k-1) \tag{9-169}$$

$$\Delta i_s(k) = i_s^{\mathrm{com}}(k) - i_s^{\mathrm{pred}}(k) \tag{9-170}$$

为了减小在 $k+1$ 时刻的定子电流调节误差，应该采用合适的电压矢量 $u_s^{\mathrm{com}}(k)$[30]：

$$u_s^{\mathrm{com}}(k) = \frac{L_1 + L_\sigma}{T_{\mathrm{imp}}}(i_s^{\mathrm{com}}(k+1) - i_s^{\mathrm{pred}}(k) + D_{\mathrm{Is}}) + \hat{e}^{\mathrm{pred}}(k) \tag{9-171}$$

式中，D_{Is} 是电流控制器修正反馈量：

$$D_{\mathrm{Is}} = W_1 C_{\mathrm{EMF}}\Delta i_s(k) + W_2 C_{\mathrm{2EMF}}\Delta i_s(k-1) \tag{9-172}$$

和

$$\hat{e}^{\mathrm{pred}}(k) = C_{\mathrm{2EMF}}\hat{e}(k-2) \tag{9-173}$$

$$C_{\mathrm{2EMF}} = \begin{bmatrix} \cos(2\Delta\varphi_e) & \sin(2\Delta\varphi_e) \\ -\sin(2\Delta\varphi_e) & \cos(2\Delta\varphi_e) \end{bmatrix} \tag{9-174}$$

这里的 W_1 和 W_2 是被调参数。

预测电流控制器的结构如图9-74所示。

系统的一个重要参数是出现在电流控制器公式中的电感值。因此，将电机拖

流圈电感 L_1 加到电流控制器方程中是非常重要的。

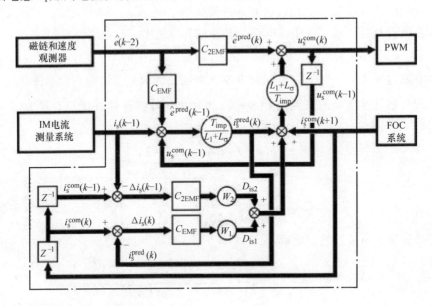

图 9-74 包含电机扼流圈的可调速传动装置中预测电流控制器的结构

9.9.3 EMF 观测技术

在含有电机扼流圈的可调速传动装置中，采用与文献［37］给出的方案相似的方法来改进干扰观测器。

本节中给出了考虑到电机扼流圈的干扰观测器（见文献［26］）。在观测器中，电机电动势被视为干扰量，其 $\alpha\beta$ 坐标系下的分量可通过精确的干扰模型计算出来：

$$\frac{\mathrm{d}\boldsymbol{\xi}}{\mathrm{d}\tau} = \frac{R_{\mathrm{r}}}{L_{\mathrm{r}}}\boldsymbol{\xi} + R_{\mathrm{r}}\frac{L_{\mathrm{m}}}{L_{\mathrm{r}}}\omega_{\mathrm{r}}\boldsymbol{i}_{\mathrm{s}} + \mathrm{j}\hat{\omega}_{\mathrm{r}}\boldsymbol{\xi} \tag{9-175}$$

这里，

$$\xi_{\alpha} = \psi_{\mathrm{r}\alpha}\omega_{\mathrm{r}} \tag{9-176}$$

$$\xi_{\beta} = \psi_{\mathrm{r}\beta}\omega_{\mathrm{r}} \tag{9-177}$$

$$\boldsymbol{\xi} = \begin{bmatrix} \xi_{\alpha} & \xi_{\beta} \end{bmatrix}^{\mathrm{T}} \tag{9-178}$$

在含有电机扼流圈的可调速传动装置中，采用与文献［37］给出的方案相似的方法来改进干扰观测器。在含有电机扼流圈的可调速传动装置中，将电感 L_1 加到电机模型中，如图 9-75 所示。

含有电机扼流圈的可调速传动装置的观测器方程为

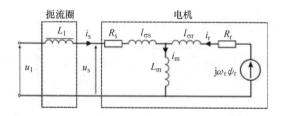

图 9-75　包含电压型逆变器和电机扼流圈的感应电机传动系统

$$\frac{\mathrm{d}\hat{\boldsymbol{i}}_{\mathrm{s}}}{\mathrm{d}\tau} = -\frac{R_{\mathrm{s}}L_{\mathrm{r}}^2 + R_{\mathrm{r}}L_{\mathrm{m}}^2}{L_{\mathrm{r}}w_{\sigma 1}}\hat{\boldsymbol{i}}_{\mathrm{s}} + \frac{R_{\mathrm{r}}L_{\mathrm{m}}}{L_{\mathrm{r}}w_{\sigma 1}}\hat{\boldsymbol{\psi}}_{\mathrm{r}} - \mathrm{j}\frac{L_{\mathrm{m}}}{w_{\sigma 1}}\hat{\boldsymbol{\xi}} + \frac{L_{\mathrm{r}}}{w_{\sigma 1}}\boldsymbol{u}_1^{\mathrm{com}} + k_1(\boldsymbol{i}_{\mathrm{s}} - \hat{\boldsymbol{i}}_{\mathrm{s}}) \quad (9\text{-}179)$$

$$\frac{\mathrm{d}\hat{\boldsymbol{\psi}}_{\mathrm{r}}}{\mathrm{d}\tau} = \frac{R_{\mathrm{r}}}{L_{\mathrm{r}}}\hat{\boldsymbol{\psi}}_{\mathrm{r}} + R_{\mathrm{r}}\frac{L_{\mathrm{m}}}{L_{\mathrm{r}}}\hat{\boldsymbol{i}}_{\mathrm{s}} + \mathrm{j}\hat{\boldsymbol{\xi}} + \boldsymbol{e}_{\psi} \quad (9\text{-}180)$$

$$\frac{\mathrm{d}\hat{\boldsymbol{\xi}}}{\mathrm{d}\tau} = \frac{R_{\mathrm{r}}}{L_{\mathrm{r}}}\hat{\boldsymbol{\xi}} + R_{\mathrm{r}}\frac{L_{\mathrm{m}}}{L_{\mathrm{r}}}\omega_{\mathrm{r}}\hat{\boldsymbol{i}}_{\mathrm{s}} + \mathrm{j}\hat{\omega}_{\mathrm{r}}\hat{\boldsymbol{\xi}} + \mathrm{j}k_4(\boldsymbol{i}_{\mathrm{s}} - \hat{\boldsymbol{i}}_{\mathrm{s}}) \quad (9\text{-}181)$$

$$\frac{\mathrm{d}S_{\mathrm{bF}}}{\mathrm{d}\tau} = k_{\mathrm{fo}}(S_{\mathrm{b}} - S_{\mathrm{bF}}) \quad (9\text{-}182)$$

这里 $\boldsymbol{e}_{\psi} = [\; -k_2 S_{\mathrm{b}}\hat{\psi}_{\mathrm{r\alpha}} + k_3\hat{\psi}_{\mathrm{r\beta}}(S_{\mathrm{b}} - S_{\mathrm{bF}}) \quad -k_2 S_{\mathrm{b}}\hat{\psi}_{\mathrm{r\beta}} - k_3\hat{\psi}_{\mathrm{r\alpha}}(S_{\mathrm{b}} - S_{\mathrm{bF}})]^{\mathrm{T}}$；$k_1$、$k_2$ 和 k_4 是观测器的增益；S_{b} 是观测器的稳态量；S_{bF} 是 S_{b} 滤波之后的值；同时：

$$w_{\sigma 1} = L_{\mathrm{r}}(L_{\mathrm{s}} + L_1) - L_{\mathrm{m}}^2 \quad (9\text{-}183)$$

转子机械速度的估算值如下：

$$\hat{\omega}_{\mathrm{r}} = \frac{\hat{\xi}_{\alpha}\hat{\psi}_{\mathrm{r\alpha}} + \hat{\xi}_{\beta}\hat{\psi}_{\mathrm{r\beta}}}{\Psi_{\mathrm{r}}^2} \quad (9\text{-}184)$$

在方程（9-179）到方程（9-182）中，由于观测器计算的步长很小，因此忽略了速度估算值的微分。在预测电流控制器中，电机电动势 $\boldsymbol{e}$ 的值等于由方程（9-181）计算出来的 ξ。

图 9-76 所示的是只包含预测电流控制器而不包含 FOC 环的传动系统的运行。控制器正常工作，电流调节误差小于 5%。在 100ms 时，电机扼流圈 L_1 的电感值设为 0。很明显，如果没有考虑到扼流圈的参数，那么传动系统就不能正常工作。

如图 9-77 所示的是无线性反馈的完整控制系统的运行。系统的结构是基于如图 9-71 所示的方案。稳态时，系统能正确控制转速和磁链于给定值；但是在暂态时，在调节系统中就会出现相互作用。在速度反转的情况下，会出现很大的磁链误差值。在实际系统中，没有解耦控制的传动系统不能稳定运行。只有当系统的动态过程并不明显时，系统才可能稳定运行。在实际系统中，由于磁路的饱和，磁链会受到限制。而这在仿真中是观察不到的，因为假定了电机的模型是线

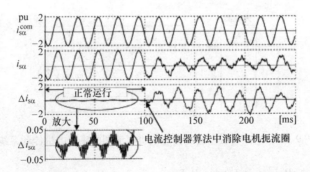

图 9-76 电流控制器的运行 – 在 100ms 时电机扼流圈 L_1 值从电流控制器方程中消除

性的。

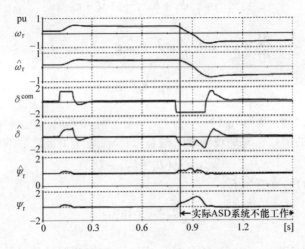

图 9-77 在无线性化反馈的控制系统（控制结构如图 9-71 所示）中出现速度变化的
情况下的无速度传感器可调速传动装置

　　含有负载角控制器的无速度传感器非线性的 FOC 系统的运行情况如图
9-78 ~ 图 9-81 所示。

　　在图 9-78 中，给定的转速是变化的。对比于图 9-77，可以观察到系统性能
的改善。在 0.1s 时，电机转速的增加并没有对电机磁链产生影响。估算出来的
负载角与给定值相同。只有当速度反转时计算的磁链才会减小，而真实的磁链仍
然保持恒定不变。这是观测器穿过了通常在低速再生模式下出现的不稳定点造成
的结果。这种现象是异步电机观测器中的典型现象，在文献［39］中有描述。
幸运的是，这种现象对系统运行的影响可以忽略。

　　在磁链和负载转矩变化时，可调速传动装置的运行情况如图 9-79 所示。磁
链的变化对速度控制环没什么影响，除了控制器出现饱和的时候。负载转矩在

1s 时刻发生阶跃变化，速度下降了一小部分，并且在 1.3s 时由速度控制器补偿了这一部分。

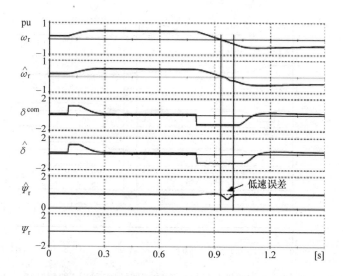

图 9-78 在有线性化反馈的控制系统（控制结构如图 9-72 所示）中出现速度变化的情况下的无速度传感器异步电机控制

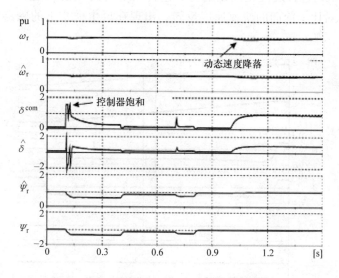

图 9-79 在包含磁链和负载转矩变化的线性化反馈的无传感器控制系统（控制结构如图 9-72 所示）中的速度变化

在速度变化，包括低速范围内的变化出现时，可调速传动装置的运行情况如图 9-80 所示。系统正确的控制速度和磁链于给定值。在速度反转过程中，当经过再生模式时，由于控制器的饱和，转矩和磁链的调节就出现了相互影响。

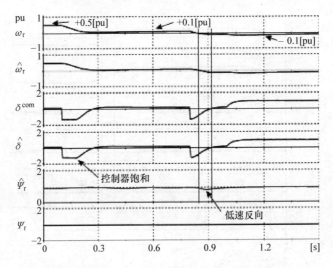

图 9-80　在有线性化反馈的无传感器控制系统（控制结构如图 9-72 所示）中的速度变化及低速波动

本书提出的包含线性化反馈的可调速传动装置的缓慢的速度反转情况如图 9-81 所示。对比于前面的快速速度反转，出现在再生模式下的磁链估算值的波动要相对小一点。

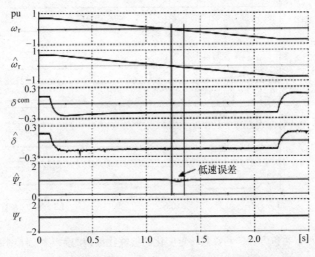

图 9-81　在缓慢的、速度反转的、带有线性化反馈的无传感器控制系统（控制结构如图 9-72 所示）中的速度变化

9.10　练习题

练习题 9.1

对包含电压型逆变器和异步电机的传动系统，使用 L、C 和阻尼电阻 R 设计差模滤波器（常模滤波器）。滤波器的拓扑结构如图 9-29 所示。三相异步电机的参数是 $P_n = 3\text{kW}$，$U_n = 380\text{V}$（丫型联结），$I_n = 6.4\text{A}$。逆变器直流供给电压是 540V，晶体管开关频率为 $f_{imp} = 3.3\text{kHz}$，同时逆变器输出最大频率为 $f_{out\,1h} = 100\text{Hz}$。系统期望的指标是开关纹波电流 $\Delta I_s = 20\%$。

解：首先选择的是电感，电机纹波电流为

$$\Delta I_s = 0.2 I_n = 0.2 \times 6.4 = 1.28\text{A} \tag{9-185}$$

L_1 电感值为

$$L_1 > 2\,\frac{U_d}{\sqrt{2} \times 2\pi f_{imp} \times 3\Delta I_s} = 2\,\frac{540}{\sqrt{2} \times 2\pi \times 3300 \times 3 \times 1.28} = 9.5\text{mH} \tag{9-186}$$

在电机额定频率 f_n 和额定负载下，电感 L_1 上的电压降为

$$\Delta U_1 = I_n 2\pi f_n L_1 = 6.4 \times 2\pi \times 50 \times 0.0095 = 19\text{V} \tag{9-187}$$

设计的 $L_1 = 9.5\text{mH}$ 满足极限的纹波电流和允许的电压降。流过 L_1 的额定电流等于电机额定电流 $I_{L1n} = I_n = 6.4\text{A}$。

接下来是选择 C_1。C_1 与假定的谐振频率 f_{res} 有关。$f_{out\,1h}$ 应当满足：

$$10 f_{out\,1h} < f_{res} < \frac{1}{2} f_{imp}$$

$$10 \times 100 < f_{res} < \frac{1}{2} \times 3300$$

$$1000 < f_{res} < 1650 \tag{9-188}$$

所以选择谐振频率为

$$f_{res} = 1333 \tag{9-189}$$

因此

$$C_1 = \frac{1}{4\pi^2 f_{res}^2 L_1} = \frac{1}{4\pi^2 \times 1333^2 \times 0.0095} = 1.5\mu\text{F} \tag{9-190}$$

对电容器来说，额定电压至少应和逆变器供给电压相等为

$$C_1 > U_d = 540\text{V} \tag{9-191}$$

由于流过 C_1 的电流有 $f_{imp} = 3.3\text{kHz}$ 的高频纹波，所以应当选取类型合适的电容器。

用上面的方法计算出来的 L_1 和 C_1 满足滤波器输出电压 THD 不超过 5% 的要求。

知道了 L_1 和 C_1 之后，则滤波器特性阻抗为

$$Z_0 = \sqrt{\frac{L_1}{C_1}} = \sqrt{\frac{9.5e-3}{1.5e-6}} = 80\Omega \tag{9-192}$$

如果阻尼电阻 $R_1 = 10\Omega$，那么滤波器的品质因数为

$$Q = \frac{Z_0}{R_1} = \frac{80}{10} = 8 \tag{9-193}$$

因为计算出来的品质因数在可接受的范围内（$Q = 5 \sim 8$），所以具有很好的滤波效果同时也满足了阻尼的需求。

R_1 上的额定电压值和 C_1 的电压一样。

R_1 的总功率由两部分组成，分别对应于频率 $f_{\text{out 1har}}$ 和 f_{imp}。在这两个频率下，C_1 和 R_1 串联在一起的阻抗为

$$Z_{\text{R1 1har}} \approx X_{\text{C1 1har}} = \frac{1}{2\pi f_{\text{out 1har}} C_1} = \frac{1}{2\pi \times 100 \times 1.5e-6} = 1062\Omega \tag{9-194}$$

$$Z_{\text{R1 imp}} \approx X_{\text{C1 imp}} = \frac{1}{2\pi f_{\text{imp}} C_1} = \frac{1}{2\pi \times 3300 \times 1.5e-6} = 32\Omega \tag{9-195}$$

注意到 R_1 功率的最重要部分是与纹波电流相关联的。因此 R_1 的功率为

$$P_{\text{R1}} > R_1 \left[\left(\frac{U_n}{\sqrt{3} Z_{\text{R1 1har}}} \right)^2 + \left(\frac{U_{\text{THD}}}{Z_{\text{R1 imp}}} \right)^2 \right] = 10 \left[\left(\frac{380}{\sqrt{3} \times 1062} \right)^2 + \left(\frac{0.05 \times 540}{32} \right)^2 \right] = 7.5\text{W} \tag{9-196}$$

所以选择 $P_{\text{R1}} = 10\text{W}$。

练习题 9.2

对包含电压型逆变器和异步电机的传动系统，采用 L、C 和阻尼电阻 R 设计差模滤波器。滤波器的拓扑结构如图 9-29 所示。三相异步电机的参数是 $P_n = 5.5\text{kW}$，$U_n = 400\text{V}$（丫型联结），$I_n = 11\text{A}$。逆变器直流供给电压是 540V，晶体管开关频率 $f_{\text{imp}} = 5\text{kHz}$，同时逆变器输出最大频率 $f_{\text{out 1h}} = 80\text{Hz}$。期望系统特性是开关纹波电流 $\Delta I_s = 20\%$。计算好滤波器的参数之后，在 Simulink 中搭建仿真模型（提示：使用 sys_ LC_ filter. mdl 例程）。

解：因为设计过程与问题 9.1 相同，所以省掉了一些解释性语句，重点是给出计算过程和结果。

电机纹波电流为

$$\Delta I_s = 0.2 I_n = 0.2 \times 11 = 2.2\text{A} \tag{9-197}$$

L_1 电感值为

$$L_1 > 2 \frac{U_d}{\sqrt{2} \times 2\pi f_{\text{imp}} \times 3\Delta I_s} = 2 \frac{540}{\sqrt{2} \times 2\pi \times 5000 \times 3 \times 2.2} = 3.6\text{mH} \tag{9-198}$$

电感 L_1 上的电压降为

$$\Delta U_1 = I_n 2\pi f_n L_1 = 11 \times 2\pi \times 50 \times 0.0036 = 12.4\text{V} \tag{9-199}$$

谐振频率 f_{res} 应当满足如下条件：

$$800 < f_{res} < 2500 \tag{9-200}$$

所以选择 f_{res} 为

$$f_{res} = 1650 \tag{9-201}$$

电容 C_1 为

$$C_1 = \frac{1}{4\pi^2 f_{res}^2 L_1} = \frac{1}{4\pi^2 \times 1650^2 \times 0.0036} = 2.6\mu\text{F} \tag{9-202}$$

滤波器特性阻抗为

$$Z_0 = \sqrt{\frac{L_1}{C_1}} = \sqrt{\frac{1.8\text{e}-3}{2.6\text{e}-6}} = 26.3\Omega \tag{9-203}$$

当品质因素 $Q = 5$ 时，R_1 的值为

$$R_1 = \frac{Z_0}{Q} = \frac{26.3}{5} = 5.3\Omega \tag{9-204}$$

阻抗 $Z_{R1\,1har}$ 和 $Z_{R1\,imp}$ 为

$$Z_{R1\,1har} \approx X_{C1\,1har} = \frac{1}{2\pi f_{out\,1har} C_1} = \frac{1}{2\pi \times 80 \times 2.6\text{e}-6} = 765\Omega \tag{9-205}$$

$$Z_{R1\,imp} \approx X_{C1\,imp} = \frac{1}{2\pi f_{imp} C_1} = \frac{1}{2\pi \times 5000 \times 2.6\text{e}-6} = 12.2\Omega \tag{9-206}$$

R_1 的功率应当不小于：

$$P_{R1} > R_1\left[\left(\frac{U_n}{\sqrt{3}Z_{R1\,1har}}\right)^2 + \left(\frac{U_{THD}}{Z_{R1\,imp}}\right)^2\right] = 5.3\left[\left(\frac{400}{\sqrt{3} \times 765}\right)^2 + \left(\frac{0.05 \times 540}{12.2}\right)^2\right] = 26\text{W}$$

$$\tag{9-207}$$

所以选择 $P_{R1} = 50\text{W}$。

9.11　问答

问 1：为什么共模电压会出现在 PWM 电压型逆变器中？

答 1：PWM 电压型逆变器中固有地存在共模电压。这是由晶体管开关序列造成的。这个可以通过对每个电压矢量的零电压分量的分析得到解释，电压矢量见表 9-4。

问 2：请解释轴承电流现象。

答 2：轴承电流现象的解释详见章节 9.4。

问 3：为什么使用差模滤波器？

答 3：使用差模滤波器的主要目的是为了使电机获得正弦供电电压。因为供给电机电压的形状改善了，所以电机有更高的效率，更小的噪声，同时射频干扰

也减小了。

问4：哪种类型的滤波器可以限制轴承电流？

答4：共模滤波器可以限制共模电流和轴承电流。

问5：请具体阐述在电压型逆变器的传动系统中电机的保护方法。

答5：该方法详见章节9.5和表9-3。

问6：请描述差模滤波器的设计过程。

答6：设计过程详见章节9.6.1。

问7：请描述共模滤波器的设计过程。

答7：设计过程详见章节9.6.1。

问8：请画出共模扼流圈的结构图。共模扼流圈应当安装在哪里？

答8：共模扼流圈的结构如图9-13所示，章节9.5.1对其结构有详细的描述。共模扼流圈安装在电压型逆变器的输出端。

问9：如果采用长电缆连接逆变器和电机，那么 *LC* 滤波器应当安装在哪里？解释原因。

答9：*LC* 滤波器应当放在靠近电机的位置。这是因为将逆变器/滤波器与电机连接的整个电缆是正弦形电压。当电缆上的电压是正弦波形时，相比较于高 dv/dt 的矩形波的电缆电压，噪声对系统的影响得到了强烈的抑制。

参 考 文 献

1. Bose, B. K. (2009) Power electronics and motor drives recent progress and perspective. *IEEE Trans. Ind. Elec.*, **56**(2), February.

2. Erdman, J., Kerkman, R., Schlegel, D., and Skibinski, G. (1995) Effect of PWM inverters on AC motor bearing currents and shaft voltages. *IEEE APEC Conf.* Dallas, TX.

3. Muetze, A. and Binder. A. (2003) High frequency stator ground currents of inverter-fed squirrel-cage induction motors up to 500 kW. *EPE Conf.* Toulouse.

4. Akagi, H. (2002) Prospects and expectations of power electronics in the 21st century. *Power Conv. Conf. PCC'2002.* Osaka.

5. Akagi, H., Hasegawa H., and Doumoto, T. (2004) Design and performance of a passive EMI filter for use with a voltage-source PWM inverter having sinusoidal output voltage and zero common-mode voltage. *IEEE Trans. Power Elect.*, **19**(4), July.

6. Muetze, A. and Binder, A. (2007) Practical rules for assessment of inverter-induced bearing currents in inverter-fed AC motors up to 500 kW. *IEEE Trans. Ind. Elect.*, **54**(3), June.

7. Binder, A. and Muetze, A. (2008) Scaling effects of inverter-induced bearing currents in AC machines. *IEEE Trans. Ind. Appl.*, **44**(3), May/June.

8. Xiyou, C., Bin, Y., and Tu, G. (2002) The engineering design and optimization of inverter output RLC filter in AC motor drive system. *IECON*, USA.

9. Ogasawara, S. and Akagi, H. (1996) Modeling and damping of high–frequency leakage currents in PWM inverter-fed AC motor drive systems. *IEEE Trans. Ind. Appl.*, **22**(5), September/October.

10. Zitselsberger, J. and Hofmann, W. (2003) Reduction of bearing currents by using asymmetric, space-vector-based switching patterns. *EPE'03*, Toulouse.

11. Cacciato, M., Consoli, A., Scarcella, G., and Testa, A. (1999) Reduction of common-mode currents

in PWM inverter motor drives. *IEEE Trans. Ind. Appl.*, **35**(2), March/April.

12. Hofmann, W. and Zitzelsberger, J. (2006) PWM-control methods for common mode voltage minimization: A survey. *Int. Symp. Power Elect., Elect. Dr., Auto. Mot., SPEEDAM 2006*, 23–26 May, Taormina, Italy.

13. Lai, Y. S. and Shyu, F.-S. (2004) Optimal common–mode voltage reduction PWM technique for inverter control with consideration of the dead-time effects, Part I: Basic development. *IEEE Trans. Ind. Appl.*, **40**(6), November/December.

14. Ruderman, A. and Welch, R. (2005) Electrical machine PWM loss evaluation basics. *Int. Conf. Ener. Effic. Mot. Dr. Syst. (EEMODS)*, vol. 1, September, Heidelberg, Germany.

15. Ruifangi, L., Mi, C. C., Gao, D. W. (2008) Modeling of iron losses of electrical machines and transformers fed by PWM inverters. *IEEE Trans. Magn.*, **44**(8), August.

16. Yamazaki, K. and Fukushima, N. (2009) Experimental validation of iron loss model for rotating machines based on direct eddy current analysis of electrical steel sheets. *Elect. Mach. Dr. Conf., IEMDC'09*, 3–6 May, Miami, FL.

17. Krzeminski, Z. and Guziński, J. (2005) Output filter for voltage source inverter supplying induction motor. *Int. Conf. Power Elect., Intell. Mot. Power Qual., PCIM'05*. 7–9 June, Nuremberg.

18. Czapp, S. (2008) *The Effect of Earth Fault Current Harmonics on Tripping of Residual Current Devices*. International School on Non-sinusoidal Currents and Compensation, Łagów, Poland.

19. Franzo, G., Mazzucchelli, M., Puglisi, L. and Sciutto G. (1985) Analysis of PWM techniques using uniform sampling in variable-speed electrical drives with large speed range. *IEEE Trans. Ind. Appl.*, **IA–21**(4).

20. Rajashekara, K., Kawamura, A., and Matsuse, K. (1996) Sensorless control of AC motor drives. *IEEE Ind. Elect. Soc.*, IEEE Press, USA.

21. Kawabata, T., Miyashita T., and Yamamoto, Y. (1991) Digital control of three phase PWM inverter with LC filter. *IEEE Trans. Power Elect.*, **6**(1), January.

22. Seliga, R. and Koczara, W. (2001) Multiloop feedback control strategy in sine-wave voltage inverter for an adjustable speed cage induction motor drive system. *Eur. Conf. Power Elect. Appl., EPE'2001*. 27–29 August, Graz, Austria.

23. Adamowicz, M. and Guziński, J. (2005) Control of sensorless electric drive with inverter output filter. *4th Int. Symp. Auto. Cont. AUTSYM 2005*. 22–23 September. Wismar, Germany.

24. Guzinski, J. and Abu-Rub, H. (2008) Speed sensorless control of induction motors with inverter output filter. *Int. Rev. Elect. Eng.*, **3**(2), 337–343.

25. Salomaki, J. and Luomi, J. (2006) Vector control of an induction motor fed by a PWM inverter with output LC filter. *EPE J.*, **16**(1), February.

26. Krzemiński, Z. (2000) Sensorless control of the induction motor based on new observer. *PCIM 2000*. Nürnberg, Germany.

27. Guziński, J. (2008) Closed loop control of AC drive with LC filter. *13th Int. Power Elect. Mot. Conf. EPE–PEMC 2008*. 1–3 September, Poznań, Poland.

28. Holtz, J. (1995) The representation of AC machine dynamics by complex signal flow graph. *IEEE Trans. Ind. Elect.*, **42**(3), June.

29. Abu-Rub, H. and Oikonomou, N. (2008) Sensorless observer system for induction motor control. *39th IEEE Power Elect. Spec. Conf., PESC0'08*, 15–19 June, Rodos, Greece.

30. Abu-Rub, H., Guziński, J., Rodriguez, J., Kennel, R., and Cortés, P. (2010) Predictive current controller for sensorless induction motor drive. *IEEE-ICIT 2010*, Vina del Mar, Valparaiso, Chile.

31. Vas, P. (1990) *Vector Control of AC Machines*. Oxford University Press, Oxford.

32. Krzemiński, Z. (1987) Non-linear control of induction motor. *Proc. 10th IFAC World Cong. Auto. Cont.*, vol. 3, Munich.

33. Bogalecka, E. (1992) Control system of an induction machine. *EDPE 1992*, High Tatras, Stara Lesna, Slovakia.

34. Isidori, A. (1995) *Non-linear Control Systems*, 3rd edn. Springer-Verlag, London.
35. Kaźmierkowski, M.P., and Malesani, L. (1998) Current control techniques for three-phase voltage-source PWM converters: A Survey. *IEEE Trans. Ind. Elect.*, **45**(5), 691–703.
36. Tsuji, M., Ohta, T., Izumi, K. and Yamada, E. A. (1997) Speed sensorless vector-controlled method for induction motors using *q*-axis flux. *IPEMC*. Hangzhou, China.
37. Guzinski, J. (2009) Sensorless AC drive control with LC filter. *13th Eur. Conf. Power Elect. App. EPE 2009*. 8–10 September. Barcelona.
38. Krzemiński, Z. (2008) Observer of induction motor speed based on exact disturbance model. *Proc. Int. Conf. EPE-PEMC 2008*, Poznan, Poland.
39. Kubota, H., Sato, I., Tamura, Y., Matsuse, K., Ohta, H., and Hori, Y. (2002) Regenerating-mode low-speed operation of sensorless induction motor drive with adaptive observer. *IEEE Trans. Ind. App.* **38**(4), July/August.
40. Sun Y., Esmaeli A., Sun L. (2006) A new method to mitigate the adverse effects of PWM inverter, 1st IEEE Conference on Industrial Electronic and Applications. *ICIEA'06*, 24–26, May, Singapore.

北京市版权局著作权合同登记　图字：01-2012-4420 号。

图书在版编目（CIP）数据

交流传动系统高性能控制及 MATLAB/Simulink 建模/（英）海瑟姆·阿布鲁（Haitham Abu-Rub）等著；袁登科等译．—北京：机械工业出版社，2018.8

（国际电气工程先进技术译丛）

书名原文：High Performance Control of AC Drives with Matlab/Simulink Models

ISBN 978-7-111-60656-7

Ⅰ.①交…　Ⅱ.①海…②袁…　Ⅲ.①交流传动系统　Ⅳ.①TM921.2

中国版本图书馆 CIP 数据核字（2018）第 186514 号

机械工业出版社（北京市百万庄大街 22 号　邮政编码 100037）
策划编辑：林春泉　责任编辑：林春泉
责任校对：王　延　封面设计：马精明
责任印制：常天培
北京铭成印刷有限公司印刷
2019 年 1 月第 1 版第 1 次印刷
169mm×239mm·28 印张·537 千字
0 001—3 000 册
标准书号：ISBN 978-7-111-60656-7
定价：140.00 元

凡购本书，如有缺页、倒页、脱页，由本社发行部调换

电话服务　　　　　　　　　　　　网络服务
服务咨询热线：010-88361066　　机工官网：www.cmpbook.com
读者购书热线：010-68326294　　机工官博：weibo.com/cmp1952
　　　　　　　010-88379203　　金 书 网：www.golden-book.com
封面无防伪标均为盗版　　　　教育服务网：www.cmpedu.com